高职高专网络技术专业岗位能力构建系列教程

# 网络综合布线实用技术
## （第3版）

褚建立 主编

邵慧莹 刘京中 陈晔桦 副主编

清华大学出版社
北京

## 内 容 简 介

本书以企业需求为导向,以项目实施过程为主线,根据综合布线系统的知识及技能结构和人的认知原理,以最新的国家标准为依据,其内容讲解涵盖了网络综合布线系统的认识、设计、实施、连接、测试、验收、管理和监理等环节。

本书适用于高职高专网络技术类、计算机类、通信类等专业学生教材;适用于综合布线系统工程产品选型、方案设计、安装施工、测试验收管理等相关工程技术人员阅读;也可作为综合布线系统工程培训教材。

**图书在版编目(CIP)数据**

网络综合布线实用技术/褚建立主编. --3 版. --北京:清华大学出版社,2014(2017.2 重印)
高职高专网络技术专业岗位能力构建系列教程
ISBN 978-7-302-33996-0

Ⅰ. ①网…　Ⅱ. ①褚…　Ⅲ. ①计算机网络-布线-高等职业教育-教材　Ⅳ. ①TP393.03

中国版本图书馆 CIP 数据核字(2013)第 228782 号

责任编辑:张　弛
封面设计:傅瑞学
责任校对:刘　静
责任印制:何　芊

出版发行:清华大学出版社
　　网　　　址:http://www.tup.com.cn, http://www.wqbook.com
　　地　　　址:北京清华大学学研大厦 A 座　　　　邮　　编:100084
　　社 总 机:010-62770175　　　　　　　　　　邮　　购:010-62786544
　　投稿与读者服务:010-62776969, c-service@tup.tsinghua.edu.cn
　　质 量 反 馈:010-62772015, zhiliang@tup.tsinghua.edu.cn
　　课 件 下 载:http://www.tup.com.cn,010-62795764
印 装 者:北京鑫海金澳胶印有限公司
经　　销:全国新华书店
开　　本:185mm×260mm　　印　张:24.5　　字　数:620 千字
版　　次:2004 年 10 月第 1 版　　2014 年 5 月第 3 版　　印　次:2017 年 2 月第 4 次印刷
印　　数:5001~6000
定　　价:49.00 元

产品编号:054986-01

# 高职高专网络技术专业岗位能力构建系列教程

## 编写委员会

**主　任**　　陈潮填

**副主任**　　吴教育　　谢赞福

**委　员**　　王树勇　　石　硕　　张蒲生　　卓志宏

　　　　　　汪海涛　　黄世旭　　田　均　　顾　荣

　　　　　　陈　剑　　黄君羡　　秦彩宁　　郭　琳

　　　　　　陈明忠　　乔俊峰　　李伟群　　胡　燏

　　　　　　石蔚彬　　李振军　　温海燕　　张居武

# 出版说明

信息技术是当今世界社会经济发展的重要驱动力,网络技术对信息社会发展的重要性更是不言而喻。随着互联网技术的普及和推广,人们日常学习和工作越来越依赖于网络。目前,各行各业都处在全面网络化和信息化建设进程中,对网络技能型人才的需求也与日俱增,计算机网络行业已成为技术人才稀缺的行业之一。为了培养适应现代信息技术发展的网络技能型人才,高职高专院校网络技术及相关专业的课程建设与改革就显得尤为重要。

近年来,众多高职高专院校对人才培养模式、专业建设、课程建设、师资建设、实训基地建设等进行了大量的改革与探索,以适应社会对高技能人才的培养要求。在网络专业建设中,从网络工程、网络管理岗位需求出发进行课程规划和建设,是网络技能型人才培养的必由之路。基于此,我们组织高校教育教学专家、专业负责人、骨干教师、企业管理人员和工程技术人员对相应的职业岗位进行调研、剖析,并成立教材编写委员会,对课程体系进行重新规划,编写本系列教程。

本系列教程的编写委员会成员由从事高职高专教育的专家,高职院校主管教学的院长、系主任、教研室主任等组成,主要编撰者都是院校网络专业负责人或相应企业的资深工程师。

本系列教程采用项目导向、任务驱动的教学方法,以培养学生的岗位能力为着眼点,面向岗位设计教学项目,融教、学、做为一体,力争做到学得会、用得上。在讲授专业技能和知识的同时,也注重学生职业素养、科学思维方式与创新能力的培养,并体现新技术、新工艺、新标准。本系列教程对应的岗位能力包括计算机及网络设备营销能力、计算机设备的组装与维护能力、网页设计能力、综合布线设计与施工能力、网络工程实施能力、网站策划与开发能力、网络安全管理能力及网络系统集成能力等。

为了满足教师教学的需要,我们免费提供教学课件、习题解答、素材库等,以及其他辅助教学的资料。

后续,我们会密切关注网络技术和教学的发展趋势,以及社会就业岗位的新需求和变化,及时对系列教程进行完善和补充,吸纳新模式、适用的课程教材。同时,非常欢迎专家、教师对本系列教程提出宝贵意见,也非常欢迎专家、教师积极参与我们的教材建设,群策群力,为我国高等职业教育提供优秀的、有鲜明特色的教材。

高职高专网络技术专业岗位能力构建系列教程编写委员会

清华大学出版社

2011 年 4 月

# Foreword 前　言

随着城市建设及信息通信事业的发展，现代化的商住楼、办公楼、综合楼以及园区等各类民用建筑及工业建筑对信息的要求已成为城市建设的发展趋势。城市的数字化建设，需要综合布线系统为之服务，综合布线系统是一条适应信息时代的建筑物内"信息高速公路"。

综合布线实用技术课程是计算机网络技术专业课程体系中的一门专业核心课程，具有重要的地位。目前，需要综合布线系统技术人员的单位主要有大型系统集成商，综合布线系统产品生产厂家、销售部门，综合布线系统施工单位，政府，学校，企业，网络工程监理公司等，从事综合布线系统产品的选型、方案设计、系统安装、系统测试验收维护和工程管理等工作。

本书主要是以 2007 年 10 月 1 日开始实施的国家最新标准《综合布线系统工程设计规范》（GB 50311—2007）和《综合布线系统工程验收规范》（GB 50312—2007）为主要依据，并参考了 ANSI/TIA/EIA 568—B/C，ISO/IEC 11801—2002 等国际最新标准和我国通信行业最新其他标准，如《大楼通信综合布线系统》（YD/T 926.1～3—2009）、《综合布线系统工程施工监理暂行规定》（YD 5124—2005）等，以及最新发布的数据中心布线系统设计与施工技术、光纤、屏蔽布线系统的设计与施工检测技术、综合布线系统的管理与运行维护等白皮书，反映了综合布线系统领域最新的技术和成果。

本书以企业需求为导向，以项目实施过程为主线，根据综合布线系统的知识及技能结构和人的认知原理，其内容讲解顺序涵盖了网络综合布线系统的认识、设计、实施、连接、测试、验收、管理和监理等环节。但从人的职业成长过程来看，在掌握综合布线系统这门技术性很强的内容时，顺序为认识、施工（缆线敷设、打线）、测试和验收，只有在积累了一定的经验后，才能进行综合布线系统的设计和项目管理、招投标以及从事监理工作。

全书共分五大模块，18 个任务，内容安排如下。

模块一：认识综合布线系统，包括 2 个任务如下。

任务 1：认识综合布线系统

任务 2：认识综合布线系统的布线缆线及其连接器件

模块二：综合布线系统工程设计，包括 3 个任务如下。

任务 3：综合布线工程网络方案设计

任务 4：综合布线系统设计

任务 5：综合布线工程施工图的绘制

模块三：综合布线系统工程施工，包括 8 个任务如下。

任务 6：综合布线系统工程施工组织

任务 7：综合布线系统工程管槽安装施工

任务 8：综合布线系统工程电缆布线敷设

任务 9：综合布线系统工程光缆布线敷设

任务 10：工作区用户跳线和信息插座的端接

任务 11：电信间线缆端接

任务 12：综合布线系统链路的连接

任务 13：综合布线系统的标识管理

模块四：综合布线系统工程测试与验收，包括 3 个任务如下。

任务 14：铜缆链路的测试与故障排除

任务 15：光纤传输通道测试与故障排除

任务 16：综合布线系统工程验收

模块五：综合布线系统工程管理，包括 2 个任务如下。

任务 17：综合布线系统工程招投标

任务 18：综合布线系统工程项目管理

　　本书由邢台职业技术学院褚建立主编，邵慧莹、刘京中、陈晔桦副主编。其中，褚建立编写了任务 3、任务 18，邵慧莹编写了任务 1、任务 2，刘京中编写了任务 4～任务 7，陈晔桦编写了任务 8～任务 11，刘彦舫编写了任务 12、任务 13，钱孟杰编写了任务 14、任务 15，路俊维编写了任务 16，河北三佳电子有限公司的张瑞生编写了任务 17。在本书编写过程中高欢、张静、董会国等老师负责本书的资料整理、校对、绘图等工作。本书的编写还得到了河北蓝天、河北三佳、邢台光正等公司的支持，在此一并表示深深的感谢。

　　由于综合布线系统的技术发展速度较快，且尚有不少课题须继续深入探讨和开拓研究，今后必然会逐渐完善和提高。此外，因编写时间仓促，限于作者的业务素质和技术水平以及实际经验有限，在书中难免有疏忽、遗漏和错误，恳请读者提出宝贵意见和建议，以便今后改进和修正。作者 E-mail 地址为 xpcchujl@126.com。

**作　者**

**2013 年 4 月**

在信息时代,计算机网络的应用越来越广泛,各行各业都在建设本单位的网络工程,人们逐渐认识到网络布线的重要性。目前,计算机网络的布线主要采用综合布线系统,除了能够传送数据外,还能传送语音、图像、视频等信息,使语音、数据、图像、视频通信形成一个统一的系统,与公共网络相连。由此可见,综合布线系统是一条适应信息时代的建筑物内的"信息高速公路"。

综合布线系统具有统一的工业标准和严格的规范,是一个集标准与标准测试于一体的完整系统,具有高度的灵活性,能满足各种不同用户的需求。随着综合布线系统在网络工程中的广泛应用,每一个需要信息通信的建筑物都需要采用综合布线系统,这样就促使越来越多的行业需要了解综合布线系统的基础知识,社会上也需要大量的具有综合布线系统知识和技能的技术人员。

综合布线实用技术课程是计算机网络技术专业课程体系中的一门核心专业课程,具有重要的地位。目前需要综合布线系统技术人员的单位主要有大型系统集成商,综合布线系统产品生产厂家,销售部门,综合布线系统施工单位,政府,学校,企业,网络工程监理公司等。他们从事综合布线系统产品的选型,方案设计,系统安装,系统测试、验收、维护和工程管理等工作。

本书在 2004 年出版的第 1 版的基础上进行了修订,主要以国家最新标准《综合布线系统工程设计规范》(GB 50311—2007)和《综合布线系统工程验收规范》(GB 50312—2007)为主要依据,并参考了 ANSI/TIA/EIA 568—B/C、ANSI/TIA/EIA 569—B,ISO/IEC 11801—2002 等国际最新标准和我国通信行业最新其他标准,如《住宅通信综合布线系统》(YD/T 1384—2005)、《大楼通信综合布线系统》(YD/T 926.1~3—2001)、《综合布线系统工程施工监理暂行规定》(YD 5124—2005)等,以及最新发布的数据中心布线系统设计与施工技术,光纤、屏蔽布线系统的设计与施工检测技术,综合布线系统管理与运行维护技术等白皮书,反映了综合布线系统领域最新的技术和成果。

本书密切结合工程实际,精选并介绍了大量实用的网络布线产品、技术和方案,突出了综合布线系统工程的实用性和可操作性。本书系统并按照顺序介绍了产品选型,方案设计,系统安装、施工,系统测试、验收、维护及工程管理等内容,结构清晰,一目了然。

全书共分 11 章,内容安排如下。

第 1 章,智能建筑与综合布线系统。内容主要包括智能建筑的概念、构成,综合布线系统概念、特点、应用范围,综合布线系统国际布线标准、中国布线标准,以及综合布线系统的结构。

第 2 章,综合布线系统工程产品选型。内容主要包括综合布线系统工程中使用的传输介质(包括双绞线电缆、同轴电缆、光纤、无线与传输介质的选择),双绞线连接器件,光纤连接器件,布线器材(包括线管、线槽、桥架、机柜)和国内外综合布线系统厂商与产品选型。

　　第3章,综合布线系统设计基础。内容主要包括综合布线系统的构成、网络拓扑结构、子系统构成、实际工程结构,信道与链路,系统应用,综合布线系统选择,设计原则与步骤以及用户信息需求的调查和预测。

　　第4章,综合布线系统工程设计。内容主要包括工作区、配线、干线、设备间、进线间、管理、建筑群等子系统的设计范围、线缆选择、布线方法、配置设计、设计步骤等内容以及综合布线系统的电气防护系统设计、接地系统设计和防火设计等。

　　第5章,综合布线系统工程施工技术。内容主要包括工程安全施工,工程施工的特点、施工阶段的划分、施工的依据和相关文件、安装施工的基本要求,施工前的准备工作及管路和槽道安装施工等。

　　第6章,综合布线系统工程电缆布线施工。内容主要包括缆线施工范围和要求,电缆布线工具,引入建筑物的缆线施工和建筑物间缆线施工布线,配线子系统水平电缆布线施工,建筑物主干缆线施工,与其他系统合用的施工方法,双绞线电缆终接,机柜与配线设备的安装以及双绞线链路的连接和整理。

　　第7章,综合布线系统工程光缆施工。内容主要包括光缆布线施工工具、基本要求,建筑物内光缆的敷设施工,建筑群干线光缆敷设施工,光缆通过进线间引入建筑物,吹光纤技术,光缆的接续和终端及光缆的连接与管理。

　　第8章,综合布线系统工程测试与验收。内容主要包括综合布线系统测试类型、标准,电缆传输通道认证测试,光纤传输通道测试,工程验收和工程的维护管理。

　　第9章,数据中心布线系统设计与施工。内容主要包括数据中心概念,数据中心布线系统设计,数据中心布线系统安装与测试。

　　第10章,智能化住宅小区和住宅通信综合布线系统。内容主要包括智能化小区定义、标准规定,住宅通信综合布线系统,多个住宅建筑物/居住小区的综合布线系统。

　　第11章,综合布线系统工程管理。内容主要包括工程招(投)标,工程施工管理,工程实施模式,工程监理和工程概预算。

　　本书由邢台职业技术学院刘彦舫、褚建立任主编,邵慧莹、宋海军、刘爱国任副主编。其中褚建立编写了第4、6章,刘彦舫编写了第10章,邵慧莹编写了第5章,宋海军编写了第3章,刘爱国编写了第2章,钱孟杰编写了第1章,张小志编写了第7章,李军编写了8.1、8.2、8.3节,路俊维编写了8.4、8.5节,董会国编写了9.1、9.2节,张静编写了9.3节,杨永合编写了11.1、11.2、11.3节,高昆编写了11.4、11.5节。在本书的编写过程中得到了河北蓝天、河北三佳、邢台光正等公司的支持,在此一并表示深深的感谢。

　　由于综合布线系统的技术发展速度较快,且尚有不少课题需继续深入探讨和开拓研究,今后必然会逐渐完善和提高。此外,因编写时间仓促,加之作者的业务素质和技术水平以及实际经验有限,书中难免有疏忽、遗漏之处,恳请读者提出宝贵意见和建议,以便今后改进和修正。作者 E-mail 地址为 xpcchujl@126.com。

**作　者**
**2010 年 1 月**

# 目　录

## 模块一　认识综合布线系统

# 模块二　综合布线系统工程设计

# 模块三 综合布线系统工程施工

## 模块四　综合布线系统工程测试与验收

# 模块五　综合布线系统工程管理

## 模 块 一

# 认识综合布线系统

建筑物综合布线系统(Premises Distribution System,PDS)的兴起与发展,是在计算机技术和通信技术发展的基础上,进一步适应社会信息化和经济国际化的需要,也是通信技术、建筑技术与信息技术相结合的产物,它的设计与实施是一项系统工程,是计算机网络工程的基础。

通过下面 2 个任务来认识综合布线系统、掌握综合布线系统的构成,了解综合布线系统的产品及选型。

任务 1:认识综合布线系统

任务 2:认识综合布线系统的布线缆线及其连接器件

# 任务 1

## 认识综合布线系统

## 1.1 任务描述

综合布线系统是一种模块化的、灵活性极高的建筑物内或建筑物之间的信息传输通道。它将数据通信设备、交换设备和语音系统及其他信息管理系统集成在一起,形成了一套标准的、规范的信息传输系统。综合布线系统是建筑物智能化必备的基础设施。

首先,有必要了解综合布线系统是由哪几部分组成的;在综合布线系统工程建设实践中,目前在国内外有哪些标准可遵循。

## 1.2 相关知识

### 1.2.1 了解智能建筑的概念及组成

#### 1. 智能建筑概念

人们办公用的大楼、家庭居住的住宅楼等建筑,具有哪些特征才能称得上智能建筑呢?

在 2007 年 7 月起实施的国家标准《智能建筑设计标准》(GB/T 50314—2006)中对智能建筑(Intelligent Building,IB)作了如下定义:以建筑物为平台,兼备信息设施系统、信息化应用系统、建筑设备管理系统、公共安全系统等,集结构、系统、服务、管理及其优化组合为一体,向人们提供安全、高效、便捷、节能、环保、健康的建筑环境。

#### 2. 智能建筑的构成

根据《智能建筑设计标准》(GB/T 50314—2006),从设计的角度出发,智能建筑的智能化系统工程设计应由智能化集成系统、信息设施系统、信息化应用系统、建筑设备管理系统、公共安全系统、机房工程和建筑环境等设计要素构成。智能化系统工程设计,应根据建筑物的规模和功能需求等实际情况,选择配置相关的系统。

(1)智能化集成系统(Intelligented Integration System,IIS)

智能化集成系统是指将不同功能的建筑智能化系统,通过统一的信息平台实现集成,以形成具有信息汇集、资源共享及优化管理等综合功能的系统。智能化集成系统构成包括智能化系统信息共享平台建设和信息化应用功能实施。

(2)信息设施系统(Information Technology System Infrastructure,ITSI)

信息设施系统是指为确保建筑物与外部信息通信网的互联及信息畅通,将对语音、数据、图像和多媒体等各类信息予以接收、交换、传输、存储、检索和显示等综合处理的多种类信息设备系统加以组合,以提供实现建筑物业务及管理等应用功能的信息通信基础设施的系统。

信息设施系统应包括通信接入系统、电话交换系统、信息网络系统、综合布线系统、室内移动通信覆盖系统、卫星通信系统、有线电视及卫星电视接收系统、广播系统、会议系统、信息导引及发布系统、时钟系统和其他相关的信息通信系统。

（3）信息化应用系统(Information Technology Application System,ITAS)

信息化应用系统是指以建筑物信息设施系统和建筑设备管理系统等为基础,为满足建筑物各类业务和管理功能的多种类信息设备与应用软件而组合的系统。

信息化应用系统应包括工作业务应用系统、物业运营管理系统、公共服务管理系统、公众信息服务系统、智能卡应用系统和信息网络安全管理系统等其他业务功能所需要的应用系统。

（4）建筑设备管理系统(Building Management System,BMS)

建筑设备管理系统是指对建筑设备监控系统和公共安全系统等实施综合管理的系统。建筑设备管理系统应根据建筑设备的情况选择配置压缩式制冷机系统和吸收式制冷系统、蓄冰制冷系统、热力系统、空调机组、变风量(VAV)系统、送排风系统、风机盘管机组、给水系统、供配电系统、电梯及自动扶梯、热电联供系统等相关的各项管理功能。

（5）公共安全系统(Public Pecurity System,PSS)

公共安全系统是指为维护公共安全,综合运用现代科学技术,以应对危害社会安全的各类突发事件而构建的技术防范系统或保障体系。

公共安全系统应包括火灾自动报警系统、安全技术防范系统和应急联动系统等。

（6）机房工程(Engineering of Electronic Equipment Plant,EEEP)

机房工程是指为提供智能化系统的设备和装置等安装条件,以确保各系统安全、稳定和可靠地运行与维护的建筑环境而实施的综合工程。

机房工程范围应包括信息中心设备机房、数字程控交换机系统设备机房、通信系统总配线设备机房、消防监控中心机房、安防监控中心机房、智能化系统设备总控室、通信接入系统设备机房、有线电视前端设备机房、弱电间(电信间)和应急指挥中心机房及其他智能化系统的设备机房。

机房工程内容应包括机房配电及照明系统、机房空调、机房电源、防静电地板、防雷接地系统、机房环境监控系统和机房气体灭火系统等。

（7）建筑环境

建筑环境包括建筑物的整体环境、物理环境、光环境、电磁环境、建筑物内空气质量等内容。

智能建筑是信息时代的必然产物,是建筑业和电子信息业共同谋求发展的方向,现代计算机技术、现代控制技术、现代通信技术、现代图形显示技术(简称4C技术)密切结合的结晶。它将计算机(Computer)、通信(Communication)、图形显示(CRT)、控制(Control)技术和建筑等各方面的先进技术相互融合,集成为最优化的整体。它是指在建筑物内建立一个以计算机综合网络为主体的系统,使建筑物实现智能化的信息管理控制,并结合现代化的服务和管理方式,给人们提供一个安全和舒适的生活、学习、工作的环境空间。

20世纪90年代,在房地产开发热潮中,房地产开发商发现了智能建筑这个"标签"的商业价值,为开发方建筑冠以"智能大厦"、"3A建筑"、"5A建筑",甚至"7A建筑"等名词。

智能建筑的基本功能主要由三大部分构成,即建筑自动化或楼宇自动化(Building Automation,BA)、通信自动化(Communication Automation,CA)和办公自动化(Office Automation,OA),这就是上述的"3A"。某些房地产开发商为了突出某项功能,以提高建筑等级、工程造价和增加卖点,又提出防火自动化(FA)和信息管理自动化(MA),即形成"5A"智能建筑。

## 1.2.2　了解综合布线系统的概念和特点

### 1. 综合布线系统的起源

在过去设计大楼内的语音及数据业务线路时,常使用各种不同的传输线、配线插座以及连接器件等。例如,用户电话交换机通常使用对绞电话线,而局域网络(LAN)则可能使用对绞线或同轴电缆,这些不同的设备使用不同的传输线来构成各自的网络;同时,连接这些不同布线的插头、插座及配线架均无法互相兼容,相互之间达不到共用的目的。

随着全球社会信息化与经济国际化的深入发展,人们对信息共享的需求日趋迫切,这就需要一个适合信息时代的布线方案。美国电话电报(AT&T)公司贝尔(Bell)实验室的专家们经过多年的研究,在办公楼和工厂试验成功的基础上,于 20 世纪 80 年代末期率先推出SYSTIMATMPDS(建筑与建筑群综合布线系统),现时已推出结构化布线系统 SCS。在国家标准 GB/T 50311—2000 中,将其命名为综合布线系统(Generic Cabling System,GCS)。

现在,将所有语音、数据、图像及多媒体业务的设备的布线网络组合在一套标准的布线系统上,并且将各种设备终端插头插入标准的插座内已属可能之事。在综合布线系统中,当终端设备的位置需要变动时,只需做一些简单的跳线,这项工作就完成了,而不需要再布放新的电缆以及安装新的插座。

### 2. 综合布线系统的概念

综合布线系统是一种模块化的、灵活性极高的建筑物内或建筑群之间的信息传输网络。它将语音、数据、图像和多媒体业务设备的布线网络组合在一套标准的布线系统上,以一套由共用配件所组成的单一配线系统,将各个不同制造厂家的各类设备综合在一起,使各设备互相兼容、同时工作,实现综合通信网络、信息网络和控制网络间的信号互连、互通。并将应用系统的各种设备终端插头插入综合布线系统的标准插座内,再在设备间和电信间对通信链路进行相应的跳接,就可运行各应用系统了。

综合布线系统开放的结构可以作为各种不同工业产品标准的基准,使得配线系统将具有更大的适用性、灵活性,而且可以利用最低的成本在最小的干扰下对设于工作地点的终端设备重新安排与规划。大楼智能化建设中的建筑设备、监控、出入口控制等系统的设备在提供满足TCP/IP 协议接口时,也可使用综合布线系统作为信息的传输介质,为大楼的集中监测、控制与管理打下了良好的基础。

随着城市建设及信息通信事业的发展,现代化的商住楼、办公楼、综合楼及园区等各类民用建筑及工业建筑对信息的要求已成为城市建设的发展趋势。城市数字化建设,需要综合布线系统为之服务,它有着极其广阔的应用前景。

综合布线系统将建筑物内各方面相同或类似的信息线缆、接续构件按一定的秩序和内部关系组合成整体,几乎可以为楼宇内部的所有弱电系统服务,这些子系统包括以下几类。

(1) 电话(音频信号)。

(2) 计算机网络(数据信号)。

(3) 有线电视(视频信号)。

(4) 保安监控(视频信号)。

(5) 建筑物自动化(低速监控数据信号)。

(6) 背景音乐(音频信号)。

(7) 消防报警(低速监控数据信号)。

目前,对于综合布线系统存在着两种看法:一种主张将所有的弱电系统都建立在综合布线系统中;另一种则主张将计算机网络、电话布线纳入综合布线系统中,其他的弱电系统仍采用其特有的传统布线。目前,大多采用第二种看法。综合布线系统更适合于计算机网络的各种高速数据通信综合应用,对于视频信号、低速监控数据信号等非高速数据传输,则不需要很高的灵活性,应使用专用的线缆材料,以免增加建设成本。由于行业的要求,消防报警和保安监控所用的线路应单独敷设,而不宜纳入综合布线系统中。

2010 年 6 月 30 日,国务院办公厅正式下发通知,公布第一批三网融合试点地区/城市名单,包括北京、上海、深圳等在内的 12 个城市。

三网融合是指电信网、计算机网和有线电视网三大网络通过技术改造,能够提供包括语音、数据、图像等综合多媒体的通信业务。电话、电视和数据都将在 IP 网络上传输,综合布线系统就变成一种网络数据的综合布线系统了。

### 3. 综合布线系统的特点

综合布线系统可以满足建筑物内部及建筑物之间的所有计算机、通信及建筑物自动化系统设备的配线要求,具有兼容性、开放性、灵活性、可靠性、先进性、模块化和标准化等特点。

(1) 兼容性。综合布线系统将所有语音、数据与图像及多媒体业务的设备的布线网络经过统一的规划和设计,组合到一套标准的布线系统中传送,并且将各种设备终端插头插入标准的插座。在使用时,用户可不用定义某个工作区的信息插座的具体应用,只需把某种终端设备(如个人计算机、电话、视频设备等)插入到这个信息插座,然后在电信间和设备间的配线设备上作相应的接线操作,这个终端就被接入到各自的系统中了。

(2) 开放性。对于传统的布线方式,只要用户选定了某种设备,也就选定了与之相适应的布线方式和传输方式。如果更换这一设备,那么原来的布线就要全部更换。对于一个已经完工的建筑物,要对隐蔽的布线工程实现这种变化是十分困难的,需要增加很多投资。综合布线系统采用开放式体系结构,符合各种国际上现行的标准,因此它几乎可以对所有著名厂商的产品都是开放的,如计算机设备、交换机设备等,并对相应的通信协议也是支持的。

(3) 灵活性。传统的布线是封闭的,其体系结构是固定的,若要迁移或增加设备,则相当困难而麻烦,甚至是不可能的。综合布线系统采用标准的传输线缆和相关连接硬件,并采用模块化设计。因此,所有通道都是通用与共享的,设备的开通及更改均不需要改变布线,只需增减相应的应用设备以及在配线架上进行必要的跳线管理即可。另外,组网也可灵活多样,甚至在同一房间为用户组织信息流提供了必要条件。

(4) 可靠性。综合布线系统采用高品质的材料和组合的方式构成了一套高标准的信息传输通道。所有线槽和相关连接件均通过 ISO 认证,每条通道都要采用专用仪器测试,以保证其电气性能。应用系统布线全部采用点到点端接,任何一条链路故障均不影响其他链路的运行,这就为链路的运行维护及故障检修提供了方便,从而保障了应用系统的可靠运行。

(5) 先进性。综合布线系统采用光纤与双绞线电缆混合布线方式,极为合理地构成一套完整的布线。所有布线均符合国标,采用 8 芯双绞线,带宽可达 16~600MHz。根据用户的要求可把光纤引到桌面(FTTD)。适用于 100Mbps 以太网、155Mbps ATM 网、千兆位以太网和万兆位以太网,并完全具有适应未来的语音、数据、图像、多媒体对传输的带宽要求。

(6) 模块化。布线系统中除去固定于建筑物内的水平线缆外,其余所有的设备都应当是可任意更换插拔的标准组件,以方便使用、管理和扩充。

（7）标准化。布线系统要采用和支持各种相关技术的国际标准、国家标准及行业标准，这样可以使得作为基础设施的布线系统不仅能支持现在的各种应用，而且还能适应未来的技术发展。

另外，综合布线系统可以采用相应的软件和电子配线系统进行维护管理，提高效率，降低物业管理费用。

#### 4. 综合布线系统和智能建筑的关系

综合布线系统是智能建筑中的神经中枢，是智能建筑的关键部分和基础设施之一。综合布线系统在建筑内和其他设施一样，都是附属于建筑物的基础设施，为智能化建筑中的用户服务。虽然综合布线系统和房屋建筑彼此结合形成不可分离的整体，但是它们是不同类型和工程性质的建设项目。它们在规划、设计、施工、测试验收及使用的全过程中，关系是极为密切的，具体表现在以下几点。

（1）综合布线系统是智能化建筑中必备的基础设施。综合布线系统将智能建筑内的通信、计算机、监控等设备及设施，相互连接形成完整配套的整体，从而实现高度智能化的要求。综合布线系统是智能化建筑能够保证提供高效优质服务的基础设施之一。在智能建筑中，如果没有综合布线系统，各种设施和设备会因无信息传输媒质连接而无法相互联系和正常运行，智能化也难以实现，这时也就不能称为智能化建筑。在建筑物中，只有敷设了综合布线系统，才有实现智能化的可能性，这是智能建筑中的关键内容。

（2）综合布线系统是衡量智能建筑智能化程度的重要标志。在衡量智能建筑的智能化程度时，主要是看建筑物内综合布线系统承载信息系统的种类和能力，设备配置是否成套、各类信息点分布是否合理、工程质量是否优良，这些都是决定智能化建筑的智能化程度高低的重要因素。智能化建筑能否为用户更好地服务，综合布线系统是具有决定性作用的。

（3）综合布线系统能适应智能建筑今后的发展需要。综合布线系统具有较高的适应性和灵活性，能在今后相当长一段时间内满足通信的发展需要，为此，在新建的公共建筑中，应根据建筑物的使用对象和业务性质以及今后发展等各种因素，积极采用综合布线系统。对于近期不拟设置综合布线系统的建筑，应在工程中考虑今后设置综合布线系统的可能性，在主要部位、通道或路由等关键地方，适当预留房间（或空间）、洞孔和线槽，以避免今后安装综合布线系统时，打洞穿孔或拆卸地板及吊顶等装置，这样做有利于扩建和改建。

总之，综合布线系统分布于智能建筑中，必然会有互相融合的需要，同时又可能发生彼此矛盾的问题。因此，在综合布线系统的规划、设计、施工、测试验收及使用等各个环节，都应与负责建筑工程的有关单位密切联系和配合协调，采取妥善合理的方式来处理，以满足各方面的要求。

#### 5. 综合布线系统应用范围

目前，智能建筑综合布线系统应用范围有两类：一类是单幢的建筑物内，如建筑大厦；另一类是由若干建筑物构成的建筑群小区，如智能住宅小区、学校园区等。

根据国际综合布线系统标准《ISO/IEC 11801—1995E 信息技术——用户建筑物综合布线系统》、美国国家标准《ANSI/TIA/EIA 568—A—1995 商业建筑物电信布线标准》以及我国通信行业标准《大楼通信综合布线系统第 1 部分：总规范》（YD/T 926.1—2009）的规定，综合布线系统工程范围是指跨越距离不超过 3000m，房屋建筑办公总面积不超过 1 000 000m² 的布线区域（场所），区域内的人员数量为 50～50 000 人。综合布线系统可以支持语音、数据和视频等各种应用。国际综合布线系统标准《ISO/IEC 11801—2002 信息技术——用户建筑物综合布线系统》还规定,如果布线区域超出上述范围,也可以参照国际标准的布线原则。

单幢建筑内的综合布线系统工程范围,一般是指在整幢建筑内部敷设的缆线及其附件,由建筑物内敷设的管路、槽道、缆线、接续设备以及其他辅助设施(如电缆竖井和专用的房间等)组成。此外,还应包括引出建筑物与外部信息网络系统互相连接的通信线路;各种终端设备连接线和插头等。在使用前,随时可以连接安装,一般不需要设计和施工。

建筑群体因建筑幢数不一、规模不同,其工程范围难以统一划分,但不论其规模如何,综合布线系统的工程范围除应包括每幢建筑内的布线外,还应包括各幢建筑物之间相互连接的布线。

## 1.2.3　综合布线系统标准

从综合布线系统出现到现在已有近 30 年的时间,期间相关标准不断完善和提高。不论国外标准(包括国际标准、其他国家标准),还是国内标准都是从无到有、从少到多的,而且标准的类型、品种和数量都在逐渐增加,标准的内容也日趋完善丰富。表 1.1 所示是与综合布线系统相关的一些主要标准,这些也是综合布线系统方案中引用最多的标准。在实际工程项目中,虽然并不需要涉及所有的标准和规范,但作为综合布线系统的设计人员,在进行综合布线系统方案设计时,应遵守综合布线系统性能、系统设计标准。综合布线施工工程应遵守布线测试、安装、管理标准以及防火、防雷接地标准。

**表 1.1　与综合布线系统相关的一些主要标准**

| | 国际布线标准 | 北美布线标准 | 中国布线标准 |
|---|---|---|---|
| 综合布线系统性能、系统设计 | ISO/IEC 11801—2002<br>ISO/IEC 61156—5<br>ISO/IEC 61156—6 | ANSI/TIA/EIA 568—A<br>ANSI/TIA/EIA 568—B<br>ANSI/TIA/EIA TSB 67—1995<br>ANSI/TIA/EIA/IS 729 | GB 50311—2007<br>GB 50373—2006<br>YD/T 926.1—2009<br>YD/T 926.2—2009<br>YD/T 926.3—2009 |
| 安装、测试和管理 | ISO/IEC 14763—1<br>ISO/IEC 14763—2<br>ISO/IEC 14763—3 | ANSI/TIA/EIA 569<br>ANSI/TIA/EIA 606<br>ANSI/TIA/EIA 607 | GB 50312—2007<br>GB 50374—2006<br>YD/T 1013—1999 |
| 部件 | ISO/IEC 61156 等<br>ISO/IEC 60794—1—2 | ANSI/TIA/EIA 455—25C—2002 | GB/T 9771.1—2000<br>YD/T 1092—2001 |
| 防火测试 | ISO/IEC 60332<br>ISO/IEC 1034—1/2 | UL 910<br>NEPA 262—1999 | GB/T 18380—2001<br>GB 12666—1990 |

### 1. 美国布线标准

美国国家标准委员会(ANSI)是 ISO 的主要成员,在国际标准化方面扮演重要的角色。ANSI 布线的美洲标准主要由 TIA/EIA 制定,ANSI/TIA/EIA 标准在全世界一直起着综合布线产品的导向工作。美洲标准主要包括 TIA/EIA 568—A、TIA/EIA 568—B、TIA/EIA 568—C、TIA/EIA 569—A、TIA/EIA 569—B、TIA/EIA 570—A、EIA/TIA 606—A 和 TIA/EIA 607—A 等。

(1) ANSI/TIA/EIA 568—A

1991 年 7 月,ANSI/TIA/EIA 颁布 ANSI/TIA/EIA 568,即商用建筑电信布线标准,正

式定义发布综合布线系统的线缆与相关组成部件的物理和电气指标。

1995 年 8 月,发布 ANSI/TIA/EIA 568—A 以后,随着更高性能产品的出现和市场应用需要的改变,对标准也提出了更高的要求,委员会相继公布了很多的标准增编、临时标准以及技术公告(TSB)。

(2) ANSI/TIA/EIA 568—B

2000 年,为了简化下一代的 568—A 标准,TR42.1(TIA 技术工程委员会)决定将新标准"一化三"。新标准包含并取代旧标准相应的内容。

① "ANSI/TIA/EIA 568—B.1",第一部分,一般要求。标准着重于水平和主干布线拓扑、距离、介质选择、工作区连接、开放办公布线和电信与设备室的定义以及安装方法和现场测试等内容。

② "ANSI/TIA/EIA 568—B.2",第二部分,平衡双绞线布线系统。标准侧重于平衡双绞线电缆、跳线、连接硬件的电气和机械性能规范以及部件可靠性测试规范、现场测试仪性能规范、实验室与现场测试仪比对方法等内容。2002 年,发布 ANSI/TIA/EIA 568—B.2.1—2002,它是目前第一个关于 6 类布线系统的标准。

③ "ANSI/TIA/EIA 568—B.3",第三部分,光纤布线部件标准,标准定义了光纤布线系统的部件和传输性能指标,包括光缆、光跳线和连接硬件的电气与机械性能要求、器件可靠性测试规范、现场测试性能规范等。

(3) ANSI/TIA/EIA 568—C

2008 年 8 月,TIA/EIA 568—C.0 以及 TIA/EIA 568—C.1 标准公布,从而现行的 TIA/EIA 568—B 系列标准将会被逐步替代。

TIA/EIA 568—C 版本系列标准分为如下 4 个部分。

① TIA/EIA 568—C.0:用户建筑物通用布线标准。

② TIA/EIA 568—C.1:商业楼宇电信布线标准。

③ TIA/EIA 568—C.2:布线标准 第二部分:平衡双绞线电信布线和连接硬件标准。

④ TIA/EIA 568—C.3:光纤布线和连接硬件标准。

此外,相关的标准还有如下几个。

① ANSI/TIA/EIA 569—A:商业建筑电信路径和空间标准。

② ANSI/TIA/EIA 569—B:商业建筑电信通道及空间标准。

③ ANSI/TIA/EIA 570—A:家居电信布线标准。

④ ANSI/TIA/EIA 606:商业建筑物电信基础结构管理标准。

⑤ ANSI/TIA/EIA 607:商业建筑物接地和连接规范。

### 2. 国际布线标准

国际标准组织由 ISO(国际标准化组织)和 IEC(国际电工技术委员会)组成,1995 年制定颁布了 ISO/IEC 11801 国际标准,名为"信息技术——用户通用布线系统"。该标准是根据 ANSI/TIA/EIA 568 制定的,主要针对欧洲使用的电缆。目前,该标准有以下 3 个版本。

(1) ISO/IEC 11801—1995。

(2) ISO/IEC 11801—2000。

(3) ISO/IEC 11801—2002(E)。

在 ISO/IEC 11801—2002(E)中,定义了 6 类(250MHz)、7 类(700MHz)缆线的标准,把 CAT5/Class D 的系统按照 CAT5+重新定义,以确保所有的 CAT5/Class D 系统均可运行吉

比特以太网;定义了 CAT6/Class E 和 CAT7/Class F 链路,并考虑了电磁兼容性(EMC)问题。

**3. 中国布线标准**

现在国内综合布线系统标准分为两类,即国家标准和通信行业标准。

(1) 国家标准

在国内进行综合布线系统设计施工时,必须参考中华人民共和国国家标准和通信行业标准。国家标准的制定主要是以 ANSI/TIA/EIA 568—A 和 ISO/IEC 11801 等作为依据,并结合国内具体实际情况进行相应的修改。

2000 年,国家质检总局和建设部发布了国标《建筑与建筑群综合布线系统工程设计规范》(GB/T 50311—2000)和《建筑与建筑群综合布线系统工程验收规范》(GB/T 50312—2000)。2007 年,建设部和国家质检总局发布国标《综合布线系统工程设计规范》(GB 50311—2007)和《综合布线系统工程验收规范》(GB 50312—2007)。2007 年 10 月 1 日,这两个标准开始实施,同时原标准(2000 年版)作废。

与综合布线系统设计、实施和验收有关的国家标准如下。

① 《综合布线系统工程设计规范》(GB 50311—2007)。

② 《综合布线系统工程验收规范》(GB 50312—2007)。

③ 《智能建筑设计标准》(GB 50314—2006)。

④ 《通信管道与通信工程设计规范》(GB 50373—2006)。

⑤ 《通信管道工程施工及验收规范》(GB 50374—2006)。

⑥ 《智能建筑工程质量验收规范》(GB 50339—2003)。

(2) 通信行业标准

1997 年 9 月,我国通信行业标准 YD/T 926—1997《大楼通信综合布线系统》发布,于 1998 年 1 月 1 日起正式实施。2001 年 10 月,信息产业部发布通信行业标准 YD/T 926—2001《大楼通信综合布线系统》,于 2001 年 11 月 1 日起正式实施,同时 YD/T 926—1997 作废。2009 年,工业和信息化部发布通信行业标准 YD/T 926—2009《大楼通信综合布线系统》,同时 YD/T 926—2001 作废。

相关的通信行业标准如下。

① 《住宅通信综合布线系统》(YD/T 1384—2005)。

② 《综合布线系统工程施工监理暂行规定》(YD 1524—2005)。

③ 《通信管道和光(电)缆通道工程施工监理规范》(YD 5072—2005)。

④ 《接入网工程设计规范》(YD/T 5097—2001)。

⑤ 《本地通信线路工程设计规范》(YD 5137—2005)。

**4. 综合布线系统工程标准的应用**

在综合布线系统工程建设中,以执行国内标准为主,但也可参考国外标准,并密切注意近期的科技发展动态和有关标准状况,考虑是否符合国内工程中的实际需要,必要时须再进行深入调查、分析研究,根据客观要求来合理确定能否选用。

## 1.2.4　综合布线系统的组成

### 1. 企业园区网层次化设计

园区网是一个由众多 LAN 组成的企业网,这些 LAN 位于一幢或多幢建筑物内,它们彼此相连且位于同一个地方。在构建满足中小型企业园区网需求的 LAN 时,如果采用分层设计模型,更容易管理和扩展,排除故障也更迅速。

分层网络设计需要将网络分成互相分离的层。每层提供特定的功能,这些功能界定了该层在整个网络中扮演的角色。通过对网路的各种功能进行分离,可以实现模块化的网络设计,这样有利于提高网络的可扩展性和性能。分层设计模型根据用户需求可分为二层或三层。

(1) 典型的三层网络结构

典型的三层网络结构由接入层、分布层和核心层构成,如图 1.1 所示。客户 PC 以百兆或千兆连接接入层交换机;多个接入层交换机以千兆接入分布层;核心层交换机以万兆或千兆互联各个分布层交换机,提供二层或三层交换以及二、三、四层服务的功能;该方案结构清晰,各层次功能划分得当,适用于非常大的网络规模,如由多栋办公楼组成的园区网。

图 1.1 典型的三层网络结构

① 接入层。接入层负责连接终端设备(如 PC、打印机和 IP 电话),以提供对网络中其他部分的访问。接入层中可能包含路由器、交换机、网桥、集线器和无线接入点。接入层的主要目的是提供一种将设备连接到网络并控制允许网络上的哪些设备进行通信的方法。

② 分布层。分布层先汇聚接入层交换机发送的数据,再将其传输到核心层,最后发送到最终目的地。分布层使用策略控制网络的通信流并通过在接入层定义的虚拟 LAN(VLAN)之间执行路由(Routing)功能来划定广播域。利用 VLAN 可将交换机上的流量分流到不同的网段,置于互相独立的子网(Subnetwork)内。例如,在大学中,可以根据教职员、学生和访客分离流量。为了确保可靠性,分布层交换机通常是高性能、高可用性和具有高级冗余功能的设备。

③ 核心层。分层设计的核心层是网际网络的高速主干。核心层是分布层设备之间互联的关键,因此核心层保持高可用性和高冗余性非常重要。核心层也可连接到互联网资源。由于核心层汇聚所有分布层设备发送的流量,因此它必须能够快速转发大量的数据。

(2) 二层网络结构

二层网络结构由核心层、接入层构成,如图 1.2 所示。客户 PC 以百兆或千兆连接接入层交换机;核心层交换机以千兆互联各个接入层交换机,同时提供二层或三层交换以及二、三、四层服务的功能;服务器以千兆接入核心层或接入层交换机;该方案非常易于实现,但其规模往往局限于核心交换机的千兆端口密度,而且网络规模的扩展可能会对现有网络拓扑带来较大影响,所以该方案比较适合于中小型网络,如一栋大楼内的网络建设。

图1.2　二层网络结构

### 2．综合布线系统基本构成

目前,在国内,对于综合布线系统的组成及各子系统组成,也说法不一,甚至在国内标准中也不一样。例如,在国家标准《综合布线系统工程设计规范》(GB 50311—2007)中,将综合布线系统分为工作区、配线子系统、干线子系统、建筑群子系统、设备间、进线间、管理共7部分。而在通信行业标准《大楼通信综合布线系统第1部分:总规范》(YD/T 926.1—2001)中,则规定综合布线系统由建筑群主干布线子系统、建筑物主干布线子系统和水平布线子系统3个布线子系统构成,工作区布线因是非永久性的布线方式,由用户在使用前随时布线,在工程设计和安装施工中一般不列在内,所以不包括在综合布线系统工程中。上述两种标准有极为明显的差别。其主要原因在于,目前综合布线系统的产品和工程设计以及安装施工中所遵循的标准有两种:一种是国际标准化组织/国际电工委员会标准《信息技术——用户房屋综合布线系统》(ISO/IEC 11801—1995(E)或1999);另一种是美国标准《商用建筑电信布线标准》(ANSI/TIA/EIA 568—A)。我国按照国际标准制定了《大楼通信综合布线系统第1部分:总规范》(YD/T 926.1—2001),按照美国标准制定了《综合布线系统工程设计规范》(GB 50311—2007)。国际标准将其划分为建筑群主干布线子系统、建筑物主干布线子系统和水平布线子系统3部分。美国国家标准把综合布线系统划分为建筑群子系统、干线子系统、配线子系统、设备间子系统、管理子系统和工作区子系统,共6个独立的子系统。

在我国通常用通信线路和接续设备组成整体和完整的子系统,划分界线极为明确,这样有利于设计、施工和维护管理。如按美国国家标准将设备间子系统和管理子系统与干线子系统和配线子系统分离,会造成系统性不够明确,界线划分不清,因子系统过多,易出现支离破碎的情况,在具体工作时会带来不便,尤其会在工程设计、安装施工和维护管理工作中产生难以划分清楚的问题。例如,管理子系统它本身不能成为子系统,它是分散在各个接续设备上的缆线连接管理工作,不能形成一个较为集中体现、具有系统性的有机整体;设备间本身是一个专用房间名称,不是综合布线系统本身固有的组成部分等。

### 3. 国标《综合布线系统工程设计规范》中综合布线系统的组成

《综合布线系统工程设计规范》(GB 50311—2007)和《大楼通信综合布线系统第 1 部分：总规范》(YD/T 926.1—2009)都将综合布线系统划分为 3 个子系统，但在《综合布线系统工程设计规范》(GB 50311—2007)中，则是 3 个子系统和 7 个部分同时存在。

综合布线系统采用模块化结构。按照每个模块的作用，依照国家标准《综合布线系统工程设计规范》(GB 50311—2007)，园区网综合布线系统应按以下 7 个部分进行设计，如图 1.3 所示。

图 1.3　综合布线系统组成

（1）工作区

工作区是包括办公室、写字间、作业间、机房等需要电话、计算机或其他终端设备(Terminal Equipment，TE)(如网络打印机、网络摄像头、监视器、各种传感器件等)设施的区域或相应设备的统称。

工作区由终端设备至信息插座(Telecommunication Outlet，TO)的连接器件组成，包括跳线、连接器或适配器等，实现用户终端与网络的有效连接。工作区子系统的布线一般是非永久的，用户根据工作需要可以随时移动、增加或减少布线，既便于连接，也易于管理。

根据标准的综合布线设计，每个信息插座旁边要求有一个单相电源插座，以备计算机或其他有源设备使用，且信息插座与电源插座的间距不得小于 20cm。

（2）配线子系统

配线子系统应由工作区的信息插座模块、信息插座模块至电信间配线设备（Floor Distributor，FD）的配线电缆和光缆、电信间的配线设备及设备缆线和跳线等组成。

配线子系统通常采用星型网络拓扑结构，它以电信间楼层配线架 FD 为主节点，各工作区信息插座为分节点，两者之间采用独立的线路相互连接，形成以 FD 为中心向工作区信息插座辐射的星形网络，如图 1.4 所示。

图 1.4 配线子系统

配线子系统的水平电缆、水平光缆宜从电信间的楼层配线架直接连接到通信引出端（信息插座）。

在楼层配线架和每个通信引出端之间允许有一个转接点（TP）。进入和接出转接点（TP）的电缆线对或光纤芯数一般不变化，应按 1∶1 连接以保持对应关系。转接点处的所有电缆、光缆应作机械终端。转接点只包括无源连接硬件，应用设备不应在这里连接。

配线子系统通常由超 5 类或 6 类 4 对非屏蔽双绞线组成，由工作区的信息插座连接至本层电信间的配线柜内。当然，根据传输速率或传输距离的需要，也可以采用多模光纤。配线子系统应当按楼层各工作区的要求设置信息插座的数量和位置，设计并布放相应数量的水平线路。通常，在工程实践中，配线子系统的管路或槽道的设计与施工最好与建筑物同步进行。

（3）干线子系统

干线子系统又称建筑物主干布线子系统或垂直子系统，是指从建筑物配线架（Building Distributor，BD）（设备间）至楼层配线架（FD）（电信间）之间的缆线及配套设施组成的系统。该子系统包括屋内的建筑物主干电缆、主干光缆及其在建筑物配线架和楼层配线架上的机械终端和建筑物配线架上的接插软线和跳线，如图 1.3 所示。

建筑物主干电缆、主干光缆应直接终端连接到有关的楼层配线架，且中间不应有转接点和接头。

在通常情况下，干线子系统主干缆线、语音电缆通常可采用大对数电缆，数据电缆可采用超 5 类或 6 类双绞线电缆。如果考虑可扩展性或更高传输速率等，则应当采用光缆。干线子系统的主干线缆通常敷设在专用的上升管路或电缆竖井内。

（4）建筑群子系统

大中型网络中都拥有多幢建筑物，建筑群子系统用于实现建筑物之间的各种通信。建筑群子系统（Campus Backbone Subsystem）又称建筑群主干布线子系统，是指建筑物之间使用传输介质（电缆或光缆）和各种支持设备（如配线架、交换机）连接在一起，构成一个完整的系统，从而实现语音、数据、图像或监控等信号的传输。建筑群子系统包括建筑物之间的主干布线及建筑物中的引入口设备，由楼群配线架（Campus Distributor，CD）及其他建筑物的楼宇配线架（BD）之间的缆线及配套设施组成。

建筑群子系统的主干缆线采用多模或单模光缆，或者大对数双绞线，既可采用地下管道敷设方式，也可采用悬挂方式。线缆的两端分别是两幢建筑的设备间中建筑群配线架的接续设备。在建筑群环境中，除了需要在某个建筑物内建立一个主设备间外，还应在其他建筑物内都配一个中间设备间（通常和电信间合并）。

（5）设备间

设备间是指在每幢建筑物的适当地点进行网络管理和信息交换的场地。对于综合布线系统工程设计而言，设备间主要安装建筑物配线设备、电话交换机、计算机主机设备及入口设施，也可与配线设备安装在一起。

设备间是一个安放共用通信装置的场所，是通信设施、配线设备所在地，也是线路管理的集中点。设备间子系统由引入建筑的缆线、各个公共设备（如计算机主机、各种控制系统、网络互联设备、监控设备）和其他连接设备（如主配线架）等组成，把建筑物内公共系统需要相互连接的各种不同设备集中连接在一起，完成各个楼层配线子系统之间的通信线路的调配、连接和测试，并建立与其他建筑物的连接，从而形成对外传输的路径。

设备间是建筑物中电信设备、计算机网络设备及建筑物配线设备（BD）安装的地点，同时也是网络管理的场所，由设备间电缆、连接器和相关支承硬件组成，将各种公用系统连接在一起。

（6）进线间

进线间是建筑物外部通信和信息管线的入口部位，并可作为入口设施和建筑群配线设备的安装场地。

进线间一般提供给多家电信业务经营者使用，通常设于地下一层。进线间主要作为室外电缆和光缆引入楼内的成端与分支及光缆的盘长空间位置。随着光缆至大楼（FTTB）、至用户（FTTH）、至桌面（FTTO）的应用及容量日益增多，进线间就显得尤为重要。由于许多的商用建筑物地下一层环境条件已大大改善，也可以安装配线架设备及通信设施。在不具备设置单独进线间或入楼电缆和光缆数量及入口设施容量较小时，建筑物也可以在入口处采用挖地沟或使用较小的空间完成缆线的成端与盘长，入口设施则可安装在设备间，但宜单独地设置场地，以便功能分区。

（7）管理

管理是对工作区、电信间、设备间、进线间的配线设备、缆线、信息插座模块等设施按一定的模式进行标识和记录。其内容包括管理方式、标识、色标、连接等。这些内容的实施将给今后维护和管理带来很大的方便，有利于提高管理水平和工作效率。特别是对于较为复杂的综合布线系统，如果采用计算机，其效果将十分明显。

**4. 综合布线系统的典型结构和组成**

综合布线系统是一个开放式的结构，该结构下的每个分支子系统都是相对独立单元，对每个分支单元系统的改动都不会影响其他子系统。只要改变节点连接即可在星型、总线型、环状等各种类型网络拓扑结构间进行转换,它应能支持当前普遍采用的各种局域网及计算机系统,同时支持电话、数据、图像、多媒体业务等信息的传递。

《综合布线系统工程设计规范》(GB 50311—2007)和《大楼通信综合布线系统第1部分:总规范》(YD/T 926.1—2009)都将综合布线系统划分为3个子系统,但在《综合布线系统工程设计规范》(GB 50311—2007)中,则是3个子系统和7个部分同时存在。在《综合布线系统工程设计规范》(GB 50311—2007)中规定,综合布线系统基本组成应如图1.5所示。

图1.5　综合布线系统基本组成

为便于理解,在综合布线系统实际工程中,综合布线系统基本构成示意图如图1.6所示。和图1.5相比,在图1.6中增加了房屋建筑群。

图1.6　综合布线系统基本构成示意图

在图1.6中,根据工程的实际情况,FD与FD、BD与BD之间可以建立直达的路由。预先将管槽敷设完毕,待以后需要时再完成缆线的布放。这个路由的存在为实现配线和网络的实时调度与管理带来了许多的方便之处。但不同层的FD之间是否要设路由可根据以后的网络应用而定。因为竖井已将缆线路由做了沟通,只是缆线是否布放而已。

综合布线系统基本构成示意图对于电缆和光缆系统都是适用的。但在工程的实际应用中,应加以正确理解,因为光缆布线与电缆布线有许多不同之处。

(1) 建筑群子系统。从建筑群配线架到各建筑物配线架的布线属于建筑群子系统。该布线子系统包括建筑群干线电缆、光缆及其在建筑群配线架和建筑物配线架上的机械终端及建筑群配线架上的接插线和跳线。一般情况下,建筑群子系统宜采用光缆。建筑群干线电缆、建筑群干线光缆也可用来直接连接两个建筑物的配线架。

（2）干线子系统。从建筑物配线架到各楼层电信间配线架的布线属于干线子系统（垂直子系统）。该子系统由设备间至电信间的干线电缆和光缆、安装在设备间的建筑物配线设备（BD）及设备线缆和跳线组成。建筑物干线电缆、光缆应直接端接到有关的电信间楼层配线架，且中间不应有集合点或接头。

（3）配线子系统。从电信间的楼层配线架到各信息点的布线属于配线子系统（水平子系统），配线子系统由工作区的信息插座模块、信息插座模块至电信间配线设备（FD）的配线电缆和光缆、电信间的配线设备及设备缆线和跳线等组成。水平电缆、光缆一般直接连接到信息点。必要时，楼层电信间配线架和各个信息点之间允许有一个集合点。

（4）引入部分构成。在国家标准《综合布线系统工程设计规范》（GB 50311—2007）中，规定了综合布线系统进线间的入口设施及引入线缆构成如图 1.7 所示。其中，对设置了设备间的建筑物，其设备间所在楼层的 FD 可以和设备间中的 BD/CD 及入口设施安装在同一场地。

图 1.7 综合布线系统进线间的入口设施及引入线缆构成

在实际综合布线系统中，各个子系统有时叠加在一起。例如，位于大楼一层的电信间也常常合并到大楼一层的网络设备间，进线间也经常设置在大楼一层的网络设备间。

同时，在信息点数量较少，传输距离小于 90m 的情况下，水平电缆可以直接由信息点（TO）连接至 BD（光缆不受 90m 长度限制），如图 1.8 所示。另外，楼层配线设备（FD）也可不经过大楼配线设备（BD）而直接通过干线缆线连接至建筑群配线设备（CD）。这些都和工作区的用户性质和网络构成有关。

图 1.8 综合布线子系统简化

### 5. 综合布线系统组成部件

在综合布线系统构成图中包含的部件主要有以下几部分。

（1）建筑群子系统：由连接多个建筑物之间的干线电缆或光缆、建筑群配线设备（CD）、设备缆线和跳线组成。

（2）建筑群主干缆线（Campus Backbone Cable）：可为建筑群主干电缆或主干光缆，用在建筑群内连接建筑群配线架与建筑物配线架的电缆、光缆。

(3) 建筑群配线设备(Campus Distributor,CD)：终接建筑群主干缆线的配线设备。

(4) 干线子系统：由设备间至电信间的干线电缆和光缆、安装在设备间的建筑物配线设备(BD)及设备缆线和跳线组成。

(5) 建筑物主干缆线(Building Backbone Cable)：可为主干电缆或主干光缆,用来连接建筑物配线设备至楼层配线设备及建筑物内楼层配线设备之间相连接的缆线。

(6) 建筑物配线设备(Building Distributor,BD)：为建筑物主干缆线或建筑群主干缆线终接的配线设备。

(7) 配线子系统：由工作区的信息插座模块、信息插座模块至电信间配线设备(FD)的配线电缆和光缆、电信间的配线设备及设备缆线和跳线等组成。

(8) 水平线缆(Horizontal Cable)：楼层配线设备到信息点之间的连接缆线。

(9) 楼层配线设备(Floor Distributor,FD)：终接水平电缆、水平光缆和其他布线子系统(干线电(光)缆)终接的配线设备。

(10) 集合点(Consolidation Point,CP)：楼层配线设备与工作区信息点之间水平缆线路由中的连接点,可以设置也可以不设置。

(11) 信息点(Telecommunications Outlet,TO)：各类电缆或光缆终接的信息插座模块。

(12) CP链路：楼层配线设备与集合点之间,包括各端的连接器件在内的永久性的链路。

(13) CP缆线：连接集合点至工作区信息点的缆线。

(14) 工作区线缆：也就是通常用的接插软线(Patch Cord),一端或两端带有连接器件的软电缆或软光缆。

(15) 终端设备(Terminal Equipment,TE)：接入综合布线系统的终端设备。

(16) 设备缆线(Equipment Cable)：包括设备电缆、设备光缆,通信设备连接到配线设备的电缆、光缆。

(17) 跳线(Jumper)：不带连接器件或带连接器件的电缆线对与带连接器件的光纤,用于配线设备之间进行连接。

# 1.3　任务实施：掌握综合布线系统的构成

到校园、企业单位调查采用综合布线系统的网络的实际工程结构,画出相应的综合布线系统构成图。

# 习　　题

**一、选择题**

1. 综合布线系统三级结构和网络树形三层结构的对应关系是(　　)。
   A. BD对应核心层、CD对应分布层　　　　B. CD对应核心层、BD对应分布层
   C. BD对应核心层、FD对应接入层　　　　D. CD对应核心层、BD对应接入层

2. 综合布线系统二级结构和网络树形二层结构的对应关系是(　　)。
   A. BD对应核心层、FD对应分布层　　　　B. BD对应核心层、FD对应接入层
   C. FD对应核心层、BD对应接入层　　　　D. FD对应核心层、BD对应分布层

3. 在综合布线系统结构中，从设备间配线架到工作区，正确的顺序是(　　)。

    A. BD-FD-CD-TO-CP-TE　　　　　　B. CD-BD-FD-CP-TO-TE

    C. CD-FD-BD-TO-CP-TE　　　　　　D. BD-CD-FD-TO-CP-TE

4. 在综合布线系统中，直接与用户终端设备相连的部分是(　　)。

    A. 工作区　　　　　　　　　　　　B. 配线子系统

    C. 干线子系统　　　　　　　　　　D. 管理

5. 在综合布线系统中，用于连接两幢建筑物的子系统是(　　)。

    A. 进线子系统　　　　　　　　　　B. 配线子系统

    C. 干线子系统　　　　　　　　　　D. 建筑群子系统

6. 在综合布线系统中，用于连接电信间配线设备和建筑物配线设备的子系统是(　　)。

    A. 进线子系统　　　　　　　　　　B. 配线子系统

    C. 干线子系统　　　　　　　　　　D. 建筑群子系统

7. 在综合布线系统中，用于连接电信间配线设备和工作区信息插座的子系统是(　　)。

    A. 进线子系统　　　　　　　　　　B. 配线子系统

    C. 干线子系统　　　　　　　　　　D. 建筑群子系统

8. 下列选项中，关于综合布线系统组成的说法正确的是(　　)。

    A. 建筑群必须有一个建筑群设备间

    B. 建筑物的每个楼层都必须设置楼层电信间

    C. 建筑物设备间必须与进线间分开

    D. 每台计算机终端都必须独立设置为工作区

9. 根据国标 GB 50311—2007 的规定，综合布线系统宜按(　　)部分设计。

    A. 3　　　　　　B. 6　　　　　　C. 7　　　　　　D. 5

10. 根据通信行业标准 YD/T 926—2009 的规定，综合布线系统由(　　)个子系统构成。

    A. 3　　　　　　B. 6　　　　　　C. 7　　　　　　D. 5

## 二、名词解释

综合布线系统　设备间　工作区　电信间

## 三、简答题

1. 什么是智能建筑？什么是综合布线系统？

2. 简述综合布线系统和智能建筑的关系。

3. 综合布线系统和传统布线系统比较，其主要优点是什么？

4. 建筑物内通常包括哪些弱电系统？

5. 综合布线系统通常应用在什么场所？

6. 列出 5 种有代表性的常用国外综合布线系统标准。

7. 在我国综合布线系统标准有哪些？

8. 综合布线系统主要由哪几部分组成？各部分包括哪些范围？

9. 综合布线系统包括哪些布线部件？

# 任务 2

## 认识综合布线系统的布线缆线及其连接器件

## 2.1 任务描述

在任务 1 中已经学到,综合布线系统由 7 部分组成,分布于建筑物的不同位置,分别起着各自重要的作用。同时,也已经了解这 7 部分由许多的部件构成,具体有如下几种。

(1) 建筑群主干缆线(Campus Backbone Cable)。

(2) 建筑群配线设备(Campus Distributor,CD)。

(3) 建筑物主干缆线(Building Backbone Cable)。

(4) 建筑物配线设备(Building Distributor,BD)。

(5) 水平缆线(Horizontal Cable)。

(6) 楼层配线设备(Floor Distributor,FD)。

(7) CP 缆线。

(8) 信息点(Telecommunications Outlet,TO)。

(9) 工作区缆线。

(10) 设备缆线(Equipment Cable)。

(11) 跳线(Jumper)。

这些部件的连接组成了综合布线系统链路。这些链路是由缆线、连接器件等连接在一起组成的。

目前,在市场上有大量的综合布线产品供应商,不同厂商提供的产品各有特点。

在综合布线系统中各组成部分分别有哪些布线材料?下面将对其进行详细的介绍。

## 2.2 相关知识

### 2.2.1 综合布线系统工程中使用的传输介质

在计算机之间进行相互联网时,首先要解决的是通信线路和通道传输问题。计算机网络通信分为有线通信和无线通信两大类。有线通信系统是指利用电缆或光缆来作为信号的传输载体,通过连接器、配线设备及交换设备将计算机连接起来,形成通信网络;而无线通信系统则是利用卫星、微波、红外线来作为信号的传输载体,借助空气来进行信号的传输,通过相应的信号收发器将计算机连接起来,形成通信网络。

在有线通信系统中,线缆主要有铜缆和光缆两大类。铜缆又可分为同轴电缆和双绞线电缆两种；光缆则可分为单模光纤和多模光纤两种。

在综合布线系统中，除传输介质外，传输介质的连接也非常重要。不同区域的传输介质要通过连接件连接，从而形成通信链路。

### 1. 双绞线电缆

（1）双绞线电缆概述

双绞线电缆（Twisted Pair Wire，TP）是综合布线系统工程中最常用的有线通信传输介质。

双绞线由两根具有绝缘保护层的铜导线（22～26 号）互相缠绕而成，每根铜导线的绝缘层上分别涂有不同的颜色，如果把一对或多对双绞线放在一个绝缘套管中便构成了双绞线电缆，简称双绞线，如图 2.1 所示。

图 2.1　双绞线

在双绞线电缆（也称双扭线电缆或对称双绞电缆，为便于统一，本书中统一用双绞线表示）内，不同线对具有不同的扭绞长度，按逆时针方向扭绞。把两根绝缘的铜导线按一定密度互相绞合在一起，每一根导线在传输中辐射出来的电波会被另一根线上发出的电波抵消，提高了抗系统本身电子噪声和电磁干扰的能力，但不能防止周围的电子干扰。一般绞线越密其抗干扰能力就越强。

双绞线电缆的直径通常用 AWG（American Wire Gauge，美国线缆标准）单位来衡量。AWG 数越小，电线直径却越大。双绞线的绝缘铜导线线芯大小有 22、24 和 26 等规格。

在计算机网络中，通常用到的双绞线是 4 对结构。为了便于安装与管理，每对双绞线用颜色标示。4 对 UTP 电缆的颜色分别是蓝色、橙色、绿色、棕色。在每个线对中，其中一根的颜色为线对颜色加一个白色条纹或斑点（纯色），另一根的颜色是白色底色加线对颜色的条纹或斑点，即电缆中的每一对双绞线电缆都是互补颜色。具体的颜色编码见表 2.1。

表 2.1　4 对 UTP 电缆颜色编码

| 线　对 | 颜色编码 | 简　写 | 线　对 | 颜色编码 | 简　写 |
|---|---|---|---|---|---|
| 线对 1 | 白-蓝 | W-BL | 线对 3 | 白-绿 | W-G |
| | 蓝 | BL | | 绿 | G |
| 线对 2 | 白-橙 | W-O | 线对 4 | 白-棕 | W-BR |
| | 橙 | O | | 棕 | BR |

（2）非屏蔽双绞线

双绞线电缆分为非屏蔽双绞线电缆和屏蔽双绞线电缆。下面首先来介绍非屏蔽双绞线电缆。

① 非屏蔽双绞线电缆概述。非屏蔽双绞线电缆（Unshielded Twisted Pair，UTP）是指没有用来屏蔽双绞线的金属屏蔽层，只在绝缘套管中封装了一对或一对以上的双绞线，每对双绞线按一定密度互相绞在一起。图 2.2 所示为一条 5e 类 4 对 8 芯非屏蔽双绞线电缆。

UTP 电缆是计算机网络中最普遍的传输介质，并且因其灵活性、成本低、易安装、传输速率较高而应用广泛。常用

图 2.2　5e 类 4 对 8 芯非屏蔽
双绞线电缆

的双绞线电缆为 4 对,配上标准的 RJ-45 插座,可应用于语音、数据、视频或监控等系统。UTP 电缆在综合布线系统中还可以同时用于干线子系统和配线子系统。

② UTP 电缆等级。TIA/EIA 为双绞线电缆根据性能定义了以下几种。不同等级的双绞线电缆的标注方法是这样规定的:如果是标准类型,按 $CATx$ 方式标注,如常用的 5 类线和 6 类线,在线缆的外包皮上标注为 CAT5 和 CAT6;如果是增强版的,就按 $CATxe$ 方式标注,如超 5 类线就标注为 CAT5e。

a. 1、2 类双绞线。语音级电缆,电缆最高频带带宽是 1MHz,只适合于语音和低速率数据的传输(低于 4Mbps)。

b. 3 类双绞线。最低级数据级电缆,链路等级为 C。3 类电缆最高频带带宽为 16MHz,主要应用于语音、10Mbps 的以太网和 4Mbps 的令牌环网,信道最大长度为 100m,采用 RJ-45 连接器。

c. 4 类双绞线。数据级电缆,4 类电缆最高频带带宽为 20MHz,最高数据传输速率 20Mbps。主要应用于语音、10Mbps 的以太网和 16Mbps 的令牌环网,信道最大长度为 100m,采用 RJ-45 连接器,未被广泛采用。

d. 5 类双绞线。数据级电缆,链路等级为 D。5 类电缆最高频带带宽为 100MHz,数据传输速率 100Mbps(最高可达 1000Mbps)。主要应用于语音、100Mbps 的快速以太网,信道最大长度为 100m,采用 RJ-45 连接器。用于数据通信的 5 类产品已淡出市场。目前,主要应用于语音主干布线的是 5 类大对数电缆。

e. 超 5 类双绞线(Enhanced CAT5)。或称"5 类增强型"、"增强型 5 类",简称"5e 类",是目前市场的主流产品。链路等级为 D+。电缆最高频带带宽也为 100MHz,性能比 CAT5 显著提高。超 5 类线的全部 4 个线对都能实现全双工传输,可更好地支持千兆位以太网。信道最大长度为 100m。

5e 类非屏蔽双绞线是 24AWG,单根铜线直径约为 0.51mm,加上绝缘层直径约为 0.92mm。4 对 UTP 电缆直径约为 5.3mm。

f. 6 类双绞线。6 类电缆最高频带带宽为 250MHz,链路等级为 E,是 1000Mbps 数据传输的最佳选择。和 5e 类双绞线一样,其信道最大长度也为 100m,正在逐渐成为市场的主流产品。并能够适应当前的语音、数据和视频应用。采用传统 8 端口 RJ-45 模块化插座和插头。但对 802.3an 10Gbase-T 上支持极为有限的距离,且信道长度不大于 55m。

6 类非屏蔽双绞线是 22AWG,单根铜线直径约为 0.58mm。4 对 UTP 电缆直径有 5.8mm、5.9mm、6.5mm 等多种。

6 类电缆的绞距比超 5 类更密,线对间的相互影响更小。为了减少衰减,电缆绝缘材料和外套的损耗应最小。在电缆中,通常使用聚乙烯和聚四氟乙烯两种材料。6 类电缆的结构有两种:一种结构与 5 类电缆类似,采用紧凑的原型设计方式及平行隔离带技术,它可获得较好的电气性能;另一种结构是采用中心扭十字技术,电缆采用十字分隔器,线对之间的分隔可阻止线对间串扰,其物理结构图如图 2.3 所示。十字星型填充的双绞线电缆构造是在电缆中建一个十字交叉中心,把 4 个线对分成不同的信号区,这样就可以提高电缆的抗近端串扰性能,减少在安装过程中由于电缆连接和弯曲引起的电缆物理上的失真,十字骨架构造在保证前后位置精准方面做了更多的改进。

g. 超 6 类双绞线(Enhanced CAT6),或称"6 类增强型"、"增强型 6 类",简称"6e 类",其链路等级为 E+。电缆最高频带带宽为 500MHz。支持 802.3an 10Gbase-T 标准的传输距离

图 2.3  6 类双绞线物理结构图

可达 100m。

h. 7 类双绞线。电缆最高频带带宽为 600MHz,其链路等级为 F。7 类双绞线(CAT7)电缆的频带带宽为 600MHz 以上。基于 7 类/F 级标准开发的 STP 布线系统,可以在一个连接器和单根电缆中,同时传送独立的视频、语音和数据信号。它甚至可以支持在单对电缆上传送全带宽的模拟视频(一般为 870MHz),并且在同一护套内的其他双绞线线对上也能同时进行语音和数据实时传送。

7 类/F 级标准定义的传输媒质是线对屏蔽(也称全屏蔽)的 STP 电缆,它在传统护套内加裹金属屏蔽层/网的基础上又增加了每个双绞线对的单独屏蔽。

7 类/F 级 STP 布线系统可采用两种模块化接口方式:一种是传统的 RJ 接口,机械上能够兼容低级别的设备,但是由于受其天生结构的限制很难达到标准的 600MHz 带宽;另一种选择非 RJ 接口,能够提供高带宽的服务(1.2GHz),并且已经被 ISO/IEC 11801 认可并被批准为 7 类/F 级标准接口。

③ 大对数线缆。大对数线缆,即大对数干线电缆,通常有 25 对、50 对和 100 对等型号,大对数线缆只有 UTP 电缆。5 类和 5e 类一般只有 25 对线缆,3 类才有 25、50、100、300 对等型号线缆。其中,5 类、5e 类大对数可支持到 1000Mbps,并向下兼容。5 类和 3 类常用于语音通信的干线子系统中。通常每一门电话使用 1 对芯线。

同样,为便于安装和管理,大对数线缆采用 25 对国际工业标准彩色编码进行管理。每个线对束都有不同的颜色编码,同一束内的每个线对又有不同的颜色编码,其颜色编码见表 2.2。

表 2.2  大对数电缆颜色编码

| 01 | 02 | 03 | 04 | 05 | 06 | 07 | 08 | 09 | 10 | 11 | 12 | 13 | 14 | 15 | 16 | 17 | 18 | 19 | 20 | 21 | 22 | 23 | 24 | 25 |
|----|----|----|----|----|----|----|----|----|----|----|----|----|----|----|----|----|----|----|----|----|----|----|----|----|
| 白 | | | | | 红 | | | | | 黑 | | | | | 黄 | | | | | 紫 | | | | |
| 蓝 | 橙 | 绿 | 棕 | 灰 | 蓝 | 橙 | 绿 | 棕 | 灰 | 蓝 | 橙 | 绿 | 棕 | 灰 | 蓝 | 橙 | 绿 | 棕 | 灰 | 蓝 | 橙 | 绿 | 棕 | 灰 |

主色:白、红、黑、黄、紫;辅色:蓝、橙、绿、棕、灰。

任何综合布线系统只要使用超过 1 对的线对,就应该在 25 个线对中按顺序分配,不要随意分配线对。25 线对 UTP 电缆颜色编码见表 2.3。

(3)屏蔽双绞线电缆

随着电气设备和电子设备的大量应用,通信链路受到越来越多的电子干扰,如动力线、发动机、大功率无线电和雷达信号等信号源。如果这些信号产生在通信链路附近,则可能带来称为噪声的破坏或干扰。另一方面,电缆导线中传输的信号能量的辐射,也会对邻近的系统设备和电缆产生电磁干扰(EMI)。在双绞线电缆中,增加屏蔽层就是为了提高电缆的物理性能和电气性能,以减少周围信号对电缆中传输的信号的电磁干扰。

表 2.3　25 线对 UTP 电缆颜色编码

| 线对 | 颜色编码 | 线对 | 颜色编码 | 线对 | 颜色编码 |
|---|---|---|---|---|---|
| 1 | 白/蓝 蓝/白 | 10 | 红/灰 灰/红 | 19 | 黄/棕 棕/黄 |
| 2 | 白/橙 橙/白 | 11 | 黑/蓝 蓝/黑 | 20 | 黄/灰 灰/黄 |
| 3 | 白/绿 绿/白 | 12 | 黑/橙 橙/黑 | 21 | 紫/蓝 蓝/紫 |
| 4 | 白/棕 棕/白 | 13 | 黑/绿 绿/黑 | 22 | 紫/橙 橙/紫 |
| 5 | 白/灰 蓝/白 | 14 | 黑/棕 棕/黑 | 23 | 紫/绿 绿/紫 |
| 6 | 红/蓝 蓝/红 | 15 | 黑/灰 灰/黑 | 24 | 紫/棕 棕/紫 |
| 7 | 红/橙 橙/红 | 16 | 黄/蓝 蓝/黄 | 25 | 紫/灰 灰/紫 |
| 8 | 红/绿 绿/红 | 17 | 黄/橙 橙/黄 | | |
| 9 | 红/棕 棕/红 | 18 | 黄/绿 绿/黄 | | |

电缆屏蔽层的设计有屏蔽整个电缆、屏蔽电缆中的线对和屏蔽电缆中的单根导线共 3 种形式。

电缆屏蔽层由金属箔、金属丝或金属网构成。屏蔽双绞线电缆与非屏蔽双绞线电缆一样,电缆芯是铜双绞线电缆,护套层是塑橡皮。只不过在护套层内增加了金属层。按金属屏蔽层数量和金属屏蔽层绕包方式,屏蔽双绞线电缆可分为以下几种。

① 电缆金属箔屏蔽双绞线电缆(F/UTP),图 2.4 所示为 F/UTP 横截面结构图。

② 线对金属箔屏蔽双绞线电缆(U/FTP)。

③ 电缆金属编织网加金属箔屏蔽双绞线电缆(SF/UTP),图 2.5 所示为 SF/UTP 横截面结构图。

绝缘层
铜芯
撕裂绳
聚酯薄膜
铝箔
护层
排流线

图 2.4　F/UTP 横截面结构图

绝缘层
铜芯
丝网
撕裂绳
聚酯薄膜
铝箔
护层
排流线

图 2.5　SF/UTP 横截面结构图

④ 电缆金属箔编织网屏蔽加上线对金属箔屏蔽双绞线电缆(S/FTP)。

不同的屏蔽电缆会产生不同的屏蔽效果。一般认可金属箔对高频、金属编织网对低频的电磁屏蔽效果为佳。如果采用双重屏蔽(SF/UTP 和 S/FTP),则屏蔽效果更为理想,可以同时抵御线对之间和来自外部的电磁屏蔽辐射干扰,减少线对之间及线对对外部的电磁辐射干扰。

为了起到良好的屏蔽作用,屏蔽布线系统中的每一个元件(双绞线、水晶头、信息模块、配线架等)必须全部是屏蔽结构,且接地良好。

(4) 双绞线的电气特性参数

双绞线的电气特性直接影响了它的传输质量。双绞线的电气特性参数也是布线过程中的测试参数。双绞线的电气特性参数主要有特性阻抗、直流环路电阻、衰减、近端串音、近端串音功率和、衰减串音比值、远端串扰、等电平远端串音、等电平远端串音功率和、回波损耗、传播时延、传播时延偏差、插入损耗等。

### 2．同轴电缆

同轴电缆曾应用于各种类型的网络,目前更多地用于有线电视或视频(监控和安全)等网络应用中。

（1）同轴电缆的结构

同轴电缆由两个导体组成,其结构是一个外部圆柱形空心导体围裹着一个内部导体。同轴电缆的组成由里向外依次是裸铜导体、绝缘层、网状屏蔽层和PVC护套,如图2.6所示。内部导体可以是单股实心线也可以是绞合线;外部导体可以是单股线也可以是编织线。内部导体的固定用规则间隔的绝缘环或者用固体绝缘材料,外部导体用一个罩或者屏蔽层覆盖。因为同轴电缆只有一个中心导体,所以它通常被认为是非平衡传输介质。中心导体和屏蔽层之间传输的信号极性相反,中心导体为正,屏蔽层为负。

绝缘层　　　　PVC护套
裸铜导体　网状屏蔽层

图 2.6　同轴电缆结构截面图

中心导体和电缆屏蔽层以同一个轴为对称中心构成了两个同心圆结构,可以保证中心导体处在中心位置,并保证它与屏蔽层之间的距离的准确性,这两个电缆部件用绝缘层隔开。

目前,进行综合布线系统时已经不再使用同轴电缆,但同轴电缆曾一度在网络传输介质中占有很重要的地位,为了帮助用户了解同轴电缆,在这里简单介绍一下。

（2）同轴电缆类型

常用的同轴电缆有RG6/RG-59同轴电缆、RG-8或RG-11、RG-58/U或RG-58C/U、RG-62。

计算机网络一般选用RG-8(粗缆)和RG-58(细缆),但随着局域网速率的提高和UTP、光缆的价格降低,RG-8(粗缆)和RG-58(细缆)已经不再用于计算机局域网络。

（3）同轴电缆连接器

一些常见的同轴电缆连接器有N型连接器、BNC型连接器和F型连接器。同轴电缆连接器把中心导线与电缆金属箔和网状屏蔽层隔离开来,同时还为同轴电缆的金属箔和网状屏蔽层提供了连接。

① N型连接器。N型连接器是用于50Ω同轴粗缆的连接器,如图2.7所示。N型连接器是螺口连接器,用于同轴电缆粗缆的端接。

图 2.7　N型连接器

② BNC 型连接器。BNC 型连接器是和 50Ω 细缆一起用的连接器,如图 2.8 所示。BNC 型连接器是卡口式连接器。

③ F 型连接器。F 型连接器用于 75Ω 电缆分配系统,如图 2.9 所示。其特点是螺纹连接、插合方便,性能稳定,价格适宜。

(a)　　　　　　　　(b)

图 2.8　BNC 型连接器　　　　　　　　图 2.9　F 型连接器

(a) BNC 头；(b) T 形头

### 3. 光纤传输介质

光纤是光导纤维的简称,光导纤维是一种传输光束的细而柔软的媒质,是数据传输中最有效的一种传输介质。光缆由 2 芯或以上光纤组成。

（1）光纤的结构

计算机网络中的光纤主要是用石英玻璃($SiO_2$)制成的,横截面积很小的双层同心圆柱体。裸光纤由光纤芯、包层和涂覆层 3 部分组成。最里面的是光纤芯;包层将光纤芯围裹起来,使光纤芯与外界隔离,以防止与其他相邻的光导纤维相互干扰。包层的外面涂覆一层很薄的涂覆层,涂覆材料为硅酮树脂或聚氨基甲酸乙酯,涂覆层的外面套塑(或称二次涂覆),套塑的原料大都采用尼龙、聚乙烯或聚丙烯等塑料。裸光纤的结构图如图 2.10 所示。

图 2.10　裸光纤的结构图

光纤芯是光的传导部分,而包层的作用是将光封闭在光纤芯内。光纤芯和包层的成分都是玻璃,光纤芯的折射率高,包层的折射率低,这样可以把光封闭在光纤芯内,如图 2.11 所示。

图 2.11　光纤中光的传输

（2）光纤的分类

光纤的种类很多,可以根据构成光纤的材料、光纤的制造方法、光纤的传输总模数、光纤横截面上的折射率分布和工作波长进行分类。

① 按构成光纤的材料分类。按照构成光纤的材料,光纤一般可分为以下 3 类。

a. 玻璃光纤：光纤芯与包层都是玻璃，其特点是损耗小、传输距离长、成本高。

b. 胶套硅光纤：光纤芯是玻璃，包层是塑料，其特点是损耗小、传输距离长、成本较低。

c. 塑料光纤：光纤芯与包层都是塑料，其特点是损耗大、传输距离很短、价格很低。多用于家电、音响以及短距离的图像传输。

② 按传输模式分类。将光纤按照传输模式分类，有多模光纤（Multi Mode Fiber，MMF）和单模光纤（Single Mode Fiber，SMF）两种。

a. 单模光纤。单模光纤对给定的工作波长只能传输一个模式。单模光纤采用固定激光器作为光源，若入射光的模样为圆光斑，则射出端仍能观察到圆形光斑，即单模光纤只允许一束光传输，没有模分散特性，因此单模光纤的纤芯相应较细、传输频带宽、容量大，且传输距离长。单模光纤的纤芯直径很小，在 $4\sim10\mu m$ 之间，包层直径为 $125\mu m$。目前常见的单模光纤主要有 $8.3\mu m/125\mu m$、$9\mu m/125\mu m$、$10\mu m/125\mu m$ 等规格。单模光纤通常用在工作波长为 1310nm 或 1550nm 的激光发射器中。

由于单模光纤只传输主模，从而避免了模态色散，使得这种光纤的传输频带很宽，传输容量大，适用于大容量、长距离的光纤通信。通常在建筑物之间或地域分散时使用。

b. 多模光纤。多模光纤采用发光二极管作为光源。多模光纤可以传输若干个模式，多模光纤允许多束光在光纤中同时传播，形成模分散，模分散限制了多模光纤的带宽和距离，因此多模光纤的纤芯粗、传输速度低、距离短、整体的传输性能差，但其成本一般较低。特别适合于多接头的短距离应用场合。多模光纤的纤芯直径一般在 $50\sim75\mu m$ 之间，包层直径为 $125\sim200\mu m$。在综合布线系统中常用的纤芯直径为 $50\mu m$ 和 $62.5\mu m$，包层均为 $125\mu m$，也就是通常所说的 $50\mu m/62.5\mu m$。多模光纤的光源一般采用 LED（发光二极管），工作波长为 850nm 或 1300nm。多模光纤常用于建筑物内干线子系统、水平子系统或建筑群之间的布线。单模光纤和多模光纤如图 2.12 所示。

(a)

(b)

图 2.12　单模光纤和多模光纤

(a) 多模光纤：纤芯大，多角度进入；(b) 单模光纤：纤芯小，单角度进入

③ 按工作波长分类。按光纤的工作波长分类，有短波长光纤、长波长光纤和超长波长光纤 3 种。多模光纤的工作波长为短波长 850nm 和长波长 1300nm，单模光纤的工作波长为长波长 1310nm 和超长波长 1550nm。

（3）光纤通信系统

目前,在局域网中实现的光纤通信是一种光电混合式的通信结构。通信终端的电信号与光缆中传输的光信号之间要进行光电转换,光电转换通过光电转换器完成,如图 2.13 所示。

图 2.13　光电转换

利用光纤传递光脉冲可以完成通信。光源被放置在发送端,光源可以是发光二极管或半导体激光器,使光源在电脉冲的作用下产生光脉冲,在接收端利用光电二极管制成光检测器,当可以检测到光脉冲时,便可还原出电脉冲。

由于光信号目前只能单方向传输,所以目前光纤通信系统通常都是用 2 芯:一芯用于发送信号;另一芯用于接收信号。

由于传输的光线没有向外部溢出,只存在玻璃中的损耗,可以使光线在光纤中传播较长的距离。如果采用损耗低的石英玻璃作为纤芯,则效果会更好。

与铜缆相比,光纤通信系统的主要优点如下。

① 光纤通信的频带很宽,理论可达 30GHz,且通信容量大。

② 线路损耗低、衰减较小、传输距离远。

③ 不受电磁场和电磁辐射的影响、完全的电磁绝缘、抗干扰能力强、安全性高。

④ 线径细、重量轻。

⑤ 抗化学腐蚀能力强,适用于某些特殊环境下的布线。

⑥ 不带电,使用安全,可用于易燃、易爆场所。没有电流通过,不产生热和火花,所以不怕雷击、不怕静电,不必担心串扰以及回波损耗等。

与铜缆相比,光纤通信系统的主要缺点如下。

① 初始投入成本比铜缆高。

② 光纤连接器比铜缆连接器易坏。

③ 端接光纤需要更高的技能和复杂的设备。

（4）光纤的传输性能

目前,世界数据通信传输量的 80% 以上是由光通信系统完成传输的。因此,光纤的传输性能在光通信系统中是非常重要的。多模光纤的传输性能指标包括光源与光纤的耦合、光纤的数值孔径、光纤的损耗、光纤的模式带宽、光纤的色散、截止波长。

（5）光缆及其结构

光纤传输系统中直接使用的是光缆而不是光纤。光缆结构的主旨在于想方设法保护内部的光纤,不受外界机械应力和水、潮湿的影响。因此,在进行光缆设计、生产时,需要按照光缆的应用场合、敷设方法设计光缆结构。光纤的最外面是缓冲保护层、光缆加强元件和光缆护套。

① 光纤。光缆的核心是光纤,光纤在前面已经介绍过。

② 缓冲保护层。在光纤涂覆层外面还有一层缓冲保护层,给光纤提供附加保护。在光缆中这层保护分为紧套管缓冲和松套管缓冲两类。

a. 紧套管缓冲。紧套管是直接在涂覆层外加的一层塑料缓冲材料,其直径约为 $650\mu m$,

与涂覆层合在一起,构成一个直径为 $900\mu m$ 的缓冲保护层。

紧套管缓冲光缆主要用于室内布线。由于它的尺寸较小,所以使用灵活,并在安装过程中允许有大的弯曲半径,使得安装起来比较容易。

b. 松套管缓冲。松套管缓冲光缆使用塑料套管作为缓冲保护层,套管直径是光纤直径的几倍,在这个大的塑料套管的内部有一根或多根已经有涂覆层保护的光纤。光纤在套管内可以自由活动,并且通过套管与光缆的其他部分隔离开来。

松套管缓冲一般用于室外布线,光缆的结构可以防止室外电缆管道内的长距离牵引带来的损害,同时还可以适应室外温度变化较大的环境特点。此外,大多数厂家还在松套管上加了一层防水凝胶,以利于光纤隔离外界潮湿。

③ 光缆加强元件。为保护光缆的机械强度和刚性,光缆通常包含有一个或几个加强元件。在光缆被牵引的时候,加强元件使得光缆有一定的抗拉强度,同时还对光缆有一定支持保护作用。光缆加强元件有芳纶砂、钢丝和纤维玻璃棒 3 种。

④ 光缆护套。光缆护套是光缆的外围部件,它是非金属元件,作用是将其他的光缆部件加固在一起,保护光纤和其他的光缆部件免受损害。

(6) 光缆的物理性能和环境性能

光缆的传输性能是由光缆中的光纤的质量决定的,而光缆的物理性能和环境性能则是由护套层来决定的。光缆的设计寿命一般为 40 年,要保证光缆的传输性能,必须对光缆的物理性能和环境性能提出严格的技术要求,并进行有效的保护。

① 光缆的物理性能。光缆的物理性能应能保证光缆为光纤提供足够的保护,使光纤在运输、施工及运行维护期内不会遭受损坏,并能保持光纤的优良传输性能。

② 光缆的环境性能。光缆环境性能是指光缆的高低温性能、渗水性能和滴流性能。敷设在室外的光缆,其性能与周围环境的变化有关。

(7) 光缆的分类

光缆的分类有多种方法,通常的分类方法如下。

① 按照应用场合分类:室内光缆、室外光缆、室内外通用光缆等。

② 按照敷设方式分类:架空光缆、直埋光缆、管道光缆、水底光缆等。

③ 按照结构分类:紧套管光缆、松套管光缆、单一套管光缆等。

④ 按照光缆缆芯结构分类:层绞式、中心束管式、骨架式和带状式 4 种基本形式。

⑤ 按照光缆中光纤芯数分类:4 芯,6 芯,8 芯,12 芯,24 芯,36 芯,48 芯,72 芯,…,144 芯等。

(8) 光缆的型号和识别

根据我国通信行业标准《光缆型号命名方法》(YD/T 908—2000)的规定,光缆型号由光缆形式和规格两大部分组成,中间用空格分开。

① 光缆形式。光缆的形式由 5 个部分构成,各部分均用代号表示,如图 2.14 所示。具体各部分含义可参见我国通信行业标准《光缆型号命名方法》(YD/T 908—2000)中的相关规定。

② 规格。光缆的规格是由光纤和导电芯线的有关规格组成的。限于篇幅,请参见我国通信行业标准《光缆型号命名方法》(YD/T 908—2000)中的相关规定。

图 2.14　光纤型号的构成

#### 4. 无线传输介质与综合布线系统

无线传输是指在自由空间中,利用电磁波或其他方式发送和接收信号。地球上的大气层为大部分无线传输提供了物理通道。

常用的无线传输介质有微波、激光、红外线等几种,可以组建 Ad-Hoc 无线局域网、Infrastructure 无线局域网和无线有线一体化的局域网。

目前,国内的综合布线系统主要采用双绞线和光缆,但有时有线网络在很多时候需要无线技术作为补充和扩展,而无线网络的使用也离不开有线网络的支撑。因而,在综合布线系统设计中,可以考虑采用无线网络与有线网络并用的方式,使无线网络和有线网络互相配合,相得益彰,从而使得综合布线系统更加灵活、方便、经济,功能更加完善。

### 2.2.2　双绞线连接器件

在综合布线系统中除了需要使用传输介质外,还需要与传输介质对应的连接器件,这些器件用于端接或直接连接电缆,从而组成一个完整的信息传输通道。

双绞线的主要连接器件有配线架、信息插座和接插软线(跳接线)。信息插座采用信息模块和 RJ-45 连接头连接。在电信间,双绞线电缆端接至配线架,再用跳接线连接。

#### 1. RJ-45 连接器

RJ-45 连接器(8 针)是一种塑料接插件,又称 RJ-45 水晶头。用于制作双绞线跳线,实现与配线架、信息插座、网卡或其他网络设备(如集线器、交换机、路由器等)的连接。

根据端接的双绞线的类型,有 5 类、5e 类、6 类 RJ-45 连接器;有非屏蔽 RJ-45 连接器(用于和非屏蔽双绞线端接,如图 2.15 所示)和屏蔽的 RJ-45 连接器(用于和屏蔽双绞线端接,如图 2.16 所示)。

图 2.15　非屏蔽 RJ-45 连接器

图 2.16　屏蔽的 RJ-45 连接器

在使用双绞线电缆布线时,通常要使用双绞线跳线来完成布线系统与相应设备的连接。所谓双绞线跳线,是指两端带有 RJ-45 连接器的一段双绞线电缆,如图 2.17 所示。在计算机网络中使用的双绞线跳线有直通线、交叉线、反接线 3 种类型。在制作双绞线跳线时,可以按照 TIA/EIA 568—A 或 TIA/EIA 568—B 两种标准之一进行,但在同一工程中只能按照同一种标准进行,一般多采用 TIA/EIA 568—B 标准。

未连接双绞线的 RJ-45 连接器的头部有 8 片平行的带 V 字形刀口的铜片并排放置,V 字形的两个尖锐处是较锋利的刀

图 2.17　双绞线跳线

口。制作双绞线跳线的时候,将双绞线的 8 根导线按照一定顺序插入 RJ-45 连接器,导线会自动位于 V 字形刀口的上部。用压线钳将 RJ-45 连接器压紧,这时,RJ-45 连接器中的 8 片 V 字形刀口将刺破双绞线导线的绝缘层,分别与 8 根导线相连接。

### 2. 信息插座

信息插座的外形类似于电源插座,和电源插座一样也是固定于墙壁或地面,其作用是为计算机等终端设备提供一个网络接口。通过双绞线跳线即可将计算机通过信息插座连接到综合布线系统,从而接入到网络中。

信息插座通常由信息模块、面板和底盒 3 部分组成。信息模块是信息插座的核心,双绞线电缆与信息插座的连接实际上是与信息模块的连接。信息模块所遵循的标准,决定着信息插座所适用的信息传输通道。面板和底盒的不同,决定着信息插座所适用的安装环境。图 2.18 所示为信息插座结构图。

图 2.18　信息插座结构

(1) RJ-45 信息模块

信息插座中的信息模块通过配线子系统与楼层配线架相连,通过工作区跳线与应用综合布线的终端设备相连。信息模块的类型必须与配线子系统和工作区跳线的线缆类型一致。RJ-45 信息模块是根据国际标准 ISO/IEC 11801、TIA/EIA 568 设计制造的,该模块为 8 线式插座模块,适用于双绞线电缆的连接。RJ-45 信息模块除了安装到信息插座外,还可以安装到模块化配线架中。

RJ-45 信息模块用于端接水平电缆,模块中有 8 个与电缆导线连接的接线。要辨别一个插孔上的金属针针位,可以拿起插孔,面对着模块式插头要连接的那一面,确信有卡条的那一面是朝下的。这时,金属针 1 就是最左边的一根,金属针 8 就是最右边的一根。

RJ-45 连接器插入 RJ-45 信息模块后,与相应触点连接在一起。信息模块与 RJ-45 连接头的 8 根针状金属片,具有弹性连接,且有锁定装置,一旦插入连接,很难直接拔出,必须解锁后才能顺利拔出。由于弹片与插孔间的摩擦作用,电接触随插头的插入而得到进一步加强。插孔主体设计采用了整体锁定机制,这样当模块化插头(如 RJ-45 插头)插入时,插头和插孔的界面处可产生最大的拉拔强度。RJ-45 模块上的接线块通过线槽来连接双绞线电缆,锁定弹片可以在面板等信息出口装置上固定 RJ-45 模块。图 2.19 为 RJ-45 模块的正视图、侧视图、立体图。

图 2.19　RJ-45 模块的正视图、侧视图、立体图

RJ-45 信息模块的类型是与双绞线电缆的类型相对应的,例如,根据其对应的双绞线电缆的等级,RJ-45 信息模块可以分为 3 类、5 类、5e 类和 6 类 RJ-45 信息模块等。

RJ-45 信息模块也分为非屏蔽模块和屏蔽模块。图 2.20 所示是非屏蔽信息模块。图 2.21 所示是屏蔽信息模块。

图 2.20　非屏蔽信息模块

图 2.21　屏蔽信息模块

RJ-45 信息模块根据打线方式可分为打线式信息模块和免打线式信息模块。打线式信息模块需要用专用的打线工具将双绞线导线压倒信息模块的接线块里;而免打线式信息模块只需用连接器帽盖将双绞线导线压倒信息模块的接线块里即可(也可用专用的打线工具)。目前,市场上流行的是免工具打线式信息模块(见图 2.22),其可实现快速布线。

图 2.22　免工具打线式信息模块

屏蔽双绞线电缆和非屏蔽双绞线电缆的端接方式相同,都是利用 RJ-45 信息模块上的接线块通过线槽来连接双绞线电缆的,底部的锁定弹片可以在面板等信息出口装置上固定 RJ-45 信息模块。当安装屏蔽电缆系统时,整个链路都必须屏蔽,包括电缆和连接器。屏蔽双绞线的屏蔽层和连接硬件端接处屏蔽罩必须保持良好接触。电缆屏蔽层应与连接硬件屏蔽罩 360°圆周接触,且接触长度不宜小于 10mm。

(2) 信息插座面板

信息插座面板用于在信息出口位置安装固定信息模块,有单口、双口型号,也有 3 口或 4 口的型号。其一般为平面插口,也有斜口插口的,如图 2.23 所示。

信息插座面板分为固定式面板和模块化面板。固定式面板的信息模块与面板合为一体,无法去掉某个信息模块或更换为其他类型的信息模块。模块化面板使用预留了多个插孔位置的通用面板,面板和信息模块可以分开购买,但需要购买同一厂家的面板和信息模块。目前,在综合布线工程中,主要使用模块化面板。

图 2.23　信息插座面板

（3）信息插座底盒

信息插座底盒一般为塑料材质,预埋在墙体里的底盒也有金属材料的。底盒有单底盒和双底盒两种,一个底盒安装一个面板,且底盒的大小必须与面板制式相匹配。接线底盒有明装和暗装两种,明装底盒安装在墙面上或预埋在墙体内。

接线底盒内有供固定面板用的螺孔,随面板配有将面板固定在底盒上的螺丝。底盒都预留了穿线孔,有的底盒穿线孔是通的,有的底盒在多个方向预留有穿线位,安装时凿穿与线管对接的穿线位即可。图 2.24 所示为单接线底盒。

图 2.24　单接线底盒

（4）信息插座的分类

信息插座根据其所采用信息模块的类型不同以及面板和底盒的结构不同有很多种分类方法。在综合布线系统中,通常是根据安装位置的不同,把信息插座分成墙面型、桌面型和地面型等几种类型。

① 墙面型插座:墙面型插座多为内嵌式插座,安装于墙壁内或护壁板中,主要用于与主体建筑同时完工的综合布线工程。为了防止灰尘,目前使用的大部分墙面型插座都带有扣式防尘盖或弹簧防尘盖。

② 桌面型插座:桌面型插座适用于主体建筑完成后进行的综合布线工程。桌面型插座有多种类型,一般可以直接固定在桌面上,如图 2.25 所示。

③ 地面型插座:在地板上进行信息插座安装时,需要选用专门的地面型插座。地面型插座多为铜质。铜质地面型插座有旋盖式、翻扣式和弹起式 3 种,其中弹起式地面插座应用最为广泛,如图 2.26 所示。弹起式地面插座采用铜合金或铝合金材料制成,可以安装在建筑物内任意位置的地板平面上,适用于大理石、木地板、架空地板等各种地面。

图 2.25　桌面型插座　　　　　　　图 2.26　弹起式地面型插座

### 3. 双绞线电缆配线架

配线架是电缆或光缆进行端接和连接的装置。在配线架上可进行互连或交接操作。建筑群配线架是端接建筑群干线电缆、光缆的连接装置。建筑物配线架是端接建筑物干线电缆、干线光缆并可连接建筑群干线电缆、干线光缆的连接装置。楼层配线架是端接水平电缆、水平光缆与其他布线子系统或设备相连接的装置。光纤配线架在后面部分还会单独介绍,这里介绍的都是铜缆配线架。

铜缆配线架系统分为110型配线架系统(也称IDC配线架)和模块式快速配线架系统两种。相应的,许多厂商都有自己的产品系列,并且对应3类、5类、5e类、6类和7类缆线分别有不同的规格和型号。在具体项目中,可参考产品手册,根据实际情况进行配置。

(1) 110型连接管理系统

110型连接管理系统由AT&T公司于1988年首先推出,该系统后来成为工业标准的蓝本。110型连接管理系统基本部件是配线架、连接块、跳线和标签。110型配线架是110型连接管理系统的核心部分,110配线架是由阻燃、注模塑料制作而成的基本器件,布线系统中的电缆线对就端接在其上。

110型配线架有25对、50对、100对、300对等多种规格,它的套件还应包括4对连接块或5对连接块(见图2.27)、空白标签和标签夹、基座。110型配线架系统使用方便的插拔式跳接,可以简单地进行回路的重新排列,这样就为非专业技术人员管理交叉连接系统提供了方便。110型配线架主要有以下类型。

图2.27　连接块(A: 4对;B: 5对)

① 110AW2:100对和300对连接块,带腿。

② 110DW2:25对、50对、100对和300对接线块,不带腿。

③ 110AB:100对和300对带连接器的终端块,带腿。

④ 110PB-C:150对和450对带连接器的终端块,不带腿。

⑤ 110AB:100对和300对接线块,带腿。

⑥ 110BB:100对连接块,不带腿。

110型配线架的缺点是不能进行二次保护,所以在入楼的地方需要考虑安装具有过流、过压保护装置的配线架。

110型配线架主要有5种端接硬件类型:110A型、110P型、110JP型、110VP VisiPatch型和XLBET超大型。它们具有相同的电气性能,但是其性能、规格及占用的墙场或面板大小却有所不同。每一种硬件都有它自己的优点。

① 110A型配线架。110A型配线架配有若干引脚,俗称"带脚的110配线架",以便为其后面的安装电缆提供空间;配线架侧面的空间可供垂直跳线使用。110A型配线架可以应用于所有场合,特别是可用于大型语音点和数据点缆线管理,也可以应用在交接间接线空间有限的场合。110A型配线架通常直接安装在二级交接间、电信间或设备间墙壁的胶木板上。每个交连单元的安装角使接线块后面留有缆线走线用的空间。110A型线对的接线块应在现场端接。图2.28所示为机架式110A型配线架,这种配线架适用于电信间、设备间水平布线或

设备端接、集中点的互配端接。

110A 型配线架采用由金属制成的 188B1 和 188B2 两种底板,底板上面装有两个封闭的塑料分线环。188B1 底板用于承受和支持连接块之间的水平方向走线,安装在终端块的各色场之间。188B2 底板除了具有 2.54cm 的支脚使缆线可以在底板后面通过之外,其他与 188B1 完全一样。

② 110P 型配线架。110P 型配线架有 300 对和 900 对两种型号,由 300 对线的 188B2 垂直底板和相对应的 188E2 水平过线槽组成的 110P 型配线架,安装在一个金属背板支架上,底部有一个半封闭状的过线槽,如图 2.29 所示。

图 2.28 机架式 110A 型配线架

2.29 110P 型配线架

110P 型配线架没有支撑腿,不能安装在墙上,只能用于某些空间有限的特殊环境,如装在 19in 的机柜内。在 110P 型配线架上配有 188C2 和 188D2 垂直底板,并分别配有分线环,以便为 110P 型终端块之间的跳线提供垂直通路;188E2 底板为 110P 型终端块之间的条线提供水平通路。

110P 型配线架用插拔快接跳线(见图 2.30)代替了跨接线,不但外观简洁,而且为管理提供了方便,对管理人员技术水平要求也不高。但 110P 型硬件不能垂直叠放在一起,也不能用于 2000 条线路以上的管理间或设备间。

③ 110JP 型配线架。110JP 型配线架是指 110 CAT5 Jack Panels,是 110 型模块插孔配线架,它有一个 110 型配线架装置和与其相连接的 8 针模块化插座,这种设计使在 110 交叉连接现场的模块端接可避免中间部件的使用并节省劳动力(见图 2.31)。

④ 110 VisiPatch 型配线架。110 VisiPatch 型配线架是在 110 型配线架的基础上研发的一种全新的配线架系统。110 VisiPatch 型配线架采用全球先进的 110 绝缘置换连接器(Insulation Displacement Connector,IDC)卡接技术和设计,加强了配线的组织和管理。它通过使用独特的反向暗桩式跳线管理,允许集成和更高密度的配线管理,解决了高密度 110 型配线架的跳线管理混乱问题,线路管理整洁美观。

图2.30    插拔快接跳线

图2.31    110JP型配线架

⑤ XLBET超大型配线架。超大型建筑物进线终端架系统XLBET适用于建筑群(校园)子系统,用来连接从中心机房来的电话网络电缆。设计它是因为对于有些场所需要大的进线设备和专用小交换机(PBX),充分利用机房的空间范围是十分重要的。每个模块按24in(61cm)×23in(58.4cm)标准设计,以7ft(2.13cm)高的单片或双面钢质中继导规间隔。超大建筑物进线终端架系统最大负载能力为平行安装110AW2—300对线。每个配线架上都有透明的指示标签。它包括主要的3个部分:框架模块、配线架模块和保护模块。框架模块含有一种轻型焊接钢制框架,两种设计形式:单面3600对与双面7200对。

(2) 模块化快速配线架

模块化快速架又称为快接式(插拔式)配线架或机柜式配线架,是一种19in的模块式嵌座配线架。它通过背部的卡线连接水平或垂直干线,并通过前面的RJ-45水晶头将工作区终端连接到网络设备。

按安装方式,模块式配线架有壁挂式和机架式两种。常用的配线架,通常在1U或2U的空间可以提供24个或48个标准的RJ-45接口。

模块化快速配线架中还有混合多功能型配线架,它只提供一个配线架空板,用户可以根据自己的应用情况选择6类、5e类、5类模块或光纤模块进行安装,并且可以混合安装。

图2.32所示为一款48口模块化快速配线架。图2.33所示为一款24口面板可翻转模块化快速配线架。

图2.32    48口模块化快速配线架

角型配线架允许线缆直接从水平方向进入垂直的线缆管理器,而不需要水平线缆管理器,从而增加了机柜的密度,可以容纳更多的信息点数量。角型高密度配线架的构成如图2.34所示。

凹型配线架主要应用在需要在服务器机柜背部进行配线的情况下,配线架向下凹陷,从而

图 2.33 24 口面板可翻转模块化快速配线架

图 2.34 角型高密度配线架的构成

即使关闭服务器机柜的背板，也不会压迫到任何的跳线，且方便维护操作人员快捷的接入整个配线界面。凹型高密度配线架的构成如图 2.35 所示。

图 2.35 凹型高密度配线架的构成

## 2.2.3 光纤连接器件

在光纤通信链路中，为了实现不同模块、设备和系统之间灵活连接的需要，需有一种能在光纤与光纤之间进行可拆卸连接的器件，使光信号能按所需的信道进行传输，以实现和完成预定或期望的目的和要求。

连接部件主要有配线架、端接架、接线盒、光缆信息插座、各种连接器（如 ST、SC、FC 等）以及用于光缆与电缆转换的器件。它们的作用是实现光缆线路的端接、接续、交连和光缆传输系统的管理，从而形成综合布线系统光缆传输系统通道。

### 1. 光纤连接器

光纤连接器是光纤通信中使用量最多的光无源器件，是用来端接光纤的。光纤连接器的首要功能是把两条光纤的芯子对齐，提供低损耗的连接。大多数的光纤连接器都由 3 部分组成，即两个光纤接头和一个耦合器。耦合器是把两条光缆连接在一起的设备，使用时把两个连接器分别插到光纤耦合器的两端。耦合器的作用是把两个连接器对齐,保证两个连接器之间有一个低的连接损耗。耦合器多配有金属或非金属法兰,以便于连接器的安装固定。光纤连接器使用卡口式、旋拧式、N型弹簧夹和MT-RJ等方法连接到插座上。光纤连接器的组成如图2.36所示。

连接器　　　光纤耦合器

图 2.36　光纤连接器的组成

要传输数据,至少需要两根光纤:一根光纤用于发送;另一根用于接收。光纤连接器根据光纤连接的方式分为以下两种。单连接器在装配时只连接一根光纤;双连接器在装配时要连接两根光纤。

(1) ST型光纤连接器。ST型光纤连接器外壳呈圆形,是双锥型连接器(Biconic Connector),如图2.37所示。ST光纤连接器采用卡口式锁定机构。在新的布线工程中,不推荐使用ST光纤连接器。

(2) SC型光纤连接器。SC型光纤连接器外形呈矩形,紧固方式采用插拔销闩式,轻微的压力就可插入或拔出,无须旋转,如图2.38所示。其适用于工作区、水平布线和管理区。

(3) FC型光纤连接器。FC型(Ferrule Connector)光纤连接器如图2.39所示。其外部采用金属套,紧固方式为螺丝扣。此类连接器结构简单、操作方便、制作容易,多用于电信光纤网络。

(4) LC型连接器。LC型连接器是一款新型的SFF产品,如图2.40所示。LC型连接器是由著名的Bell研究所研究开发出来的,采用操作方便的模块化插孔闩锁机理制成,其所采用的插针和套筒的尺寸是普通SC、FC等所用尺寸的一半,为1.25mm,这样可以提高光配线架中光纤连接器的密度,主要应用于SFP(Small From Pluggable)模块连接。

图 2.37　ST 型连接器　　图 2.38　SC 型连接器　　图 2.39　FC 型连接器　　图 2.40　LC 型连接器

(5) MT-RJ SFF型光纤连接器。MT-RJ SFF型光纤连接器是Tyco Electronics和Siecor联合开发的,如图2.41所示。

(6) MU型连接器。MU(Miniature Unit Coupling)型连接器是一种直插式连接方式的连接器,其实际上是 SC 型连接器的小型化,是以目前使用最多的 SC 型连接器为基础,由 NTT 研制开发出来的世界上最小的单芯光纤连接器,其体积约为 SC 型连接器的 2/5,如图 2.42 所示。该连接器采用 1.25mm 直径的套管和自保持机构,能实现高密度安装。

(7) VF-45 型光纤连接器。在 VF-45 型光纤连接器中,光纤通过注塑成型的热塑 V 形槽来进行对准,并被悬挂在间隙为 4.5mm 的缝隙中,双芯一体化,由连接器外壳进行保护。当插入插座时,光纤稍微弯曲以构成物理接触,如图 2.43 所示。

2.41 MT-RJ SFF 型连接器　　图 2.42 MU 型连接器　　图 2.43 VF-45 型光纤连接器

### 2．光纤跳线和光纤尾纤

(1) 光纤跳线

光纤跳线是由一段 1~10m 的互联光缆与光纤连接器组成的线缆,用在配线架上交接各种链路。光纤跳线有单芯和双芯、单模和多模之分。由于光纤一般只是单向传输,需要进行全双工通信的设备需要连接两根光纤来完成收发工作,因此如果使用单芯跳线,就需要两根跳线。

根据光纤跳线两端的连接器的类型,光纤跳线有以下几种类型。

① ST-ST 跳线:两端均为 ST 连接器的光纤跳线,如图 2.44 所示。

② SC-SC 跳线:两端均为 SC 连接器的光纤跳线。

③ FC-FC 跳线:两端均为 FC 连接器的光纤跳线,如图 2.45 所示。

④ LC-LC 跳线:两端均为 LC 连接器的光纤跳线,如图 2.46 所示。

图 2.44 ST-ST 跳线　　图 2.45 FC-FC 跳线　　图 2.46 LC-LC 跳线

⑤ ST-SC 跳线:一端为 ST 连接器,另一端为 SC 连接器的光纤跳线。

⑥ ST-FC 跳线:一端为 ST 连接器,另一端为 FC 连接器的光纤跳线。

⑦ FC-SC 跳线:一端为 FC 连接器,另一端为 SC 连接器的光纤跳线。

(2) 光纤尾纤

光纤尾纤只有一端有连接头,另一端是一根光缆纤芯的断头,通过熔接可与其他光缆纤芯相连。它常出现在光纤终端盒内,用于连接光缆与光纤收发器。其同样有单芯和双芯、单模和多模之分。一条光纤跳线剪断后就形成两条光纤尾纤。

### 3. 光纤适配器(耦合器)

光纤适配器(Fiber Adapter)又称光纤耦合器,实际上就是光纤的插座,它的类型与光纤连接器的类型对应,有 ST、SC、FC、LC、MU 等几种,如图 2.47 所示。光纤耦合器一般安装在光纤终端箱上,提供光纤连接器的连接固定。市场上有单售的光纤耦合器,供网络布线人员在现场将其安装到终端盒上,也有的厂家在光电转换器、光纤网卡上已经安装了光纤耦合器,用户只需插入光纤连接器即可。

(a)　　　　　　　(b)　　　　　　　(c)　　　　　　　(d)

图 2.47　光纤耦合器

(a) ST 型光纤耦合器;(b) SC 型光纤耦合器;(c) FC 型光纤耦合器;(d) LC 型光纤耦合器

图 2.48 所示为两端为不同连接口的光纤耦合器。

图 2.48　两端为不同连接口的光纤耦合器

一根光纤安装光纤连接器后插入光纤耦合器的一端,另一根光纤安装光纤连接器后插入光纤耦合器的另一端(光纤连接器和光纤耦合器的类型对应),插接好后就完成了两根光纤的连接。

### 4. 光纤配线设备

光纤配线设备主要分为室内配线和室外配线设备两大类。其中,室内配线包括机架式(光纤配线架、混合配线架)、机柜式(光纤配线柜、混合配线柜)和壁挂式(光纤配线箱、光纤终端盒、综合配线箱),室外配线设备包括光缆交接箱、光纤配线箱、光纤接续盒。这些配线设备主要由配线单元、熔接单元、光缆固定开剥保护单元、存储单元及连接器件组成。

(1) 机架式光纤配线架。机架式光纤配线架是用于室内光缆与光设备的连接设备,具有光缆的固定、分支、接地保护以及光纤的分配、组合、连接等功能。随着目前光纤配线架终端技术的改进,机架式光纤配线架在配线中的应用越来越普遍,如图 2.49 所示。

(2) 光缆交接箱。光缆交接箱是一种为主干层光缆、配线层光缆提供光缆成端、跳接的交接设备。光缆引入光缆交接箱后,经固定、端接、配纤后,使用跳纤将主干层光缆和配线层光缆连通,如图 2.50 所示。

图 2.49　机架式光纤配线架

图 2.50　光缆交接箱

光缆交接箱是安装在室外的连接设备,对它最根本的要求就是能够抵受剧变的气候和恶劣的工作环境。它要具有防水汽凝结、防水和防尘、防虫害和鼠害、抗冲击损坏能力强的特点。目前,国内使用的光缆交接箱箱体主要为原装德国 KRONE 箱体,箱体采用不饱和聚酯玻璃纤维增强材料(SMC),在防水、防潮、防撞击损害方面有较好的性能。国内参照 KRONE 箱体的仿制品是以铁质为主的金属箱体(一般达到 IP65 标准)。

光缆交接箱的容量是指光缆交接箱最大能成端纤芯的数目。实际上,经常所说的交接箱的容量应该指的是它的配纤容量,即主干光线配纤容量与分支光线配纤容量之和。光缆交接箱的容量实际上应包括主干光缆直通容量、主干光线配线容量和分支光缆配线容量 3 部分。

(3)光纤接续盒。在光缆布线中,有时需要将两根光缆连接起来,也是采用将光缆剥开露出光纤,然后进行熔接的方法,并对光纤熔接点进行保护,防止外界环境的影响,这时就要用到光纤接续盒。光纤接续盒的功能就是将两段光缆连接起来,它具备光缆固定和熔接功能,内设光缆固定器、熔接盘和过线夹。光纤接续盒分为室内和室外两种类型,室外光纤接续盒可以防水,但也可以用到室内,如图 2.51 所示。

(4)光纤配线箱。光纤配线箱适用于光缆与光通信设备的配线连接,通过配线箱内的适配器,用光跳线引出光信号,实现光配线功能;适用于光缆和配线尾纤的保护性连接;也适用于光纤接入网中的光纤终端点采用,如图 2.52 所示。

图 2.51　光纤接续盒

图 2.52　光纤配线箱

（5）光缆终端盒。光缆终端盒主要用于光缆终端的固定、光缆与尾纤的熔接及余纤的收容和保护,如图 2.53 所示。

（6）光纤数字综合配线架。光纤数字综合配线架将数字配线架和光纤配线架融为一体,具有光纤配线和数字配线综合功能。

### 5. 光纤信息插座

光纤到桌面时,需要在工作区安装光纤信息插座。光纤信息插座的作用和基本结构与使用 RJ-45 信息模块的双绞线信息插座一致,是光缆布线在工作区的信息出口,用于光纤到桌面的连接,如图 2.54 所示。实际上就是一个带光纤耦合器的光纤面板。光缆敷设到光纤信息插座的底盒后,光缆与一条光纤尾纤熔接,尾纤的连接器插入光纤面板上的光纤耦合器的一端,光纤耦合器的另一端用光纤跳线连接计算机。

图 2.53　光缆终端盒

图 2.54　光纤信息插座

为了满足不同应用场合的要求,光纤信息插座有多种类型。例如,如果配线子系统为多模光纤,则光纤信息插座中应选用多模光纤模块;如果配线子系统为单模光纤,则光缆信息插座中应选用单模光纤模块。另外,还有 SC 型信息插座、LC 型信息插座、ST 型信息插座等。

## 2.2.4　机柜

机柜具有增强电磁屏蔽、削弱设备工作噪声、减少设备地面面积占用的优点,被广泛用于综合布线配线设备、网络设备、通信设备等安装工程中。

### 1. 机柜的结构和规格

综合布线系统一般采用 19in 的机柜,称为标准机柜,用以安装各种配线模块和交换机等网络设备。尽管各厂家生产的配线产品的尺寸和结构有所不同,但对 19in 标准的安装尺寸是一样的,标准机柜结构简洁,主要包括基本框架、内部支撑系统、布线系统和散热通风系统。

### 2. 机柜的分类

从不同的角度可以将机柜进行不同的分类。

（1）根据外形可将机柜分为落地机柜(见图 2.55)、挂墙机柜(见图 2.56)和开放机架(见图 2.57)3 种。

落地机柜主要用于设备间,挂墙机柜主要用于没有独立房间的楼层配线间。与机柜相比,开放机

图 2.55　落地机柜

图 2.56　挂墙机柜

图 2.57　开放机架

架具有价格便宜、管理操作方便、搬动简单等优点。机架一般为敞开式结构,不像机柜采用全封闭或半封闭结构,所以自然不具备增强电磁屏蔽、削弱设备工作噪声等特性。同时,在空气洁净程度较差的环境中,设备表面更容易积灰。机架主要适合一些要求不高和要经常性对设备进行操作管理的场所,用它来叠放设备减少了占地面积。目前,各高校建立的网络技术实验/实训室和综合布线实验/实训室大多采用开放机架来叠放设备。

（2）从应用对象来看,除可分为布线型机柜（又称为网络型机柜）、服务器型机柜两种类型外,还有控制台型机柜、ETSI 机柜、X Class 通信机柜、EMC 机柜、自调整组合机柜及用户自行定制机柜等。

布线型机柜就是 19in 的标准机柜,它是宽度为 600mm,深度为 600mm。服务器型机柜由于要摆放服务器主机、显示器、存储设备等,和布线型机柜相比,要求空间更大,通风散热性能更好。所以,它的前门门条和后门一般都带透气孔,风扇也较多。根据设备大小和数量多少,宽度和深度一般要选择 600mm×800mm、800mm×600mm、800mm×800mm 机柜,甚至要选购更大尺寸的产品。

在 19in 标准布线机柜内,设备安装所占高度用一个特殊单位"U"表示,1U＝44.45mm,使用 19in 的标准机柜的设备面板一般都是按 $n$U 的规格制成,机柜的容量通常用 $n$U 来表示,多少个"U"的机柜表示能容纳多少个"U"的配线设备和网络设备。落地机柜和挂墙机柜的产品规格见表 2.4。

表 2.4　落地机柜和挂墙机柜的产品规格

| 种　类 | 规　格 | 高度/m | 种　类 | 规　格 | 高度/m |
|---|---|---|---|---|---|
| 落地机柜 | 47U | 2.2 | 落地机柜 | 22U | 2.0 |
| | 42U | 2.0 | | 27U | 1.8 |
| | 37U | 1.8 | 挂墙机柜 | 7U | 0.6 |
| | 32U | 1.6 | | | |
| | 27U | 2.2 | | 12U | 0.8 |

## 2.2.5　综合布线产品市场现状

由于综合布线最早是从美国引入我国的,因此市场上最早的综合布线产品主要是美国品牌,随着市场的发展,欧洲、澳洲等地的产品相继进入中国市场。近年来,国内综合布线市场呈现一片繁荣景象,国内一些厂商根据国际标准和国内标准,结合我国国情,吸取国外产品的先进经验,自行开发研制出了适合我国使用的产品,打破了国外厂商在综合布线产品领域的垄断,价格也在逐年下降。

据统计,目前进入国内市场的国外布线厂家有 30 多家。北美地区有康普、西蒙、泛达、安普、IBDN、3M、百通等品牌;欧洲地区主要有耐克森、德特威勒、施耐特、科龙等品牌;澳洲主要有奇胜等品牌。这些厂家以生产和销售具有高性能的高端产品著称,在行业内有着很高的品牌知名度和行业认知度,价格也相对较高。

国内布线厂家有普天、TCL、VCOM、大唐电信、鸿雁电器、宁波东方等。

同时,在内地,还活跃着一些港台布线厂家,如万泰、鼎志等,它们生产的产品具有良好的性价比,介于高端和低端之间。

# 2.3　综合布线系统布线材料介绍

下面以泰克安普为例,介绍其在综合布线系统各组成部分的产品。

## 2.3.1　电缆和光缆产品

### 1. 非屏蔽电缆

泰克安普目前市场上常用的非屏蔽电缆有以下几种。

(1) 6 类非屏蔽电缆。高性能的 6 类非屏蔽电缆,十字骨架分隔结构提供真正的 6 类性能,系统性能测试至 600MHz,所有性能均超过千兆以太网的性能要求,适合各种工程应用。

(2) 超 5 类非屏蔽电缆。高性能的超 5 类非屏蔽电缆,性能成熟稳定,系统性能测试至 200MHz,所有性能均超过千兆以太网的性能要求,满足用户的多方面性能要求。

(3) 大对数电缆。有语音(50 对、100 对)、3 类(25 对、50 对、100 对)、超 5 类(25 对)等多种类型的非屏蔽大对数电缆满足用户各种不同应用的需求。

### 2. 屏蔽电缆

泰克安普目前市场上常用的屏蔽电缆有以下几种。

(1) 7 类 PiMF 屏蔽电缆。对屏蔽的高性能电缆产品,可支持语音、数据、视频应用以及未来新兴的高宽带服务。支持万兆应用,适用于对网络传输性能和安全性能有高要求的用户。

(2) 6 类 FTP 屏蔽电缆。整体金属箔(FTP)屏蔽结构 6 类电缆,所有线对外面有铝箔屏蔽层,能够有效地防止电磁干扰的影响,使布线系统始终保持优异的电磁兼容性能及传输性能。

(3) 超 5 类屏蔽电缆。两种不同屏蔽方式可供选择,性能测试至 200MHz,能够有效地防止电磁干扰的影响,使布线系统始终保持优异的电磁兼容性能及传输性能。

(4) 万兆铜缆。高性能的屏蔽电缆,支持万兆以太网布线。有 6 类、7 类等规格。

### 3. 光缆

(1) 室内用紧套管型光缆。室内用紧套管型光缆,用于建筑内的水平和主干布线,可直接端接到工作区插座和多用户插座。纤芯类型包括单模、62.5/125μm 多模、50/125μm 多模及万兆光缆,芯数从 2~72 芯。室内用光缆适用于制作尾纤、跳线、水平布线和内部设备之间的连接。

（2）室外用绝缘型光缆。室外用绝缘型光缆，适应多种室外环境，可以用于架空、直埋和管道等不同安装要求。纤芯类型包括单模、62.5/125μm 多模、50/125μm 多模及万兆光缆，芯数为 4～72 芯。

（3）室外用铠装型光缆。室外用铠装型光缆，适应多种室外环境，可以用于架空、直埋和管道安装等不同安装要求，并提供更好的保护。纤芯类型包括单模、62.5/125μm 多模、50/125μm 多模及万兆光缆，芯数从 4～72 芯。

## 2.3.2　工作区布线产品

在工作区，泰克安普的布线产品主要包括非屏蔽信息模块、屏蔽信息模块、ACO 系列插座、MT-RJ 系列光纤工作站模块 、隐蔽式多媒体插座、面板。

### 1．非屏蔽信息模块

泰克安普在工作区提供的非屏蔽信息模块如下。

（1）6 类 SL 系列模块。6 类 SL 系列模块采用新型 SL 外观设计，薄型的外形尺寸可以增加插座的端口密度，支持高密度安装，使用安普专用工具，使用标准冲压工具 90°或 180°安装，使安装更简单、更一致，如图 2.58 所示。

（2）超 5 类 110 系列非屏蔽模块。高性能的安普超 5 类非屏蔽模块，性能成熟稳定，是安普超 5 类布线系统的重要组成部分，如图 2.59 所示。

（3）超 5 类 SL 系列信息模块。高性能的超 5 类非屏蔽模块，采用紧凑外形的 SL 外观设计，可以增加插座端口密度，从而支持高密度安装，电缆可以沿 90°或 180°方向进入和端接，使用安普专用的 SL 工具，使安装更简单、更一致，如图 2.60 所示。

图 2.58　6 类 SL 系列模块　　图 2.59　超 5 类 110 系列非屏蔽模块　　图 2.60　超 5 类 SL 系列信息模块

### 2．屏蔽信息模块

（1）屏蔽万兆信息模块。支持万兆铜缆布线是安普 6 类屏蔽 RJ-45 模块的创新设计，提供很小的体积来适应几乎所有的安装环境，可以进行快速和高性能的端接。符合 ISO/IEC 11801 2nd 版本对于 6 类标准的要求，在 100m 信道上支持万兆以太网 10GBase-T（IEEE802.3an），如图 2.61 所示。

（2）屏蔽 SL 系列信息模块。安普布线 6 类和超 5 类 SL 型 RJ-45 屏蔽模块，支持 180°和 90°电缆进线。使用安普专利的 SL 安装工具，安装将更简便、更一致，如图 2.62 所示。

（3）屏蔽 110 系列信息模块。超 5 类 110 型 RJ-45 屏蔽模块，性能成熟稳定，屏蔽层的设计能够提供良好的电磁防护性能，如图 2.63 所示。

图 2.61　屏蔽万兆信息模块

图 2.62　屏蔽 SL 系列信息模块

图 2.63　屏蔽 110 系列信息模块

### 3. ACO 系列插座

(1) ACO 插座安装组件。屏蔽 ACO 系统安装组件,提供屏蔽电缆的端接,并支持各种模块插入,如图 2.64(a)所示。

(2) 7 类 ACO 系列模块。性能符合 7 类(F 级)标准,模块化结构,灵活性高,能够支持各种服务接口,是安普高性能的 7 类布线系统的重要组成部分,如图 2.64(b)所示。

(3) 6 类 ACO 系列模块。性能符合 6 类(E 级)标准,带宽高达 250MHz。模块化结构,灵活性高,且支持多种服务接口,支持千兆以太网,如图 2.64(c)所示。

(4) 有线电视 ACO 宽带模块。安普布线 ACO 系列模块,模块化结构,灵活性高,提供一个标准的 F 型连接器,适用于 CATV 信号连接,如图 2.64(d)所示。

(a)　　　　　　　　(b)　　　　　　　　(c)　　　　　　　　(d)

图 2.64　ACO 系列插座

(a) ACO 插座安装组件;(b) 7 类 ACO 系列模块;(c) 6 类 ACO 系列模块;(d) 有线电视 ACO 宽带模块

### 4. MT-RJ 系列光纤工作站模块

安普布线 MT-RJ 模块,采用高密度设计,其体积只有传统连接器的一半,可以安装到普通的信息面板,且安装极其简单,无须胶粘和打磨,使光纤到桌面轻易成为现实,如图 2.65 所示。

### 5. 隐蔽式多媒体插座

隐蔽式多媒体插座支持光缆及铜缆的安装,提供多个铜缆和光纤接口,支持多媒体,采用隐藏式设计,外观更整洁、使用更方便,如图 2.66 所示。

图 2.65　MT-RJ 系列光纤工作站模块

图 2.66　隐蔽式多媒体插座系列

### 6．面板

（1）英式面板。标准 86×86 面板，适用于中国标准的安装盒，外形美观，并有平角、斜角两种不同的安装方式及多种端口数量可供选择。例如，有双口斜角面板、四口斜角面板、单口平角面板、双口平角面板、四口平角面板等，全部为白色。

（2）美式面板。美国标准面板须配合美式标准的安装盒使用，并有平角、斜角两种不同的安装方式及多种端口数量可供选择。

## 2.3.3 电信间布线产品

在电信间，泰克安普的布线产品主要包括 7 类 ACO 系列配线架、6 类 SL 系列配线架、6 类屏蔽配线架、6 类 610XC 系列配线架、超 5 类 110 系列配线架、超 5 类 110XC 系列配线架、机架型光纤配线箱、挂墙型光纤配线箱、光纤适配板和适配器、线缆管理器。

### 1．7 类 ACO 系列配线架

7 类 ACO 系统屏蔽配线架是安普布线高性能 7 类布线系统的重要组成部分，支持现在和未来的多种网络应用需求，提供极高的电磁防护性能。有 8 口、16 口、24 口、32 口等规格。

### 2．6 类 SL 系列配线架

6 类 SL 系列配线架有 12 口、24 口、48 口、96 口和 24 口角型配线架等规格。图 2.67 所示为一款 48 口 6 类 SL 系列配线架。

图 2.67　48 口 6 类 SL 系列配线架

### 3．6A 类屏蔽配线架

（1）6A 类屏蔽配线架。6A 类屏蔽配线架为 24 端口 19in RJ-45 型配线架，高度为 1U，安装有 AMP-TWIST 屏蔽模块等，有平面型和角型等规格。

（2）屏蔽配线空架，用于安装屏蔽信息模块。

### 4．6 类 610XC 系列配线架

6 类 610XC 系统配线架有挂墙式、机架式等多种类型可供灵活选择，支持通用打线方式，并可端接 22-24 线规格的实心或多股绞合导线，同时能够提供极高的性能。

### 5．超 5 类 110 系列配线架

超 5 类 110 系列配线架，性能成熟稳定，有 24 口、48 口、96 口和 24 口角型配线架等规格。

### 6．超 5 类 110XC 系列配线架

（1）超 5 类 110 XC 系列配线架组件。有机架式和挂墙式两种类型可供选择，并有多种规格可供选择，配线架组件包括线块、连接块及标签。

（2）超 5 类 110XC 系列连接块和打线块。有 4 对和 5 对等多种规格可供选择，方便选型。

### 7．机架型光纤配线箱

（1）机架安装光纤配线箱。可以安装多种类型的光纤适配器板，有 18～72 芯的多种芯数可供灵活选择，并可安装在 19in 标准机架上，有 1U、2U、3U 和 4U 等规格。

（2）机架安装抽屉式光纤配线箱。适用于 19in 机架，有 MT-RJ、ST、SC、LC；多模、单模等多种规格和 12、24、48 等芯数可供选择。

（3）AMP Hi-D 模块化光纤配线箱。该配线箱是 19in 的抽屉式光纤配线箱，支持 4 个模

块化配线板。

### 8. 挂墙型光纤配线箱

挂墙型光纤配线箱可以安装多种类型的光纤适配器板,且安装灵活方便,更有多种芯数可供选择。

### 9. 光纤适配器板和适配器

有 SC 光纤、ST 光纤、LC 光纤、MT-RJ 光纤、FC 光纤等多种类型的适配器板供用户选择。

### 10. 线缆管理器

(1)线缆支持架。其用于机架的背面,提供电缆的管理,使得机架更加美观、整洁。

(2)水平指孔型线缆管理器。其可用于标准的 19in 机架,提供电缆的管理,使得机架更加美观、整洁,如图 2.68 所示。

(3)水平环型线缆管理器。其可安装于机架的前端,提供电缆的管理,使得机架更加美观、整洁,如图 2.69 所示。

图 2.68　水平指孔型线缆管理器

图 2.69　水平环型线缆管理器

(4)110XC 机架型线缆管理器。其用于标准的 19in 机架,提供电缆的管理,使得机架更加美观、整洁,如图 2.70 所示。

(5)110XC 配线架管理环。其可配合 110XC 系列配线架使用,提供跳线的水平管理,如图 2.71 所示。

图 2.70　110XC 机架型线缆管理器

图 2.71　110XC 配线架管理环

## 2.3.4　各类跳线产品

### 1. 非屏蔽铜缆跳线

有 6 类非屏蔽跳线、6 类 610XC 跳线、超 5 类非屏蔽跳线、超 5 类 110XC 跳线等类型供用户选择。

### 2. 屏蔽铜缆跳线

有 7 类屏蔽跳线、6 类屏蔽跳线、超 5 类屏蔽跳线、万兆铜缆跳线等类型供用户选择。

### 3. 光纤跳线和尾纤

其包括双口 ST-ST 跳线、双口 SC-SC 跳线、双口 SC-ST 跳线、双口 LC-LC 跳线、双口 SC-

LC 跳线、MT-RJ 到 MT-RJ 跳线、MT-RJ 到 SC（双口）跳线、MT-RJ 到 ST（双口）跳线、MT-RJ 到 LC 跳线、SC 尾纤、ST 尾纤、FC 尾纤、MT-RJ 尾纤、LC 尾纤等种类，能够提供 $50/125\mu m$、$62.5/125\mu m$ 及单模光纤跳线，同时 LC、SC、MT-RJ 接口支持万兆多模光纤，而 FC 接口仅支持单模 FC 尾纤，每种类型都有多种长度以供选择。

### 2.3.5　各类连接器产品

**1. 铜缆连接器**

（1）RJ-45 电缆插头。其可用于软线与硬线电缆的端接，如图 2.72 所示。

（2）现场端接 110XC 插头，其符合超 5 类性能标准。

**2. 光纤连接器**

（1）压接型免打磨光纤连接器。它是一种简单且节省费用的光纤连接器，端接极其简单，无须胶粘和打磨，是安普布线优秀品质的代表。

（2）压接型光纤连接器。它通过机械压接的方法固定光纤，端接时无须使用胶水，需要打磨，有多种型号可供选择。

图 2.72　RJ-45 电缆插头

（3）胶粘型光纤连接器。端接时，需要使用胶水固定光纤，同时需要打磨，有多种类型可供选择。

（4）MT-RJ 连接器。安普布线 MT-RJ 连接器，高密度的设计使得其体积只有传统连接器的一半，可以安装到普通的信息面板或配线架，且安装极其简单，无须胶粘和打磨，使光纤到桌面轻易成为现实。

# 习　　题

## 一、选择题

1. 对绞电缆的每个线对都有颜色编码，4 对对绞电缆的 4 种颜色编码是（　　）。
　　A. 蓝色、橙色、绿色和紫色
　　B. 蓝色、橙色、绿色和红色
　　C. 蓝色、橙色、绿色和棕色
　　D. 蓝色、白色、绿色和紫色

2. 在下列传输介质中，抗电磁干扰性最好的传输介质是（　　）。
　　A. 双绞线　　　　　B. 同轴电缆　　　　　C. 光缆　　　　　D. 无线介质

3. 在下列传输介质中，典型传输速率最高的传输介质是（　　）。
　　A. 双绞线　　　　　B. 同轴电缆　　　　　C. 光缆　　　　　D. 无线介质

4. 屏蔽双绞线英文为（　　）。
　　A. SDP　　　　　　B. UDP　　　　　　C. UTP　　　　　D. STP

5. 5e 类双绞线电缆支持的最大带宽是（　　）MHz。
　　A. 100　　　　　　B. 200　　　　　　C. 250　　　　　D. 600

6. 6 类双绞线电缆支持的最大带宽是（　　）MHz。
　　A. 100　　　　　　B. 200　　　　　　C. 250　　　　　D. 600

7. 常用的 $50/125\mu m$ 多模光纤中的 $50\mu m$ 指的是(　　)。

    A. 纤芯外径　　　　　　　　　　　　B. 包层后外径

    C. 包层厚度　　　　　　　　　　　　D. 涂覆层厚度

8. 单模光纤波长一般为(　　)。

    A. 850nm　　　　　　B. 1500nm　　　　　　C. 1300nm　　　　　D. 专利

9. 单模光纤和多模光纤主要区别在于(　　)。

    A. 光折射方式　　　　B. 模的数量　　　　　C. 名称　　　　　　D. 传输距离

10. (　　)用于端接对绞电缆或干线电缆,并通过跳线连接配线子系统和干线子系统。

    A. 模块化配线架　　　B. 110 配线架　　　　C. 110 连接块　　　D. ODF

11. 光纤的主要成分是(　　)。

    A. 电导体　　　　　　B. 石英　　　　　　　C. 介质　　　　　　D. 塑料

12. 标准机柜是指(　　)。

    A. 2m 高的机柜　　　　　　　　　　B. 1.8m 高的机柜

    C. 18in 机柜　　　　　　　　　　　D. 19in 机柜

## 二、填空题

1. 信息插座通常由_____、_____和_____三部分组成。

2. 双绞线电缆内,不同线对具有不同的扭绞长度,这样可以_____串音。一般来讲,导线扭绞的越_____,其抗干扰能力就越强。

3. _____是综合布线系统推荐的光缆,_____常用于传输距离大于 2000m 的建筑群子系统。

## 三、简答题

1. 在综合布线系统中,常见的传输介质有哪些? 各有什么样的特点? 各自适用于什么环境?

2. 屏蔽双绞线和非屏蔽双绞线在性能和应用上有什么区别?

3. UTP 电缆如何划分? 分别适用于什么样的频率?

4. 在双绞线的外护套上有哪些文字标识? 其中长度标识的含义及作用是什么?

5. 屏蔽双绞线电缆有哪几种?

6. 双绞线电缆连接器有哪些?

7. 信息插座面板有哪几类?

8. 简述光纤光缆的结构。

9. 光缆如何分类?

10. 什么是单模光缆? 什么是多模光缆?

11. 常用的光纤连接器有哪几类? 这些连接器如何与光缆连接,从而构成一条完整的通信链路?

12. 光纤跳线和尾纤有什么区别?

13. 实际观察单模光纤和多模光纤,区别一下室内和室外型光缆,看看光缆外护套上标注了哪些特性指标。

## 四、实训题

1. 到市场上调查目前常用的 5 个品牌的 4 对 5e 类和 6 类非屏蔽双绞线电缆,观察双绞线的结构和标记,对比两种双绞线电缆的价格和性能指标。

2. 到市场上或互联网上调查目前常用的 5 个品牌的综合布线系统产品,并列出其生产的电缆产品系列。

3. 到市场上或互联网上调查目前常用的 5 个品牌的综合布线系统产品,并列出其生产的光缆产品系列。

4. 走访你所在的学院或所能够接触到的其他采用综合布线系统的网络,了解该综合布线系统所采用的传输介质、连接器件和布线器件,分析各种产品在综合布线系统中的作用。

# 综合布线系统工程设计

综合布线系统除应能支持电话、数据、图文、图像等多媒体业务的需要外,还应根据《综合布线系统设计规范》(GB 50311—2007),按照工作区、配线子系统、干线子系统、建筑群子系统、设备间、进线间和管理7个部分进行设计。本模块包括3个任务,具体如下。

任务3:综合布线工程网络方案设计

任务4:综合布线系统设计

任务5:综合布线工程施工图的绘制

# 综合布线工程网络方案设计

## 3.1 任 务 描 述

从某种意义上讲,综合布线系统工程设计不仅决定着网络性能和布线成本,甚至决定着网络能否正常通信。例如,采用 5e 类 UTP 电缆,通常只能支持 100Mbps 的传输速率;若在相距较远的建筑间采用多模光纤,则可能会导致建筑物间无法通信或不能支持高传输速率;若在电磁干扰严重的场所采用非屏蔽双绞线,则可能会导致设备无法正常通信。因此,在综合布线系统工程设计中,应充分考虑各个方面的因素,并严格执行各种布线标准。

所以,有必要掌握在综合布线系统工程设计中传输介质是选择屏蔽双绞线还是非屏蔽双绞线,5e 类、6 类、6e 类不同级别双绞线的选择以及选择电缆还是光缆或是不同的系统选择的传输介质。

## 3.2 相 关 知 识

### 3.2.1 综合布线系统网络拓扑结构

综合布线系统应采用星型网络拓扑结构,该结构下的每个分支子系统都是相对独立的单元,对每个分支单元系统改动都不影响其他子系统。只要改变节点连接就可使网络在星型、总线型、环型等各种类型间进行转换。

综合布线系统采用的开放式星型网络拓扑结构应能支持当前普遍采用的各种计算机网络系统,如快速以太网、吉比特以太网、万兆位以太网、光纤分布数据接口 FDDI、令牌环网(Token Ring)等。

综合布线系统的主干线路连接方式均采用星型网络拓扑结构,要求整个布线系统的干线电缆或光缆的交接次数一般不应超过两次,即从楼层配线架到建筑群配线架之间,只允许经过一次配线架,从而形成 FD-BD-CD 的结构形式,这是采用两级干线系统(建筑物干线子系统和建筑群子系统)进行布线的情况。如果没有建筑群配线子系统,而只有一次交接,则形成 FD-BD 的结构形式,这是采用一级干线系统(建筑物干线子系统)的布线。

建筑物配线架至每个楼层配线架的建筑物干线子系统的干线电缆或光缆一般采取分别独立供线给各个楼层的方式,在各个楼层之间无连接关系。这样,当线路发生故障时,影响范围较小,容易判断和检修,有利于安装施工。但线路长度和条数增多,工程造价提高,安装敷设和维护的工作量也相应增加。

#### 1. 星型网络拓扑结构

这种结构是在大楼设备间放置 BD、楼层配线间放置 FD 的结构,每个楼层配线架 FD 连接若干个信息点 TO,也就是传统的两级星型网络拓扑结构,如图 3.1 所示,它是单幢智能建筑物综合布线系统的基本形式。

图 3.1　星型网络拓扑结构图

### 2. 树型网络拓扑结构

以建筑群 CD 为中心,若干建筑物配线架 BD 为中间层,相应的有再下一层的楼层配线架和配线子系统,构成树型网络拓扑结构,也就是常用的三级星型网络拓扑结构,其结构图如图 3.2 所示。这种形式在智能小区中经常使用,其综合布线系统的建设规模较大,网络结构也较复杂。

图 3.2　树型网络拓扑结构图

第一级由建筑群总配线设备(CD)通过建筑群主干缆线(电缆或光缆)连接至建筑物总配线设备(BD);第二级由建筑物总配线设备(BD)通过建筑物主干缆线(电缆或光缆)连接至楼房配线设备(FD);第三级由楼房配线设备(FD)通过水平缆线连接至工作区的信息插座(TO);并且,同一级的配线、设备之间(BD 与 BD、FD 与 FD 之间)可以建立直通的路由。

有时,为了使综合布线系统网络的结构具有更高的灵活性和可靠性,允许在同级的配线架(如 BD 或 FD)之间增加直通连接线缆,如图 3.2 中的虚线。同时,采用简化的综合布线系统结构时,可以将 CD 与 FD 或 BD 与 TO 直接相连,如图 3.2 所示。

## 3.2.2　综合布线系统的实际工程结构

标准规范的设备配置分为建筑物 FD-BD 一级干线布线系统结构和建筑群 FD-BD-CD 两级干线布线系统结构两种形式,但在实际工程中,往往会根据管理的要求、设备间和配线间的空间要求、信息点的分布等多种情况对建筑物综合布线系统进行灵活的设备配置。

### 1. 建筑物标准 FD-BD 结构

建筑物标准 FD-BD 结构是两次配线点设备配置方案,这种结构是在大楼设备间放置 BD、电信间放置 FD 的结构,每个楼层配线架 FD 连接若干个信息点 TO,也就是传统的两级星型网络拓扑结构,是国内普遍使用的典型结构,也是综合布线系统基本的设备配置方案之一,如图 3.3 所示。

图 3.3　建筑物标准 FD-BD 结构

这种结构只有建筑物子系统和配线子系统,不会设置建筑群子系统和建筑群配线架。主要适用于单幢的中、小型智能化建筑,其附近没有其他房屋建筑,不会发展成为智能化建筑群体。这种结构较常用,只有两级,具有网络拓扑结构简单、维护管理较为简单、调度较灵活等优点。

### 2. 建筑物 FD/BD 结构

建筑物 FD/BD 结构是一次配线点设备配置方案,这种结构是指大楼没有电信间,只配置建筑物配线架(BD),将建筑物子系统和配线子系统合二为一,缆线从 BD 直接连接到信息点(TO),如图 3.4 所示。

它主要适用于以下场合。

(1) 建设规模很小,楼层层数不多,且其楼层平面面积不大的单幢智能化建筑。

(2) 用户的信息业务要求(数量和种类)较少的住宅建筑。

(3) 别墅式的低层住宅建筑。

(4) TO 至 BD 之间电缆的最大长度不超过 90m 的场合。

(5) 当建筑物不大但信息点很多,且 TO 至 BD 之间电缆的最大长度不超过 90m 时,为了便于管理维护和减少对空间占用的目的也可采用这种结构。例如,高校旧学生宿舍楼的综合布线系统,每层楼信息点很多,而旧大楼大多在设计时没有考虑综合布线系统,如果占用房间作电信间,则势必占用宿舍资源。

高层房屋建筑和楼层平面面积很大的建筑均不适用。这种结构具有网络拓扑结构简单,只有一级;设置配置数量最少,降低工程建设费用和维护开支;维护工作和人为故障机会均有所减少等优点。但灵活调度性差,使用有时不便。

图 3.4　建筑物 FD/BD 结构

### 3. 建筑物 FD-BD 共用楼层配线间结构

建筑物 FD-BD 共用楼层配线间结构也是两次配线点设备配置方案(中间楼层供给相邻楼层),根据每个楼层需要进行配置楼层配线架(FD),采取每 2～4 个楼层设置 FD,分别供线给相邻楼层的信息点 TO,要求所有最远的 TO 到 FD 之间的水平线缆的最大长度不应超过 90m 的限制,如超过,则不应采用本方案,如图 3.5 所示。

图 3.5　建筑物 FD-BD 共用楼层配线间结构

这种结构主要适用于单幢的中型智能化建筑中,其楼层面积不大,用户信息点数量不多或因各个楼层的用户信息点分布极不均匀,有些楼层用户信息点数量极少(如地下室),为了简化网络结构和减少接续设备,可以采取这种结构的设备配置方案。但在智能化建筑中,用户信息点分布均匀,且较密集的场合不应使用。

这种结构具有网络拓扑结构简单、减少楼层配线设备数量、降低工程建设费用以及维护开支等优点。

### 4. 综合建筑物 FD-FD-BD 结构

综合建筑物 FD-FD-BD 结构可以采用两次配线点,也可采用三次配线点。这种结构需要设置二级交接间和二级交接设备,视客观需要可采取两次配线点或三次配线点,如图 3.6 所示。

图 3.6　综合建筑物 FD-FD-BD 结构

在图 3.6 中有以下两种方案。

(1) 第 3 层楼层为两次配线点,建筑物干线子系统的缆线直接连到二级交接间的 FD 上,不经过干线交接间的 FD,这种方案为两次配线点。

(2) 第 2、4、5、6 层楼层为三次配线点,建筑物干线子系统的缆线均连接到干线交接间的 $FD_1$,然后再连接到二级交接间的 $FD_2$,形成三次配线点的方案。

这种结构适用于单幢大、中型的智能化建筑,楼层面积较大(超过 1000m²)或用户信息点较多,因受干线交接面积较小,无法装设容量大的配线设备等限制,为了分散安装缆线和配线设备,有利于配线和维修,且楼层中设有二级交接间条件的场合。

这种结构具有缆线和设备分散设置、增加安全可靠性、便于检修和管理、容易分隔故障等优点。

### 5. 综合建筑物 FD-BD-CD 结构

综合建筑物 FD-BD-CD 结构是三次配线点设备配置方案,其在建筑物的中心位置设置建筑群配线架(CD),并在各分座分区建筑物中设置建筑物配线设备(BD)。建筑群配线架(CD)可以与所在建筑中的建筑物配线架合二为一,各个分区均有建筑群子系统与建筑群配线架(CD)相连,各分区建筑物干线子系统、配线子系统及工作区布线自成体系,如图 3.7 所示。

图 3.7　综合建筑物 FD-BD-CD 结构

这种结构适用于单幢大型或特大型的智能化建筑,即当建筑物是主楼带附楼结构,楼层面积较大,且用户信息点数量较多时,可将整幢智能建筑进行分区,将各个分区视为多幢建筑物组成的建筑群。建筑物中的主楼、裙楼 A 和裙楼 B 被视作多幢建筑,在主楼设置建筑群配线架,在裙楼 A 和裙楼 B 的适当位置设置建筑物配线架(BD),主楼的建筑物配线架(BD)可与建筑群配线架(CD)合二为一,这时该建筑物包含有在同一建筑物内设置的建筑群子系统。

这种结构具有缆线和设备合理配置、既有密切配合又有分散管理、便于检修和判断故障、可调度使用、灵活性较好等优点。

组合的建筑群相对集中,只需一处设置入口设施即可,如图 3.8 所示。

图 3.8 组合的建筑群的入口设施

### 6. 建筑群 FD-BD-CD 结构

这种结构适用于建筑物数量不多、小区建设范围不大的场合。选择位于建筑群中心的建筑物作为各建筑物通信线路和对公用通信网络连接的汇接点,并在此安装建筑群配线架(CD),建筑群配线架(CD)可与该建筑物的建筑物配线架(BD)合设,达到既能减少配线接续设备和通信线路长度,又能降低工程建设费用的目的。各建筑物中装设建筑物配线架(BD)作为中间层,敷设建筑群子系统的主干线路并与建筑群配线架(CD)相连,相应的有再下一层的楼层配线架和配线子系统,构成树型网络拓扑结构,也就是常用的三级星型网络拓扑结构,如图 3.9 所示。

图 3.9 建筑群 FD-BD-CD 结构

分散设置的建筑群的各幢房屋建筑内都须设置入口设施,其引入设施的结构如图 3.10 所示。

图 3.10    分散设置的建筑群的引入设施的结构图

### 3.2.3    综合布线系统的链路和信道

#### 1. 信道的定义和范围

信道是任何一种通信系统中都必不可少的组成部分,它是指从发送设备的输出端到接收设备(或用户终端设备)输入端之间传送信息的通道。因为它是各种信号的传输通道,故又被称为信号传输媒质,所以有时将信道作为信号传输媒质的总称。从信源形式所对应的变换处理方式来看,有无线信道和有线信道两种。综合布线系统中的信道是有线信道。

目前,信道的范围有如下两种定义。

(1) 狭义信道。其范围仅指从发送设备到接收设备之间的传输媒质,而不包括两端设备,此类传输媒质有电缆、光纤光缆。

(2) 广义信道。它除了包括狭义信道的传送信号传输媒质外,还包括各种信号的转换设备以及两端终端设备,例如发送设备、接收设备、调制解调器等。

国家标准《综合布线系统工程设计规范》(GB 50311—2007)中规定,在综合布线系统中的信道范围是以狭义信道来设定的。信道是指连接两个应用设备的端到端的传输通道,包括设备电缆、设备光缆和工作区电缆、工作区光缆。

#### 2. 链路的定义和范围

从通信线路传输功能分析,链路和信道的定义基本相同,都是通信(信息)信号的传输通道,只是链路的范围比信道范围要小。

国家标准《综合布线系统工程设计规范》(GB 50311—2007)中规定,链路是一个 CP 链路或一个永久链路。永久链路是指信息点到楼层配线设备之间的传输线路,它不包括工作区缆线和连接楼层配线设备的缆线或跳线,但可以包括一个 CP 链路。CP 链路是指在楼层配线设备与集合点(CP)之间,包括各端的连接器件在内的永久性链路。

### 3.2.4    铜缆系统信道

#### 1. 铜缆系统信道的分级

ISO/IEC 11801 将综合布线系统铜缆系统分为 A、B、C、D、E、F 共 6 个等级,国标 GB 50311—2007 按照系统支持的带宽和使用的双绞线的类别不同,参照 ISO/IEC 11801 也将综合布线铜缆系统分为 A、B、C、D、E、F 共 6 个等级,铜缆等级表示由电缆和连接器件组成的链路和信道中的每一对双绞线所能支持的传输带宽,用频率"Hz"表示,见表 3.1。在实际工程中,既可用等级也可用类别来表示综合布线系统。例如,E 级综合布线系统就是 6 类综合布线系统。

**表 3.1　铜缆布线系统的分级与类别**

| 系统分级 | 支持带宽/Hz | 支持应用器件 | | 系统分级 | 支持带宽/Hz | 支持应用器件 | |
| --- | --- | --- | --- | --- | --- | --- | --- |
| | | 电缆 | 连接硬件 | | | 电缆 | 连接硬件 |
| A | 100k | — | — | D | 100M | 5/5e 类 | 5/5e 类 |
| B | 1M | — | — | E | 250M | 6 类 | 6 类 |
| C | 16M | 3 类 | 3 类 | F | 600M | 7 类 | 7 类 |

注:3 类、5/5e 类(超 5 类)、6 类、7 类布线系统应能支持向下兼容的应用。

目前,在综合布线工程设计中,特性阻抗为 100Ω 的布线产品应用情况如下。

(1) 3 类 100Ω 双绞线电缆及连接器件,传输性能支持 16MHz 及以下传输带宽使用,主要用于支持语音业务。通常采用大对数双绞线电缆。

(2) 5 类 100Ω 双绞线电缆及连接器件,传输性能支持 100MHz 及以下传输带宽使用,主要用于高速宽带信息网络。5e 类仍属 5 类布线范畴。

(3) 6 类 100Ω 双绞线电缆及连接器件,传输性能支持 250MHz 及以下传输带宽使用,主要用于高速宽带信息网络。

(4) 6e 类 100Ω 双绞线电缆及连接器件,传输性能支持 500MHz 及以下传输带宽使用,主要用于高速宽带信息网络。

(5) 7 类 100Ω 双绞线电缆及连接器件,传输性能支持 600MHz 及以下传输带宽使用,主要用于高速宽带信息网络。

在《商业建筑电信布线标准》TIA/EIA 568—A 标准中规定,对于 D 级布线系统,支持应用的器件为 5 类,但在 TIA/EIA 568—B.2-1 中,仅提出 5e 类(超 5 类)与 6 类的布线系统,并确定 6 类布线支持带宽为 250MHz。在 TIA/EIA 568—B.2-10 标准中,又规定了 6A 类(增强 6 类)布线系统支持的传输带宽为 500MHz。目前,3 类与 5 类的布线系统只应用于语音主干布线的大对数电缆及相关配线设备。

**2. 铜缆的综合布线系统构成**

在国家标准 GB 50311—2007 中规定,综合布线系统由信道、永久链路、CP 链路组成。信道通常由 90m 长的水平缆线和 10m 长的跳线和设备缆线及最多 4 个连接器件组成,永久链路则由 90m 长的水平缆线及 3 个连接器件组成。但 F 级的永久链路仅包括 90m 长的水平缆线和两个连接器件(不包括 CP 连接器件),如图 3.11 所示。

图 3.11　综合布线系统信道、永久链路、CP 链路构成

与 3 类和 5 类布线系统不相同的是,5e 类和 6 类布线系统中引出了 CP 链路和永久链路的内容。CP 链路是随着 CP 集合点的存在而设置的,并属于永久链路的范围之内。永久链路则可看成是一个不会被更改的布线路由,可以包括 CP 集合点,信道则是由不同的缆线和连接器件组成的。

在 7 类布线中,为了保证传输特性,其永久链路仅应包括 90m 长的水平缆线和两个连接器件(不包括 CP 连接器件)。

## 3.2.5  光缆系统信道

### 1. 光缆系统的光纤信道分级

光缆系统根据国家标准 GB 50311—2007 的规定,把光纤信道分为以下 3 个等级。

(1) OF-300:对应 OF-300 级的光纤信道支持的应用长度不应小于 300m。

(2) OF-500:对应 OF-500 级的光纤信道支持的应用长度不应小于 500m。

(3) OF-2000:对应 OF-2000 级的光纤信道支持的应用长度不应小于 2000m。

### 2. 光纤信道的构成和连接方式

在实际工程中,当综合布线系统采用光纤光缆传输系统时,其网络结构和设备配置可以简化。例如,在建筑物内各个楼层的电信间可不设置传输或网络设备,甚至可以不设楼层配线接续设备。但是,全程采用的光纤光缆应选用相同类型和品种的产品,以求全程技术性能统一,以保证通信质量优良,从而不致产生不匹配的或不能衔接的问题。当干线子系统和配线子系统均采用光纤光缆并混合组成光纤信道时,其连接方式应符合如下规定。

(1) 光纤信道构成一:光缆经电信间 FD 光纤跳线连接

水平光缆和主干光缆都敷设到楼层电信间的光纤配线设备,通过光纤跳线连接构成光信道,并应符合如图 3.12 所示的连接方式。

图 3.12  光缆经电信间 FD 光纤跳线连接

在图 3.12 中,对于光信道的构成而言,水平光缆在电信间不作延伸。在一般情况下,信息的传递通过计算机网络设备经主干端口下传。主干光缆中并不包括水平光缆的容量在内,它只满足工作区接入终端设备端口所需的接入至电信间计算机网络设备骨干光端口所需的光纤容量。

(2) 光纤信道构成二:光缆在电信间 FD 作端接

水平光缆和主干光缆在楼层电信间应经端接(熔接或机械连接)构成光纤信道,FD 只设光纤之间的连接点,如图 3.13 所示。

在图 3.13 中,水平光缆和主干光缆在 FD 处作端接,光纤的连接可以采用光纤熔接或机械连接。水平光缆经主干光缆延伸,主干光缆光纤应包括网络设备主干端口和水平光缆所需的容量。

图 3.13　光缆在电信间 FD 作端接

（3）光纤信道构成三：光缆经过电信间 FD 直接连接至设备间 BD

水平光缆经过电信间 FD 直接连至大楼设备间光配线设备构成光纤信道，如图 3.14 所示。

图 3.14　光缆经过电信间 FD 直接连接至设备间 BD

在图 3.14 中，水平光缆直接路经电信间，连接至设备间总配线设备，中间不做任何处理。

当有些用户需要其工作区的用户终端设备或某些工作区域的企业网络设备直接与公用数据网互相连接沟通时，为了简化网络拓扑结构，宜将光纤光缆直接从工作区敷设到智能化建筑内的入口设施处与光纤配线设备连接，以便与公用通信网引入的光纤光缆连接。此时，要求智能化建筑内所用的光纤光缆的类型与品种应与公用通信网的引入光纤光缆保持一致，通常采用单模光纤光缆，如图 3.15 所示。

图 3.15　工作区光纤光缆直接与公用通信网光缆相连接

## 3.2.6　综合布线系统缆线长度划分

对于综合布线系统的缆线长度划分，其内容极为丰富且较复杂，是系统中极为重要的技术指标。不论哪一个缆线部分都有一定的极限数值，不得超标，以保证综合布线系统传送信息的质量。

综合布线系统缆线长度参数有信道的传输距离（长度）、综合布线系统的全程长度、水平布线长度和主干布线长度以及各级设备处的跳线、设备缆线、工作区缆线的长度等。

由于国家标准《综合布线系统工程设计规范》（GB 50311—2007）和通信行业标准《大楼通

信综合布线系统第 1 部分：总规范》(YD/T 926.1—2001)是先后编制的,因此其内容必然有些差异,在这里只介绍国家标准 GB 50311—2007 中的规定。

在《综合布线系统工程设计规范》(GB 50311—2007)中列出了以下长度要求。

(1) 综合布线系统水平缆线与建筑物主干缆线及建筑群主干缆线之和所构成信道的总长度不应大于 2000m。

但在 ISO/IEC 11801—2002 版中,对水平缆线与主干缆线之和的长度作出了如下规定:为了使工程设计者了解布线系统各部分缆线长度的关系及要求,特依据 TIA/EIA 568—B.1 标准列出表 3.2 和图 3.16 所示要求,以供在工程设计中应用。

表 3.2    综合布线系统主干缆线长度限值

| 缆线类型 | 各线段长度限值/m | | |
| --- | --- | --- | --- |
| | A | B | C |
| 100Ω 对绞电缆 | 800 | 300 | 500 |
| 62.5m 多模光缆 | 2000 | 300 | 1700 |
| 50m 多模光缆 | 2000 | 300 | 1700 |
| 单模光缆 | 3000 | 300 | 2700 |

图 3.16    综合布线系统主干缆线组成

说明:

① 当 B 距离小于最大值时,C 为对绞电缆的距离可相应增加,但 A 的总长度不能大于 800m。

② 表 3.2 中,100Ω 对绞电缆作为语音的传输介质。

③ 单模光纤的传输距离在主干链路时允许达 60km,但被认可至本规定以外范围的内容。

④ 对于电信业务经营者在主干链路中接入电信设施能满足的传输距离不在本规定之内。

⑤ 在总距离中,可以包括入口设施至 CD 之间的缆线长度。

⑥ 建筑群与建筑物配线设备所设置的跳线长度不应大于 20m,当超过 20m 时,主干缆线的长度应相应减少。

⑦ 建筑群与建筑物配线设备连至设备的缆线不应大于 30m,当超过 30m 时,主干缆线的长度应相应减少。

上面按照《用户建筑综合布线》(ISO/IEC 11801—2002)与 TIA/EIA 568—B.1 标准的规定,列出了综合布线系统主干缆线及水平缆线等的长度限值。但是,综合布线系统在网络的应用中,可选择不同类型的电缆和光缆,因此在相应的网络中所能支持的传输距离是不相同的。在 IEEE 802.3 标准中,综合布线系统 6 类布线系统在 10Gbps 以太网中所支持的长度应不大于 55m,但 6A 类和 7 类布线系统支持长度仍可达到 100m。为了更好地执行本规范,现将相关标准对于布线系统在网络中的应用情况,在表 3.3、表 3.4 中分别列出光纤在 100Mbps、1Gbps、10Gbps 以太网中支持的传输距离(两个有源设备之间的最大距离),仅供设计者参考。

表 3.3　100Mbps、1Gbps 以太网中光纤的应用传输距离

| 光纤类型 | 应用网络 | 光纤直径/μm | 波长/nm | 带宽/MHz | 应用距离/m |
|---|---|---|---|---|---|
| 多模 | 100Base-FX | — | — | | 2000 |
| | 1000Base-SX | 62.5 | 850 | 160 | 220 |
| | 1000Base-LX | | | 200 | 275 |
| | | | | 500 | 550 |
| | 1000Base-SX | 50 | 850 | 400 | 500 |
| | | | | 500 | 550 |
| | 1000Base-LX | | 1300 | 400 | 550 |
| | | | | 500 | 550 |
| 单模 | 1000Base-LX | <10 | 1310 | — | 5000 |
| | 1000Base-LH | <10 | 1310 | — | 10000 |
| | 1000Base-ZX | <10 | 1550 | — | 70000~100000 |

表 3.4　10Gbps 以太网中光纤的应用传输距离

| 光纤类型 | 应用网络 | 光纤直径/μm | 波长/nm | 模式带宽/(MHz·km) | 应用范围/m |
|---|---|---|---|---|---|
| 多模 | 10GBase-S | 62.5 | 850 | 160/150 | 26 |
| | | | | 200/500 | 33 |
| | | | | 400/400 | 66 |
| | | 50 | | 500/500 | 82 |
| | | | | 2000 | 300 |
| | 10GBase-LX4 | 62.5 | 1300 | 500/500 | 300 |
| | | 50 | | 400/400 | 240 |
| | | | | 500/500 | 300 |
| 单模 | 10GBase-L | <10 | 1310 | — | 1000 |
| | 10GBase-E | | 1550 | — | 30000~40000 |
| | 10GBase-LX4 | | 1300 | — | 1000 |

（2）当建筑物或建筑群配线设备之间（FD 与 BD、FD 与 CD、BD 与 BD、BD 与 CD 之间）组成的信道出现 4 个连接器件时，主干缆线的长度不应小于 15m。

（3）配线子系统各缆线长度应符合图 3.17 所示的划分及如下要求。

① 配线子系统信道的最大长度不应大于 100m。

② 工作区设备缆线、电信间配线设备的跳线和设备缆线之和不应大于 10m，当大于 10m 时，水平缆线长度（90m）应适当减少。

③ 楼层配线设备（FD）跳线、设备缆线及工作区设备缆线各自的长度不应大于 5m。

④ 在 IEEE 802.3 标准中，综合布线系统 6 类布线系统在 10Gbps 以太网中所支持的长度应不大于 55m，但 6A 类和 7 类布线系统的支持长度仍可达到 100m。

同样地，当干线子系统、建筑群子系统也采用铜缆布线时也必须遵循图 3.17 所示的信道长度限制。当干线子系统、建筑群子系统的长度超过电缆的传输距离时，就需要采用光缆传输系统。

图 3.17    配线子系统各缆线长度划分与规定

### 3.2.7    综合布线系统缆线方案选择

#### 1. 屏蔽与非屏蔽系统的选择

综合布线系统的产品有非屏蔽和屏蔽两种。对于这两种系统产品的优劣以及综合布线系统中是否采用屏蔽结构的布线系统,人们一直有不同的意见。在欧洲,屏蔽系统是消费主流,而且已成为地区的法规,而以北美为代表的其他国家则更喜欢非屏蔽系统(UTP)。由于我国最早是从美国引入的综合布线系统,所以工程中使用最多的是非屏蔽系统(UTP)。

当建筑物在建或已建成但尚未投入使用时,为确定综合布线系统的选型,首先应做好需求分析,测定建筑物周围环境的干扰强度,并对系统与其他干扰源之间的距离是否符合规范要求进行摸底,根据取得的数据和资料,用规范中规定的各项指标要求进行衡量,选择合适的器件并采取相应的措施。

因此,必须熟悉不同系统的电气特性,以便在实际综合布线系统工程中根据用户需求和现场环境等条件,选择合适的非屏蔽或屏蔽布线系统产品。

(1) 选择非屏蔽系统

采用非屏蔽系统主要基于以下的考虑。

① UTP 线缆结构设计可以很好地抗干扰。由于 UTP 双绞线电缆中的线对采取完全对称的平衡传输技术,其结构本身安排科学合理,各线对双绞的结构使得电磁场耦合产生的互相干扰影响相等,从而彼此抵消和有效去除,可以将线对的干扰减少到最低限度,甚至可忽略不计。

② 电缆传输数据速率不高。UTP 双绞线主要用在综合布线系统中接入到桌面的配线子系统,网络接入层是 100Mbps 快速以太网或 1000Mbps 吉比特以太网,使用 5e 类或 6 类 UTP 电缆就可以了。

③ 管槽系统的屏蔽作用。在配线子系统中,UTP 电缆都是敷设在钢筋混凝土结构的房屋内,如果 UTP 电缆再敷设在金属线槽、金属桥架或金属线管中,便形成了多层屏蔽层。因此,配线子系统的电缆所受到的电磁干扰的影响必然会大大地降低,在一般布线的环境中,电磁干扰场强的指标值绝大部分是低于标准规定的限制(3V/m)的。

④ 安装维护方便、整体造价低。由于非屏蔽系统具有重量轻、体积小、弹性好、种类多、价格便宜、技术比较成熟和安装施工简便等很多优点,并且,现在的 5e 类或 6 类布线系统也支持 1000Mbps 吉比特以太网。所以,目前大部分综合布线系统大都采用非屏蔽系统。

⑤ 当综合布线工程现场的电磁干扰场强低于防护标准的规定,或采用非屏蔽布线系统能满足安装现场条件对电缆的间距要求时,综合布线系统宜采用非屏蔽布线系统。

⑥ 屏蔽系统安装困难、技术要求较高,且工程造价较高。屏蔽布线系统整体造价比非屏蔽布线系统高,在安装施工中,要求屏蔽系统的所有电缆和连接硬件的每一部分都必须是完全屏蔽且无缺陷的,并要求有正确的接地系统,才能取得理想的屏蔽效果。

（2）选择屏蔽系统

随着网络技术的高速发展，人们对信息的要求越来越高，要求信息传输必须非常精确、迅速、安全以及保密。同时，在有强电磁场干扰环境的综合布线系统工程设计中，非屏蔽系统难以达到较好的抗干扰效果，这时可以考虑采用屏蔽系统。

① 屏蔽系统和非屏蔽系统相比的优势。

a. 屏蔽系统的传输性能比非屏蔽系统好。在 100Mbps 快速以太网中传送数据，采用 UTP 较好。但是，当数据传输频率超过 100MHz，且传输速率在 1Gbps 以上时，非屏蔽链路比屏蔽系统链路会出现更多错误，如丢失帧、节点混杂、记号出错、突发的错误等，导致整个网络传输效果不良，甚至失败。

b. 屏蔽系统的对外辐射、保密性比非屏蔽系统好。UTP 系统的近端串扰和衰减值比屏蔽系统要低很多（约低 10dB），即 UTP 电缆对外辐射是屏蔽系统的 10 倍。这样，使用 UTP 电缆很容易被外界窃取信息，因此其安全性和保密性较差。

② 屏蔽系统的方式。当布线环境处在强电磁场附近需要对布线系统进行屏蔽时，可以根据环境电磁干扰的强弱，采取 3 个层次不同的屏蔽效果。

a. 在一般电磁干扰的情况下，可采用金属槽管屏蔽的方法，即把全部电缆都封闭在预先敷设好的金属桥架和管道中，并使金属桥架和管道保持良好的接地。这样就可以把干扰电流导入大地，取得良好的屏蔽效果。

b. 在存在较强电磁场干扰源的情况下，可采用屏蔽双绞线和屏蔽连接件的屏蔽系统，再辅助以金属桥架和管道，从而取得较好的屏蔽效果。

c. 在有极强电磁干扰的情况下，可以采用光缆布线，光缆布线配比效果最好，而且可以得到极高的带宽和传输速率。

（3）如何选择屏蔽系统或非屏蔽系统

在综合布线系统工程设计中，应根据用户通信要求、现场环境条件（建筑物周围环境的干扰场强度）等实际情况，本着技术先进、经济合理、安全使用的设计原则在满足电气防护各项指标的前提下，确定选用屏蔽系统或非屏蔽系统。

在 GB 50311—2007 中规定，当遇到下列情况之一时，可采用屏蔽布线系统。

① 当综合布线区域内存在的电磁干扰场强高于 3V/m 时，宜采用屏蔽布线系统进行防护。

② 当用户对电磁兼容性有较高的要求（电磁干扰和防信息泄露）时，或出于网络安全保密的需要，如在政府机关、金融机构和军事、公安等重要部门，宜采用屏蔽布线系统。

③ 当采用非屏蔽布线系统无法满足安装现场条件对缆线的间距要求时，宜采用屏蔽布线系统。

此外，当采用屏蔽系统时，应保证屏蔽布线系统采用的电缆、连接器件、跳线、设备电缆都是屏蔽的，并应保持屏蔽层的连续性。

### 2. 5e 类与 6 类布线系统选择

目前，5e 类和 6 类非屏蔽双绞线在综合布线系统中被广泛应用于配线子系统，在综合布线工程中，常常存在是选择超 5 类还是选择 6 类布线系统的问题。综合布线系统是信息化平台的基础部分，系统的性能对整个信息化进程将产生直接的影响，如何选择一套投资合理、满足需求、适当超前的布线系统是布线工程师在规划和设计阶段就得思考的问题。

（1）5e 类和 6 类布线系统标准介绍

5 类布线标准主要是针对 100Mbps 网络提出的，该标准成熟，2000 年以前是市场的主流。

后来开发千兆以太网时,许多厂商根据 TIA/EIA 568—B 标准,把可以运行千兆以太网的超 5 类产品冠以"增强型"(Enhanced CAT5,5e)的名义推向市场。5e 也被人们称为"超 5 类"或"5 类增强型"。

2002 年 6 月,正式通过的 6 类布线标准成为 TIA/EIA 568—B 标准的附录,它被正式命名为 TIA/EIA 568—B.2—1。该标准已被国际标准化组织(ISO)批准,标准号为 ISO 11801—2002。与 5e 类布线系统相比,6 类布线系统的优势主要体现在对 1000Mbps 以上网络的支持上。

表 3.5 列出了 5e 类和 6 类布线系统的电气性能比较。

表 3.5　5e 类和 6 类布线系统的电气性能比较

| 参数(Items) | CAT5e | CAT6 |
| --- | --- | --- |
| 频率范围(Frequency Range) | 1~100MHz | 1~250MHz |
| 传输时延(Delay) | 与 TSB95 相同 | 与 TSB95 相同 |
| 时延差(Delay Skew) | 与 TSB95 相同 | 与 TSB95 相同 |
| 衰减(Attenuation) | 与 CAT5 相同 | 比 CAT5 更严格 43% |
| 近端串扰(NEXT) | 比 CAT5 更严格 41% | 比 CAT5 更严格 337% |
| 综合近端串扰(PSNEXT) | 与 CAT5 相同 | 比 CAT5 更严格 216% |
| 等效远端串扰(ELFEXT) | 比 CAT5 更严格 5% | 比 CAT5 更严格 104% |
| 综合等效远端串扰(PSELFEXT) | 与 TSB95 相同 | 比 CAT5 更严格 95% |
| 回波损耗(Return Loss) | 比 CAT5 更严格 26% | 比 CAT5 更严格 58% |

从表 3.5 可以看出,对于影响高速网络传输性能的近端串扰及综合近端串扰、等效远端串扰与综合等效远端串扰、回波损耗和衰减等测试标准,6 类布线系统都比 5e 类布线系统有了很大的改善,从而保证了吉比特以太网乃至万兆位以太网的使用。

(2) 5e 类布线系统的网络应用

国际电气和电子工程师协会(IEEE)任务小组于 1997 年发布了千兆以太网标准 1000Base-T,该技术采用先进的 5 级脉冲调幅(PAM)编码方式,在 4 对超 5 类双绞线上全双工传输,即每对线在发送信号的同时又接收信号,每对线上的传输速率是 250Mbps。1000Base-T 采用多级编码方式,可以降低网络传输时对每对线的带宽要求,每对线所需带宽不到 80MHz;由于采用这种双工传输技术会产生信号回波,会导致信噪比(SNR)过高,网络接收端无法获得正常的信号。因此,为了消除双工传输带来的回波影响,必须在网络设备上多加一个数字信号处理器(DSP),专门用于处理网络传输中产生的噪声,从而可以降低网络传输误码率。但 DSP 价格不菲,约占千兆以太网卡成本的 50%。总之,在超 5 类布线系统中,虽也可满足千兆的传输,但由于它将用于网络传输的两对线改为 4 对线的传输,且两端的设备必须为全双工模式,因此这种可达到千兆传输的超 5 类布线系统仍然很少或几乎没有在实际的网络中加以应用。

总之,超 5 类双绞线主要用于 100Mbps 网络,并能支持到 1000Mbps,不支持万兆位以太网技术。超 5 类双绞线在应用于吉比特以太网时,使用全部 4 对线,4 对线都在全双工的模式运行,每对线支持 250Mbps 的数据速率(每个方向),如图 3.18 所示。

(3) 6 类布线系统的网络应用

为了克服 1000Base-T 高成本的问题,2002 年 TIA/EIA 854 颁布新的千兆以太网标准

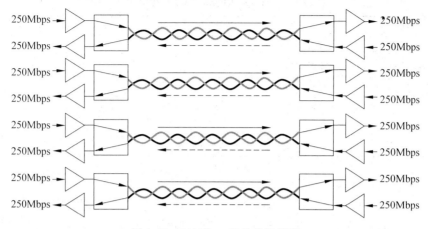

图 3.18  1000Base-T 的传输模型

1000Base-TX。该标准定义了一种使用 6 类产品的千兆以太网技术 1000Base-TX。由此提供了一种更为经济的千兆以太网解决方案。该技术使用 4 对线单工传输,其中两对线用于发送,另外两对线用于接收,每对线平均传输速率提高到 500Mbps。1000Base-TX 在每对线上需要 125MHz 带宽,且需要有更好的 6 类布线系统来支持。由于 1000Base-TX 采用单工传输方式,解决了 1000Base-T 因采用双工传输方式而产生的噪声过高问题,因而在网络设备上不必采用昂贵的 DSP 芯片来消除回波,显著降低了网络设备的电缆复杂程度,1000Base-TX 网络设备制造成本较 1000Base-T 降低了大约 50%。

6 类双绞线支持 1000Base-T 技术和万兆位以太网技术。其在应用于吉比特以太网时,也使用全部 4 对线,但是是两对线用于接收,两对线用于发送(类似于 100Base-TX),如图 3.19 所示。

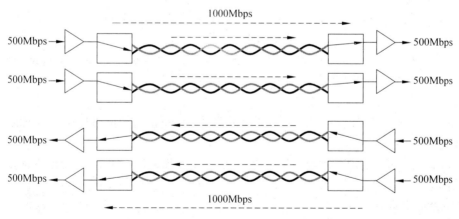

图 3.19  1000Base-TX 的传输模型

IEEE 802.3 中标准 1000Base-T 定义,可以采用 5e 类、6 类双绞线,IEEE 802.3 支持 6A 类双绞线铜缆。在《用户建筑综合布线》ISO/IEC 11801—2002 5.7 与 7.2 条款和 TIA/EIA 568—B.1 标准中,都规定了综合布线系统主干缆线及水平缆线等的长度限值。但是,综合布线系统在网络的应用中,可选择不同类型的电缆和光缆,因此在相应的网络中所能支持的传输距离是不相同的。在 IEEE 802.3 标准中,6 类布线系统在 10Gbps 以太网中所支持的长度应不大于 55m,但 6A 类和 7 类布线系统支持长度仍可达到 100m,见表 3.6。

表 3.6    1Gbps/10Gbps 铜缆物理媒体层

| 名    称 | 媒    质 | 类    别 | 传输距离/m | |
|---|---|---|---|---|
| 1000Base-T | 双绞铜线 | 5e 类 | 100 | 4 对 |
| 1000Base-TX | 双绞铜线 | 6 类 | 100 | 4 对 |
| 10Gbase-T | 双绞铜线 | 6 类 E 级 UTP | 55 | 4 对 |
| 10Gbase-T | 双绞铜线 | 6 类 EA 级 UTP | 100 | 4 对 |
| 10Gbase-T | 双绞铜线 | 6 类 EA 级 F/UTP | 100 | 4 对 |
| 10Gbase-T | 双绞铜线 | F 级 FA 级 | 100 | 4 对 |

(4) 6 类布线系统的选用

综合布线系统是否选用 6 类布线系统产品,必须以紧密结合工程实际情况为出发点,根据智能化建筑或智能小区的不同类型、主体工程性质、所处环境地位、技术功能要求和工程建设规模等具体特点来确定。此外,要考虑不同的综合布线系统的服务对象,其信息需求是有显著差别的,例如,国际商务中心和一般商业区是大为不同的,所以在综合布线系统选用产品类型时应加以区分,绝不能盲目攀比或超前追求高标准和新技术。

随着 1Gbps 网络的流行,6 类布线系统产品也正逐渐被用户所接受,并在政府机关、校园网等工程中得到了广泛的应用和认可。

**3. 双绞线与光缆的选择**

光纤与双绞线相比具有更高的带宽,允许的距离更长,安全性更高,完全消除了 FRI 和 EMI,允许更靠近电力电缆,而且不会对人身健康产生辐射威胁。

(1) 吉比特以太网的光纤选择

吉比特以太网包括 1000Base-SX、1000Base-LX、1000Base-LH 和 1000Base-ZX 共 4 个标准。其中,SX(Short-Wave)为短波,LX(Longwave)为长波,LH(Long-Haul)和 ZX(Extended Range)为超长波,1000Base-SX 和 1000Base-LX 既可使用单模光纤,也可使用多模光纤;而 1000Base-LH 和 1000Base-ZX 则只能使用单模光纤。

吉比特以太网在多模和单模上的规定距离见表 3.3。可根据表 3.3 中的数据和光纤布线的实际距离来选择合适的光纤型号。

(2) 10Gbps 以太网的光纤选择

在 10Gbps 光纤以太网中,光纤在不同应用网络类型下的有效网络传输距离见表 3.4。

(3) 光纤布线的使用

目前,在绝大多数的综合布线系统工程中,数据主干都采用光缆,主要有以下优点。

① 干线用缆量不大。

② 用光缆不必为升级疑虑。

③ 处于电磁干扰较严重的弱电井,光缆比较理想。

④ 光缆在弱电井布放,安装难度较小。

⑤ 对于光纤到桌面(FTTD)来说,光缆布线可以考虑省去 FD,直接从 BD 引至桌面即可。

⑥ 光纤布线长度可以比铜缆长,几层楼合用光纤集线器(或交换机)的范围大。

正是由于具有以上的优势,再加上小型化(SFF)光纤连接器、理想的 VCSEL(垂直腔表面发射激光)光源和光电介质转换器等的发展,极大地促进了光纤在综合布线系统中的使用。

但是,光纤布线还不能完全取代双绞线电缆,主要体现在以下几个方面。

① 价格高。使用光缆布线会大幅度增加成本,不但光纤布线系统(光缆、光纤配线架、耦合器、光纤跳线等)本身价位比铜缆高,而且使用光纤传输的网络连接设备,如带光纤端口的交换机、光纤网卡等的价格也较高。

② 光纤安装施工技术要求高,且安装难度大。

③ 从目前和今后几年的网络应用水平来看,并不是所有的桌面都需要 1000Mbps 的传输速率。

因此,对于未来的解决方案,光缆在综合布线系统中有着重要的地位,但在目前和今后一定时期,它还不能完全取代双绞线电缆。光缆主要应用在建筑物间和建筑物内的主干线路,而双绞线电缆将会在距离近、分布广和要求低的到工作区的配线子系统中广泛应用,只有当水平布线距离较远,电缆无法到达,桌面应用有高带宽和高安全性等要求时,配线子系统水平布线才需要采用光纤布线系统。

光纤的应用和发展是一个循序渐进的过程,从光纤到路边、光纤到楼、光纤到户发展到光纤到桌面,实现全光纤网络还需要时间。因此,光纤主干系统＋双绞线配线子系统还是相当长一段时间内综合布线系统的首选方案。

## 3.2.8　系统应用

综合布线系统工程设计应按照近期和远期的通信业务、计算机网络拓扑结构等需要,选用合适的布线器件与设施。只有选用产品的各项指标应高于系统指标,才能保证系统指标得以满足并具有发展的余地;同时,还应考虑工程造价及工程要求,对系统产品选用应做到恰如其分。

(1) 同一布线信道及链路的缆线和连接器件应保持系统等级与阻抗的一致性。

对于综合布线系统而言,电缆和接插件之间的连接应考虑阻抗匹配和平衡与非平衡的转换适配。在工程(D～F 级)中特性阻抗应符合 100Ω 标准。在系统设计时,应保证布线信道和链路在支持相应等级应用中的传输性能,如果选用 6 类布线系统产品,则只有缆线、连接硬件、跳线等都应达到 6 类,才能保证系统为 6 类。如果采用屏蔽布线系统,则所有部件都应选用带屏蔽的硬件。

(2) 综合布线系统工程的产品类别及链路、信道等级的确定应综合考虑建筑物的功能、应用网络、业务终端类型、业务的需求及发展、性能价格、现场安装条件等因素,并应符合表 3.7 中的要求。

表 3.7　布线系统等级与类别的选用

| 业务种类 | 配线子系统 | | 干线子系统 | | 建筑群子系统 | |
|---|---|---|---|---|---|---|
| | 等级 | 类　别 | 等级 | 类　别 | 等级 | 类　别 |
| 语音 | D/E | 5e/6 | C | 3(大对数) | C | 3(电缆为室外大对数) |
| 数据 | D/E/F | 5e/6/7 | D/E/F | 5e/6/7(4 对) | | 在不超过 90m 时,也可采用室外 4 对对绞电缆 |
| | 光纤(多模或单模) | 62.5μm 多模/50μm 多模/<10μm 单模 | 光纤 | 62.5μm 多模/50μm 多模/<10μm 单模 | 光纤 | 62.5μm 多模/50μm 多模/<10μm 单模 |
| 其他应用 | 可采用 5e/6 类 4 对对绞电缆和 62.5μm 多模/50μm 多模/<10μm 单模光缆 | | | | | |

注:其他应用是指数字监控摄像头、楼宇自控现场控制器(DDC)、门禁系统等采用网络端口传送数字信息时的应用。

在表 3.7 中,其他应用一栏应根据系统对网络的构成、传输缆线的规格、传输距离等要求,选用相应等级的综合布线产品。

（3）综合布线系统光纤信道应采用标称波长为 850nm 和 1300nm 的多模光纤及标称波长为 1310nm 和 1550nm 的单模光纤。

（4）单模和多模光缆的选用应符合网络的构成方式、业务的互通互连方式及光纤在网络中的应用传输距离。楼内宜采用多模光缆，建筑物之间宜采用多模或单模光缆，当需要直接与电信业务经营者相连时，宜采用单模光缆。

（5）为保证传输质量，配线设备连接的跳线宜选用产业化制造的电、光各类跳线；在电话中应用时，宜选用双芯对绞电缆。

跳线两端的插头，IDC 是指 4 对或多对的扁平模块，主要连接多端子配线模块；RJ-45 是指 8 位插头，可与 8 位模块通用插座相连；跳线两端如为 ST、SC、SFF 光纤连接器件，则与相应的光纤适配器配套相连，按以下原则选择。

① 电话跳线宜按每根 1 对或 2 对对绞电缆容量配置，跳线两端连接插头采用 IDC 或 RJ-45 型。

② 数据跳线宜按每根 4 对对绞电缆配置，跳线两端连接插头采用 IDC 或 RJ-45 型。

③ 光纤跳线宜按每根 1 芯或两芯光纤配置，光纤跳线连接器件采用 ST、SC 或 SFF 型。

（6）工作区信息点为电端口时，应采用 8 位模块通用插座（RJ-45），光端口宜采用 SFF 小型光纤连接器件及适配器。

信息点电端口如为 7 类布线系统时，应采用 RJ-45 或非对 45 型的屏蔽 8 位模块通用插座。

（7）FD、BD、CD 配线设备应采用 8 位模块通用插座或卡接式配线模块（多对、25 对及回线型卡接模块）和光纤连接器件及光纤适配器（单工或双工的 ST、SC 或 SFF 光纤连接器件及适配器）。

在 ISO/IEC 11801—2002 标准中，提出除了维持 SC 光纤连接器件用于工作区信息点以外，同时建议在设备间、电信间、集合点等区域使用 SFF 小型光纤连接器件及适配器。小型光纤连接器件与传统的 ST、SC 光纤连接器件相比体积较小，可以灵活地使用于多种场合。目前，SFF 小型光纤连接器件被布线市场认可的主要有 LC、MT-RJ、VF-45、MU 和 FJ。

电信间和设备间安装的配线设备的选用应与所连接的缆线相适应，具体可参照表 3.8 和表 3.9 所示。

表 3.8　综合布线系统配线模块产品选用表

| 类别 | 产品类型 | | 配线设备安装场地和连接缆线类型 | | | |
|---|---|---|---|---|---|---|
| | 配线设备类型 | 容量与规格 | CP（集合点） | FD（电信间） | BD（设备间） | CD（设备间/进线间） |
| 电缆配线设备 | 大对数卡接模块 | 采用 4 对卡接模块 | 4 对水平电缆/4 对 CP 电缆 | 4 对水平电缆/4 对主干电缆 | 4 对主干电缆 | 4 对主干电缆 |
| | | 采用 5 对卡接模块 | | 大对数主干电缆 | 大对数主干电缆 | 大对数主干电缆 |
| | 25 对卡接模块 | 25 对 | 4 对水平电缆/4 对 CP 电缆 | 4 对水平电缆/4 对主干电缆/大对数主干电缆 | 4 对主干电缆/大对数主干电缆 | 4 对主干电缆大对数主干电缆 |
| | 回线型卡接模块 | 8 回线 | 4 对水平电缆/4 对 CP 电缆 | 4 对水平电缆/4 对主干电缆 | 大对数主干电缆 | 大对数主干电缆 |
| | | 10 回线 | | 大对数主干电缆 | 大对数主干电缆 | 大对数主干电缆 |
| | RJ-45 配线模块 | 一般为 24 口或 48 口 | 4 对水平电缆/4 对 CP 电缆 | 4 对水平电缆/4 对主干电缆 | 4 对主干电缆 | 4 对主干电缆 |

续表

| 类别 | 产品类型 | | 配线设备安装场地和连接缆线类型 | | | |
|---|---|---|---|---|---|---|
| 光缆配线设备 | ST 光纤连接盘 | 单工/双工,一般为 24 口 | 水平/CP 光缆 | 水平/主干光缆 | 主干光缆 | 主干光缆 |
| | SC 光纤连接盘 | 单工/双工,一般为 24 口 | 水平/CP 光缆 | 水平/主干光缆 | 主干光缆 | 主干光缆 |
| | SFF 小型光纤连接盘 | 单工/双工一般为 24 口、48 口 | 水平/CP 光缆 | 水平/主干光缆 | 主干光缆 | 主干光缆 |

表 3.9　综合布线系统配线模块与缆线的连接与装置

| 配线设备 | | 连接与配置 |
|---|---|---|
| FD、BD、CD | 连接至电信间的每 1 根水平电缆/光缆应连接相应的配线模块,配线模块的配置与缆线容量应相适应 | (1) 多线对端子配线模块可以选用 4 对或 5 对卡接模块,每个卡接模块应卡接 1 根 4 对对绞电缆。一般 100 对卡接端子容量的模块可卡接 24 根(采用 4 对卡接模块)或卡接 20 根(采用 5 对卡接模块)4 对对绞电缆。<br>(2) 25 对端子配线模块可卡接 1 根 25 对大对数电缆或 6 根 4 对对绞电缆。<br>(3) RJ-45 配线模块(由 24 或 48 个 8 位模块通用插座组成)每 1 个 RJ-45 插座应卡接 1 根 4 对对绞电缆。<br>(4) 光纤连接器件每个单工端口应支持 1 芯光纤的连接,双工端口则支持 2 芯光纤的连接 |
| | 电信间 FD 主干侧各类配线模块和主干缆线应按照电话、计算机等网络的构成及配线模块与主干电缆/光缆的所需容量要求及规格进行配置 | 对于语音业务,大对数主干电缆的对数应按每一个电话 8 位模块通用插座配置 1 对线,并在总需求线对的基础上至少预留约 10% 的备用线对,如语音信息点(8 位模块)连接 ISDN 用户终端设备,并采用 S 接口(4 线接口)时,相应的主干电缆应按 2 对线配置 |
| | | 对于数据业务应以集线器(HUB)或交换机(SW)群(按 4 个 HUB/SW 组成一群);或以每个 HUB 或 SW 设备设置一个 1 个主干端口配置。每 1 群网络设备或每 4 个网络设备宜考虑 1 个备用端口。主干端口若为电接口时,则应按 4 对线容量配置;若为光端口,则应按 2 芯光纤容量配置 |
| | | 当工作区至电信间的水平光缆延伸至设备间的光配线设备(BD/CD)时,主干光缆的容量应包括所延伸的水平光缆光纤的容量在内 |
| | 设备间 BD(CD)、电信间 FD 采用的设备缆线和各类跳线应以通信设施和计算机网络设备的端口容量或按信息点的比例进行配置 | 电话跳线宜按每根 1 对或 2 对对绞电缆容量配置,跳线两端连接插头采用 IDC、RJ-45 型 |
| | | 数据跳线应按每根 4 对对绞电缆容量配置,跳线两端连接插头采用 IDC 或 RJ-45 型 |
| | | 光纤跳线应按每根 1 芯或 2 芯光纤配置,光纤跳线连接器件插头采用 ST、SC 或 SFF 型 |
| | | 采用的设备缆线和各类跳线宜按计算机网络设备的使用端口容量和电话交换机的实装容量、业务的实际需求或信息点总数的比例进行配置,比例范围为 25%～50% |

(8) CP 集合点安装的连接器件应选用卡接式配线模块或 8 位模块通用插座或各类光纤连接器件和适配器。

当集合点(CP)配线设备为8位模块通用插座时,CP电缆宜采用带有单端RJ-45插头的产业化产品,以保证布线链路的传输性能。

### 3.2.9　以太网在线供电

#### 1. 以太网在线供电(PoE)

以太网在线供电(Power over Ethernet,PoE)是一种将供电集成到标准局域网设备中的技术。它可通过使用同一根用于网络连接的电缆,将电源供应到网络设备上,如IP电话机、网络摄像机或无线AP等。这样一来,在摄像机所在位置就无须再通过电源插座对摄像机进行供电,可通过集中使用UPS(不间断电源,Uninterruptible Power Supplies)的方式来确保设备能够$7 \times 24h$不间断地运行,同时简化了管理。

PoE技术遵循IEEE 802.3af标准,在不降低网络数据通信性能、缩小网络范围的基础上对网络设备进行供电。

在各种温度条件下,布线系统D、E、F级信道线对每一导体最小的传送直流电流应为0.175A。

在各种温度条件下,布线系统D、E、F级信道的任何导体之间应支持48V直流工作电压,每一线对的输出功率应为15.4W,末端为13W受电设备。

#### 2. 以太网在线供电 (PoE)的工作方式

网络需要在链路上某个地方把电源"接入"链路中。通常有两种方法,即通过使用供电交换机或中间跨度设备实现。以太网在线供电(PoE)采用具有供电功能的以太网网络交换机SW,通过叠加在数据传输线对1和2、3和6向受电设备供电,如图3.20所示。

图3.20　以太网在线供电方式一:支持PoE交换机

另一种方法是在交换机和配线架之间连接一台中间跨度设备(通常称为模块配线架式的供电设备SB),通过非数据线对4和5、7和8向受电设备提供电源。模块配线架式的供电设备SB应兼容IEEE 802.3af标准,满足网络交换机协议,并应能识别受电设备的正确供电电压,向受电设备不间断地提供要求的电源,当受电设备有情况时,应立即断电,并在受电设备断开后停止供电,如图3.21所示。

图 3.21  以太网在线供电方式二：模块配线架式的供电设备 SB

# 3.3  综合布线系统链路线缆选择

## 3.3.1  综合布线系统链路线缆选择

在任务 1 已经介绍过,在《综合布线系统工程设计规范》(GB 50311—2007)和《大楼通信综合布线系统第 1 部分：总规范》(YD/T 926.1—2001)都将综合布线系统划分为 3 个子系统,但在《综合布线系统工程设计规范》(GB 50311—2007)中,则是 3 个子系统和 7 个部分同时存在。

这 3 个子系统分别为建筑群子系统、干线子系统和配线子系统。建筑群子系统把分布层的各交换设备连接到核心层的交换设备上,干线子系统把各接入层的交换设备连接到本楼宇分布层的交换设备上,配线子系统把工作区的信息插座连接到接入层的交换设备的端口上。

在进行综合布线系统线缆的选择时,首先需要考虑的是用户需求,然后考虑传输距离,最后再考虑成本。

在任务 1 中已经介绍过,综合布线系统的对象分为两大类：一类是单幢建筑物,大都采用二层网络结构；另一类是由若干建筑物组成的建筑群,大都采用三层网络结构,在信息点较少的情况下也可采用二层结构。建筑群综合布线系统就是单幢建筑物综合布线系统和建筑群子系统的合集。

表 3.10 列出了单幢建筑物各子系统线缆的选择。表 3.11 列出了建筑群各子系统线缆的选择。

表 3.10  单幢建筑物各子系统线缆的选择

| 用户需求 | 干线子系统 | | 配线子系统 | | 信道技术方案 |
|---|---|---|---|---|---|
| | 带宽/速率 | 线  缆 | 带宽/速率 | 线  缆 | |
| 主干万兆,千兆到桌面 | 万兆 | 单/多模光缆 | 千兆 | 单/多模光缆 | 光缆 |
| | | | 千兆 | 6 类 UTP | 光缆＋电缆 |
| | 万兆 | 6A 类双绞线 | 千兆 | 6 类 UTP | 电缆 |

| 用户需求 | 干线子系统 | | 配线子系统 | | 信道技术方案 |
|---|---|---|---|---|---|
| | 带宽/速率 | 线　缆 | 带宽/速率 | 线　缆 | |
| 主干万兆,百兆到桌面 | 万兆 | 单/多模光缆 | 百兆 | 单/多模光缆 | 光缆 |
| | | | 百兆 | 5e/6 类 UTP | 光缆＋电缆 |
| | 万兆 | 6A 类双绞线 | 百兆 | 5e/6 类 UTP | 电缆 |
| 主干千兆,百兆到桌面 | 千兆 | 单/多模光缆 | 百兆 | 5e/6 类 UTP | 光缆＋电缆 |
| | 千兆 | 6/6A 类双绞线 | 百兆 | 5e/6 类 UTP | 电缆 |
| 主干百兆,百兆到桌面 | 百兆 | 单/多模光缆 | 百兆 | 5e/6 类 UTP | 光缆＋电缆 |
| | 百兆 | 5e/6/6A 类双绞线 | 百兆 | 5e/6 类 UTP | 电缆 |

表 3.11　建筑群各子系统线缆的选择

| 用户需求 | 建筑群子系统 | | 干线子系统 | | 配线子系统 | | 信道技术方案 |
|---|---|---|---|---|---|---|---|
| | 带宽/速率 | 线缆 | 带宽/速率 | 线　缆 | 带宽/速率 | 线　缆 | |
| 主干万兆,千兆到桌面 | 万兆 | 单模光缆 | 万/千兆 | 单/多模光缆 | 千兆 | 单/多模光缆 | 光缆 |
| | | | 万/千兆 | 单/多模光缆 | 千兆 | 6 类 UTP | 光缆＋光缆＋电缆 |
| | | | 万/千兆 | 6A 类 UTP | 千兆 | 6 类 UTP | 光缆＋电缆＋电缆 |
| | | | 千兆 | 6 类 UTP | 千兆 | 6 类 UTP | 光缆＋电缆＋电缆 |
| | 万兆 | 多模光缆 | 万/千兆 | 多模光缆 | 千兆 | 6 类 UTP | 光缆＋光缆＋电缆 |
| | | | 万/千兆 | 6A 类 UTP | 千兆 | 6 类 UTP | 光缆＋电缆＋电缆 |
| | | | 千兆 | 6 类 UTP | 千兆 | 6 类 UTP | 光缆＋电缆＋电缆 |
| 主干万兆,百兆到桌面 | 万兆 | 单模光缆 | 万/千兆 | 单/多模光缆 | 百兆 | 单/多模光缆 | 光缆 |
| | | | 万/千兆 | 单/多模光缆 | 百兆 | 5e/6 类 UTP | 光缆＋光缆＋电缆 |
| | | | 万/千兆 | 6A 类 UTP | 百兆 | 5e/6 类 UTP | 光缆＋电缆＋电缆 |
| | | | 千兆 | 6 类 UTP | 百兆 | 5e/6 类 UTP | 光缆＋电缆＋电缆 |
| | 万兆 | 多模光缆 | 万/千兆 | 单/多模光缆 | 百兆 | 单/多模光缆 | 光缆 |
| | | | 万/千兆 | 多模光缆 | 百兆 | 5e/6 类 UTP | 光缆＋光缆＋电缆 |
| | | | 万/千兆 | 6A 类 UTP | 百兆 | 5e/6 类 UTP | 光缆＋电缆＋电缆 |
| | | | 千兆 | 6 类 UTP | 百兆 | 5e/6 类 UTP | 光缆＋电缆＋电缆 |
| 主干千兆,百兆到桌面 | 千兆 | 单模光缆 | 千兆 | 单/多模光缆 | 百兆 | 单/多模光缆 | 光缆 |
| | | | 千兆 | 单/多模光缆 | 百兆 | 5e/6 类 UTP | 光缆＋光缆＋电缆 |
| | | | 千兆 | 6/6A 类 UTP | 百兆 | 5e/6 类 UTP | 光缆＋电缆＋电缆 |
| | | | 百兆 | 5e/6 类 UTP | 百兆 | 5e/6 类 UTP | 光缆＋电缆＋电缆 |
| | 千兆 | 多模光缆 | 千兆 | 多模光缆 | 百兆 | 多模光缆 | 光缆 |
| | | | 千兆 | 6/6A 类 UTP | 百兆 | 5e/6 类 UTP | 光缆＋电缆＋电缆 |
| | | | 百兆 | 5e/6 类 UTP | 百兆 | 5e/6 类 UTP | 光缆＋电缆＋电缆 |

## 3.3.2　全光缆布线方案

由表 3.10 和表 3.11 可以看到,综合布线系统选用缆线的技术方案有全光缆布线方案、光缆＋电缆布线方案和全电缆布线方案等几种,首先介绍全光缆布线方案。

### 1. 全光缆布线方案结构图

在智能建筑或建筑群的综合布线系统中,所有缆线全部采用光纤光缆的布线方案,组成了光纤信道。在建筑群子系统、干线子系统、配线子系统分别采用不同模式、不同芯数的光纤光缆。

光纤信道的构成和连接方式可参考 3.2.5 节的图 3.12～图 3.14。

### 2. 全光缆布线方案的缆线长度

综合布线系统的缆线长度划分,其内容极为丰富且较复杂,是系统中极为重要的技术指标。不论哪一个缆线部分都有一定的极限数值,不得超标,以保证综合布线系统传送信息的质量。

综合布线系统缆线长度包含有信道的传输距离(长度)、综合布线系统的全程长度、水平布线长度和主干布线长度以及各级设备处的跳线、设备缆线、工作区缆线的长度等。

上面按照《用户建筑综合布线》(ISO/IEC 11801—2002)与 TIA/EIA 568—B.1 标准的规定,列出了综合布线系统主干缆线及水平缆线等的长度限值。但是,综合布线系统在网络的应用中,可选择不同类型的电缆和光缆,因此在相应的网络中所能支持的传输距离是不相同的。在表 3.3、表 3.4 中分别列出光纤在 100Mbps、1Gbps、10Gbps 以太网中支持的传输距离(两个有源设备之间的最大距离),仅供设计者参考。

## 3.3.3 光缆＋电缆布线方案

光缆＋电缆布线方案又可分为三层结构和二层结构两种。其中,三层结构有光缆(建筑群子系统)＋光缆(干线子系统)＋电缆(配线子系统)、光缆(建筑群子系统)＋电缆(干线子系统)＋电缆(配线子系统)两种类型;二层结构为光缆(干线子系统)＋电缆(配线子系统)。

### 1. 光缆＋光缆＋电缆布线方案(图 3.22)

在表 3.10 和表 3.11 中可以看到,光缆＋光缆＋电缆布线方案也就是在建筑群子系统和干线子系统采用光缆,在配线子系统采用电缆。这时,整个综合布线系统会设有 1 个或 2 个设备间作为网络中心机房及分机房,其余各楼宇不单独设备间,而是将给楼宇的 BD 配线设备和交换设备放置在楼宇中间层次的电信间,也就是将 BD 和 FD 合并使用,如图 3.5 所示。

在选择光缆建筑物干线光缆、建筑群干线光缆的类型时,参考表 3.4、表 3.5,根据网络类型选择合适的光缆类型。

和 3.3.2 节中的全光缆布线方案不同的是,在这里配线子系统采用双绞线电缆,也就是采用了铜缆综合布线系统,其长度限值等可见 3.2.4 小节的相关内容。

### 2. 光缆＋电缆＋电缆布线方案

同样,在表 3.10 和表 3.11 中可以看到,光缆＋电缆＋电缆布线方案也就是在建筑群子系统采用光缆,在干线子系统和配线子系统采用电缆。这时,整个综合布线系统会设有 1 个或 2 个设备间作为网络中心机房及分机房,其余各楼宇不单独设备间,而是将给楼宇的 BD 配线设备和交换设备放置在楼宇中间层次的电信间,也就是将 BD 和 FD 合并使用。其网络拓扑图和图 3.5 类似。

所不同的是建筑物干线子系统采用电缆,这样除了在兼作 BD 的电信间需要光纤终端盒

图 3.22    光缆＋光缆＋电缆布线方案

外,其他电信间不需要光纤终端盒。建筑物干线电缆既可以采用多条 4 对双绞线电缆,也可以选用大对数电缆。

### 3. 光缆＋电缆布线方案

光缆＋电缆布线方案通常在一幢建筑物中使用,没有建筑群子系统,其网络拓扑图如图 3.22 所示的上部建筑物 A。

## 3.3.4    全电缆布线方案

全电缆布线方案通常使用在一幢建筑物或特大型的智能化建筑,即当建筑物是主楼带附楼结构时使用。

如果是一幢建筑物,通常为二层网络结构,干线子系统和配线子系统全部采用双绞线电缆。如果一幢建筑物是主楼带附楼结构,则也可采用三层网络结构,即建筑群子系统、建筑物干线子系统、配线子系统。

建筑群子系统、建筑物干线子系统、配线子系统全部采用电缆,缆线的长度限值可参考3.2.6 节的相关内容。

# 习　题

## 一、选择题

1. 50/125$\mu$m 多模光纤传输 1Gbps 网络的最长传输距离是(　　)。

　　A. 500m　　　　　B. 550m　　　　　C. 2000m　　　　　D. 5000m

2. 62.5/125$\mu$m 多模光纤传输 1Gbps 网络的最长传输距离是(　　)。

　　A. 500m　　　　　B. 550m　　　　　C. 2000m　　　　　D. 5000m

## 二、简答题

1. 在综合布线系统中,信道和链路有何区别?

2. 在综合布线系统中,光纤系统信道分为几个级别?

3. 在综合布线系统中,铜缆系统信道分为几个级别?

4. 在进行综合布线系统设计时,各子系统的布线距离有什么限制?其和采用的网络应用系统有什么关系?

5. 综合布线系统应如何选用布线器件?

6. 和非屏蔽系统相比,屏蔽系统有哪些优势?

7. 在综合布线系统中,如何选择屏蔽系统或非屏蔽系统?

8. 在综合布线系统中,如何选择 5e 类或 6 类布线系统?

9. 在综合布线系统中,如何选择双绞线电缆或光纤系统?

## 三、实训题

实地考察你所在的学校的校园网综合布线系统中光纤链路采用了哪些种类的光纤及其连接器。

# 任务 4

## 综合布线系统设计

## 4.1  任务描述

综合布线系统设计是整个网络工程建设的蓝图和总体框架结构。综合布线系统按照工作区、配线子系统、干线子系统、建筑群子系统、设备间、进线间和管理 7 部分进行设计。

首先,需要了解组成综合布线系统设计的工作区、配线子系统、干线子系统、建筑群子系统、设备间、进线间和管理 7 部分的主要内容。

## 4.2  相关知识

### 4.2.1  综合布线系统设计流程

网络综合布线系统设计是整个网络工程建设的蓝图和总体框架结构,网络方案的质量将直接影响到网络工程的质量和性价比。那么,在设计综合布线系统方案时,应该遵循什么样的设计原则?从哪里入手呢?下面将对其进行详细的介绍。

#### 1. 综合布线系统设计原则

随着城市建设及信息通信事业的发展,现代化的商住楼、办公楼、综合楼及园区等各类民用建筑及工业建筑对信息的要求已成为城市建设的发展趋势。在过去设计大楼内的语音及数据业务线路时,常使用各种不同的传输线、配线插座以及连接器件等。

例如,用户电话交换机通常使用双绞电话线,而局域网络(LAN)则可能使用双绞线或同轴电缆,这些不同的设备使用不同的传输线来构成各自的网络;同时,连接这些不同布线的插头、插座及配线架均无法互相兼容,相互之间达不到共用的目的。

当使用综合布线系统时,计算机网络系统、用户电话交换机系统等配线使用一套由共用配件所组成的配线系统综合在一起同时工作。各个不同制造厂家生产的各类设备,综合布线系统均可相容。综合在一起同时工作,均可相兼容。当终端设备的位置需要变动时,只需做一些简单的跳线,这项工作就完成了,而不需要再布放新的电缆以及安装新的插座。

综合布线系统以一套单一的配线系统,可以综合通信网络、信息网络及控制网络,以协助解决所面临的多种业务设备的配线上的不便,并为未来的综合业务数字网和宽带业务应用打下基础,有着极其广阔的应用前景。

目前,对于楼宇自控系统的配线网络,有人主张纳入综合布线系统,有人则主张仍沿用传统布线方式。例如,有线广播、火灾报警、紧急广播、有线电视、视频监控等仍沿用传统布线。随着计算机网络技术在工业生产控制领域、安全防范等方面的大量应用,TCP/IP 的通信协议得到广泛的应用,数字化的信息传递已成为发展的主流,综合布线作为宽带的传输介质将体现出更大的优势。

综合布线系统设计原则主要包括以下内容。

（1）综合布线系统的设施及管线的建设，应纳入建筑与建筑群相应城区的规划之中。对于园区还应将综合布线的管网纳入到规划的综合管线统一考虑，以做到资源共享。在土木建筑、结构的工程设计中对综合布线信息插座箱体的安装、管线的敷设、电信间、设备间的面积需求和场地设置都要有所规划，以防止今后增设或改造时造成工程的复杂和费用的浪费。

（2）综合布线系统工程在建筑改建、扩建中，要区别对待。设计既要考虑实用，又要兼顾发展，在功能满足需求的情况下，尽量减少工程投资。

（3）综合布线系统应与大楼的信息网络、通信网络、设备监控与管理等系统统筹规划，按照各种信息的传输要求，做到合理使用，并应符合相关的标准。

（4）在进行综合布线系统工程设计时，应根据工程项目的性质、功能、环境条件和近、远期用户要求，进行综合布线系统设施和管线的设计。同时，必须保证综合布线系统的质量和安全，考虑施工和维护方便，做到技术先进、经济合理。

（5）在进行综合布线系统工程设计时，必须选用符合国家或国际有关技术标准的定型产品。

（6）在进行综合布线系统工程设计时，必须符合国家现行的相关强制性或推荐性标准规范的规定。

（7）综合布线系统作为建筑的公共电信配套设施，在建设期，应考虑一次性投资建设，并能适应多家电信业务经营者提供通信与信息业务服务的需求，保证电信业务在建筑区域内的接入、开通和使用；使用户可以根据自己的需要，通过对入口设施的管理选择电信业务经营者，避免造成将来建筑物内管线的重复建设而影响到建筑物的安全与环境。因此，在管道与设施安装场地等方面，工程设计中应充分满足电信业务市场竞争机制的要求。

**2．综合布线系统设计流程**

对于一个综合布线系统工程，用户单位总是要有使用目的和需求，但用户单位不设计、不施工，因此设计人员要认真、详细地了解工程项目的实施目标和要求，并根据建筑工程项目范围来设计。通常，设计一个合理的综合布线系统一般有以下几个步骤。

（1）用户需求分析

通常，一个单位或一个部门要建设计算机网络，总是要有自己的目的，也就是说，要解决什么样的问题。用户（建设方）的问题往往是实际存在的问题或是某种要求。建设方在提出综合布线系统需求时，受自身经验和知识等方面的限制，往往是求大、求全、求新。事实证明，这样做会带来投资规模超出控制，最后完成的系统不能满足实际使用需求等很多问题。综合布线系统是一项精密的系统工程，各个组成部分必须紧密地、有机地结合在一起，且必须采取正确的方法，才能获得合理的用户需求。

① 确定工程实施的范围，主要包括以下几个方面。

a. 实施综合布线系统工程的建筑物的数量。

b. 各建筑物的各类信息点数量及分布情况。

c. 各建筑物电信间和设备间的位置。

d. 整个建筑群中心机房的位置。

② 确定系统的类型。确定本工程是否包括计算机网络通信、电话语音通信、有线电视系

统、闭路视频监控等系统,并要求统计各类系统信息点的分布和数量。

③ 确定各类信息点接入要求,主要包括以下几个方面。

a. 信息点接入设备类型。

b. 未来预计需要扩展的设备数量。

c. 信息点接入的服务要求。

④ 确定系统业务范围,主要包括以下几个方面。

a. 确定用户所需服务器的容量,并估算该部门的信息量,从而确定服务器。

b. 确定选择网络操作系统。

c. 确定选择网络服务软件,如 Web、E-mail、FTP、视频等。

(2) 了解地理布局

对于地理位置布局,工程施工人员必须到现场查看,其中要注意的主要要点如下。

① 用户数量及其位置。

② 任意两个用户之间的最大距离。

③ 在同一楼内,用户之间的从属关系。

④ 楼与楼之间布线走向,楼层内布线走向。

⑤ 用户信息点数量和安装的位置。

⑥ 建筑物预埋的管槽分布情况。

⑦ 建筑物垂直干线布线的走向。

⑧ 配线(水平干线)布线的走向。

⑨ 特殊布局要求或限制。

⑩ 与外部互联的需求。

⑪ 设备间所在的位置。

⑫ 设备间供电问题与解决方式。

⑬ 电信间所在位置。

⑭ 电信间供电问题与解决方式。

⑮ 进线间所在位置。

⑯ 交换机供电问题与解决方式。

⑰ 对工程施工的材料的要求。

(3) 获取工程相关的资料

要尽可能全面地获取工程相关的资料,主要包括以下内容。

① 了解用户设备类型。要确定用户有多少、目前个人计算机有多少台、将来最终配置多少个人计算机、需要配些什么设备、数量等问题。

② 了解网络服务范围,主要包括以下内容。

a. 数据库、应用程序共享程度。

b. 文件的传送存取。

c. 用户设备之间的逻辑连接。

d. 网络互联(Internet)。

e. 电子邮件。

f. 多媒体服务要求程序。

③ 通信类型,主要包括以下内容。

  a. 数字信号。

  b. 视频信号。

  c. 语音信号(电话信号)。

  d. 通信是否是 X.25 分组交换网。

  e. 通信是否是数字数据网(DDN)。

  f. 通信是否是帧中继网。

  g. 通信是否是综合业务数字网(ISDN)。

  h. 是否包括多服务访问技术虚拟专用网(VPN)。

  ④ 网络拓扑结构,选用星型拓扑结构、总线结构或其他结构。

  ⑤ 网络工程经费投资,主要包括以下内容。

  a. 设备投资(硬件、软件)。

  b. 网络工程材料费用投资。

  c. 网络工程施工费用投资。

  d. 安装、测试费用投资。

  e. 培训与运行费用投资。

  f. 维护费用投资。

  (4) 实地考察现场或获取建筑物平面图

  一个好的网络方案,必须通过实地考察,确定建筑群的中心机房、各建筑物的设备间位置。以中心机房进行建筑群缆线的估算;以设备间为中心,进行线缆长度的估算、垂直干线的估算,以及线缆到工作区的路由选择等,从而建立起完整的系统结构。

  (5) 设计网络拓扑结构,确定系统结构

  根据用户的具体需求,结合现场实际和设备间的位置,设计网络拓扑结构。现在的网络拓扑结构,一般为星型结构,比较复杂的网络布线,可以采用全光纤或光纤+电缆的组合布线方案,在上一节已经介绍过。

  (6) 进行可行性论证

  在可行性论证时,必须注意环境是否可行,性价比是否最优,从而选择一个技术先进、经济合理的系统方案。

  (7) 绘制综合布线施工图

  方案经过论证后可行,就要按照方案绘制出施工图,以方便施工人员现场的组织施工。

  (8) 编制综合布线材料预算清单

  根据设计方案,首先,进行材料数量计算。例如,双绞线需要多少箱,模块需要多少个,面板需要多少,光纤需要多少米,电缆配线架、光缆配线架、机柜等各需要多少。然后,进行品牌选择,如 AMP、康普、IBDN 等;再根据各个厂家的产品供货价,编制出材料预算清单。最后,根据最新的施工定额,进行施工费用的计算,得出工程的费用清单。

  一个完善而又合理的综合布线系统,其目标是,在既定时间以内,允许在有新需求的集成过程中,不必再去进行水平布线,以免损坏建筑装饰而影响美观。

## 4.2.2 工作区子系统设计

### 1. 工作区子系统的设计范围

  在综合布线系统中,一个独立的、需要设置终端设备的区域称为一个工作区。工作区是指办公室、写字间、工作间、机房等需要电话和计算机等终端设施的区域。

工作区子系统由终端设备连接到配线子系统的信息插座之间的连线组成,它包括装配软线、连接器和连接所需的扩展软线,并在终端设备和输入/输出之间搭接。

随着智能化建筑和数字化城市的普及和快速发展,2010年,我国开始在12座城市开展三网融合试点。建筑物的功能呈现多样性和复杂性,智能化管理系统普遍应用。建筑物的类型也越来越多。在这种情况下,每个工作区的服务面积,应按不同的应用功能确定。目前,建筑物的功能类型较多,大体上可以分为商业、文化、媒体、体育、医院、学校、交通、住宅、通用工业等类型,因此对工作区面积的划分应根据应用的场合作具体的分析后确定,工作区面积划分表见表4.1。

表4.1　工作区面积划分表

| 建筑物类型及功能 | 工作区面积/$m^2$ |
| --- | --- |
| 网管中心、呼叫中心、信息中心等终端设备较为密集的场地 | 3～5 |
| 办公区 | 5～10 |
| 会议、会展 | 10～60 |
| 商场、生产机房、娱乐场所 | 20～60 |
| 体育场馆、候机室、公共设施区 | 20～100 |
| 工业生产区 | 60～200 |

注:① 对于应用场合,如终端设备的安装位置和数量无法确定时或使用彻底为大客户租用并考虑自设计算机网络时,工作区面积可按区域(租用场地)面积确定。

② 对于IDC机房(为数据通信托管业务机房或数据中心机房)可按生产机房每个配线架的设置区域考虑工作区面积。对于此类项目,涉及数据通信设备的安装工程,应单独考虑实施方案。

### 2. 工作区适配器的选用原则

每个工作区至少要配置一个信息插座盒。信息插座是终端与配线子系统连接的接口,其中最常用的为RJ-45信息插座。如果采用全光缆布线系统,则需要在工作区安装有光纤信息插座。

信息插座必须具有开放性,即能兼容多种系统的设备连接要求。一般来说,工作区应安装足够的信息插座,以满足计算机、电话机、电视机等终端设备的安装使用。例如,工作区配置RJ-45信息插座以满足计算机连接,配置RJ-11信息插座以满足电话机和传真机等电话语音设备的连接,配置有线电视CATV插座以满足电视机连接。随着三网融合的技术实施,语音、数据和视频将被统一为一种接口,即RJ-45信息插座。

一般来讲,工作区的电话和计算机等终端设备可用跳接线直接与工作区的信息插座相连接,但当信息插座与终端连接电缆不匹配时,需要选择适当的适配器或平衡/非平衡转换器进行转换,才能接到信息插座上。工作区适配器的选用应符合下列要求。

(1) 当在设备连接器处采用不同信息插座的连接器时,可以使用专用接插电缆或适配器。

(2) 当在单一信息插座上进行两项服务时,应采用Y型适配器。

(3) 当在水平(配线)子系统中选用的电缆类别(介质)与设备所需的电缆类别(介质)不同时,宜采用适配器。

(4) 在连接使用信号的数/模转换、光/电转换、数据传输速率转换等相应的装置时,宜采用适配器。

(5) 为了网络的兼容性,可采用协议转换适配器。

（6）根据工作区内不同的应用终端设备（如 ISDN 终端），可配备相应的终端适配器。

### 3．工作区子系统的设计步骤

工作区是综合布线系统不可缺少的一部分，尽管工作区布线很简单，一般纳入综合布线系统范畴，但工作区的设计是后续各部分设计的基础，因此是十分重要的。

工作区子系统在设计时的步骤一般如下。

（1）用户信息需求的调查和分析

综合布线系统工程用户需求的调查和分析主要是针对信息点（通信引出端）的数量、位置以及通信业务需要进行的，如果建设单位能够提供工程中所有信息点的翔实资料，且能够作为设计的基本依据，可不进行这项工作。通常，对于不同的综合布线系统，其建设规模、使用功能、业务性质、人员数量、组成成分以及对外联系的密切程度都会有所区别。因此，用户需求的调查、预测是一项非常复杂，又极为细致烦琐的工作。

用户信息调查和分析的结果是综合布线系统规划设计的基础数据，它的准确和详尽程度将会直接影响综合布线系统的网络结构、缆线分布、设备配置以及工程投资等一系列重要问题。

综合布线系统工程的用户需求的调查和分析主要包含以下内容。

① 用户信息点的种类。

② 用户信息点的数量。

③ 用户信息点的分布情况。

④ 原有系统的应用及分布情。

⑤ 设备间的位置。

⑥ 进行综合布线施工建筑物的建筑平面图以及相关管线分布图。

需求分析首先从整栋建筑物的用途开始，然后按照楼层进行分析，最后再到楼层的各个工作区或者房间，逐步明确和确认每层和每个工作区的用途和功能，分析这个工作区的需求，规划工作区的信息点数量和位置。

需要注意的是，目前的建筑物往往有多种用途和功能。例如，一幢 12 层的教学主楼，1～7 层为多媒体教室，8～12 层为学院行政机关办公室。又如，一幢 18 层的写字楼，地下 1 层为停车场，1～2 层为商铺，3～4 层为餐厅，5～11 层为写字楼，12～18 层为宾馆。

（2）和用户进行技术交流

在前期用户需求分析的基础上，与用户进行技术交流，包括用户技术负责人、项目或行政负责人。进一步了解用户的需求，特别是未来的发展需求。在交流中，要重点了解每个房间或者工作区的用途，工作区域、工作台位置、设备安装位置等详细信息，并做好详细的书面记录。

（3）阅读建筑物图纸和工作区编号

索取和阅读建筑物设计图纸，通过阅读建筑物图纸掌握建筑物的土建结构、强电路径、弱电路径，特别是主要电气设备和电源插座的安装位置，重点了解在综合布线路径上的电气设备、电源插座、暗埋管线等。在阅读图纸时，进行记录或标记，这有助于将信息插座设计在合适的位置，避免强电或电气设备对综合布线系统的影响。

为工作区信息点命名和编号是非常重要的一项工作。命名首先必须准确表达信息点的位置或者用途，要与工作区的名称相对应，这个名称从项目设计开始到竣工验收以及后续维护应保持一致，如果在后续使用中改变了工作区名称或者编号，必须及时制作名称变更对应表，作为竣工资料保存。

（4）工作区信息点的配置

在表 4.1 中已经根据建筑物的用途不同，划分了工作区的面积。每个工作区需要设置一个数据点和电话点，或者按用户需要设置，也有部分工作区需要支持数据终端、电视机及监视器等终端设备。

每一个工作区（或房间）信息点数量的确定范围比较大，从现有的工程实际应用情况分析，有时有一个信息点，有时可能会有十个信息点；有时只需要铜缆信息模块，有时还需要预留光缆备份的信息插座模块。因为建筑物用途不一样，功能要求和实际需求不一样，信息点数量不能仅按办公楼的模式确定，还要考虑多功能和未来扩展需要，尤其是对于专用建筑（如电信、金融、体育场馆、博物馆等建筑）及计算机网络存在内、外网等多个网络时，更应加强需求分析，作出合理的配置。

每个工作区信息点数量可按用户的性质、网络构成和需求来确定。表 4.2 列出一些分类，仅提供给设计者参考。

表 4.2　信息点数量配置

| 建筑物功能区 | 信息点数量（每一工作区） | | | 备　注 |
| --- | --- | --- | --- | --- |
| | 电　话 | 数　据 | 光纤（双工端口） | |
| 办公区（一般） | 1 个/区 | 1 个/区 | | 包括写字楼集中办公 |
| 办公区（重要） | 1 个/区 | 2 个/区 | 1 个/区 | 对数据信息有较大的需求，如网管中心、呼叫中心、信息中心 |
| 出租或大客户区 | 2 个或 2 个以上 | 2 个或 2 个以上 | 1 个或 2 个以上 | 指整个区域配置量 |
| 办公区（政务工程） | 2~5 个/区 | 2~5 个/区 | 1 或 1 个以上/区 | 涉及内、外网络时 |
| 小型会议室/商务洽谈室 | 2 个/间 | 2~4 个/间 | | |
| 大型会议室·多功能厅 | 2 个/间 | 5~10 个/间 | | |
| 餐厅、商场等服务业 | 1 个/50m² | 1 个/50m² | | |
| 宾馆标准间 | 1 个/间 | 2 个/间 | | |
| 学生公寓 | 1 个/人 | 1 个/间 | | |
| 教学楼教室 | | 2 个/间 | | |
| 住宅楼 | 1 个/间 | 1 个/间 | | |

当工作区信息点为电端口时，应采用 8 位模块通用插座（RJ-45），光端口宜采用 SFF 小型光纤连接器及适配器。信息点端口若为 7 类布线系统时，宜采用 RJ-45 或非 RJ-45 型的屏蔽 8 位模块通用插座。每一个工作区信息插座模块（光、电）数量不宜少于 2 个，并满足各种业务的需求。

（5）工作区信息点点数统计

工作区信息点点数统计表简称点数表，其是设计和统计信息点数量的基本工具和手段。在需求分析和技术交流的基础上，首先确定每个房间或区域的信息点位置和数量，然后制作和填写点数统计表。点数统计表首先是按照楼层，然后是按照房间或区域逐层逐房间地规划和设计网络数据、光纤口、语音信息点数，再把每个房间规划的信息点数量填写到点数统计表对应的位置。每层填写完毕，就能够统计出该层的信息点数，全部楼层填写完毕，就能统计出该建筑物的信息点数。

点数统计表能够一次准确和清楚地表示和统计出建筑物的信息点数量。建筑物网络和语音信息点数统计表见表 4.3。其中,房间按照行表示,楼层按列表示。

表 4.3　建筑物网络和语音信息点数统计表

| 楼层编号 | 房间或者区域编号 | | | | | | | | | | 数据点数合计 | 光纤点数合计 | 语音点数合计 | 信息点数合计 |
|---|---|---|---|---|---|---|---|---|---|---|---|---|---|---|
| | 01 | | | 03 | | | ... | 09 | | | | | | |
| | 数据 | 光纤 | 语音 | 数据 | 光纤 | 语音 | | 数据 | 光纤 | 语音 | | | | |
| 16 层 | 2 | | 2 | 2 | | | | 3 | | | | | | |
| | | 1 | | | | | | | | | | | | |
| 15 层 | | | | | | | | | | | | | | |
| ⋮ | | | | | | | | | | | | | | |
| 1 层 | | | | | | | | | | | | | | |
| 合计 | | | | | | | | | | | | | | |

在填写点数统计表时,从楼层的第一个房间或者区域开始,逐间分析需求和划分工作区,确认信息点数量和大概位置。在每个工作区,首先确定网络数据信息点的数量,然后考虑电话语音信息点的数量,同时还要考虑其他控制设备的需要,例如,在门厅和重要办公室入口位置考虑设置指纹考勤机、门警系统网络接口等。

根据点数统计表计算出每层支持语音(电话)的信息点的数量(用 $T_{pn}$ 来表示)和每层支持数据(计算机)的信息点的数量(用 $T_{dn}$ 来表示),并由此得出建筑物内支持数据的信息点的数量($T_d$)和支持语音的信息点的数量($T_p$)。

(6) 确定跳线及 RJ-45 所需的数量

接插跳线可以订购也可以现场压制。对于数据通信来说,一个数据信道需要两条跳线:一条用于从配线架到交换机的连接;一条用于从信息插座到计算机的连接。

现场压制接插跳线时,RJ-45 头的需求量一般用如下公式计算。

$$m = 4n + 4 \times 15\% n$$

式中:$m$ 为 RJ-45 的总需求量;$n$ 为信息点的总量;$4 \times 15\% n$ 为留有的富余量。

(7) 确定信息插座数量

信息插座中的部件因布线系统不同而不同。就 AMP 布线系统来说,主要包括墙盒(或者地盒)、面板、信息模块。如果工作区配置单孔信息插座,那么信息插座、信息模块、面板数量应与信息点的数量相当。如果工作区配置双孔信息插座,那么信息插座、面板数量应为信息模块数量的一半。信息模块的需求量一般为

$$p = n + n \times 3\%$$

式中:$p$ 为实际需要信息模块数量;$n$ 为信息点的总量;$n \times 3\%$ 为富余量。

(8) 工作区信息点安装位置

① 信息插座安装方式

信息插座安装方式分为嵌入式和表面安装式两种,用户可根据实际需要选用不同的安装方式以满足不同的需要。

通常情况下,新建筑物采用嵌入式安装信息插座;已建成的建筑物则采用表面安装式的信息插座。另外,还有固定式地板插座、活动式地板插座,它们还应考虑插座盒的机械特性(如机械强度、抗振强度等)。

a. 新建筑物。新建筑物的信息点底盒必须暗埋在建筑物的墙里,一般使用金属底盒。

b. 已建成建筑物。当已建成建筑物增加网络综合布线系统时,设计人员必须到现场勘察,根据现场使用情况具体设计信息插座的位置、数量。旧建筑物增加信息插座一般为明装86 系列插座。

② 信息插座安装位置

安装在房间内墙壁或柱子上的信息插座、多用户信息插座或集合点配线模块装置,其底部离地面的高度宜为 300mm,以便维护和使用。如有高架活动地板时,其离地面高度应以地板上表面计算高度,距离也为 300mm。

工作区信息点的安装位置宜以工作台为中心进行,通常有以下几种情况。

a. 如果工作台靠墙布置,则信息插座一般设计在工作台侧面的墙面,通过跳线直接与工作台上的计算机、电话等连接。避免信息插座远离工作台,这样网络跳线比较长,既不美观,又有可能会影响网络传输性能。

b. 如果工作台布置在房间的中间位置,没有靠墙,则信息插座一般设计在工作台下的地面,地面插座底盒低于地面。在设计时,必须准确估计工作台的位置,避免信息插座远离工作台。

c. 如果是集中或开放办公区域,即需要进行二次分割和装修的区域,宜在四周墙面设置,也可以在中间的立柱上设置。然后,再以每个工位的工作台和隔断为中心,将信息插座安装在地面或隔断上。目前,市场销售的办公区隔断上都预留有两个 86 系列信息插座和电源插座安装孔。

新建项目选择在地面安装信息插座时,适合在办公家具和设备到位前综合布线系统竣工,也适合工作台灵活布局和随时调整,但是地面安装信息插座施工难度大、成本高。对于办公家具已经到位的工作区,宜在隔断上安装信息插座。

d. 在大门入口或者重要办公室门口宜设计门禁系统用信息插座。在公司大门或者门厅设计指纹考勤机、电子屏幕使用的信息插座时,高度宜参考设备的安装高度设置。

e. 会议室信息点设计。在会议主席台、发言席、投影机位置等处至少各设计 1 个信息点,以便于设备的连接和使用。在会议室墙面的四周也可以考虑一些信息点。

f. 学生宿舍信息点设计。随着高校信息化建设的发展,学生宿舍也开始配备信息接口,以满足学生的需要。这样,在设计学生公寓建设时,就要考虑信息点的布局,设置信息点的学生公寓的学生人员多为 4 人,按 1 点/人设置。一般情况下,宿舍床铺的下部为学习区,安装有课桌和衣柜等,上面为床。这样,就要根据床和课桌的位置安装信息插座,宜在非承重的隔墙两面对称安装。

g. 学校教学楼多媒体教室。多媒体教室中信息插座一般要靠近讲台放置计算机的位置,可安装在墙面或地面。

h. 大厅、展厅等在设备安装区域的地面宜设置足够的信息插座。超市、商场的收银区一般都靠近柱子,应将信息插座安装在柱子上。银行营业的大厅、ATM 自助区信息插座的设置要考虑隐蔽性和安全性,不能暴露在外。

（9）工作区信息点图纸设计

综合布线系统工作区信息点的图纸设计是综合布线系统设计的基础工作,直接影响工程造价和施工难度,大型工程也直接影响工期,因此工作区信息点的设计非常重要。在一般的综合布线系统工程设计中,不会单独设计工作区信息点布局图,而是综合在网络系统图纸中。

（10）工作区电源设置

工作区电源插座的设置除应遵循国家有关的电气设计规范外,还可参照表4.4的要求进行设计,一般情况下,每组信息插座附近宜配备220V电源三孔插座为设备供电,暗装信息插座与其旁边的电源插座应保持200mm的距离,电源插座应选用带保护接地的单相电源插座,保护接地与中性线应严格分开。

表 4.4　工作区电源插座设计要求

| 设计等级 | 总容量 | 插座数量 | 单个插座容量 | 插座类型 | 备　注 |
|---|---|---|---|---|---|
| 甲级 | $\geqslant 60V \cdot A/m^2$ | $\geqslant 20$ 个/100m² | $\geqslant 300V \cdot A$ | 带有接地极扁圆孔多用插座 | 建筑内保护线(PE)与电源中线严格分开 |
| 乙级 | $\geqslant 45V \cdot A/m^2$ | $\geqslant 15$ 个/100m² | $\geqslant 300V \cdot A$ | | |
| 丙级 | $\geqslant 35V \cdot A/m^2$ | $\geqslant 10$ 个/100m² | $\geqslant 300V \cdot A$ | | |

## 4.2.3　配线子系统设计

### 1. 配线子系统的设计范围

配线子系统又称水平布线子系统。配线子系统从工作区的信息点延伸到电信间的管理子系统,由工作区的信息插座、信息插座至电信间配线设备(FD)的水平电缆或光缆、电信间配线设备(FD)、设备缆线和跳线等组成。

配线子系统的布线路由遍及整个智能建筑,与每个房间和管槽系统密切相关,是综合布线系统工程量最大、最难施工的一个子系统。

因此,在设计配线子系统时,应充分考虑线路冗余、网络需求和网络技术的发展。配线子系统的设计涉及配线子系统的网络拓扑结构、布线路由、管槽设计、线缆类型选择、线缆长度确定、线缆布放、设备配置等内容。

由于配线子系统往往需要敷设大量的线缆,因此如何配合建筑物装修进行水平布线以及布线后如何更为方便地进行线缆的维护工作,也是设计过程中应注意考虑的问题。

配线子系统通常采用星型网络拓扑结构,它以电信间楼层配线架 FD 为主节点,各工作区信息插座为分节点,两者之间采用独立的线路相互连接,形成以 FD 为中心向工作区信息插座辐射的星型网络,如图4.1所示。

### 2. 配线子系统线缆选择

配线子系统缆线的选择,要根据建筑物信息的类型、容量、带宽和传输速率来确定。按照配线子系统对缆线及长度的要求,在配线子系统电信间到工作区的信息点之间,对于计算机网络和电话语音系统,应优先选择4对非屏蔽双绞线电缆;对于屏蔽要求较高的场合,可选择4对屏蔽双绞线;对于要求传输速率高、保密性要求高或电信间到工作区超过90m的场合,可采用室内多模或单模光缆直接布设到桌面的方案。

根据 ANSI/TIA/EIA 568—B.1 标准,在配线子系统中推荐采用的线缆型号如下。

（1）4线对100Ω非屏蔽双绞线(UTP)对称电缆。

（2）4线对100Ω屏蔽双绞线(ScTP)对称电缆。

图 4.1    配线子系统

(3) 50/125μm 多模光缆。

(4) 62.5/125μm 多模光缆。

(5) 8.3/125μm 单模光缆。

按照 GB 50311—2007 国家标准的规定,水平缆线属于配线子系统,并对缆线的长度作了统一规定,配线子系统各缆线长度应符合图 4.2 所示的划分并应符合下列要求:配线子系统信道的最大长度不应大于 100m。其中,水平缆线长度不大于 90m;工作区设备缆线、电信间配线设备的跳线和设备缆线之和不应大于 10m,当大于 10m 时,水平缆线长度(90m)应适当减少;楼层配线设备(FD)跳线、设备缆线及工作区设备缆线各自的长度不应大于 5m。

图 4.2    配线子系统缆线划分

### 3. 水平管槽系统设计

管槽系统是综合布线系统的基础设施之一,对于新建筑物,要求与建筑设计和施工同步进行。所以,在综合布线系统总体方案决定之后,对于管槽系统需要预留管槽的位置和尺寸、洞孔的规格和数量以及其他特殊工艺要求(如防火要求或与其他管线的间距等)。这些资料要及早提交给建筑设计单位,以便建筑设计中一并考虑,从而使管槽系统能满足综合布线系统线缆敷设和设备安装的需要。

由于当管槽系统建成后,其与房屋建筑成为一个整体,属于永久性设施,因此它的使用年限应与建筑物的使用年限一致。这说明管槽系统的使用年限应大于综合布线系统线缆的使用年限。这样,管槽系统的规格尺寸和数量要依据建筑物的终期需要从整体和长远角度来考虑。

管槽系统由引入管路、电缆竖井和槽道、楼层管路(包括槽道和工作区管路)、联络管路等组成。它们的走向、路由、位置、管径和槽道的规格以及与设备间、电信间等的连接,都要从整体和系统的角度来统一考虑。此外,对于引入管路和公用通信网的地下管路的连接,也要互相衔接、配合协调,不应产生脱节和矛盾等现象。

　　综合布线系统工程施工的对象有新建筑、扩建(包括改建)建筑和已建建筑等多种情况;有不同用途的办公楼、写字楼、教学楼、住宅楼、学生宿舍等;有钢筋混凝土结构、砖混结构等不同的建筑结构。因此,在设计配线子系统的路由时,应根据建筑物的使用用途和结构特点,从布线规范与否、路由的距离、造价的高低、施工的难易度、结构上的美观与否、与其他管线的交叉和间距以及布线的规范化和扩充简便等各方面加以考虑。在具体的不同建筑物中设计综合布线时,往往会存在一些矛盾,考虑了布线规范却影响了建筑物的美观,考虑了路由长短却增加了施工难度,所以,设计配线子系统必须折中考虑,对于结构复杂的建筑物,一般都设计多套路由方案,通过对比分析,在全面考虑的基础上,折中选择出最切实际而又合理的布线方案。

　　在新建的建筑物中已将配线子系所需的暗敷管路或槽道等支撑结构建成,所以选择水平缆线的路由会受到已建管路等的限制。目前,常用的水平缆线敷设方法有天花板吊顶内敷设和在地板下敷设两大类。

　　(1) 天花板吊顶内敷设线缆方式

　　这类方法是在天棚或吊顶内敷设线缆,通常要求有足够的操作空间,以利于安装施工和维护、检修以及扩建、更换。此外,在吊顶的适当地方应设置检查口。天花板吊顶内敷设线缆方式适合于新建筑物和有天花板吊顶的已建建筑的综合布线系统工程。通常有吊顶内分区布线方式、吊顶内部布线方式和吊顶线槽、管道与墙内暗管结合布线方式 3 种。

　　① 吊顶内分区方式。吊顶内分区方式是指将天花板内的空间分成若干各小区,敷设大容量电缆。从电信间利用管道或直接敷设到每个分区中心,由小区的分区中心分别把线缆经过墙壁或立柱引到信息点,也可在中心设置适配器,将大容量电缆分成若干根小电缆再引到信息点,如图 4.3 所示。这种方法配线容量大、经济实用、工程造价低、灵活性强,能适应今后变化,但线缆在管道敷设时会受到限制,施工不太方便。

图 4.3　吊顶内分区布线方式

　　② 吊顶内部布线方式。吊顶内部布线方式是指从电信间将电缆直接辐射到工作区的信息点,如图 4.4 所示。内部布线方式的灵活性最大,且不受其他因素限制,经济实用,无须使用其他设施且电缆独立敷设传输信号不会互相干扰,但需要的线缆条数较多。

　　③ 吊顶线槽、管道与墙内暗管结合布线方式。这种方式适用于大型建筑物或布线系统较

图 4.4　吊顶内部布线方式

复杂的场合,线槽通常安装在吊顶内或悬挂在天花板上,用在大型建筑物或布线比较复杂而需要有额外支撑物的场合。用横梁式线槽将线缆引向所要布线的区域。由电信间出来的线缆先走吊顶内的线槽,到各房间后,经分支线槽从横梁式电缆管道分叉后将电缆穿过一段支管引向墙柱或墙壁,沿墙而下直到信息出口;或沿墙而上,在上一层楼板钻一个孔,将电缆引到上一层的信息出口,最后端接在用户的信息点上,如图 4.5 所示。

图 4.5　吊顶线槽管道与墙内暗管结合布线方式

　　在设计、安装线槽时,应进行多方面的考虑,尽量将线槽放在走廊的吊顶内,并且至各房间的支管应当集中至检修孔附近,以便于维护。由于楼层内装修总是先走廊最后吊顶,所以集中布线施工只要在走廊吊顶之前即可,不仅减少布线工时,还利于已穿线缆的保护,且不影响房内装修。一般走廊处于中间位置,布线的平均距离最短,且节约线缆费用,提高了综合布线系统的性价比(线路越短,费用越低,传输性能越好),尽量避免线槽进入房间,否则不仅费线,而且影响房间装修,不利于今后的维护。

　　在弱电线槽中,能布放综合布线系统、公用天线系统、闭路电视系统及楼宇自控系统信号线等弱电线缆。但上述线缆和线槽布放时,各系统电缆束间应采用金属板隔开,也称"同槽分隔"。总体而言,工程造价较低。同时,由于支管经房间内吊顶沿墙而下至信息出口,在吊顶与别的系统管线交叉施工时,减少了工程协调量。

(2) 地板下敷设线缆方式

地板下敷设线缆方式在综合布线系统中使用较为广泛,尤其对新建和改建的房屋建筑更为适宜。线缆敷设在地板下面,既不影响美观,施工、安装、维护和检修又均在地面,具有操作空间大、劳动条件好等优点,深受施工和维护人员欢迎。

目前,地板下的布线方式主要有暗埋管布线法、地面线槽布线方式、预埋金属线与电缆沟槽结合布线方式等,可根据客观环境条件予以选用。上述几种方法既可以单独使用,也可混合使用。

① 暗埋管布线方式。地板下暗埋管布线方式是指将金属管道或阻燃高强度 PVC 管直接埋入混凝土楼板或墙体中,并从电信间向各信息点敷设,如图 4.6 所示。暗埋管布线方式和新建筑物同时设计施工。暗管的转弯角度应大于 90°,在路径上每根暗管的转弯角度不得多于 2 个,并不应有 S 弯出现。当有弯头的管道长度超过 20m 时,应设置管线过线盒装置;当有 2 个弯时,不超过 15m 应设置过线盒。

图 4.6　暗埋管布线方式

设置在墙面的信息点布线路径宜使用暗埋钢管或 PVC 管,对于信息点较少的区域管线可以直接铺设到楼层的电信间机柜内,对于信息点比较多的区域先将每个信息点管线分别铺设到楼道或者吊顶上,然后集中接入楼道或者吊顶上安装的线槽或者桥架。

新建公共建筑物墙面暗埋管的路径一般有两种做法:第一种做法是从墙面插座向上垂直埋管到横梁,然后在横梁内埋管到楼道本层墙面出口,如图 4.7 所示;第二种做法是从墙面插座向下垂直埋管到横梁,然后在横梁内埋管到楼道下层墙面出口,如图 4.8 所示。

② 地面线槽布线方式。地面线槽方式就是指由电信间出来的线缆走地面线槽到地面出线盒或由过线盒出来的支管到墙上的信息出口。由于地面出线盒和过线盒不依赖于墙或柱体直接走地面垫层,因此这种方式比较适用于大开间或需要打隔断的场合。

图 4.7　同层配线子系统暗埋管

图 4.8　不同层配线子系统暗埋管

地面线槽方式将长方形的线槽打在地面垫层中(垫层厚度应≥6.5cm),每隔 4～8m 设置一个过线盒或出线盒(在支路上出线盒也起分线盒的作用),直到信息出口的接线盒。地面线槽布线方式如图 4.9 所示。强、弱电可以走同路由相邻的线槽,而且可以接到同一出线盒的各自插座,金属线槽应接地屏蔽,这种方式要求楼板较厚,造价较贵,多用于高档办公楼。走线槽有两种规格: 70 型和 50 型。其中,70 型外形尺寸为 70mm×25mm(宽×厚); 50 型外形尺寸为 50mm×25mm。分线盒与过线盒有单槽、两槽和三槽 3 种,均为正方形,每面可接一根、两根或 3 根地面线槽。因为正方形有四面,因此过线盒均有将 2～3 个分路汇成一个主路的功能或起到 90°转弯的功能。四槽以上的分线盒都可由两槽或三槽过线盒拼接。若楼层信息点较多,则应同时采用地面线槽与天花板吊顶内敷设线槽相结合的方式。

图 4.9　地面线槽布线方式

③ 预埋金属线槽与电缆沟槽结合布线方式。预埋金属线槽与电缆沟槽结合的布线方式是地面线槽布线方式的扩展,适用于大开间或需要隔断的场所,如图 4.10 所示。沟槽内电缆为主干布线路由,分束引入各预埋线槽,再在线槽上的出口处安装信息插座,不同种类的线缆应分槽或同槽分室(用金属板隔开)布放,线槽高度不宜超过 25mm,电缆沟槽的宽度宜小于 600mm。

其与地面线槽布线方式相似,但其容量较大,适用于电缆条数较多的场合。缺点是安装施

图 4.10　预埋金属线槽与电缆沟槽结合布线方式

工难度大,造价也高。

　　④ 地板下线槽布线方式。地板下线槽布线方式是指由电线间出来的线缆走线槽到地面出线盒或墙上的信息插座,如图 4.11 所示。强、弱电线槽宜分开,每隔 4～8m 或转弯处设置一个分线盒或出线盒。这种方法可提供良好的机械性保护、减少电气干扰、提高安全性,但安装费用较贵,并增加了楼面负荷,适用于大型建筑物或大开间工作环境。

图 4.11　地板下线槽布线方式

　　⑤ 地板下管道布线方式。地板下管道布线方式和地板下线槽布线方式类似,但安装费用较低,且外观良好,适用于普通办公室和家居布线,如图 4.12 所示。

图 4.12　地板下管道布线方式

（3）水平管槽路由设计

① 路由方式。水平配线管路主要是在各个楼层平面布置的,其分布方式主要取决于建筑结构体系、平面房间布置、楼层中信息点的密度分布(包括数量和位置)、应用业务的性质和对信息的要求等因素。由于智能建筑的业务性质和使用功能有所不同,其内部房间大小和办公家具布置都有差别,所以水平配线管路的分布方式也有区别。常用的分布方式有蜂窝分布式、鱼骨分布式、梳状分布式、星状分布式等,如图 4.13 所示。

(a)　　　　　　(b)　　　　　　(c)　　　　　　(d)

图 4.13　水平配线管路常用的分布方式

(a) 蜂窝分布式；(b) 鱼骨分布式；(c) 梳子分布式；(d) 星状分布式

□—分线盒　■—插座盒　●—接线盒

在同一工程中,不能简单地采用同一种分布方式,需要根据各个楼层的不同情况采用一种或多种分布方式的结合,同时还要考虑线路敷设方式的不同。水平路由设计,不仅影响整个系统以后的传输性能,而且该部分所投资金在整个系统中所占比重相当大。另外,在设计时,还必须仔细研究其他系统的设计图纸,如水、电、暖等的施工图纸,特别是强电系统及其他弱电系统,应该与综合布线的设计统筹考虑,以寻求最合理的走线路由,这对于节省水平线缆长度,避免或减少与其他系统的冲突是非常必要的。

② 路由要求。预埋管线应尽可能采用直线管道,最大限度地避免采用弯曲管道,两个端口之间应当尽可能地采用直路径。

整个管道路径 90°拐角不能超过 2 个,整个管道路径的最大长度为 90m。

当直线管道超过 30m 后仍需延长,应当设置引线盒,以便于敷设时牵引电缆。当需要采取弯曲管道时,要求每隔 15m 设置一个引线盒。另外,在 U 形弯处也必须设置引线盒。

**4. 水平管槽明敷设布线方法**

明敷设布线方式主要用于既没有天花板吊顶又没有预埋管槽的建筑物的综合布线系统,

适用于已建的建筑物。在现有建筑物中选用和设计新的缆线敷设方法时,必须注意不应损害原有建筑物的结构强度和影响建筑物内部布局风格。

通常采用走廊槽式桥架和墙面线槽相结合的方式设计布线路由。通常情况下,水平布线路由从电信间的 FD 开始,经走廊槽式桥架,用支管到各房间,再经墙面线槽将线缆布放至信息插座(一般为明装)。当布放的线缆较少时,从电信间到工作区信息插座布线时也可全部采用墙面线槽方式。

(1) 走廊槽式桥架方式

走廊槽式桥架是指将线槽用吊杆或拖臂架设在走廊的上方,如图 4.14 所示。线槽一般采用镀锌或镀彩两种金属线槽,镀锌线槽相对较便宜,镀彩线槽抗氧化性能好。

当线缆较少时,也可采用高强度 PVC 线槽。槽式桥架方式设计施工方便,其最大的缺陷是线槽明敷,影响建筑物的美观。

图 4.14  走廊槽式桥架方式

目前,各高校校园网建设,企事业单位内部局域网建设中,当老式学生宿舍、办公楼既没有预埋管道又没有天花板时,通常采用这种方式。

(2) 墙面线槽方式

墙面线槽方式适用于既没有天花板吊顶又没有预埋槽管的已建建筑物的水平布线,如图 4.15 所示。墙面线槽的规格有 20mm×10mm、40mm×20mm、60mm×30mm、100mm×30mm 等,根据线缆的多少选择合适的线槽,主要用在房间内布线,当楼层信息点较少时也用于走廊布线,和走廊槽式桥架方式一样,墙面线槽设计施工方便,但线槽明敷,影响建筑物的美观。

图 4.15  墙面线槽方式

(3) 护壁板管道布线方式

护壁板管道是一个沿建筑物墙壁护壁板或踢脚板以及木墙裙内敷设的金属或塑料管道,如图 4.16 所示。这种布线结构便于直接布放电缆。通常用在墙壁上装有较多信息插座的楼层区域。电缆管道的前面盖板是可活动的,插座可装在沿管道附近位置上。当选用金属管道时,电力电缆和通信电缆由连接接地的金属隔板隔离开来,风格防止电磁干扰。

图 4.16    护壁板管道布线方式

（4）地板导管布线方式

当采用这种布线方式时,地板上的胶皮或金属导管可用来保护沿地板表面敷设的裸露电缆,如图 4.17 所示。在这种布线方式中,电缆穿放在这些导管内,导管又固定在地板上,而盖板紧固在导管基座上。信息插座一般以墙上安装为主,地板上的信息插座应设在不影响活动的位置。地板上导管布线法具有快速和容易安装的优点,适于通行量不大的区域（如各个办公室等）和不是通道的场合（如靠墙壁的区域）,工程费用较低。一般不要在过道上主楼层区使用这种布线方式。

图 4.17    地板导管布线方式

（5）模压电缆管道布线方式

模压管道是一种金属模压件,固定在接近顶棚（或天花板）与墙壁结合处的过道和房间的墙上,如图 4.18 所示。管道可以把模压件连接到配线间。在模压件后面,小套管穿过墙壁,以便使电缆经套管穿放到房间;在房间内,另外的模压件将连接到插座的电缆隐蔽起来。虽然这一方式一般来说已经过时,但在旧建筑物中仍可采用,只是灵活性较差。

**5. 开放型办公室布线方法**

所谓大开间,是指由办公用具或可移动的隔断代替建筑墙面构成的分隔式办公环境。一般是指办公楼、综合楼等商用建筑物或公共区域大开间的场地,由于其使用对象数量的不确定

图 4.18　模压电缆管道布线方式

性和流动性等因素,宜按开放办公室综合布线系统要求进行设计,将线缆和相关的连接件配合使用,就会有很大的灵活性,且节省安装时间和费用。开放型办公布线系统设计方案有如下 3 种:多用户信息插座设计方案、集合点设计方案和架空地板布线设计方案。

(1) 多用户信息插座设计方案

多用户信息插座(Multi-User Telecommunications Outlet,MUTO)是指将多个多种信息模块组合在一起的信息插座,处于配线子系统水平电缆的终端点,它相当于将多个工作区的信息插座集中设置于一个汇聚的箱体,完成水平电缆的集线,在业务使用时再通过工作区的设备线缆延伸至终端设备。按照从配线间到 MUTO,然后从 MUTO 到工作区设备的链路连接方式进行连接,每个 MUTO 最多管理 12 个工作区(24~36 个信息点),如图 4.19 所示。通常,多用户信息插座安装在吊顶内,然后用接插软线沿隔断、墙壁或墙柱而下,或安装在墙面或柱子等固定结构上,然后连接到终端设备上。

图 4.19　多用户信息插座方案示意图

当采用多用户信息插座时,每一个多用户插座包括适当的备用量在内,宜能支持 12 个工作区所需的 8 位模块通用插座;各段缆线长度可按表 4.5 选用,也可按下式计算。

$$C=(102-H)\div 1.2$$
$$W=C-5$$

式中:$C=W+D$,其中 $C$ 为工作区电缆、电信间跳线和设备电缆的长度之和;$D$ 为电信间跳线和设备电缆的总长度;$W$ 为工作区电缆的最大长度,且 $W\leqslant 22\text{m}$;$H$ 为水平电缆的长度。

需要注意的是,计算公式 $C=(102-H)\div 1.2$ 是针对 24 号线规(24AWG)的非屏蔽和屏蔽布线而言,如应用于 26 号线规(26AWG)的屏蔽布线系统,公式应为 $C=(102-H)\div 1.5$。

工作区设备电缆的最大长度要求：在《用户建筑综合布线》ISO/IEC 11801—2002 中为 20m，但在《商业建筑电信布线标准》TIA/EIA 568—B.1 6.4.1.4 中为 22m。

表 4.5　各段线缆长度限值

| 电缆总长度/m | 水平布线电缆 $H$/m | 24 号线规(24AWG)的非屏蔽和屏蔽电缆 | | 26 号线规(26AWG)的非屏蔽和屏蔽电缆 | |
|---|---|---|---|---|---|
| | | 工作区电缆 $W$/m | 电信间跳线和设备电缆 $D$/m | 工作区电缆 $W$/m | 电信间跳线和设备电缆 $D$/m |
| 100 | 90 | 5 | 5 | 4 | 4 |
| 99 | 85 | 9 | 5 | 7 | 4 |
| 98 | 80 | 13 | 5 | 11 | 4 |
| 97 | 25 | 17 | 5 | 14 | 4 |
| 97 | 70 | 22 | 5 | 17 | 4 |

(2) 集合点设计方案

集合点(CP)设计与多用户信息插座布线设计的不同点主要为设置位置不一样，集合点设置于水平电缆的路由位置。它相当于将水平电缆一截为二，并为此引出了 CP 链路(CP 至 FD)和 CP 缆线(CP 至 TO)的内容，而且，CP 点对于电缆/光缆链路都是适用的。在工程实施中，实际上将水平缆线分成两个阶段完成：CP 链路在前期土建施工阶段布放；CP 线缆在房屋装修时安装，如图 4.20 所示。

图 4.20　集合点设计方案示意图

采用集合点设计方案时应注意以下几点。

① 集合点配线设备与 FD 之间水平线缆的长度应大于 15m。

② 集合点配线设备容量宜满足 12 个工作区信息点的需求设置。

③ 同一个水平电缆路由不允许超过一个集合点。

④ 从集合点引出的 CP 线缆应终接于工作区的信息插座或多用户信息插座上。

⑤ 集合点可用模块化表面安装盒(6 口、12 口)、配线架、区域布线盒(6 口)等。

⑥ CP 点由无跳线的连接器件组成，在电缆与光缆的永久链路中都可以存在。

设置集合点的目的是针对那些偶尔进行重组的场合，不像多用户信息插座所针对的是重组非常频繁的办公区，集合点应该容纳尽量多的工作区。

集合点配线箱目前没有定型的产品，但箱体的大小应考虑至少满足 12 个工作区所配置的信息点所连接 4 对对绞电缆的进、出箱体的布线空间和 CP 卡接模块的安装空间。

(3) 架空地板布线设计方案

高架地板是一种模块化的活动地板，其是指在建筑地板上搭立一个金属支架(固定在建筑物地板上的铝质或钢质锁定支架)，在金属支架上放置一定规格的具有一定强度的木质或塑料或其他材料的方块地板,其中某些地板留有信息出口,作地盒安装时使用。典型的架空地板一般是在钢地板胶粘多层泡花木板,然后再敷贴上一层磨耗层贴砖或聚乙烯贴砖。任何一块方板都能活动,以便维护检修或敷设拆除电缆。架空地板常用于计算机机房、设备间或大开间办公室。

在架空地板下敷设线路主要目的是为了适应线路及信息点位置的经常改变,要考虑防止移动通信线路时损坏线缆,因此最理想的架空地板下布线方法是使用金属(或塑料)软管,并使用活动的模块化信息安装盒。

从竖井出来的水平配线接入房间后,不用穿槽进管,而是直接甩在地板上,拉伸到地板上的信息出口即可。当然,如果地板比较潮湿(这种情况在南方省份比较多),而电缆又不具有防潮功能,那么,最好还是在电缆下面垫上一层防潮的物质,或者是让电缆走塑料管。

### 6. 配线子系统配置

(1) 配线子系统配置设计要求

配线子系统应根据下列要求进行设计。

① 根据工程提出的近期和远期终端设备的设置要求,用户性质、网络构成及实际需要确定建筑物各层需要安装信息插座模块的数量及其位置,配线应留有扩展余地。

② 配线子系统缆线应采用非屏蔽或屏蔽 4 对对绞电缆,需要时,也可采用室内多模或单模光缆。

③ 每一个工作区信息插座模块(电、光)数量不宜少于 2 个,并应满足各种业务的需求。

④ 底盒数量应以插座盒面板设置的开口数确定,每一个底盒支持安装的信息点数量不宜大于 2 个。

⑤ 光纤信息插座模块安装的底盒大小应充分考虑到水平光缆(2 芯或 4 芯)终接处的光缆盘留空间和满足光缆对弯曲半径的要求。

⑥ 工作区的信息插座模块应支持不同的终端设备接入,每一个 8 位模块通用插座应连接 1 根 4 对对绞电缆;对每一个双工或两个单工光纤连接器件及适配器连接 1 根 2 芯光缆。

⑦ 从电信间至每一个工作区水平光缆宜按 2 芯光缆配置。当光纤至工作区域须满足用户群或大客户使用时,光纤芯数至少应有 2 芯备份,并按 4 芯水平光缆配置。

⑧ 连接至电信间的每一根水平电缆/光缆应终接于相应的配线模块,且配线模块与线缆容量应相适应。

⑨ 电信间 FD 主干侧各类配线模块应按电话交换机、计算机网络的构成及主干电缆/光缆的所需容量要求及模块类型和规格的选用进行配置。

⑩ 电信间 FD 采用的设备缆线和各类跳线宜按计算机网络设备的使用端口容量和电话交换机的实装容量、业务的实际需求或信息点总数的比例进行配置,比例范围为 25%～50%。

(2) 水平线缆的配置

原则上每一根 4 对的双绞线电缆或 2 芯水平光缆连接至 1 个信息插座(光或电端口);在电信间一侧则连接至 FD 的相应配线端子。

① 5e 类电缆。可以支持语音及 1Gbps 以太网的应用,目前已完全取代 5 类产品。能完全满足语音业务应用,并有发展的余地。

② 6 类电缆。可以支持语音及 1～$n$Gbps 以太网的应用。

③ 6e 类电缆。可以支持语音及 10Gbps 以太网的应用。

④ 光缆。可以支持 1～10Gbps 以太网的应用。

（3）光纤至桌面配置

光纤至桌面(FTTD)的应用,光插座应可以支持单个终端采用光接口时的应用,也可以满足某一工作区域组成的计算机网络主干端口对外部网络的连接作用。如果光纤布放至桌面,再加上综合业务的配线箱(网络设备和配线设备的组合箱体)的接入,可为末端大客户的用户提供一种全程的网络解决方案,具有一定的应用前景。光纤的路由形成大致有以下几种方式,以此作为对前面提到的光纤信道构成的补充说明,如图4.21所示。

图4.21　光纤信道构成

① 工作区光插座配置。工作区光插座可以从ST、SC或超小型的SFF(LC、MTJ、VF45)中去选用。但应考虑到连接器的光损耗指标、支持应用网络的传输速率要求、连接口与光纤之间的连接施工方式及产品的造价等因素。

光插座(耦合器)与光纤的连接器件应配套使用,并根据产品的构造及所连接光纤的芯数分成单工与双工的性能。一般从网络设备光端口的工作状态出发,可采用双口光插座连接2芯光纤,完成信号的收发,如果考虑光口的备份与发展,也可按两个双口光插座配置。

② 水平光缆与光跳线配置。水平光缆的芯数可以根据工作区光信息插座的容量确定为2芯或4芯光缆。水平光缆一般情况下采用 $62.5\mu m$ 或 $50\mu m$ 的多模光缆,当工作区的终端设备或自建的网络跨过大楼的计算机网络而直接与外部的 Internet 网进行互通时,为避免多模/单模光纤相连时转换,也可采用单模光缆,如图4.22所示。

图4.22　水平光缆与光跳线配置

在图4.22中,工作区企业网络的网络设备可直接通过单模光缆连接至电信运营商光缆配线架或相应通信设施,以完成宽带信息业务的接入。当然,也可采用多模光缆经过大楼的计算机局域网及配线网络与外部网络连接,如图4.23所示。

图4.23　计算机局域网及配线网络与外部网络连接

由于光纤在网络中的应用传输距离远远大于双绞线电缆,因此水平光缆(多模)也可以直接连接至大楼的 BD 光配线设备和网络设备与外部网络建立通信,如图 4.24 所示。

图 4.24　水平光缆直接连接至 BD 和网络设备

光跳线主要起到将网络设备的光端口与光配线连接盘(光配线设备)中的耦合器进行连接的作用,以构成光的整个通路。光跳线连接(光插头)的产品类型和光耦合器(光插座)及网络设备光端口的连接器件类型保持一致,否则无法连通。如果网络设备的端口为电端口时,光跳线则须经过光/电转换设备完成。

**7. 配线子系统的设计过程**

配线子系统的设计步骤如下。

(1) 用户需求分析

需求分析是综合布线系统涉及的首项重要工作。配线子系统是综合布线系统中工程量最大的一个子系统,使用的材料最多、工期最长、投资最大,也直接决定每个信息点的稳定性和传输速度,主要涉及布线距离、布线路径、布线方式和材料的选择,其对后续配线子系统的施工是非常重要的,将直接影响综合布线系统工程的质量、工期,甚至影响最终工程造价。

智能化建筑每个楼层的使用功能往往不同,甚至同一楼层不同区域的功能也不相同,有多种用途和功能,这就需要针对每个楼层,甚至每个区域进行分析和设计。例如,地下停车场、商场、超市、写字楼、宾馆、教学楼、学生公寓等楼层信息点的配线子系统有非常大的区别。需求分析首先按照楼层进行分析,分析每个楼层的电信间到工作区的信息点的布线距离、布线路径,进而逐步明确和确认每个工作区信息点的布线距离和路径。

(2) 技术交流

在进行需求分析后,要与用户进行技术交流,这是非常必要的。由于配线子系统往往覆盖每个楼层的立面和平面,布线路径也经常与照明线路、电气设备线路、电气插座、消防线路、暖气或者空调线路有多次的交叉或者平行,因此不仅要与技术负责人进行交流,也要与项目负责人或者行政负责人进行交流。通过交流了解每个信息点路径上的电路、水路、气路和电气设备的安装位置等详细信息,做好书面记录并及时整理。

(3) 阅读建筑图纸

通过阅读建筑物设计图纸掌握建筑物的土建结构、强电路经、弱电路径,特别是主要电气设备和电源插座的安装位置,重点了解在综合布线路径上的电气设备、电源插座、暗埋管线等。在阅读图纸时,进行记录或标记,并正确处理配线子系统布线与电路、水路、气路和电气设备的直接交叉或者路径冲突问题。

(4) 确定线缆、槽、管的数量和类型

① 管道利用率计算规定

预埋暗敷的管路宜采用对缝钢管或具有阻燃性能的 PVC 管,且直径不能太大,否则对土建设计和施工都有影响。根据我国建筑结构的情况,一般要求预埋在墙壁内的暗管内径不宜超过50mm,预埋在楼板中的暗管内径不宜超过 25mm,金属线槽的截面高度也不宜超过 25mm。

在配线子系统中,线缆必须安装在线槽或者线管内。线缆布放在线管与线槽内的管径和截面利用率,应根据不同类型的线缆做不同的选择。在管槽中敷设电缆时,应当留有一定的余量,以便于布线施工,并避免电缆受到挤压,使双绞线的扭绞状态发生变化,保证电缆的电气性能。在国家标准 GB 50311—2007 和 GB 50312—2007 中规定如下。

a. 预埋线槽宜采用金属线槽,预埋或密封线槽的截面利用率应为 30%～50%。

b. 敷设暗管宜采用钢管或阻燃聚氯乙烯硬质管。当布放大对数主干电缆及 4 芯以上光缆时,直线管道的管径利用率应为 50%～60%,弯管道应为 40%～50%。当暗管布放 4 对对绞电缆或 4 芯及以下光缆时,管道的截面利用率应为 25%～30%。

c. 管道的总体容量在遇到一个 90°拐角时就要减少 15%,两个 90°拐角会使管道容量减少30%。

② 管道内敷设线缆的数量

可以采用管径和截面利用率的公式对管道内允许敷设的线缆数量进行计算。

a. 穿放线缆的暗管管径利用率的计算公式为

$$管径利用率 = d \div D$$

式中:$d$ 为线缆的外径;$D$ 为管道的内径。

在暗管中布放的电缆为屏蔽电缆(具有总屏蔽和线对屏蔽层)或扁平型线缆(可为两根非屏蔽 4 对对绞电缆或两根屏蔽 4 对对绞电缆组合及其他类型的组合);主干电缆为 25 对及以上,主干光缆为 12 芯及以上时,宜采用管径利用率进行计算,选用合适规格的暗管。

b. 穿放线缆的暗管截面利用率的计算公式为

$$截面利用率 = A1 \div A$$

式中:$A$ 为管的内截面积;$A1$ 为穿在管内线缆的总截面积(包括导线的绝缘层的截面)。

当暗管中布放的对绞电缆采用非屏蔽或总屏蔽 4 对对绞电缆及 4 芯以下光缆时,为了保证线对扭绞状态,避免线缆受到挤压,宜采用管截面利用率公式进行计算,选用合适规格的暗管。

c. 可以采用以下简易公式计算应当采用的管槽尺寸。

$$N = 管(槽)截面积 \times 70\% \times (40\% \sim 50\%) / 线缆截面积$$

式中:$N$ 表示容纳双绞线最多数量;70%表示布线标准规定允许的空间;40%～50%表示线缆之间浪费的空间。

③ 根据线缆的型号和根数决定管槽的尺寸和数量

利用公式得出线数即可。

$$线数 = (长 \times 宽) \div (3.14 \times R^2) \times 0.6$$

式中:长×宽=桥架面积;3.14 为圆周率 π;0.6 为填充系数(表示只估算 60%的线量,如果100%表示无法穿线);$3.14 \times R^2$=单根线的面积。

标准的线槽容量计算方法为根据水平线的外径来确定线槽的容量,即线缆的横截面积之和乘以 1.8,其计算公式为

$$管材直径 \times 2 = 线缆直径 \times 2 \times 线缆根数 \times 因数$$

**注意**:因数一般选 1.8,线槽留有约 35%余量;最少选 1.6,留有约 20%余量。

④ 布线弯曲半径要求

布线中,如果不能满足最低弯曲半径要求,双绞线电缆的缠绕节距就会发生变化。严重时,电缆可能会损坏,从而直接影响电缆的传输性能。例如,在铜缆布线系统中,布线弯曲半径

会直接影响回波损耗值,严重时,会超过标准规定值。在光缆布线系统中,会导致高衰减。因此,在设计布线路径时,应尽量避免和减少弯曲,增加电缆的弯曲率半径值。

（5）确定电缆的类型和长度

详见 4.2.3 小节中配电子系统线缆选择的相关内容。

（6）确定配线子系统的布线方案

详见 4.2.3 小节中水平管槽系统设计、水平管槽明敷设布线方法的相关内容。

（7）确定电信间配线设备配置

详见 4.2.3 小节中的配线子系统配置的相关内容。

（8）配线子系统缆线用量计算

① 配线子系统水平电缆用量计算

配线子系统水平电缆各部分之间的相互关系如图 4.25 所示。

图 4.25　配线子系统水平电缆各部分之间的相互关系

根据电信间及各信息插座的位置,计算出各层配线子系统水平电缆总长度,再计算出建筑物内配线子系统水平电缆总长度及总用量。

a. 各层配线子系统水平电缆的平均长度。其计算公式为

$$L_{hn} = (L_{hn1} + L_{hn2}) \div 2 + \Delta L_{c1}$$

式中：$L_{hn}$ 为第 $n$ 层水平电缆的平均长度；$L_{hn1}$ 为第 $n$ 层电信间至最近信息插座水平电缆的长度；$L_{hn2}$ 为第 $n$ 层电信间至最远信息插座水平电缆的长度；$\Delta L_{c1}$ 为在电信间电缆预留长度,长度一般为 0.5~2m。

b. 各层配线子系统水平电缆的总长度。其计算公式为

$$L_{hzn} = L_{hn} \cdot T_n$$

式中：$L_{hzn}$ 为第 $n$ 层水平电缆的总长度；$T_n$ 为第 $n$ 层光纤信息插座的数量。

c. 建筑物内配线子系统水平电缆的总长度。其计算公式为

$$L_{hz} = \sum L_{hzn}$$

式中：$L_{hz}$ 为建筑物内水平电缆的总长度。

d. 建筑物内配线子系统水平电缆的总用量。其计算公式为

$$X_h = L_{hz} \div 305$$

式中：$X_h$ 为建筑物内配线子系统水平电缆的总用量（取整数值）（箱）；305 为每箱电缆的长度（m/箱）。

② 配线子系统水平光缆用量计算

配线子系统水平光缆各部分之间的相互关系如图 4.26 所示。

图 4.26　配线子系统水平光缆各部分之间的相互关系

根据电信间及各信息插座的位置,计算出各层配线子系统水平光缆总长度,再计算出建筑物内配线子系统水平光缆总用量。

a. 各层配线子系统水平光缆的平均长度。其计算公式为

$$L_{fhn} = (L_{fhn1} + L_{fhn2}) \div 2 + \Delta L_{fl}$$

式中: $L_{fhn}$ 为第 $n$ 层水平光缆的平均长度; $L_{fhn1}$ 为第 $n$ 层电信间至最近信息插座水平光缆的长度; $L_{fhn2}$ 为第 $n$ 层电信间至最远信息插座水平光缆的长度; $\Delta L_{fc1}$ 为在电信间光缆预留长度,长度一般为 3~5m。

b. 各层配线子系统水平光缆的总长度。其计算公式为

$$L_{fhzn} = L_{fhn} \cdot T_{dn}$$

式中: $L_{fhzn}$ 为第 $n$ 层水平光缆的总长度; $T_{dn}$ 为第 $n$ 层光纤信息插座的数量。

c. 建筑物内配线子系统水平光缆的总长度

$$L_{fhz} = \sum L_{fhzn}$$

式中: $L_{fhz}$ 为建筑物内水平光缆的总长度。

## 4.2.4　干线子系统设计

### 1. 干线子系统的设计范围

干线子系统是综合布线系统中非常关键的组成部分,又称垂直子系统,它由设备间子系统与管理间子系统之间的布线组成,采用大对数电缆或光缆。两端分别连接在设备间和电信间的配线架上。它是建筑物内综合布线的主馈线缆,是建筑物设备间和电信间之间垂直布放(或空间较大的单层建筑物的水平布线)缆线的统称。

干线子系统包括供各条干线接线间之间的电缆走线用的竖向或横向通道;主设备间与计算机中心间的电缆。

### 2. 干线子系统线缆类型的选择

通常情况下,应根据建筑物的结构特点以及应用系统的类型,决定所选用的干线线缆类型。在干线子系统设计时,通常使用以下线缆。

(1) 62.5/125μm 多模光缆。

(2) 50/125μm 多模光缆。

(3) 8.3/125μm 单模光缆。

(4) 100Ω 双绞线电缆,包括 4 对和大对数(25 对、50 对、100 对等)。

在下列场合,应首先考虑选择光缆。

① 带宽需求量较大,如银行等系统的干线。

② 传输距离较长,如园区或校园网主干线。

③ 保密性、安全性要求较高,如保密、安全国防部门等系统的干线。

④ 雷电、电磁干扰较强的场合,如工厂环境中的主干布线。

在性能方面,光缆具有许多电缆无法比拟的优点,同时随着光缆应用新技术的不断成熟及光缆成本的不断下降,选用光缆作数据主干线缆不失为一种明智的选择。另外,是选择单模光缆还是多模光缆,要考虑数据应用的具体要求、光纤设备的相对经济性能指标及设备之间的最远距离等情况。根据单模光纤和多模光纤的不同特点,大楼内部的主干线路宜采用多模光纤,而建筑群之间的主干线路则宜采用单模光纤。

　　5 类及以上大对数双绞线电缆容易引起线对之间的近端串扰以及它们之间的 NEXT 的叠加问题,这对于高速数据传输是十分不利的。一般情况下,可以考虑采用多根 4 对 5 类及以上双绞线电缆代替大对数双绞线对称电缆。

### 3. 干线子系统的接合方式

　　通常,干线子系统线缆的接合方式有 3 种:点对点端接、分支递减端接、电缆直接端接。设计人员要根据建筑物结构和用户要求,确定采用哪种接合方式。

　　(1)点对点端接

　　点对点端接是最简单、最直接的接合方法,如图 4.27 所示。首先要选择一根双绞线电缆或光缆,其容量(电缆对数或光纤芯数)可以支持一个楼层的全部信息插座需要,而且,这个楼层只设一个电信间。然后,从设备间引出这根电缆,经过干线通道,端接于该楼层的一个指定电信间的连接件。这根电缆到此为止,不再往别处延伸。这根电缆的长度取决于它要连往哪个楼层以及端接的电信间与干线通道之间的距离。

图 4.27　点对点端接

　　选用点对点端接方式,可能引起干线中的各根电缆长度各不相同(每根电缆的长度要足以延伸到指定的楼层和配线架,并留有端接的余地),而且粗细也可能不同。在设计阶段,电缆的材料清单应反映出这一情况。另外,在施工图上,还应该详细说明哪根电缆接到哪一楼层和哪个电信间。

　　点对点端接方式可以避免使用特大对数电缆(一定程度上起到化整为零的作用)。在系统不是特别大的情况下,应首选这种端接方法。另外,该方法不必使用昂贵的铰接盒。缺点是穿过电信间的电缆数目较多。

　　(2)分支递减端接

　　分支递减端接是用一根大对数干线电缆来支持若干个电信间的通信容量,经过电缆接头保护箱分出若干根小电缆,它们分别延伸到相应的电信间,并终接于目的地的配线设备,如图 4.28 所示。

　　当各电信间只用作通往二级交接间的电缆的过往点时,采用单楼层接合方法是比较合适的。也就是说,在这些电信间,没有提供端接 I/O 用的连接硬件。一根电缆通过干线通道而

图 4.28　分支递减端接

到达某个指定楼层,其容量足以支持该楼层所有电信间的所有连接信息插座需要。安装人员接着用一个适当大小的铰接盒把这根主电缆与粗细合适的若干根小的电缆连接起来,后者分别连往各个二级交接间。

多楼层接合方法通常用于支持 5 个楼层的信息需要(每 5 层为一组。)一根主电缆向上延伸到中间(第 3 层)。安装人员在该楼层的电信间里装上一个铰接盒,然后用它把主电缆与粗细合适的各根小电缆分别连接在一起,后者分别连往上下各两层楼。

分支递减端接方式的优点是干线中的主馈电缆总数较少,可以节省一些空间,但需要铰接盒。尽管如此,在某些场合下,分支递减端接方式的成本还有可能低于点对点端接方法。

(3) 电缆直接端接

当设备间与计算机主机房处于不同的电信间,而且需要把语音电缆连接到设备间,并把数据电缆连接到计算机机房时,可以采用电缆直接端接方式,即在设计中选取不同的干线电缆,采取各自的路由,来分别满足语音和数据的需要。相当于把语音干缆和数据干缆分开处理。可以在设备间和计算机主机房各设置一个大楼配线架 BD。

从设备间到主干通道与从计算机主机房到主干通道的横向通道是不一样的,但两者的垂直主干通道是一样的。一般把电缆或电缆组引入干线,通过干线通道下降或上升到相应的目的楼层,即到达设备间和计算机主机房。必要时,可在目的楼层的干线分出一些电缆,把它们横向敷设到各个房间,并按系统的要求对电缆进行端接。如果建筑物只有一层,没有垂直的干线通道,则可以把设备间内的端点用作计算距离的起点,然后再估计出电缆到达二级交接间必须走过的距离。

典型的电缆直接端接如图 4.29 所示。

为了便于综合布线的路由管理,干线电缆、干线光缆布线的交接不应多于两次,即从楼层配线架到建筑群配线架之间只应通过一个配线架,即建筑物配线架(在设备间内)。

**4. 干线线缆用量的确定**

一般而言,在确定每层楼的干线类型和数量时,都是根据配线子系统所有的各个语音、数据、图像等信息插座的需求与数量来进行推算的。主干缆线包括了大对数语音及数据电缆、多

图 4.29　典型的电缆直接端接

模和单模光纤、4 对双绞线电缆。它们的两端分别连接至 FD 与 BD 干线侧的模块,缆线与模块的配置等级与容量保持一致。

BD 模块在设备侧应与设备的端口容量相等,也可考虑少量冗余量,并可根据支持的业务种类选择相应连接方式的配线模块。数据和语音模块应分别设定配置方案。

(1) 支持数据的干线子系统光缆用量计算

干线子系统建筑物主干光缆各部分之间的相互关系如图 4.30 所示。

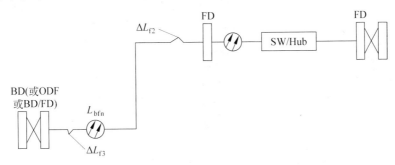

图 4.30　干线子系统主干光缆各部分之间的相互关系

① 至各层(区)支持数据的建筑物主干光缆用量计算。其计算公式为

$$L_{fn} = (L_{bfn} + \Delta L_{f3} + \Delta L_{f2}) \cdot G_{fn}$$

式中: $L_{fn}$ 为至第 $n$ 层(区)支持数据的干线光缆用量; $L_{bfn}$ 为第 $n$ 层(区)FD 与 BD 之间缆线路由距离; $\Delta L_{f2}$ 为在电信间光缆预留长度,一般为 3~5m; $\Delta L_{f3}$ 为在设备间光缆预留长度,一般为 3~5m; $G_{fn}$ 为至第 $n$ 层干线子系统光缆的根数。

② 建筑物内支持数据的干线子系统光缆用量计算。其计算公式为

$$L_f = \sum_{n=1}^{N} L_{fn}$$

式中: $L_f$ 为建筑物内支持数据的干线子系统光缆的总长度。

(2) 支持数据的干线子系统 4 对双绞线电缆用量计算

支持数据的干线子系统 4 对双绞线电缆各部分之间的相互关系如图 4.31 所示。

图 4.31　支持数据的干线子系统 4 对双绞线电缆各部分之间的相互关系

① 至各层(区)支持数据的干线子系统 4 对双绞线电缆根数计算。其计算公式为

$$G_{bn} = 第 n 层(区)SW(或 Hub)或 SW 群(或 Hub 群)的数量 + 冗余数量$$

式中: $G_{bn}$ 为第 $n$ 层(区)支持数据的 4 对双绞线电缆的根数;冗余数量是指当采用 SW 群(或 Hub 群)时,每一个 SW 群(或 Hub 群)备用 1～2 根 4 对双绞线电缆作为冗余。当未采用 SW 群(或 Hub 群)时,每 2～4 台 SW(或 Hub)备用一根 4 对双绞线电缆作为冗余。

② 至各层(区)支持数据的干线子系统 4 对双绞线电缆用量计算。其计算公式为

$$L_{bn} = (L_{bcn} + \Delta L_{c3} + \Delta L_{c2}) \cdot G_{bn}$$

式中: $L_{bn}$ 为至第 $n$ 层(区)支持数据的 4 对双绞线电缆用量; $L_{bcn}$ 为第 $n$ 层(区)FD 与 BD 之间缆线路由距离; $\Delta L_{c2}$ 为在电信间光缆预留长度,一般为 0.5～2m; $\Delta L_{c3}$ 为在设备间光缆预留长度,一般为 3～5m; $G_{fn}$ 为至第 $n$ 层干线子系统光缆的根数。

③ 建筑物内支持数据的干线子系统 4 对双绞线光缆用量计算。其计算公式为

$$L_f = \sum_{n=1}^{N} L_{fn}$$

式中: $L_f$ 为建筑物内支持数据的干线子系统 4 对双绞线电缆的总长度。

④ 建筑物内支持数据的干线子系统 4 对双绞线电缆用量计算。其计算公式为

$$L_b = \sum_{n=1}^{N} L_{bn}$$

式中: $L_b$ 为建筑物内支持数据的干线子系统 4 对双绞线电缆的总长度。

(3) 支持语音的干线子系统大对数电缆用量计算

支持语音的干线子系统大对数电缆各部分之间的相互关系如图 4.32 所示。

图 4.32　支持语音的干线子系统大对数电缆各部分之间的相互关系

① 至各层(区)支持数据的干线子系统 4 对双绞线电缆根数计算。其计算公式为

$$G_{pn} = T_{pn} \times 1.1 \div 25(或 50、100)$$

式中：$G_{pn}$ 为第 $n$ 层(区)支持语音的 25 对(或 50 对、100 对)大对数电缆的根数，取整数值；$T_{pn}$ 为该层语音信息点个数；1.1 中的 0.1 为备份系数，一般按 10% 冗余考虑。

② 至各层(区)支持语音的干线子系统大对数电缆用量计算。其计算公式为

$$L_{pn} = (L_{bpn} + \Delta L_{c2} + \Delta L_{c3}) \cdot G_{pn}$$

式中：$L_{pn}$ 为至第 $n$ 层(区)支持语音的 25 对(或 50 对、100 对)大对数电缆用量；$L_{bpn}$ 为第 $n$ 层(区)FD 与 BD 之间缆线路由距离；$\Delta L_{c2}$ 为在电信间光缆预留长度，一般为 0.5～2m；$\Delta L_{c3}$ 为在设备间光缆预留长度，一般为 3～5m；$G_{fn}$ 为至第 $n$ 层干线子系统光缆的根数。

③ 建筑物内支持数据的干线子系统大对数电缆用量计算。其计算公式为

$$L_p = \sum_{n=1}^{N} L_{pn}$$

式中：$L_p$ 为建筑物内支持数据的干线子系统 25 对(或 50 对、100 对)大对数电缆的总长度。

### 5. 干线子系统的布线路由设计

干线线缆布线路由的选择走向应选较短的安全的路由。干线子系统的布线大多是垂直的，但也有水平的。路由的选择要根据建筑物的结构以及建筑物内预留的管道等决定。目前，垂直型的干线布线路由主要采用电缆井和电缆孔两种方法。对于单层平面建筑物水平型的干线布线路由主要有金属管道和电缆托架两种方法。

(1) 电缆通道类型

干线子系统是建筑物内的主馈电缆，在大型建筑物内，都有开放型通道和弱电间。开放型通道通常是指从建筑物的最低层到楼顶的一个开放空间，中间没有隔断，如通风道或电梯通道。弱电间是一连串上下对齐的小房间，每层楼都有一间。在这些房间的地板上，预留圆孔或方孔。并将它们从地板上向上延伸 25mm，为所有电缆孔建造高的护栏。在综合布线中，将方孔称为电缆井，圆孔称为电缆孔。

干线子系统通道就是由一连串弱电间地板垂直对准的电缆井或电缆孔组成的。弱电间的每层封闭型房间称为电信间。

(2) 确定通道规模

确定干线子系统的通道规模主要就是确定干线通道和配线间的数目。确定的依据就是布线系统所要服务的可用楼层面积。如果所有给定楼层的所有信息插座都在电信间的 75m 范围之内，那么就采用单干线接线系统。也就是说，采用一条垂直干线通道，且每个楼层只设一个电信间。如果有部分信息插座超出电信间 75m 范围之外，那就要采用双通道干线子系统，或者采用经分支电缆与设备间相连的二级交接间。

一般来说，同一幢大楼的电信间都是上下对齐的，如果未对齐，则可采用大小合适的电缆管道系统将其连通。在电信间里，要将电缆井或电缆孔设置在靠近支持电缆的墙壁附近，但电缆井或电缆孔不应妨碍端接空间。

(3) 垂直通道布线

目前，干线子系统垂直通道布线有下列 3 种方式可供选择。

① 电缆孔布线方式。干线通道中所用的电缆孔是很短的管道，通常是用一根或数根外径为 63～102mm 的金属管预埋在楼板内，金属管高出地面 25～50mm。电缆往往捆在钢丝绳上，而钢丝绳又固定到墙上已铆好的金属条上。当配线间上下都对齐时，一般可采用电缆孔布线方式，如图 4.33 所示。

② 电缆井布线方式。电缆井是指直接在地板上预留一个大小适当的长方形孔洞，孔洞一

般不小于 600mm×400mm(也可根据工程实际情况确定),如图 4.34 所示。在很多情况下,电缆井不仅仅是为综合布线系统的电缆而开设的,其他许多系统如监控系统、消防系统、保安系统等弱电系统所用的电缆也都与之共用同一个电缆井。在新建工程中,推荐使用电缆竖井的方式。

图 4.33    电缆孔布线方式

图 4.34    电缆井布线方式

在电缆井中安装电缆与电缆孔差不多,也是把电缆捆在或箍在支撑用的钢绳上,钢绳靠墙上金属条或地板三脚架固定住。电缆井的选择非常灵活,可以让粗细不同的各种电缆以任何组合方式通过。对于新建筑物,首先应考虑采用电缆井方式。

在多层楼房中,经常需要用到横向通道,干线电缆才能从设备间连接到干线通道或在各个楼层上从二级交接间连接到任何一个楼层配线间。横向通道须用一条易于安装的方便通路。

③ 管道布线方式,包括明管或暗管敷设。

(4) 横向通道布线

对于单层平面建筑物横向通道的干线布线,主要采用金属管道和电缆桥架两种方法。

① 金属管道方法。金属管道方法是指在水平方向架设金属管道,金属管道对干线电缆起到支撑和保护的作用。线缆穿放在管道等保护体内,管道可沿墙壁、顶棚明敷,也可暗敷于墙壁、楼板及地板等内部,如图 4.35 所示。由于相邻楼层上的干线接线间存在水平方向的偏距,因而出现了垂直的偏距通道。而金属管道允许把电缆拉入这些垂直的偏距通道。在开放式通道和横向干线走线系统中(如穿越地下室),管道对电缆起机械保护作用。可以说,管道不仅有防火的优点,而且它提供的密封和坚固的空间使电缆可以安全地延伸到目的地。但是,管道很难重新布置,因而不太灵活,同时造价也高。在建筑设计阶段,必须周密考虑。土建施工阶段,要将选定的管道预埋在墙壁、地板或楼板中,并延伸到正确的交接点。

干线电缆穿入管道(金属管或硬质塑料管)的填充率(管径利用率),直线管路一般为 50%~60%,有弯曲的管路填充率不宜超过 50%。

② 电缆桥架方法。电缆桥架包括梯架、托架、线槽 3 种形式。电缆梯架一般是铝质或钢质部件,外形很像梯子,但在两侧加上了挡板,是电缆桥架的一种。若将它们安装在建筑物墙壁上,就可供垂直电缆走线;若安装在天花板上(吊顶内),就可供水平电缆走线。电缆铺在梯

架上,由水平支撑件固定住,如图 4.36 所示。必要时,还可在托架下方安装电缆铰接盒,以保证在托架上方已装有其他电缆时可以接入电缆。梯架方法最适合电缆数量很多的情况。待安装的电缆粗细和数量决定了梯架的尺寸。梯架便于安放电缆,省去了电缆管道的麻烦,但梯架及支撑件比较贵。另外,由于电缆外露,很难防火,且不美观。

图 4.35 金属管道方法

图 4.36 电缆桥架方法

在综合布线系统中,一般推荐使用封闭式线槽。吊装金属线槽安装示意图如图 4.37 所示。在线槽底部与两侧的金属板上留有许多均匀的小孔,以排泄积水使用。托架主要应用于楼间的距离较短时,采用架空的方式布放线缆的场合。

注:*为桥架顶部与楼板或梁之间应保持一定的距离,以利
于缆线的布放。

图 4.37 吊装金属线槽安装示意图

(5) 干线路由方案设计应注意的问题

① 不同主干线缆之间的隔离。布线设施中服务于不同功能的主干线缆应尽可能分离成独立的路径。例如,语音和数据主干应在两条分离的主干管道系统中或两组主干管道中走线。支持视频应用的线缆和光缆应穿入相关的第三条主干管道。主干线缆分离的目的是减少不同

服务线路之间电磁干扰的可能性,并为不同种类的线缆(电缆和光缆)提供一层物理保护。这种分离可以简化整体线缆系统管理,为线缆提供整齐的路径、封装和端接。线缆的分离可以通过以下方法完成。

　　a. 不同的主干管道。

　　b. 主干管道中独立的内部通道。

　　c. 独立的主干或套管。

　　d. 线槽内金属隔板隔离。

　　e. 铜通信线缆不能与强电线缆穿入同一路径,除非路径中有隔板分离通信线缆和电气线缆。整体绝缘结构的光缆可与其他线缆穿入同一路径,但也应尽量避免。

　　② 垂直线缆的支撑。垂直主干线缆的正确支撑不仅对于系统的性能,而且对于专用通信间中及四周工作人员的安全是至关重要的。如果线缆过重或支撑点过少,就会影响系统的长期性能。

　　在选择垂直支撑系统时,线缆可承受的垂直距离是一个要考虑的因素,垂直距离以米为单位,它是线缆在不降低系统等级的情况下,可以承受的长期拉伸应力的线性函数。不同的线缆对所能承受的最大拉力均有明确限制,在设计和施工中应注意满足其要求。

　　③ 电缆井(孔)的防火。弱电竖井的烟筒效应对防火是非常不利的,因此当采用电缆井、电缆孔方式时,在线缆布放完后应该用防火材料密封所有的电缆井或电缆孔,包括其中有电缆的电缆井和电缆孔。

## 4.2.5　电信间设计

　　电信间主要为楼层安装配线设备(为机柜、机架、机箱等安装方式)和楼层计算机网络设备(Hub 或 SW)的场地,并可考虑在该场地设置缆线竖井、等电位接地体、电源插座、UPS 配电箱等设施。在场地面积满足的情况下,也可设置建筑物诸如安防、消防、建筑设备监控系统、无线信号覆盖等系统的布缆线槽和功能模块的安装。如果综合布线系统与弱电系统设备合设于同一场地,从建筑的角度出发,则称为弱电间。

### 1. 电信间设计要求

　　电信间又称楼层配线间、楼层交接间,主要为楼层配线设备(如机柜、机架、机箱等安装方式)和楼层计算机网络设备(交换机等)的场地,并可考虑在该场地设置线缆垂井、等电位接地体、电源插座、UPS 配电箱等设施。

　　(1) 电信间的位置和数量

　　楼层配线间的主要功能是供水平布线和主干布线在其间互相连接。为了以最小的空间覆盖最大的面积,在安排电信间位置时,设计人员应慎重考虑。电信间最理想的位置是位于楼层平面的中心,每个电信间的管理区域面积一般不超过 $1000m^2$。

　　电信间应与强电间分开设置,以保证通信安全。在电信间内或其紧邻处应设置相应的干线通道(或电缆竖井),各个电信间之间利用电缆竖井或管槽系统使它们之间的路由沟通,以达到网络灵活、安全畅通的目的。

　　电信间的数量应按所服务的楼层范围及工作区面积来确定。如果该层信息点数量不大于400 个,水平线缆长度在 90m 范围以内,宜设置一个电信间;当超过这一范围或工作区的信息点数量大于 400 个时,宜设两个或多个电信间,以求减少水平电缆的长度,缩小管辖和服务范围,保证通信传输质量。当每个楼层的信息点数量较少,且水平线缆长度不大于 90m 时,宜几个楼层合设一个电信间。

（2）电信间的面积和布局

电信间的使用面积不应小于 $5m^2$，也可根据工程中配线设备和网络设备的容量进行调整，其尺寸的确定可以参考表 4.6。

表 4.6  电信间的尺寸

| 服务区积/$m^2$ | 电信间的尺寸/(m×m) | 服务区积/$m^2$ | 电信间的尺寸/(m×m) |
| --- | --- | --- | --- |
| 1000 | 3×3.4 | 500 | 3×2.2 |
| 800 | 3×2.8 | | |

一般情况下，综合布线系统的配线设备和计算机网络设备采用 19in 标准机柜安装。如果按建筑物每个楼层 $1000m^2$ 面积，电话和数据信息点各为 200 个考虑配置，大约需要有两个 19in(42U) 的机柜空间，以此测算电信间面积至少应为 $5m^2$(2.5m×2.0m)。但如果是国家政府、部委等部门的办公楼，且综合布线系统须分别设置内、外网或专用网时，应分别设置电信间，并要求它们之间有一定的间距，分别估算电信间的面积。对于专用安全网也可单独设置电信间，不与其他布线系统合用房间。

（3）电信间的供电

电信间的网络有源设备应由设备间或机房不间断电源(UPS)供电，并为了便于管理，可采用集中供电方式。并应设置至少两个 220V、10A 带保护接地的单相电源插座，但不作为设备供电电源。

（4）电信间的环境

电信间应采用外开丙级防火门，门宽应大于 0.7m。电信间内温度应为 10～35℃，相对湿度宜为 20%～80%。当安装信息网络设备时，应符合相应的设计要求。

电信间温、湿度按配线设备要求提出，如在机柜中安装计算机网络设备(Hub/SW)时的环境应满足设备提出的要求，则温、湿度的保证措施由空调专业负责解决。

电信间内以总配线设备所需的环境要求为主，适当考虑安装少量计算机网络等设备制定的规定，如果与程控电话交换机、计算机网络等主机和配套设备合装在一起，则安装工艺要求应执行相关规范的规定。

### 2. 电信间配线设备

（1）电信间配线设备间的连接方式

电信间 FD 与电话交换配线及计算机网络设备之间的连接方式应符合以下要求。

① 电话交换配线的连接方式。电话交换配线的连接方式，如图 4.38 所示。

图 4.38  电话交换配线的连接方式

FD 支持电话系统配线设备有两大类：FD 配线设备采用 IDC 配线模块，如图 4.39 所示；FD 配线设备建筑物主干侧采用 IDC 配线架和水平侧采用 RJ-45 配线模块，如图 4.40 所示。

图 4.39　FD 配线设备采用 IDC 配线模块连接方式

图 4.40　FD 配线设备建筑物主干侧采用 IDC 和 RJ-45 配线模块连接方式

② 计算机网络设备连接方式。计算机网络设备(也就是数据系统)连接方式通常有以下 3 种方式进行互通。

第一种方式是交叉连接方式,即跳线连接方式,如图 4.41 所示。在电信间内所安装的计算机网络设备通过设备缆线(电缆或光缆)连接至配线设备(FD)以后,经过跳线管理,将设备的端口经过水平缆线连接至工作区的终端设备,此种连接方式为传统的连接方式,称为交叉连接方式。

图 4.41　交叉连接方式(经跳线连接)

FD 支持数据系统配线设备有两大类型,RJ-45 配线模块和光纤互联装置盘,其连接方法如图 4.42~图 4.44 所示。

图 4.42　数据系统连接方式(经跳线连接)一

图 4.43　数据系统连接方式(经跳线连接)二

图 4.44　数据系统连接方式(经跳线连接)三

第二种方式是互联连接方式,即经设备缆线连接方式,如图 4.45 所示。在此种连接方式中,利用网络设备端口连接模块(点或光)取代设备侧的配线模块。这时,相当于网络设备的端口直接通过跳线连接至模块,既减少了线段和模块以降低工程造价,又提高了通路的整体传输性能。因此,可以认为是一种优化的连接方式。

图 4.45　互联连接方式(经设备缆线连接)

FD 支持数据系统配线设备有两大类:RJ-45 配线模块和光纤互联装置盘,其连接方法如图 4.46～图 4.48 所示。

图 4.46　数据系统连接方式(经设备缆线连接)一

图 4.47　数据系统连接方式(经设备缆线连接)二

图 4.48　数据系统连接方式(经设备缆线连接)三

第三种方式是数据主干侧经设备缆线连接,水平侧经跳线连接如图 4.49 所示。

图 4.49　数据主干侧经设备缆线连接,水平侧经跳线连接

FD 支持数据系统配线设备有两大类:RJ-45 配线模块和光纤互联装置盘,其连接方法如图 4.50～图 4.52 所示。

(2) 电信间配线设备配置

电信间的配线模块(FD)分为水平侧、设备侧和干线侧等几类模块,模块可以采用 IDC 连

图 4.50 数据系统连接方式(经设备缆线和跳线连接)一

图 4.51 数据系统连接方式(经设备缆线和跳线连接)二

图 4.52 数据系统连接方式(经设备缆线和跳线连接)三

接模块(以卡接方式连接线对的模块)和快速插接模块(RJ-45)。FD 在配置时,应按业务种类分别加以考虑,设备间的 BD、CD 也可参照以下原则配置。

① 配线模块选择原则。连接至电信间的每一根水平电缆/光缆应终接于相应的配线模块,配线模块与缆线容量应相适应。电信间 FD 主干侧各类配线模块应按电话交换机、计算机网络的构成及主干电缆/光缆的所需容量要求及模块类型和规格的选用进行配置。根据现有产品情况配线模块可按以下原则选择。

a. 多线对端子配线模块可以选用 4 对或 5 对卡接模块,每个卡接模块应卡接一根 4 对对绞电缆。一般 100 对卡接端子容量的模块可卡接 24 根(采用 4 对卡接模块)或卡接 20 根(采用 5 对卡接模块)4 对对绞电缆。

b. 25 对端子配线模块可卡接一根 25 对大对数电缆或 6 根 4 对对绞电缆。

c. 回线式配线模块(8 回线或 10 回线)可卡接两根 4 对对绞电缆或 8/10 回线。回线式配线模块的每一回线可以卡接一对入线和一对出线。回线式配线模块的卡接端子可以为连通型、断开型和可插入型 3 类不同的型号。一般在 CP 处可选用连通型,在需要加装过压过流保护器时采用断开型,可插入型主要用于断开电路做检修的情况下,布线工程中无此种应用。

d. RJ-45 配线模块(由 24 或 48 个 8 位模块通用插座组成)每一个 RJ-45 插座应可卡接一根 4 对对绞电缆。

e. 光纤连接器件每个单工端口应支持 1 芯光纤的连接,双工端口则支持 2 芯光纤的连接。

f. 各配线设备跳线可按以下原则选择与配置:电话跳线宜按每根一对或两对对绞电缆容量配置,跳线两端连接插头采用 IDC 或 RJ-45 型;数据跳线宜按每根 4 对对绞电缆配置,跳线两端连接插头采用 IDC 或 RJ-45 型;光纤跳线宜按每根 1 芯或 2 芯光纤配置,光跳线连接器件采用 ST、SC 或 SFF 型。

② 模块选择。

IDC 模块选择应遵守的原则如下。

a. 110 型。一般容量为 100 对至几百对卡接端子,此模块卡接水平电缆和插入挑线插头的位置均在正面。通常水平电缆与跳线之间的 IDC 模块有 4 对和 5 对两种。如采用 4 对 IDC 模块,则一个 100 对模块可以连接 24 根水平电缆;如采用 5 对 IDC 模块,则只能连接 20 根水平电缆。有的 6 类布线系统中采用 64 对 110 型模块。语音通信通常采用此类模块。

b. 25 对卡接式模块。此种模块呈长条形,具有 25 对卡线端子。卡接水平电缆与插接挑线的端子处于正、反两个部位,每个 25 对模块最多可卡接 6 根水平电缆。

c. 回线式(8 回线或 10 回线)端接模块。该模块的容量有 8 回线和 10 回线两种。每回线包括两对卡线端子:一对端子卡接进线,一对端子卡接出线,称为一回线。按照两派卡线端子的连接方式可以分为断开型、连通型和可插入型 3 种。在综合布线系统中,断开型模块使用在 CD 配线设备中,当有室外的电缆引入大楼时可以在模块内安装过压、过流保护装置,以防止雷电或外部高压和大电流进入配电网。连通型的模块通常适用于开放型办公室的布线中。

上述各种 IDC 配线模块有 3 类、5 类、5e 类和 6 类产品可以用来支持语音和数据通信网络的应用。

RJ-45 配线模块选择:此种模块以 12 口、24 口、48 口为单元组合,通常以 24 口为一个单元。RJ-45 端口有利于跳线的位置变更,经常在数据网络中使用。该模块有 5 类、5e 类、6 类和 7 类等产品。

(3) 楼层配线设备 FD 容量的确定

① FD 的 IDC 配线模块容量确定。FD 的 IDC 配线模块各部分之间的关系如图 4.53 所示,IDC 配线模块用于支持语音连接。

图 4.53  FD 的 IDC 配线模块各部分之间的关系

a. 至水平侧支持语音 FD 的 IDC 配线模块基本单元(100 对)数量。其计算公式为

$$M_{hipn} = T_{pn} \div 24(20)$$

式中:$M_{hipn}$ 为第 $n$ 层(区)楼层配线设备 FD 至水平电缆侧支持语音 IDC 配线模块的基本单元数量,取整数值;$T_{pn}$ 为第 $n$ 层(区)的电话信息点数量;24(20)为采用 4(5)对卡接模块时,一个规格为 100 对基本单元的 IDC 配线架可支持 24(20)个电话信息点。

b. 至建筑物主干侧支持语音 FD 的 IDC 配线模块基本单元(100 对)数量。其计算公式为

$$M_{bipn} = T_{pn} \times 1.1 \div 100$$

式中:$M_{bipn}$ 为第 $n$ 层(区)楼层配线设备 FD 至建筑物主干侧支持语音 IDC 配线模块的基本单元数量,取整数值。

c. FD 的 IDC 配线模块总容量(总对数)。其计算公式为

$$P_{in} = (M_{hipn} + M_{bipn}) \times 100$$

式中:$P_{in}$ 为第 $n$ 层(区)楼层配线设备 FD 支持语音规格 100 对 IDC 配线模块的总容量。

d. FD 的 IDC 配线模块跳线。跳线按每根 1 对双绞线电缆容量配置,跳线两端连接插头采用 IDC 型,跳线根数 = $T_{pn}$ 根。

② 支持语音和数据 FD 的 RJ-45 配线模块(24 口模块)容量的确定。FD 的 RJ-45 配线模

块各部分之间的关系如图 4.54 和图 4.55 所示。

图 4.54　支持语音 FD 的 RJ-45 配线模块各部分之间的关系

图 4.55　支数据 FD 的 RJ-45 配线模块各部分之间的关系

a. 至水平侧 FD 的 RJ-45 配线模块的基本单元数量。其计算公式为

$$M_{hrpn} = T_{pn} \div 24$$
$$M_{hrdn} = T_{dn} \div 24$$

式中：$M_{hrpn}$、$M_{hrdn}$ 为第 $n$ 层(区)楼层配线设备 FD 至水平侧支持语音和数据规格 24 口 RJ-45 配线模块的基本单元数量，取整数值。

b. 至干线侧 FD 的 RJ-45 配线模块的基本单元数量。其计算公式为

$$M_{brdn} = M_{hrdn}$$

式中：$M_{brdn}$ 为第 $n$ 层(区)楼层配线设备 FD 至建筑物主干电缆侧支持数据规格 24 口 RJ-45 配线模块的基本单元数量，取整数值。

c. FD 的 RJ-45 配线模块总量。其计算公式为

$$P_{rn} = (M_{hrpn} + M_{brdn} + M_{hrdn}) \times 24$$

式中：$P_{rn}$ 为第 $n$ 层(区)楼层配线设备 FD 支持语音和数据规格 24 口 RJ-45 配线模块的总容量。

d. FD 的 IDC 和 RJ-45 配线模块跳线。支持语音跳线，跳线按每根 1 对双绞线电缆容量配置，跳线一端连接插头采用 IDC 型，另一端采用连接插头采用 RJ-45 型，跳线根数 $= T_{pn}$ 根；支持数据跳线，跳线按每根 4 对双绞线电缆容量配置，跳线两端连接插头采用 RJ-45 型，跳线根数 $= T_{dn}$ 根。

③ 支持数据 FD 光纤连接盘容量的确定。FD 的光纤连接盘各部分之间的关系如图 4.56 所示。

图 4.56　FD 的光纤连接盘各部分之间的关系

a. 至水平侧光纤 FD 的光纤连接盘的基本单元数量(6 口、12 口或 24 口双工连接器)。其

计算公式为

$$M_{hfn} = T_{dn} \div 12$$

式中：$M_{hfn}$ 为第 $n$ 层(区)楼层配线设备 FD 至水平侧支持数据光纤连接盘(双工)的基本单元数量,取整数值；$T_{dn}$ 为第 $n$ 层(区)的光纤信息点(双工)数量。

b. 至干线侧 FD 的光纤连接盘的基本单元数量。其计算公式为

$$M_{bfn} = M_{hfn}$$

式中：$M_{bfn}$ 为第 $n$ 层(区)楼层配线设备 FD 至建筑物主干侧支持数据光纤连接盘(双工)的基本单元数量,取整数值。

c. FD 的光纤连接盘总容量。其计算公式为

$$P_{fn} = (M_{hfn} + M_{bfn}) \times 12$$

式中：$P_{fn}$ 为第 $n$ 层(区)楼层配线设备 FD 支持数据光纤连接盘(双工)的总容量。

d. 光纤跳线按每根 2 芯光纤配置,光纤跳线两端连接器件采用 ST、SC 或 SFF 型。

## 4.2.6  设备间设计

设备间是大楼的电话交换机设备和计算机网络设备以及建筑物配线设备(BD)安装的地点,也是进行网络管理的场所。对综合布线系统工程设计而言,设备间主要安装总配线设备(BD 和 CD)。当信息通信设施与配线设备分别设置时考虑到设备电缆有长度限制的要求,安装总配线架的设备间与安装电话交换机及计算机主机的设备间之间的距离不宜太远。电话交换机、计算机主机设备及入口设施也可与配线设备安装在一起。

### 1. 设备间的设计要点

综合布线系统设备间设计主要是与土建设计配合协调,由综合布线系统工程提出对设备间的位置、面积、内部装修等统一要求,然后与土建设计单位协商确定,具体实施均属土建设计和施工的范围,工程界面和建设投资的划分也是按上述原则分别划定的。综合布线系统设备间设计主要是在设备间内安装通信或信息设备的工程设计和施工,主要是与土建设计与通信网络系统和综合布线系统有关的部分。具体内容主要包括以下几点。

(1) 设备间的设置方案

设备间的位置及大小应根据设备的数量、规模、最佳网络中心、网络构成等因素,综合考虑确定。通常有以下几种因素会使设备间的设置方案有所不同。

① 主体工程的建设规模和工程范围的大小。例如,智能化建筑或智能化小区的工程建设规模和管辖范围的差异极大,设备间的设置方案是不应相同的。

② 设备间内安装的设备种类和数量多少。在设备间内只有综合布线系统设备的专用房间会与其他设备合用,例如,用户电话交换机和计算机主机及配套设备,这就有专用机房或合用机房之别。此外,又会有设备数量多少和布置方式不同等因素,影响房间面积的大小和设备布置。

③ 设备间有无常驻的维护管理人员,是专职人员用房还是合用共管的性质,这些都会影响到设备间的位置和房间面积的大小等。

每幢建筑物内应至少设置一个设备间,如果用户电话交换机与计算机网络设备分别安装在不同的场地或根据安全需要,也可设置两个或两个以上的设备间,以满足不同业务的设备安装需要。

(2) 综合布线系统与外部网络的连接

综合布线系统与外部通信网连接,应遵循相应的接口标准要求。同时,预留安装相应接入

设备的位置。这在考虑设备间的面积大小时应考虑在内。

此外,还应遵循以下规则:当建筑群干线电缆、光缆、公用网的光缆、电缆(包括无线网络天线馈线)进入建筑物时,都应设置引入设备,并在适当位置终端转换成室内电缆、光缆。引入设备还包括必要的保护装置。引入设备宜单独设置房间,如条件合适,也可与 BD 或 CD 合设。引入设备的安装应符合相关规范的规定。外部业务引入点到建筑群配线架的距离可能会影响综合布线系统的运行。在应用系统设计时,宜将这段电缆、光缆的特性考虑在内。如果公用网的接口没有直接连接到综合布线系统的接口,则应仔细考虑这段中继线的性能。

(3)设备间的位置

设备间的位置及大小应根据建筑物的结构、综合布线系统规模、管理方式以及应用系统设备的数量等因素进行综合考虑,择优选取。一般而言,设备间应尽量建在建筑平面及综合布线干线综合体的中间位置。在高层建筑中,设备间也可以设置在 1、2 层。确定设备间位置可以参考以下设计规范。

① 设备间的位置应尽量建在建筑物平面及其干线子系统的中间位置,并考虑主干缆线的传输距离和数量,也就是应布置在综合布线系统对外或内部连接各种通信设备或信息缆线的汇合集中处。

② 设备间位置应尽量靠近引入通信管道和电缆竖井(或上升房或上升管槽)处,这样有利于网络系统互相连接,且距离较近。要求网络接口设备与引入通信管道处的间距不宜超过 15m。

③ 设备间的位置应便于接地装置的安装。尽量减少总接地线的长度,有利于降低接地电阻值。

④ 设备间应尽量远离高低压变配电、电机、X 射线、无线电发射等有干扰源存在的场地,也应尽量远离强振源(水泵房)、强噪声源、易燃(厨房)、易爆(油库)和高温(锅炉房)等场所。在设备间的上面或靠近处,不应有卫生间、浴池、水箱等设施或房间,以确保通信安全可靠。

⑤ 设备间的位置应选择在选择在内外环境安全、客观条件较好(如干燥、通风、清静和光线明亮等)和便于维护管理(如为了有利搬运设备,宜邻近电梯间,并要注意电梯间的大小和其载重限制等细节)的地方。

(4)设备间的面积

设备间的使用面积不仅要考虑所有设备的安装面积,还要考虑预留工作人员管理操作的地方。设备间内应有足够的设备安装空间,其使用面积不应小于 $10m^2$,该面积不包括程控用户交换机、计算机网络设备等设施所需的面积在内。

一般情况下,综合布线系统的配线设备和计算机网络设备采用 19in 标准机柜安装。机柜尺寸通常为 600mm(宽)×900mm(深)×2000mm(高)或 600mm(宽)×600mm(深)×2000mm(高),共有 42U(1U=44.45mm)的安装空间。机柜内可以安装光纤配线架、RJ-45 配线架、交换机、路由器等。如果一个设备间以 $10m^2$ 计,大约能安装 5 个 19in 的机柜。在机柜中安装电话大对数电缆多对卡接式模块,数据主干缆线配线设备模块,大约能支持总量为 6000~8000个信息点所需(其中,电话和数据信息点各占 50%)的建筑物配线设备安装空间。

(5)设备间的工艺要求

设备间的工艺要求较多,主要有以下几点。

① 设备间梁下净高不应小于 2.5m,采用外开双扇门,门宽不应小于 1.5m。

② 综合布线系统有关设备对温度、湿度的要求可分为 A、B、C 3 级,设备间的温/湿度也

可参照这 3 个级别进行设计。3 个级别具体要求见表 4.7。

表 4.7  设备间温/湿度级别

| 项    目 | A 级 | B 级 | C 级 |
|---|---|---|---|
| 温度/℃ | 夏季：22±4<br>冬季：18±4 | 12～30 | 8～35 |
| 相对湿度/% | 40～65 | 35～70 | 20～80 |

常用的微电子设备能连续进行工作的正常范围：温度 10～30℃，湿度 20%～80%。超出这个范围，将使设备性能下降，寿命缩短。

③ 设备间内应保持空气清洁，应防止有害气体（如氯、碳水化合物、硫化氢、氮氧化物、二氧化碳等）侵入，并应有良好的防尘措施，尘埃含量限值宜符合表 4.8 的规定。

表 4.8  尘埃限值

| 尘埃颗粒的最大直径/μm | 0.5 | 1 | 3 | 5 |
|---|---|---|---|---|
| 灰尘颗粒的最大浓度/(粒子数/m³) | $1.4\times10^7$ | $7\times10^5$ | $2.4\times10^5$ | $1.3\times10^5$ |

要降低设备间的尘埃度，需要定期地清扫灰尘，工作人员进入设备间应更换干净的鞋具。

④ 为了方便工作人员在设备间内操作设备和维护相关的综合布线器件，设备间内必须安装足够照明度的照明系统，并配置应急照明系统。设备间内距离地面 0.8m 处，照明度不应低于 200lx。照明分路控制要灵活，操作要方便。设备间应设置事故照明。在距地面 0.8m 处，照度不应低于 5lx。

（6）电磁场干扰

根据综合布线系统的要求，设备间无线电干扰的频率应在 0.15～1000MHz 范围内，噪声不大于 120dB，磁场干扰场强不大于 800A/m。

（7）供电系统

设备间供电电源应满足以下要求。

① 频率：50Hz。

② 电压：380V/220V。

③ 相数：三相五线制或三相四线制/单相三线制。

设备间供电电源允许的变动范围见表 4.9。

表 4.9  设备间供电电源允许的变动范围

| 项    目 | A 级（甲级） | B 级（乙级） | C 级（丙级） |
|---|---|---|---|
| 电压变动/% | −5～+5 | −10～+7 | −15～+10 |
| 频率变化/Hz | −0.2～+0.2 | −0.5～+0.5 | −1～+1 |
| 波形失真率/% | <5 | <7 | <10 |

根据设备间内设备的使用要求，其供电方式可分为如下 3 类。

一类供电：需建立不间断供电系统。

二类供电：需建立带备用电的供电系统。

三类供电：按一般用途供电考虑。

设备间内供电可采用直接供电和不间断供电相结合的方式。

为了防止设备间的辅助设备用电干扰数字程控交换机或计算机及其网络互联设备,可将设备间的辅助用电设备由市电直接供电;数字程控交换机、计算机及其网络互联设备由不间断电源供电。这种方式不仅可减少相互干扰,还可减少工程造价(不间断电源较贵)。

　　**注意**　我国规定,单相电源的三孔插座与相电对应关系为,正视其右孔接相(火)线,左孔接中性(零)线,上孔接地线。

　　另外,设备间内应提供不少于两个 220V 带保护接地的单相电源插座,但不作为设备供电电源,以满足日常维护检修的需要。

### 2. 建筑物配线设备 BD 类型及容量的确定

　　在小型综合布线系统工程设计中,建筑物配线设备 BD 通常采用支持铜缆 IDC 和(或)RJ-45 两种类型的配线模块用于语音、数据的配线。在某些系统中可不设 FD,而将 BD 和 FD 合用配线设备,称为 BD/FD。但此时电缆的长度应按≤100m 考虑。

　　在大中型综合布线系统工程设计中,建筑物配线设备 BD 通常由支持铜缆的 MDF 配线架和支持光缆的 ODF 配线设备两部分组成。MDF 配线设备用于语音的配线,ODF 配线设备用于数据的配线。MDF 宜采用 IDC 配线模块。

　　(1) 支持语音 BD(或 BD/FD)的 IDC 配线模块(大、中、小综合布线系统工程设计中均有该项设计)

　　支持语音 BD(或 BD/FD)的 IDC 配线模块各部分之间的关系如图 4.57 所示。当 $M_{ip2}$ 接入建筑群主干电缆时,应选用适配的信号线路浪涌保护器。

图 4.57　支持语音 BD(或 BD/FD)的 IDC 配线模块各部分之间的关系

　　① 第 $n$ 层(区)FD 至 BD(或 BD/FD)支持语音的电缆对数计算。其计算公式为

$$D_{ipn} = G_{pn} \times 25$$

式中:$D_{ipn}$ 为第 $n$ 层(区)FD 至 BD(或 BD/FD)支持语音电缆的对数;$G_{pn}$ 为第 $n$ 层(区)支持语音规格 25 对的大对数电缆(以 25 对为例)的根数。

　　② BD(或 BD/FD)至各层(区)FD 支持语音的电缆对数计算。其计算公式为

$$D_{ip1} = \sum_{n=1}^{N} D_{ipn} = \sum_{n=1}^{N} G_{pn} \times 25$$

式中:$D_{ip1}$ 为 BD(或 BD/FD)至各 FD 支持语音规格 25 对的电缆对数之和。

　　③ 至建筑物主干电缆侧 BD(或 BD/FD)支持语音的 IDC 配线模块基本单元数量计算。其计算公式为

$$M_{ip1} = D_{ip1} \div 100$$

式中:$M_{ip1}$ 为至建筑物主干电缆侧 BD(或 BD/FD)支持语音规格 100 对的 IDC 配线模块基本单元数量。

　　④ BD(或 BD/FD)所支持语音信息点数量。其计算公式为

$$T_p = \sum_{n=1}^{N} T_{pn}$$

式中：$T_p$ 为 BD(或 BD/FD)所支持 FD 侧 SW/Hub 群或 SW/Hub 的数量。

⑤ 至程控用户交换机或建筑群主干电缆侧支持语音 BD(或 BD/FD)的 IDC 配线模块基本单元数量计算。其计算公式为

$$M_{ip2} = T_p \div 100$$

式中：$M_{ip2}$ 为至程控用户交换机或建筑群主干电缆侧 BD(或 BD/FD)的 IDC 配线模块基本单元数量，取整数值。

⑥ 支持语音 BD(或 BD/FD)的 IDC 配线模块基本单元数量计算。其计算公式为

$$M_{ip} = M_{ip1} + M_{ip2}$$

式中：$M_{ip}$ 为支持语音 BD(或 BD/FD)的 IDC 配线模块基本单元数量。

⑦ 支持语音 BD(或 BD/FD)的 IDC 配线模块容量(总对数)计算。其计算公式为

$$P_{ip} = M_{ip} \times 100$$

(2) 支持数据 BD(或 BD/FD)的 RJ-45 配线模块

支持数据 BD(或 BD/FD)的 RJ-45 配线模块各部分之间的关系如图 4.58 所示。

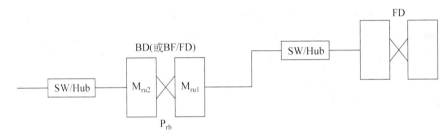

图 4.58　支持数据 BD(或 BF/FD)的 RJ-45 配线模块各部分之间的关系

① BD(或 BD/FD)所支持 FD 侧 SW/Hub 群或 SW/Hub 的数量。其计算公式为

$$H_u = \sum_{n=1}^{N} H_{un}$$

② 至支持 SW/Hub 群或 SW/Hub 干线测 BD(或 BD/FD)的 RJ-45 配线模块基本单元数量(每单元按 24 口计算)。其计算公式为

$$M_{ru1} = (H_u + 冗余数量) \div 24$$

式中：$M_{ru1}$ 为至支持 SW/Hub 群或 SW/Hub 干线测 BD(或 BD/FD)规格 24 口 RJ-45 配线模块的基本单元数量，取整数值。

③ 至网络交换机侧 RJ-45 配线模块基本单元数量计算。其计算公式为

$$M_{ru2} = H_u \div 24$$

式中：$M_{ru2}$ 为网络交换机或建筑物主干电缆侧规格 24 口的 RJ-45 配线模块基本单元数量，取整数值。

④ BD(或 BD/FD)的 RJ-45 配线模块的基本单元数量。其计算公式为

$$M_{ru} = M_{ru1} + M_{ru2}$$

⑤ BD(或 BD/FD)的 RJ-45 配线模块总容量数量

$$P_{rb} = M_{ru} \times 24 = (M_{ru1} + M_{ru2}) \times 24$$

式中：$P_{rb}$ 为 BD(或 BD/FD)规格 24 口的 RJ-45 配线模块总容量。

(3) 支持数据的 BD 光纤配线设备

支持数据的 BD 光纤配线设备各部分之间的关系如图 4.59 所示。

图 4.59 支持数据的 BD 光纤设备各部分之间的关系

① BD 至各层(区)FD 光缆芯数计算。其计算公式为

$$C_{fg1} = \sum_{n=1}^{N} C_{fn}$$

式中：$C_{fg1}$ 为 BD 至各层(区)FD 光缆的总芯数；$C_{fn}$ 为 BD 至第 $n$ 层(区)FD 光缆的芯数。

② 至各层(区)FD 侧 BD 光纤配线架的基本单元数量，BD 光纤配线设备用于支持数据配线，其基本单元规格为 12 口(双工连接器)。其计算公式为

$$M_{fg1} = C_{fg1} \div 24$$

式中：$M_{fg1}$ 为至各层(区)FD 侧 BD 光纤配线架的基本单元数量，取整数值。

③ 至网络交换机或建筑群主干光缆侧 BD 的光缆芯数计算。其计算公式为

$C_{fg2}=$ 网络交换机光端口数(每端口为 2 芯光纤)所需的光纤数或建筑群主干光缆的总芯数

式中：$C_{fg2}$ 为 BD 至网络交换机或建筑群主干光缆光缆的总芯数。

④ 至网络交换机或建筑群主干光缆侧 BD 光纤配线设备的基本单元数量。其计算公式为

$$M_{fg2} = C_{fg2} \div 12$$

⑤ BD 光纤配线设备的总容量。其计算公式为

$$P_{fb} = M_{fg} \times 12 = (M_{rg1} + M_{rg2}) \times 12$$

式中：$M_{fg}$ 为 BD 光纤配线设备的基本单元数量；$P_{fb}$ 为 BD 光纤配线设备的总容量。

## 4.2.7 进线间设计

进线间实际就是通常称的进线室，是建筑物外部通信和信息管线的入口部位，可作为入口设施和建筑群配线设备的安装场地。在智能化建筑中通常利用地下室部分。

### 1. 进线间的位置

一个建筑物宜设置一个进线间，一般是提供给多家电信运营商和业务提供商使用，通常位于地下一层。外部管线宜从两个不同的路由引入进线间，这样可保证通信网络系统安全可靠，也方便与外部地下通信管道沟通成网。进线间与建筑物红外线范围内的人孔或手孔采用管或通道的方式互连。

由于许多的商用建筑物地下一层环境条件大大改善，故可安装电、光的配线架设备及通信设施。在不具备设置单独进线间或入楼电、光缆数量及入口设施较少的建筑物也可以在入口处采用挖地沟或使用较小的空间完成缆线的成端与盘长，入口设施则可安装在设备间，最好是单独的设置场地，以便功能区分。

### 2. 进线间面积的确定

进线间因涉及因素较多，难以统一提出具体所需面积，可根据建筑物实际情况，并参照通信行业和国家的现行标准要求进行设计。

进线间应满足缆线的敷设路由、成端位置及数量、光缆的盘长空间和缆线的弯曲半径,以及各种设备(如充气维护设备、引入防护设备和配线接续设备)等安装所需要的空间和场地面积。

进线间的大小应按进线间的进局管道最终容量及入口设施的最终容量设计。同时,应考虑满足多家电信业务经营者安装入口设施等设备的面积。

### 3. 线缆配置要求

当建筑群主干电缆和光缆、公用网和专用网电缆、光缆及天线馈线等室外缆线进入建筑物时,应在进线间成端转换成室内电缆、光缆,且在缆线的终端处可由多家电信业务经营者设置入口设施,入口设施中的配线设备应按引入的电、光缆容量配置。

电信业务经营者或其他业务服务商在进线间设置安装入口配线设备时,应与 BD 或 CD 之间敷设相应的连接电缆、光缆,从而实现路由互通。缆线类型与容量应与配线设备相一致。

### 4. 入口管孔数量

进线间应设置管道入口。在进线间缆线入口处的管孔数量应留有充分的余量,以满足建筑物之间、建筑物弱电系统、外部接入业务及多家电信业务经营者和其他业务服务商缆线接入的需求,建议留有 2~4 孔的余量。

### 5. 进线间的设计要求

进线间应尽量靠近建筑物的外墙,且在地下室设置,以便于地下缆线引入。进线间设计应符合下列规定。

(1) 进线间应采取切实有效的防止渗水的措施,并设有抽排水装置。

(2) 进线间应与综合布线系统的垂直布置(或水平布置)的主干缆线竖井沟通,连成整体。

(3) 进线间应按相应的防火等级配置防火设施。例如,门向外开的防火门,宽度不小于 1000mm。

(4) 进线间应设防有害气体措施和通风装置,排风量按每小时不小于 5 次进线间容积计算。

(5) 进线间内不允许与其无关的管线穿越或通过。

(6) 引入进线间的所有管道的管孔(包括现已敷设缆线或空闲的管孔)均应采用防火和防渗材料密封严堵,切实做好防水防渗处理,保证进线间干燥不湿。

(7) 进线间内如安装通信配线设备和信息网络设施,应符合相关规范和设备安装设计的要求。

### 6. 进线间入口管道处理

进线间入口管道口所有布放缆线和空闲的管孔应采取防火材料封堵,做好防水处理。

## 4.2.8　管理子系统设计

随着智能化建筑和智能化小区的发展、信息业务应用不断扩展、通信应用技术日新月异、网络拓扑结构日趋庞杂、布线覆盖范围不断扩大,用户对信息网络系统的安全可靠性要求也必然增加,综合布线系统的管理日益重要。据统计,在以往信息网络系统的故障中,约有 70% 的故障是出现在综合布线系统的,其故障的主要根源是频繁地移动、增加、改动或更换布线部件或进行检修排除故障时,使信息网络系统产生不稳定的因素。因此,应对综合布线系统实行严格有序的管理,以达到安全高效,是十分重要的。

### 1. 管理子系统的设计

管理是指对设备间、电信间和工作区的配线设备、缆线等设施,按一定的模式进行标识和记录。内容包括管理方式、标识、色标、连接等。这些内容的实施,将给今后维护和管理带来很大的方便,有利于提高管理水平和工作效率。特别是较为复杂的综合布线系统,如采用计算机进行管理,其效果将十分明显。详细方案可参看任务11。

### 2. 配线管理连接模型

在电信间/设备间,数据或语音都存在如下两种配线方式:一种是互相连接结构(Inter-Connect),简称互连结构;另一种是交叉连接结构(Cross-Connect),简称交连结构。

（1）互相连接结构

互相连接结构是一种结构简单的连接方式,如图4.60所示。这种结构主要应用于计算机通信的综合布线系统。它的连接安装主要有信息模块、RJ-45连接器、RJ-45插口的配线架。对于互连结构,信息点的线缆通过数据配线架的面板进行管理,数据配线架有12口、24口、48口等规格,应根据信息点的多少配置配线架,并进行标准定位管理。互相连接结构在配线间的标准机柜内放置配线架和应用系统设备。工作区放置终端设备,应用系统设备用两端带有连接器的接插软线,一端连接到配线子系统的信息插座上,另一端连接到应用系统终端设备上,配线子系统缆线一端连接到工作区的信息插座上,另一端连接到楼层配线间配线架上。干线缆线的两端分别连接在不同的配线架上。模块化配线架有5类、超5类等几种,接插软线也分为5类、超5类和6类等几种。高一类的接插软线可用于较低一类的链路。

图4.60　互相连接结构

（2）交叉连接结构

交叉连接结构与互相连接结构的区别在于配线架上的连接方式不同,水平电缆和干线电缆连接在110配线架的不同区域,它们之间通过跳线(3类)或接插线(5类及以上)有选择地连接在一起,如图4.61所示。这种结构主要应用于语音通信的综合布线系统,和互连结构相比,它的连接安装采用110配线架。其类型有3类(110A型夹接式)、5类、超5类(110P接插式)。其中,110A型适用于用户不经常对楼层的线路进行修改、移动或重组的场合。110P型适用于用户经常对楼层的线路进行修改、移动或重组的场合。

### 3. 交连管理方案设计

交连管理就是指对线路的跳线连接进行控制,通过跳线连接可安排或重新安排线路路由,管理整个用户终端,从而实现综合布线系统的灵活性。交连管理有单点管理和双点管理两种类型。

图 4.61　交叉连接结构

用于构造交连场的硬件所处的地点、结构和类型决定了综合布线系统的管理方式。交连场的结构取决于综合布线系统规模和选用的硬件。

（1）单点管理

单点管理属于集中性管理，即在网络系统中只有一"点"（设备间）可以进行线路跳线连接，其他连接点采用直接连接。例如，建筑物配线架 BD 利用跳线连接，而楼层配线架 FD 使用直接连接。单点管理还可分为单点管理单交连和单点管理双交连两种方式。

① 单点管理单交连。单点管理单交连是指通常位于设备间里面的交连设备或互连设备附近的线路不进行跳线管理，直接连接至用户工作区。这种方式使用的场合较少，其结构如图 4.62 所示。

图 4.62　单点管理单交接结构

工程规模较小、网络结构简单、用户信息点数量不多，且较分散，密度不均匀，一般只有少量主干线路，甚至不设主干布线子系统和楼层配线间，而直接采用水平布线子系统，这种通信网络结构宜采用单点管理单交连。这种网络维护管理方式集中，技术要求不高，且维护管理人员较少，适用于小型或低层的智能建筑。

② 单点管理双交连。单点管理双交连是指通常位于设备间里面的交接设备或互连设备附近的线路不进行跳线管理，直接连接至配线间的第二个接线交接区。如果没有配线间，第二个交接区可放在用户房间的墙壁上，其结构如图 4.63 所示。

注：╳ 交叉连接；
　　 ═ 直通连接（互连）。

图 4.63　单点管理双交接结构

综合布线系统规模较大,智能建筑为大、中型单幢高层建筑且楼层面积较大,通信网络结构较复杂,通信业务种类和用户信息点数量较多,分布密度较集中和固定时,一般均有主干布线子系统。这种通信网络拓扑结构宜采用单点管理双交连方式。

(2) 双点管理

综合布线系统规模极大,通信网络拓扑结构复杂(如特大型或重要的智能建筑或由多栋建筑组成群体的校园式小区,且有建筑群干线布线子系统),通信业务种类和用户信息较多,且有二级交接间。为了适应网络结构和客观需要,可采用双点管理双交连或双点管理三交连的方式。这种网络维护管理方式分散,技术要求很高,必须加强科学管理制度,以适应通信网络结构复杂和用户信息需求多变的需要,增加通信网络的应变能力。综合布线系统中使用的电缆,一般不能超过 4 次连接。

① 双点管理双交连。对于低矮而又宽阔的建筑物(如机场、大型商场),其管理规模较大,管理结构复杂,这时多采用二级交接间,设置双点管理双交连。双点管理是指在设备间和配线间(电信间)进行的管理。

在二级交接间或用户墙壁上还有第二个可管理的交连。双交连要经过二级交连设备。第二个交连可能是一个连接块,它对一个接线块或多个终端块的配线和站场进行组合。其结构如图 4.64 所示。

图 4.64　双点管理双交接

② 双点管理 3 交连和双点管理 4 交连。若建筑物的规模比较大,而且结构复杂,可以采用双点管理 3 交连(见图 4.65),甚至双点管理 4 交连(见图 4.66)。

图 4.65　双点管理 3 交接

### 4. 新产品和管理技术的发展

随着智能化建筑和智能化小区的不断涌现,作为信息网络系统和通信工程建设的基础结构的综合布线系统正在变得庞大而复杂。其技术要求日渐增多、维护管理难度日益加大,尤其是重要部门和关键单位对综合布线系统的安全可靠性和质量确保性都有更高的要求。虽然综合布线系统有书面记录、电子表格或数据库管理软件等先进的管理方法,但是管理信息和基础

图 4.66　双点管理 4 交接

的收集、汇总、加工、整理、录入和更新等管理工作,都需要大量人工操作和响应时间。随着信息业务应用的扩展、网络系统结构的扩容,将导致布线系统部件的增加、调整缆线数量的增多、维护检修管理的工作加多、故障排除的时间延长、检查修复的难度增大、日常管理工作效率降低。因此,综合布线系统的正常运行管理是保证信息网络系统传输质量的关键,它是影响网络系统的重要因素。近期,国内外综合布线系统产品的厂商,纷纷推出综合布线系统智能化管理方面的产品,多数厂商将此项产品定名为智能化综合布线管理系统,从而能够实现有序管理、安全高效。

（1）智能化综合布线管理系统的基本结构

虽然各厂商推出的综合布线系统产品不完全一样,但其智能化综合布线管理的基本结构大致可分为以下两大部分。

① 电子配线架(含有设备扫描仪和内置传感器)等硬件。电子配线架支持铜缆(CAT 5e、6、6A)和光缆等传输介质。有端口检测技术和链路检测技术两种。其中,端口检测技术是在端口内置了微开关,采用标准跳线接入端口即可有感应;链路检测技术依靠跳线中附加的导体,通过跳线中的附加导体接触形成回路进行检测。这两种技术的共同点是,管理信息与物理层的通信无关,智能布线系统的运行不影响铜缆或光缆的物理层通信。通常管理信号通过独立的总线系统和相关信号接收或采集设备通信完成管理工作。美国康普系统是端口技术的代表。

② 管理软件(实时监督及管理用的部件)。

（2）智能化综合布线管理系统的工作原理

智能化综合布线管理系统(有时简称智能化布线管理系统)的实时监督和管理的功能主要依靠传感器、跳线和分析仪 3 个基本部件完成检测、监督和管理等一系列工作。其工作原理如下:在跳线插入端装有一个带金属的探测器(也称探针),与配线架/有源设备端口外部的传感器相接触,当跳线的一端插入另一端口时,两个传感器形成一个"短路",分析仪(或监督设备)探测到"短路"(即连通状态),并将端口信息通过 TCP/IP 网络传送到管理软件。同样,在跳线拔出时,上述状态管理软件也能及时探测到断开状态。管理软件可设有报警和日志,对每次端口连通或断开状态自动记录,并作出相应的反应。

上述传感器可以根据探测需要新建或增添在任何标准网络设备或综合布线系统的部件上,如配线架、路由器、交换机和集线器等。但是,这里特别指出的是由传感器和跳线建立的一个外部的感应电路,它是独立存在网络系统以外的部分,使智能化综合布线管理系统本身不会受其影响,对综合布线系统的传输功能和系统完整性都无妨碍,其安装也较方便,有利于调整扩建。

在综合布线系统中使用智能化布线管理系统后,能实时不断地(每天24h)监视布线系统的连接状态和设置的物理位置,从而进行切实有效的监督和管理。这样,可以防止任何无计划和未经授权的变更行为发生,大大减少了整个网络系统的故障机会,降低了日常维护管理费用,能有效地监督和管理整个网络资源,提高综合布线系统管理水平和工作效率。

(3)智能化综合布线管理系统的作用

智能化综合布线管理系统所起的作用,主要表现在以下几个方面。

① 管理有序性。自动地发现、归档、监视和管理网络系统物理层的连接状况和设备运行状态。大量的管理工作得以简化,做到有序管理和计划实施,彻底改变了设备间混乱无序的管理模式和管理方法。

② 监管及时性。因智能化布线管理系统具有实时监视和及时记录等功能,使它能对综合布线系统的物理层和网络设备的状态进行切实有效的监督和管理。例如,对网络和设备的移动、增减和变更等情况,及时记录并生成网络系统连接图表,对连接错误或其他问题能及时报警,减少整个网络系统发生故障的机会和中断时间。

③ 设施利用高效性。实施高效且正确无误的监测和管理,对网络系统的空余端口、闲置缆线进行实时监测,及时提供设施中的缆线和设备利用率的数据和报表,使原来网络系统的整体利用率大大提高,充分挖掘和利用原有设施的潜力,从而降低了工程建设成本,缩短了工程建设项目的建设时间。

④ 网络安全可靠性。智能化布线管理系统能够正确辨认经过授权和未经授权的变更、移动与网络访问,并能通过电子邮件向指定人员发送包含预先设置的警报邮件,能尽可能降低网络系统被侵害的风险,避免产生损失。

## 4.2.9 建筑群子系统设计

建筑群子系统主要应用于多栋建筑物组成的建筑群综合布线场合,单幢建筑物的综合布线系统可以不考虑建筑群子系统。

### 1. 建筑群子系统的设计范围

建筑群子系统也称楼宇管理子系统。连接各建筑物之间的综合布线系统缆线、建筑群配线设备和跳线等共同组成了建筑群子系统。

建筑群子系统的作用是连接不同楼宇之间的设备间,实现大面积地区建筑物之间的通信连接,并对电信公用网形成唯一的出、入端口。

### 2. 建筑群子系统设计要求

建筑群子系统的设计主要考虑布线路由选择,线缆选择、线缆布线方式等内容。具体应按以下要求进行设计。

(1)考虑环境美化要求。建筑群子系统设计应充分考虑建筑群覆盖区域的整体环境美化要求,建筑群干线电缆、光缆应尽量采用地下管道或电缆沟敷设方式。

(2)考虑建筑群未来发展需要。在进行线缆布线设计时,要充分考虑各建筑需要安装的信息点种类、信息点数量,选择相对应的干线电缆类型以及电缆敷设方式,使综合布线系统建成后,保持相对稳定,并能满足今后一定时期内各种新的信息业务发展需要。

（3）线缆路由的选择。考虑到节省投资,线缆路由应尽量选择距离短、线路平直的路由。但具体的路由还要根据建筑物之间的地形或敷设条件而定。在选择路由时,应考虑原有已铺设的地下各种管道,线缆在管道内应与电力线缆分开敷设,并保持一定距离。

（4）电缆引入要求。当建筑群干线电缆和光缆、公用网和专用网电缆、光缆及天线馈线等室外线进入建筑物时,都应在进线间转换为室内电缆、光缆,且在室外线缆的终端处须设置入口设施,入口设施中的配线设备应按引入的电缆和光缆的容量配置。引入设备应安装必要保护装置,以达到防雷击和接地的要求。当干线电缆引入建筑物时,应以地下引入为主,如果采用架空方式,应尽量采用隐蔽方式引入。具体可参考 4.2.5 小节电信间设计部分。

（5）干线电缆、光缆交接要求。建筑群干线电缆、光缆布线的交接不应多于两次。从每栋建筑物的楼层配线架到建筑群设备间的配线架之间只应通过一个建筑物配线架。

（6）线缆的选择。建筑群子系统敷设的线缆类型及数量由综合布线连接应用系统种类及规模来决定。

### 3. 建筑群子系统布线方法

建筑群子系统传输线路的敷设方式有架空和地下两类。架空布线方式又分为架空杆路和墙壁挂放两种;根据电缆与吊线固定方式又可分为自承式和非自承式两种。地下敷设方式分为地下管道、电缆沟(包括渠道)和直埋方式几种。

（1）架空杆路布线法

架空杆路布线法是指用电杆将线缆在建筑物之间悬空架设。对于自承式电缆或光缆,可直接架设在电杆之间或电杆与建筑物之间;对于非自承式电缆或光缆,则首先须架设钢索(钢丝绳),然后在钢索上挂放电缆或光缆。

架空杆路布线方法通常只用于有现成电线杆,而且电缆的走线方式无特殊要求的场合。如果原先就有电线杆,则这种方法的成本会较低。但是,这种布线方式不仅影响美观,而且保密性、安全性和灵活性也差,所以一般不采用。

如果架空线的净空有问题,则可以使用天线杆型的入口。天线杆的支架一般不应高于屋顶 1.2m。这个高度正好使人可摸到电缆,便于操作。如果再高,就应使用拉绳固定。

架空电缆通常穿入建筑物外墙上的 U 形钢保护套,然后向下(或向上)延伸,从电缆孔进入建筑物内部,如图 4.67 所示。电缆入口的孔径一般为 5cm。通常情况下,建筑物到最近处的电线杆相距应小于 30m。通信电缆与电力电缆之间的间距,应服从当地城管等部门的有关法规。

图 4.67 架空布线示意图

（2）墙壁挂放布线法

在墙壁上挂放线缆与架空杆路相似，一般采用电缆卡钩沿墙壁表面直接敷设或先架设钢索后用卡钩挂放。通常情况下，架空布线总是将线杆架设和墙壁挂放这两种方法混合使用。

（3）直埋布线法

电缆或光缆直埋敷设是指沿已选定的路线挖沟，然后把线缆埋在里面。一般在线缆根数较少而敷设距离较长时采用此法。电缆沟的宽度应视埋设线缆的根数确定。直埋电缆通常应埋在距地面 0.7m 以下的地方(或者应按照当地城管等部门的有关法规去做)，遇到障碍物或冻土层较深的地方，则应适当加深，使线缆埋于冻土层以下。当无法埋深时，应采取措施，防止线缆受到损伤。在线缆引入建筑物，与地下建筑物交叉及绕过地下建筑物处时，则可浅埋，但应采取保护措施。直埋线缆的上下部位应铺以不小于 100mm 厚的软土或细沙层，并盖以混凝土保护板，其覆盖宽度应超过线缆两侧各 50mm，也可用砖块代替混凝土盖板。直埋布线法示意图如图 4.68 所示。

图 4.68　直埋布线法示意图

在选择最灵活、最经济的直埋布线路由时，主要的物理影响因素是土质、公用设施(如下水道、水、电、气管道)以及天然障碍物，如树林、石头等。

城市建设的发展趋势是让各种线缆、管道等设施隐蔽化，所以弱电电缆和电力电缆合埋在一起将日趋普遍。这样的公用结构要求有关部门在设计、施工，乃至未来的维护工作中需要相互配合、通力合作。这种协作可能会增加一些成本。但是，这种公用设施也日益需要用户的合作。

（4）管道布线法

管道布线是一种由管道和人(手)孔组成的地下系统，它把建筑群的各个建筑物进行互连。图 4.69 所示为一根或多根管道通过基础墙进入建筑物内部的结构。管道布线方法为电缆提供了最好的机械保护，使电缆免受损坏，而且不会影响建筑物的原貌及其周围环境。

电缆管道宜采用混凝土排管、塑料管、钢管和石棉水泥管。混凝土排管的管孔内径一般为 70mm 或 90mm，塑料管、钢管和石棉水泥管等用作主干管道时，可用内径大于 75mm 的管道。上述管材的管道可组成矩形或正方形并直接埋地敷设。埋设深度一般为 0.8～1.2m。电缆管道应一次留足必要的备用孔数，当无法预计发展情况时，可留 10% 的备用孔，但不少于 1～2 孔。

图 4.69  管道内布线示意图

电缆管道的基础一般为混凝土。土质不好、地下水位较高、冻土线较深和要求抗震设计的地区,宜采用钢筋混凝土基础和钢筋混凝土人孔。在线路转角、分支处应设人孔井。在直线段上,为便于拉引线缆也应设置一定数量的人孔井,每段管道的长度一般不大于 120m,最长不超过 150m,并应有大于或等于 2.5％的坡度。

在电源人孔和通信人孔合用的情况下(人孔里有电力电缆),通信电缆不能在人孔里进行端接。通信管道与电力管道必须至少用 80mm 的混凝土或 300mm 的压实土层隔开。

(5) 电缆通道布线法(包括渠道和隧道)

电缆通道布线法(包括渠道和隧道)是指在砌筑的电缆通道内,先安装金属支架,通信线缆则布放在金属支架上。这种布线方法维护、更换、扩充线路非常方便,如果与其他弱电系统合用将是一种不错的选择。在满足净距要求的条件下,通信电缆也可以与 1kV 以下电力电缆共同敷设。电缆通道布线(包括渠道和隧道)示意图如图 4.70 所示。

图 4.70  电缆通道布线示意图

在选用电缆线路布线方式时,应根据综合布线系统建筑群主干布线子系统所在地区规划要求、地上或地下管线的平面布置、街坊或小区的建筑条件,对施工和维护是否方便以及环境美观要求等诸多因素综合研究,全面考虑,选用上述一种或几种任意组合的方式。如在同一段落中有两种以上的敷设方式可选用时,应比较经济性后,选用较为合理的敷设方式。在有些场合,可根据所在的环境条件和具体要求,分段采取各自适宜的电缆线路敷设方式,这种混合使用的方案可以作为暂时过渡措施,今后视条件成熟,再采用相同的敷设方式,以便于维护管理。当有条件,且工程投资不多时,应尽量使线路隐蔽化和地下化;在确有客观环境条件限制不能同时敷设时,也可设法有计划地逐步实现。

在设计之前,应通过现场勘察了解整个园区(建筑群)的基本情况,掌握第一手资料,包括园区的大小、建筑物的大小、各个楼宇入口管道位置、园区的环境状况、地上地下是否有障碍物等,在充分调研的基础上综合确定出科学合理、切实可行的线路路由方案和缆线敷设方式。

此外,在有些特大型的智能化建筑群体之间设有公用的综合性隧道或电缆沟,如其建筑结构较好,且内部安装的其他管线设施对通信传输线路不会产生危害,则可以考虑利用该设施与其他管线在合用隧道或电缆沟中敷设。当隧道或电缆沟中有其他危害通信线路的管线时,应慎重考虑是否合用,当必须合用时,应有一定隔距和保证安全的具体措施,并应设置明显的标志,以便区别和醒目,有利于日后的维护管理。

### 4. 建筑群子系统设计步骤

(1) 了解敷设现场

其包括确定整个建筑群的大小、建筑地界、建筑物的数量等。

(2) 确定电缆系统的一般参数

其包括确定起点位置、端接点位置、涉及的建筑物和每幢建筑物的层数、每个端接点所需的双绞线对数、有多少个端接点及每幢建筑物所需要的双绞线总对数等。

(3) 确定建筑物的电缆入口

建筑物入口管道的位置应便于连接公用设备。根据需要在墙上穿过一根或多根管道。

① 对于现有建筑物,要确定各个入口管道的位置、每幢建筑物有多少入口管道可供使用、入口管道数目是否符合系统的需要等。

② 如果入口管道不够用,则要确定在移走或重新布置某些电缆时,是否能腾出某些入口管道;在实在不够用的情况下,应另装足够的入口管道。

③ 如果建筑物尚未建成,则要根据选定的电缆路由去完成电缆系统设计,并标出入口管道的位置;选定入口管道的规格、长度和材料。建筑物电缆入口管道的位置应便于连接公用设备,根据需要在墙上穿过一根或多根管道。所有易燃材料如聚丙烯管道、聚乙烯管道衬套等应端接在建筑物的外面。外线电缆的聚丙烯护皮可以例外,只要它在建筑物内部的长度(包括多余电缆的卷曲部分)不超过 15m 即可;反之,如果外线电缆延伸到建筑物内部长度超过 15m,就应使用合适的电缆入口器材,并在入口管道中填入防水和气密性很好的密封胶。

(4) 确定明显障碍物的位置

其包括确定土壤类型(沙质土、黏土、砾土等)、电缆的布线方法、地下公用设施的位置、查清在拟定电缆路由中沿线的各个障碍位置(铺路区、桥梁、铁路、树林、池塘、河流、山丘、砾石土、截留井、人孔、其他等)或地理条件、对管道的要求等。

(5) 确定主电缆路由和备用电缆路由

其包括确定可能的电缆结构、所有建筑物是否共用一根电缆,查清在电缆路由中哪些地方需要获准后才能通过、选定最佳路由方案等。

（6）选择所需电缆类型

其包括确定电缆长度、画出最终的系统结构图、画出所选定路由位置和挖沟详图、确定入口管道的规格、选择每种设计方案所需的专用电缆、保证电缆可进入口管道、选择管道（包括钢管）规格、长度、类型等。

（7）确定每种选择方案所需的劳务费

其包括确定布线时间、计算总时间、计算每种设计方案的成本、总时间乘以当地的工时费以确定成本。

（8）确定每种选择方案所需的材料成本

其包括确定电缆成本、所有支持结构的成本、所有支撑硬件的成本等。

（9）选择最经济、最实用的设计方案

其包括把每种选择方案的劳务费和材料成本加在一起，得到每种方案的总成本；比较各种方案的总成本，选择成本较低者；确定该比较经济的方案是否有重大缺点，以致抵消了经济上的优点。如果发生这种情况，应取消此方案，考虑经济性较好的设计方案。

## 4.2.10  综合布线系统的其他设计

### 1. 电气防护系统设计

随着各种类型的电子信息系统在建筑物内的大量设置，各种干扰源将会影响到综合布线电缆的传输质量与安全，因此，在综合布线系统设计时，必须进行电气防护方面的设计。

（1）系统间距

在配线子系统中，经常出现综合布线系统线缆与电力电缆平行布放的情况，为了减少电力电缆电磁场对网络系统的影响，当综合布线系统电缆与电力电缆接近布线时，必须保持一定的距离。在国家标准 GB 50311—2007 中对线缆的间距有一定的规定。

综合布线电缆与附近可能产生高电平电磁干扰的电动机、电力变压器、射频应用设备等电器设备之间应保持必要的间距，并应符合下列规定。

① 综合布线电缆与电力电缆的间距应符合表 4.10 的规定。

表 4.10  综合布线电缆与电力电缆的间距

| 类　　　别 | 与综合布线接近状况 | 最小间距/mm |
| --- | --- | --- |
| 380V 电力电缆＜2kV・A | 与缆线平行敷设 | 130 |
| | 有一方在接地的金属线槽或钢管中 | 70 |
| | 双方都在接地的金属线槽或钢管中[①] | 10[①] |
| 380V 电力电缆 2～5kV・A | 与缆线平行敷设 | 300 |
| | 有一方在接地的金属线槽或钢管中 | 150 |
| | 双方都在接地的金属线槽或钢管中[②] | 80 |
| 380V 电力电缆＞5kV・A | 与缆线平行敷设 | 600 |
| | 有一方在接地的金属线槽或钢管中 | 300 |
| | 双方都在接地的金属线槽或钢管中[②] | 150 |

注：① 当 380V 电力电缆＜2kV・A 时，双方都在接地的线槽中，且当平行长度≤10m 时，最小间距可为 10mm。

② 双方都在接地的线槽中是指两个不同的线槽也可在同一线槽中用金属板隔开。

② 综合布线系统缆线与电气设备(配电箱、变电室、电梯机房、空调机房)之间的最小净距宜符合表 4.11 的规定。

**表 4.11  综合布线缆线与电气设备之间的最小净距**  单位：m

| 名　　称 | 最小净距 | 名　　称 | 最小净距 |
|---|---|---|---|
| 配电箱 | 1 | 电梯机房 | 2 |
| 变电室 | 2 | 空调机房 | 2 |

③ 墙上敷设的综合布线缆线及管线与其他管线的间距应符合表 4.12 的规定。当墙壁电缆敷设高度超过 6000mm 时，与避雷引下线的交叉间距应按下式计算。

$$S \geqslant 0.05L$$

式中：$S$ 为交叉间距，mm；$L$ 为交叉处避雷引下线距地面的高度，mm。

**表 4.12  墙上敷设的综合布线缆线及管线与其他管线的间距**  单位：mm

| 其他管线 | 平行净距 | 垂直交叉净距 | 其他管线 | 平行净距 | 垂直交叉净距 |
|---|---|---|---|---|---|
| 避雷引下线 | 1000 | 300 | 热力管(不包封) | 500 | 500 |
| 保护地线 | 50 | 20 | 热力管(包封) | 300 | 300 |
| 给水管 | 150 | 20 | 煤气管 | 300 | 20 |
| 压缩空气管 | 150 | 20 | | | |

（2）线缆和配线设备的选择

在综合布线系统选择缆线和配线设备时，应根据用户要求，并结合建筑物的环境状况进行考虑。

当建筑物在建或已建成但尚未投入使用时，为确定综合布线系统的选型，应测定建筑物周围环境的干扰场强度。对系统与其他干扰源之间的距离是否符合规范要求进行摸底，根据取得的数据和资料，用规范中规定的各项指标要求进行衡量，选择合适的器件和采取相应的措施，并应符合下列规定。

① 当综合布线区域内存在的电磁干扰场强低于 3V/m 时，宜采用非屏蔽电缆和非屏蔽配线设备。

② 当综合布线区域内存在的电磁干扰场强高于 3V/m 或用户对电磁兼容性有较高要求时，可采用屏蔽布线系统和光缆布线系统。

光缆布线具有最佳的防电磁干扰性能，既能防电磁泄漏，也不受外界电磁干扰影响，在电磁干扰较严重的情况下，是比较理想的防电磁干扰布线系统。本着技术先进、经济合理、安全适用的设计原则，在满足电气防护各项指标的前提下，应首选屏蔽缆线和屏蔽配线设备或采用必要的屏蔽措施进行布线，待光缆和光电转换设备价格下降后，也可采用光缆布线。总之，应根据工程的具体情况，合理配置。

③ 当综合布线路由上存在干扰源，且不能满足最小净距要求时，宜采用金属管线进行屏蔽，或采用屏蔽布线系统及光缆布线系统。

当局部地段与电力线等平行敷设或接近电动机、电力变压器等干扰源，且不能满足最小净距要求时，可采用钢管或金属线槽等局部措施加以屏蔽处理。

（3）过压和过流保护

在建筑群子系统设计中，经常有干线线缆从室外引入建筑物的情况，此时如果不采取必要的保护措施,干线线缆就有可能受到雷击、电源接地、感应电势等外界因素的损害,严重时,还会损坏与线缆相连接的设备。

① 过压保护。综合布线系统中的过压保护一般通过在电路中并联气体放电管保护器来实现。气体放电管保护器的陶瓷外壳内密封有两个金属电极,其间有放电间隙,并充有惰性气体。当两个电极之间的电位差超过250V交流电压或700V雷电浪涌电压时,气体放电管开始导通并放电,从而保护与之相连的设备。对于低电压的防护,一般采用击穿电压为60~80V的固态保护器。一旦超过击穿电压,它可将过压引入大地,然后自动恢复原状。固态保护器通过电子电路实现保护控制,因此,其比气体放电管保护器反应更快,使用寿命更长。

② 过流保护。综合布线系统中的过流保护一般通过在电路中串联过流保护器来实现。当线路出现过流时,过流保护器会自动切断电路,保护与之相连的设备。综合布线系统过流保护器应选用能够自恢复的保护器,即过流断开后能自动接通。

在一般情况下,过流保护器的电流值为350~500mA。在综合布线系统中,电缆上出现的低电压有可能产生大电流,从而损坏设备。在这种情况下,综合布线系统除了要采用过压保护器外,还应同时安装过流保护器。

### 2. 接地系统设计

无论是对强电系统还是弱电系统,接地系统的设计都是非常重要的。强电系统若接地不当,轻则影响系统的正常运转,重则造成设备事故,甚至人身事故的危险。弱电系统若接地不当,轻则会影响系统的速度与故障率,重则严重影响系统设备的正常工作,甚至会使系统出错进而瘫痪,给用户带来巨大的经济损失。所以,一定不要忽视接地系统的设计。这里主要考虑弱电系统的接地(强电系统的接地在建设大楼时已经考虑),对于弱电系统,尤其是综合布线系统的接地设计来说,主要包括传输系统的接地设计和电信间、设备间内安装的设备以及从室外进入建筑物内的电缆都需要进行接地处理,以保证设备的安全运行。

综合布线接地系统包括埋设在地下的接地体、设备间(或进线间)的主接地母线,交接间的接地母线、竖井内接地干线和相互连接的接地导线。采用联合接地体,即共用建筑物防雷接地系统时,接地体沿建筑物周围呈环(矩)形结构,30m以上的建筑物通常每3层设置有均压网,并有引下接地线等。综合布线的接地母线应与同层均压网或接地引下线相连接,主接地母线应与接地体相连接。若建筑物接地系统不能满足综合布线接地要求,宜单独设置接地体。对于双竖井布线的大型建筑物,两个接地干线间每3层及顶层应互连。图4.71所示为综合楼综合布线系统采用联合接地体连接示意图。

综合布线系统接地的好坏将直接影响综合布线系统的运行质量,接地设计要求如下。

(1) 在电信间、设备间及进线间应设置楼层或局部等电位接地端子板。

(2) 综合布线系统应采用共用接地(包括交、直流工作接地、安全保护地和防雷接地)的接地系统,接地电阻值应≤1Ω;当单独设置接地体时,接地电阻应≤4Ω。当布线系统的接地系统中存在两个不同的接地体时,其接地电位差不应大于1Vr·m·s。

(3) 楼层安装的各个配线柜(架、箱)应采用适当截面的绝缘铜导线单独布线至就近的等电位接地装置,也可采用竖井内等电位接地铜导线排引到建筑物共用接地装置,铜导线的截面应符合设计要求。

综合布线系统接地导线截面积可参考表4.13确定。

图 4.71 综合楼综合布线系统采用联合接地体连接示意图

表 4.13 接地导线选择表

| 名 称 | 楼层配线设备至大楼总接地体的距离 | |
|---|---|---|
| | 30m | 100m |
| 信息点的数量/个 | 75 | ＞75 |
| 选用绝缘铜导线的截面/mm² | 6～16 | 16～50 |

（4）缆线在雷电防护区交界处，屏蔽电缆屏蔽层的两端应做等电位连接并接地。

（5）当综合布线的电缆采用金属线槽或钢管敷设时，线槽或钢管应保持连续的电气连接，并应有不少于两点的良好接地。

（6）当缆线从建筑物外面进入建筑物时，电缆和光缆的金属护套或金属件应在入口处就近与等电位接地端子板连接。

（7）当电缆从建筑物外面进入建筑物时，应选用适配的信号线路浪涌保护器，信号线路浪涌保护器应符合设计要求。这一条是国家标准《综合布线系统工程设计规范》（GB 50311—2007）中的强制性条文，必须严格执行。

（8）对于屏蔽布线系统的接地做法，一般在配线设备（FD、BD、CD）的安装机柜（机架）内设有接地端子,接地端子与屏蔽模块的屏蔽罩相连通,机柜(机架)接地端子则经过接地导体连至大楼等电位接地体,如图 4.72 所示。为了保证全程屏蔽效果,终端设备的屏蔽金属罩可通过相应的方式与 TN-S 系统的 PE 线接地,但不属于综合布线系统接地的设计范围。

图 4.72　综合楼综合布线系统采用联合接地体连接示意图

### 3. 防火设计

防火安全保护是指当发生火灾时,系统能够有一定程度的屏障作用,防止火与烟的扩散。防火安全保护设计包括线缆穿越楼板及墙体的防火措施、选用阻燃防毒线缆材料两个方面。

(1) 在智能化建筑中,当线缆穿越墙体及电缆垂井内楼板时,综合布线系统所有的电缆或光缆都要采用阻燃护套。当这些线缆是穿放在不可燃的管道内,或在每个楼层均采取了切实有效的防火措施(如用防火堵料或防火板材堵封严密)时,可以不设阻燃护套。

(2) 在电缆垂井或易燃区域中,所有敷设的电缆或光缆宜选用防火、防毒的产品。这样,万一发生火灾,因电缆或光缆具有防火、低烟、阻燃或非燃性等性能,就不会或很少散发有害气体,对于救火人员和疏散都较有利。

当电缆和光缆穿放在钢管等非燃烧的管材中,且不是主要段落时,可以考虑采用普通外护层。在重要布线段落且是主干线缆时,考虑到火灾发生后钢管受到烧烤,棺材内部形成的高温空间会使线缆护层发生变化或损伤,也应选用带有防火、阻燃护层的电缆或光缆,以保证通信线路安全。

(3) 综合布线工程设计选用的电缆、光缆,应从建筑物的高度、面积、功能、重要性等方面加以综合考虑,选用相应等级的防火缆线。

# 4.3　工 程 设 计

## 4.3.1　一个楼层的综合布线工程设计

一个楼层的综合布线系统通常只包括一个布线子系统,即配线子系统。其设计步骤如下。

第一步,确定电信间的位置,进行电信间设计。

第二步,确定每个房间的工作区需求,进行工作区设计;进行信息插座设计,确定信息插座的类型、规格、数量和安装位置。

第三步,进行配线路由设计,确定配线子系统的路由和配线布线方法。

第四步,进行配线缆线设计,确定配线子系统缆线的类型和数量。

第五步,进行配线的支撑系统设计,确定配线管、槽及其支撑、固定部件的类型和数量。

第六步,进行楼层配线设备设计,确定楼层配线设备的类型、数量和规格。

第七步,列出全部材料清单。

## 4.3.2　一幢楼的综合布线工程设计

一幢楼的综合布线工程,通常包括两个布线子系统,即配线子系统和干线子系统。其设计步骤如下。

第一步,确定设备间的位置,进行设备间设计。

第二步,进行干线子系统路由设计,确定干线路由和布线方法。

第三步,进行干线子系统缆线设计,确定每层楼的干线缆线类型和容量以及干线侧电信间、设备间配线设备的类型、规格和数量。

第四步,进行干线子系统的支撑系统设计,确定干线支撑、固定部件的类型和数量。

第五步,确定干线接合方法。

第六步,列出全部材料清单。

## 4.3.3　一个园区的综合布线工程设计

一个园区的综合布线系统,通常需要包括 3 个布线子系统,即配线子系统、干线子系统和建筑群子系统。同时,还需要设置电信间、设备间和进线间。

第一步,进线间设计。

第二步,进行建筑群子系统路由设计,确定园区布线方法。

第三步,进行建筑群子系统缆线设计,确定每幢楼的建筑群干线缆线类型和容量以及设备间建筑群侧配线设备的类型、规格和数量。

第四步,进行建筑群子系统的支撑系统设计,确定建筑群缆线支撑、固定部件的类型和数量。

第五步,列出全部材料清单。

# 习　　题

**一、选择题**

1. 工作区所指的范围是(　　)。

　　A. 信息插座到楼层配线架　　　　　　　　B. 信息插座到主配线架

C. 信息插座到用户终端　　　　　　　　D. 信息插座到计算机

2. 目前,建筑物的功能类型较多,工作区的面积划分应根据应用场合作具体分析,其中适合将工作区面积定义在 $20\sim200m^2$ 的建筑物类型是(　　)。

A. 网管中心　　　　B. 办公室　　　　C. 商场　　　　D. 工业生产区

3. 配线子系统的设计范围是指(　　)。

A. 信息插座到楼层配线架　　　　　B. 信息插座到主配线架

C. 信息插座到用户终端　　　　　　D. 信息插座到服务器

4. 配线子系统的结构一般为(　　)。

A. 总线型　　　　B. 星型　　　　C. 树型　　　　D. 环型

5. 配线子系统电缆的长度不可超过(　　)。

A. 80m　　　　B. 90m　　　　C. 70m　　　　D. 100m

6. 干线子系统也称(　　)子系统。

A. 骨干　　　　B. 综合　　　　C. 垂直　　　　D. 连接

7. 干线子系统是负责连接(　　)子系统到设备间子系统。

A. 建筑群　　　　B. 水平　　　　C. 管理间　　　　D. 工作区

8. 在新建工程中,推荐使用的干线子系统垂直通道的缆线布放方式是(　　)。

A. 电缆孔方式　　　　B. 电缆井方式　　　　C. 明管敷设　　　　D. 暗管敷设

9. 干线子系统提供建筑物的(　　)电缆。

A. 绞线　　　　B. 馈线　　　　C. 直线　　　　D. 干线

10. 在同一层若干电信间之间应设置(　　)路由。

A. 水平　　　　B. 干线　　　　C. 建筑物　　　　D. 远程

11. 干线子系统垂直通道穿过楼板时,宜采用电缆竖井方式,电缆竖井的位置应(　　)。

A. 左右对齐　　　　　　　　　　B. 上下对齐

C. 任意都可以　　　　　　　　　D. 怎么美观,怎么设置

12. 干线子系统干线缆线应选择较短的安全的路由。主干电缆宜采用(　　)方式终接。

A. 点对点　　　　B. 任意方式　　　　C. 分支递减　　　　D. 直接连接

13. 在每栋建筑物的适当地点进行网络管理和信息交换的场地是(　　)。

A. 电信间　　　　B. 设备间　　　　C. 进线间　　　　D. 配线间

14. 电信间中应有足够的设备安装空间,其面积最低不应小于(　　) $m^2$。

A. 5　　　　B. 10　　　　C. 20　　　　D. 15

15. 设备间应提供不少于(　　)个220V带保护接地的单相电源插座,但不作为设备供电电源。

A. 1　　　　B. 2　　　　C. 3　　　　D. 4

16. (　　)用于在建筑群内连接建筑群配线架与建筑物配线架的光缆。

A. 水平光缆　　　　　　　　　　B. 干线光缆

C. 建筑群主干光缆　　　　　　　D. 永久主干光缆

17. 一个建筑物宜设置(　　)个进线间,一般位于地下层。

A. 4　　　　B. 3　　　　C. 2　　　　D. 1

**二、思考题**

1. 什么是工作区?如何确定工作区的信息点数量?

2．工作区设计应包括哪些要点？

3．配线子系统的设计范围包括哪些？

4．配线子系统缆线规定为多长？线缆能否超过这一规定，为什么？

5．配线子系统线缆通常采用哪些线缆？

6．对于新建的建筑物，配线子系统的布线方式有哪几种？

7．对于旧建筑物的信息化改造，配线子系统有哪些布线方法？如何选用？

8．在开放型办公区域宜采用哪种布线方法？

9．干线子系统的设计范围包括哪些？

10．干线子系统的线缆有几类？选择的依据是什么？

11．干线子系统的结合方式有几种？

12．干线子系统的布线方式有哪些？如何选用？

13．干线子系统是否都是垂直布放，为什么？

14．电信间和设备间的概念是什么？它们有什么区别和联系？对环境有哪些要求？

15．在建筑物中应如何确定设备间的位置？

16．在建筑物中应如何确定电信间的位置？

17．设备间内常用的缆线敷设方式有哪些？

18．什么是交连管理？它有几种管理方式？

19．建筑群子系统的设计范围包括哪些？

20．建筑群子系统布线有几种方法？比较它们的优缺点。

### 三、计算题

1．某综合布线系统工程共有 1000 个信息点，布点比较均匀，距离 FD 最近的信息插座布线长度为 20m，最远插座的布线长度为 90m，该综合布线系统配线子系统使用 6 类双绞线电缆，则需要购买双绞线多少箱？

2．建筑物的某一层要设 300 个信息插座，其中 200 个网络信息点，100 个电话语音点，水平线缆全部采用 5e 类 4 对双绞线电缆。水平配线的所有芯线全部连接在配线架上，试确定该层管理间楼层配线架的水平配线架选用西蒙、IBDN、安普、康普、泛达、南京普天、一舟等品牌的配线架的型号和数量。

3．已知某幢建筑物的计算机信息点数为 200 个，且全部汇接到设备间，那么，在设备间中应安装西蒙、IBDN、安普、康普、泛达、南京普天、一舟等品牌的何种规格的模块化数据配线架？数量是多少？

4．已知某建筑物其中一楼层采用光纤到桌面的布线方案，该楼层共有 50 个光纤点，每个光纤信息点均布设一根室内 2 芯多模光纤至建筑物的设备间，请问设备间的机柜内应选用西蒙、IBDN、安普、康普、泛达、南京普天、一舟等品牌的何种规格的光纤配线架？数量多少？需要订购多少个光纤耦合器？

5．已知某校园网内有 10 幢教学和办公楼，其中一幢为校园网中心，其余 9 幢各需要布设一根 8 芯的单模光纤至网络中心机房，以构成校园网的光纤骨干网络。网络中心机房为管理好这些光缆，应配备西蒙、IBDN、安普、康普、泛达、南京普天、一舟等品牌的何种规格的光纤配线架？数量是多少？需要订购多少个光纤耦合器？需要订购多少根光纤跳线？

6．已知某建筑物需要进行综合布线，某一层设 300 个信息插座，其中 200 个网络信息点，各信息点要求接入速率为 100Mbps，100 个电话语音点，而该层楼层配线间到设备间的距离为

60m,试确定该建筑物该层的干线电缆类型及线对数。

### 四、实训题

1. 设计并使用 Visio 软件绘制多人办公室、集中办公区、会议室、学生宿舍、超市等场所信息点布置图。

2. 设计××大学学生公寓布线方案,建筑情况及要求如下。

(1) 该大学共有 20 幢公寓式建筑,其中本科宿舍 13 幢,硕士生宿舍 3 幢,博士生宿舍 1 幢,留学生宿舍 2 幢,继续教育生宿舍 1 幢。

(2) 共计 8200 间宿舍,其中本科生宿舍 3500 间,硕士生宿舍 1500 间,博士生宿舍 800 间,留学生宿舍 1200 间,继续教育生宿舍 1200 间。

(3) 本科生宿舍每个房间设置 5 个信息点(4 个网络点+1 个电话点),硕士生宿舍每个房间设置 4 个信息点(3 个网络点+1 个电话点),博士生、留学生、继续教育生宿舍每个房间设置 2 个信息点(1 个网络点+1 个电话点)。

设计各公寓楼的配线子系统及干线子系统的线缆选择和布线方式。

3. 某办公大楼高 12 层(层高 3.5m),计算机中心设在 6 层,电话主机房设在 6 层,但不在同一位置。要求每层 50 个信息点,50 个语音点(最近 20m、最远 80m),总计数据点 600 个,语音点 600 个。数据、语音配线子系统均使用 6 类非屏蔽双绞线电缆;数据垂直干线电缆采用室内 6 芯多模光纤;语音垂直干线系统采用 5 类 25 对大对数电缆。

请计算并设计如下内容。

(1) 跳线数量、信息模块数量、信息插座底盒和面板数量。

(2) 配线子系统线缆数量。

(3) 干线子系统线缆数量。

(4) 数据配线架需求数量。

(5) 光纤配线架需求数量。

# 任务 5

## 综合布线工程施工图的绘制

## 5.1 任务描述

综合布线完成设计阶段工作后，就进入安装施工阶段，安装施工的依据是综合布线工程施工图，那么，综合布线施工图包含哪些图纸呢？下面通过本任务的完成来学习综合布线施工图的绘制。

## 5.2 相关知识

综合布线工程施工图在综合布线工程中起着关键的作用，首先，设计人员要通过建筑图纸来了解和熟悉建筑物结构并设计综合布线施工图；然后，用户要根据工程施工图来对工程可行性进行分析和判断；施工技术人员要根据设计施工图组织施工；工程竣工后施工方须先将包括施工图在内的所有竣工资料移交给建设方；在验收过程中，验收人员还要根据施工图进行项目验收，检查设备及链路的安装位置、安装工艺等是否符合设计要求。施工图是用来指导施工的，应能清晰直观地反映网络和综合布线系统的结构、管线路由和信息点分布等情况。因此，识图、绘图能力是综合布线工程设计与施工人员必备的基本功。

### 5.2.1 通信工程制图的整体要求和统一规定

《电信工程制图和图形符号规定》(YD/T 5015—2007)是信息产业部 2007 年发布的通信工程制图的标准。

#### 1. 通信工程制图的整体要求

（1）根据表述对象的性质、论述的目的与内容，选取适宜的图纸及表达手段，以便完整地表述主题内容。

（2）图面应布局合理、排列均匀、轮廓清晰、便于识别。

（3）选用合适的图线宽度，避免图中线条过粗和过细。

（4）正确使用图标和行标规定的图形符号。当派生新的符号时，应符合图标图形符号的派生规律，并在合适的地方加以说明。

（5）在保证图面布局紧凑和使用方便的前提下，应选择合适的图纸幅面，使原图大小适中。

（6）应准确地按规定标注各种必要的技术数据和注释，并按规定进行书写或打印。

（7）工程设计图纸应按规定设置图衔，并按规定的责任范围签字，各种图纸应按规定顺序编号。

### 2．通信工程制图的统一规定

（1）图幅尺寸

① 工程设计图纸幅面和图框大小应符合国家标准 GB 6988.1—1997《电气技术用文件的编制第 1 部分：一般要求》的规定，一般应采用 A0、A1、A2、A3、A4 图纸幅面，在实际工程设计中，只采用 A4 一种图纸幅面，以利于装订和美观。工程图纸尺寸见表 5.1。

表 5.1　工程图纸尺寸表　　　　　　　　　　　单位：mm

| 图 纸 型 号 | A0 | A1 | A2 | A3 | A4 |
|---|---|---|---|---|---|
| 图纸尺寸长×宽 | 1189×841 | 841×594 | 594×420 | 420×297 | 297×210 |
| 图框尺寸长×宽 | 1154×821 | 806×574 | 559×400 | 390×287 | 287×180 |

表 5.1 中图格外留宽要求如下：装订线边宽 25mm，其余 3 边宽如下：A2、A1、A2 为 10mm，A3、A4 为 5mm。

② 根据表述对象的规模大小、复杂程度、所要表达的详细程度、有无图衔及注释的数量来选择较小的合适的图面。

（2）图线形式及其应用

① 线型分类及其用途见表 5.2。

表 5.2　线型分类及其用途

| 图线名称 | 图线形式 | 一 般 用 途 |
|---|---|---|
| 实线 | —— | 基本线条：图纸主要内容用线，可见轮廓线 |
| 虚线 | ······ | 辅助线条：屏蔽线，不可见轮廓线 |
| 点画线 | —·—·— | 图框线：分界线，功能图框线 |
| 双点画线 | —··—··— | 辅助图框线：从某一图框中区分不属于它的功能部件 |

② 图线的宽度。一般从如下数值中选用：0.25mm、0.35mm、0.5mm、0.7mm、1.0mm 或 1.4mm。

③ 通常只选用两种宽度图线。粗线的宽度为细线宽度的两倍，主要图线采用粗线，次要图线采用细线。

④ 使用图线绘图时，应使图形的比例和配线协调恰当、重点突出、主次分明。在同一张图纸上，按不同比例绘制的图样及同类图形的图线粗细应保持一致。

⑤ 细实线是最常用的线条。指引线、尺寸标注线应使用细实线。

⑥ 当需要区分新安装的设备时，则粗线表示新建，细线表示原有设施，虚线表示规划预留部分。在改建的电信工程图纸上，需要表示拆除的设备及线路用"×"来标注。

⑦ 平行线之间的最小间距不宜小于粗线宽度的两倍，同时最小不能小于 0.7mm。

（3）比例

① 对于建筑平面图、平面布置图、管道线路图、设备加固图及零部件加工图等图纸，一般应有比例要求；对于系统框图、电路图、方案示意图等类图纸则无比例要求。

② 对平面布置图、线路图和区域规划性质的图纸。推荐的比例如下：1∶10、1∶20、1∶50、1∶100、1∶200、1∶500、1∶1000、1∶2000、1∶5000、1∶10000、1∶50000 等。各专业应按照相关规范要求选用合适的比例。

③ 对于设备加固图及零部件加工图等图纸推荐的比例为 1∶2、1∶4 等。

④ 应根据图纸表达的内容深度和选用的图幅,选择合适的比例。

对于通信线路及管道类的图纸,为了更方便地表达周围环境情况,可采用沿线路方向按一种比例,而周围环境的横向距离采用另外的比例或基本按示意性绘制。

(4) 尺寸标注

① 一个完整的尺寸标注应由尺寸数字、尺寸界线、尺寸线(两端带箭头的线段)等组成。

② 图中的尺寸单位,除标高和管线长度以米(m)为单位外,其他尺寸均以毫米(mm)为单位。

③ 尺寸界线用细实线绘制,由图形的轮廓线、轴线或对称中心线引出,也可利用轮廓线、轴线或对称中心线作尺寸界线。尺寸界线一般应与尺寸线垂直。

④ 两端应画出尺寸箭头,箭头指到尺寸界线上,表示尺寸的起止。尺寸箭头宜用实心箭头,箭头的大小应按可见轮廓线选定,其大小在图中应保持一致。

⑤ 尺寸数值应顺着尺寸线方向写,并符合视图方向,数值的高度方向应和尺寸线垂直。

(5) 字体及写法

① 图中书写的文字(包括汉字、字母、数字、代号等)均应字体工整、笔画清晰、排列整齐、间隔均匀。其书写位置应根据图面妥善安排,不能出现线压字或字压线的情况,否则会严重影响图纸质量,也不利于施工人员看图。

② 文字多时,宜放在图的下面或右侧。文字内容从左至右横向书写,标点符号占一个汉字的位置。中文书写时,宜采用国家正式颁布的简化汉字,并推荐使用长仿宋体。

③ 图中的"技术要求"、"说明"或"注"等字样,应写在具体文字内容的左上方,并使用比文字内容大一号的字体书写。标题下均不画横线。当具体内容多于一项时,应按下列顺序号排列。

a. 1、2、3、…

b. (1)、(2)、(3)…

c. ①、②、③…

④ 在图中所涉及数量的数字,均应用阿拉伯数字表示。计量单位应使用国家颁布的法定计量单位。

其他内容,限于篇幅,在这里不再详细介绍,请参考《电信工程制图和图形符号规定》(YD/T 5015—2007)。

## 5.2.2　识图

### 1. 认识图例

图例是设计人员用来表达其设计意图和设计理念的符号。只要设计人员在图纸中以图例形式加以说明,使用什么样的图形或符号来表示并不重要。在综合布线工程设计中,部分常用图例见表5.3。

表 5.3　综合布线工程设计部分常用图例

| 序号 | 样式1 | 样式2 | 名　　称 | 符号来源 |
|---|---|---|---|---|
| 1 | CD | CD | 建筑群配线架(系统图,含跳线连接) | GB 50311—2007 |

续表

| 序号 | 样式 1 | 样式 2 | 名　称 | 符号来源 |
|---|---|---|---|---|
| 2 | BD | BD | 建筑物配线架（系统图，含跳线连接） | GB 50311—2007 |
| 3 | FD | FD | 楼层配线架（系统图，含跳线连接） | GB 50311—2007 |
| 4 | FD | | 楼层配线架（系统图，无跳线连接） | GB 50311—2007 |
| 5 | CP | CP | 集合点配线箱 | GB 50311—2007 |
| 6 | ODF | ODF | 光纤配线架（光纤总连接盘、系统图，含跳线连接） | — |
| 7 | LIU | | 光纤连接盘（系统图）（可配 SC、ST、SFF 等类型光纤适配器） | — |
| 8 | MDF | MDF | 用户总配线架（系统图，含跳线连接） | — |
| 9 | * | | 配线架的一般符号<br>＊ 可用以下文字表示不同的配线架；CD——建筑群；BD——建筑物；FD——楼层 | — |
| 10 | SB | | 模块配线架式的供电设备（系统图） | — |
| 11 | HDD | HDD | 家具配线箱 | — |
| 12 | HUB | | 集线器 | GB 50311—2007 |
| 13 | SW | | 网络交换机 | GB 50311—2007 |
| 14 | PABX | | 程控用户交换机 | — |
| 15 | IP | | 网络电话 | — |
| 16 | AP | | 无线接入点 | — |
| 17 | TO | | 信息点（插座） | 00DX001 |
| 18 | $n$TO | $n$TO | 信息插座，$n$ 为信息孔数量（$n \leqslant 4$），例如，TO、2TO、4TO 分别代表单孔、二孔、四孔信息插座 | 00DX001 |

| 序号 | 样式1 | 样式2 | 名　　称 | 符号来源 |
|---|---|---|---|---|
| 19 | * | * | 信息插座的一般符号<br>＊可用以下的文字或符号区别不同插座：<br>TP——电话；TD——计算机(数据)；TV——<br>电视 | 04DX003 |
| 20 | MUTO | | 多用户信息插座 | — |
| 21 | | | 光纤或光缆 | GA/T 74—2000 |
| 22 | | | 线槽 | 00DX001 |
| 23 | CD | | 建筑群配线设备 | GB 50311—2007 |
| 24 | BD | | 建筑物配线设备 | GB 50311—2007 |
| 25 | FD | | 楼层配线架 | GB 50311—2007 |
| 26 | CP | | 集合点 | GB 50311—2007 |
| 27 | RJ-45 | | 8位模块通用插座 | GB 50311—2007 |
| 28 | IDC | | 卡接式配线模块 | GB 50311—2007 |
| 29 | TE | | 终端设备 | GB 50311—2007 |
| 30 | OF | | 光纤 | GB 50311—2007 |
| 31 | ST | | 卡口式锁紧连接器(光纤连接器) | GB 50311—2007 |
| 32 | SC | | 直插式连接器(光纤连接器) | GB 50311—2007 |
| 33 | SFF | | 小型连接器(光纤连接器) | GB 50311—2007 |

#### 2．识图

通信工程图纸是通过各种图形符号、文字符号、文字说明及标注表达的。预算人员要通过图纸了解工程规模、工程内容,统计出工作量,编制出工程概预算文件。施工人员要通过图纸了解施工要求,按图施工。阅读图纸的过程就称为识图,也就使要根据图例和所学的专业知识,认识设计图纸上的每个符号,理解其工程意义,进而很好地掌握设计者的设计意图,明确在实际施工过程中要完成的具体工作任务。这是按图施工的基本要求,也是准确套用定额进行综合布线工程概预算的必要前提。

### 5.2.3　绘制综合布线工程施工图

综合布线工程施工图是用来指导布线人员的布线施工的。在施工图上,要对一些关键信息点、交接点、缆线拐点等位置的施工注意事项和布线管槽的规格、材质等进行详细的标注或说明。

#### 1．综合布线工程图的种类

综合布线工程图一般应包括以下图纸。

(1) 网络拓扑结构图。

(2) 综合布线系统拓扑结构图。

(3) 综合布线系统管线路由图。

(4) 楼层信息点分布及管线路由图。

(5) 机柜配线架信息点分布图。

通过这些工程图来反映以下几方面的内容。

（1）网络拓扑结构。

（2）进线间、设备间、电信间的设置情况、具体位置。

（3）布线路由、管槽型号和规格、埋设方法。

（4）各楼层信息点的类型和数量，信息插座底盒的埋设位置。

（5）配线子系统的缆线型号和数量。

（6）干线子系统的缆线型号和数量。

（7）建筑群子系统的缆线型号和数量。

（8）楼层配线架（FD）、建筑物配线架（BD）、建筑群配线架（CD）、光纤互连单元（LIU）的数量和分布位置。

（9）机柜内配线架及网络设备分布情况，缆线成端位置。

### 2. 各类图纸的要求

（1）综合布线系统结构图

综合布线系统结构图作为全面概括布线全貌的示意图，主要描述进线间、设备间、电信间的设置情况，各布线子系统缆线的型号、规格和整体布线系统结构等内容。图5.1所示是多层住宅综合布线系统图示例。

图 5.1　多层住宅综合布线系统图示例

（2）综合布线系统管线路由图

综合布线系统管线路由图主要反映主干(建筑群子系统和干线子系统)缆线的布线路由、桥架规格、数量(或长度)、布放的具体位置和布放方法等。某园区光缆布线路由图如图5.2所示。

图5.2　某园区光缆布线路由图

（3）楼层信息点分布及管线路由图

楼层信息点分布及管线路由图应明确反映相应楼层的布线情况,具体包括该楼层的配线路由和布线方法,该楼层配线用管槽的具体规格、安装方法及用量,终端盒的具体安装位置及方法等。图5.3所示为多层住宅1层综合布线平面图。图5.4所示为别墅1层综合布线平面图。

所有的信息点(包括数据接口和语音接口)都必须编号,编号的作用是方便日后进行各种查询、检修等维护操作。

信息点的编号方法要求做到直观明了,同时又方便记忆。一般可以用 XYZ 字符组来表示,其中,X 表示楼层编号,根据楼层的高度选择 X 的位数,如楼高 9 层以下,可以用一位数来表示,楼高 10～99 层可以用两位数来表示,100 层以上用 3 位数来表示;Y 代表该信息点为数据接口或是语音接口,可在此将其定义如下:若为数据接口,则命名为 D(Data);若为语音接口,则命名为 V(Voice);Z 代表该信息点的顺序号。

（4）机柜配线架信息点分布图

机柜配线架信息点分布图应明确反映以下内容。

① 机柜中需要安装的各种设备,包括各种规格的配线设备、埋线设备和网络设备(如果有的话)。

② 机柜中各种设备的安装位置和安装方法。

③ 各配线架的用途(分别用来端接什么缆线)、配线架中各种缆线的成端位置(对应端口)。

图 5.3　多层住宅 1 层综合布线平面图

注：
—1—　支线表示为 1 根 5e 类 4 对线电缆；
—2—　支线表示为 2 根 5e 类 4 对线电缆；
—3—　支线表示为 3 根 5e 类 4 对线电缆。

图 5.4　别墅 1 层综合布线平面图

注:——表示为 1 根 6 类 4 对双线电缆穿 SC15 钢管暗敷在墙
　　　　内或楼板内;
　　/2 表示为 2 根 6 类 4 对双线电缆穿 SC20 钢管暗敷在墙
　　　　内或楼板内;
　　/3 表示为 3 根 6 类 4 对双线电缆穿 SC25 钢管暗敷在墙
　　　　内或楼板内;
　　V　表示为 1 根 75Ω同轴电缆穿 SC15 钢管暗敷在墙内或
　　　　楼板内。

图 5.5 所示为 42U 机柜内配线架布置示意图。

机柜自带垂直线槽

24口RJ-45型配线架

机架式跳线管理器

24口48芯机架式光纤配线架

网络设备安装空间

42U

机架式跳线管理器

24口RJ-45型配线架

100对机架式IDC型配线架

800

注：1. 设备布置采用机柜上部布置数据配线架，中间布置网络设备，下部布置语音配线架。适用于网络设备比较小，比较轻的情况。
2. 在机柜内的综合布线区域中，光纤配线架应靠近网络设备，放置在网络设备的下面或上面，以减少对光纤条线的长度要求。网络设备的上方可安装光纤配线架和数据配线架(RJ-45型)，网络设备的下方可安装大对数电缆连接的语音配线架(IDC型)和与语音点连接的配线架(RJ-45型)。
3. 实际工程中，机柜的布置方式很多，以保证系统正常运行、维护方便为原则。

图 5.5  42U 机柜内配线架布置示意图

## 5.2.4  绘图软件与综合布线工程图纸

### 1. 综合布线系统工程图纸

综合布线工程图一般应包括以下 5 类图纸。

（1）网络拓扑结构图。

（2）综合布线系统拓扑图。

（3）综合布线系统管线路由图。

（4）楼层信息点平面分布图。

（5）机柜配线架信息点分布图。

### 2. 绘图软件的使用

目前,综合布线工程中使用的绘图软件主要是 Visio 和 AutoCAD,也可以采用综合布线系统厂商提供的专业布线绘制软件。

(1) Visio 软件简介

Visio 软件是 Microsoft Office 软件系统的一款产品,易学易用,可用作绘制专业的图纸。

通过 Visio 软件可以实现各个专业(如各种建筑平面图、管理机构图、网络布线图、工程流程图、机械设计图、审计图及电路图等)的图纸的制作。在绘制综合布线系统图纸时,主要涉及"绘图类型"中的"建筑设计图"和"网络"类型。

在综合布线系统工程设计中,通过使用 Visio 软件可以绘制网络拓扑图、布线系统拓扑图、信息点分布图等。在绘制布线图纸时,最常使用的控件有视图缩放比例、标尺、连接线工具和指针工具等。

Visio 软件的使用请参考其他相关书籍。

(2) AutoCAD

AutoCAD 是由美国 Autodesk(欧特克)公司于 20 世纪 80 年代初为在计算机上应用 CAD 技术而开发的绘图程序软件包,经过不断地完善,它已经成为国际上广为流行的绘图工具。

AutoCAD 具有良好的用户界面,通过交互菜单或命令行方式便可以进行各种操作。它具有完善的图形绘制功能,强大的图形编辑功能,可进行多种图形格式的转换。而其通用性、易用性的特点,使其适用于各类用户。

AutoCAD 软件的使用请参考其他相关书籍。

# 习 题

## 一、填空题

1. 综合布线工程图主要包括_____、_____、_____、_____和_____ 5 类图纸。

2. 通信工程制图执行的标准是_____。

3. 综合布线工程设计主要使用的两种绘图软件是_____和_____。

## 二、实训题

以校园中的一幢建筑物(分别为教学楼、办公楼、图书馆、实验楼、学生宿舍楼)作为设计对象作一个简单的综合布线系统设计,内容包括如下几个方面。

(1) 综合布线系统方案设计,主要包括各工作区信息分布及数量,配线子系统选用线缆类型、数量,干线子系统线缆、数量等。

(2) 使用 Visio 软件绘制综合布线系统拓扑图。

(3) 使用 Visio 软件绘制综合布线系统管路槽道路由图和信息点平面图。

# 综合布线系统工程施工

综合布线系统完成设计阶段工作后,就进入安装施工阶段,施工质量的好坏将直接影响整个网络的性能,必须按设计方案和国标 GB 50311—2007 组织施工,施工质量必须符合国标 GB 50312—2007。

综合布线系统工程的施工可以分为管槽安装施工、线缆敷设施工、设备安装和调试阶段。其中,管槽安装施工是整个工程施工的第一个环节。

通过下面 8 个任务来学习综合布线系统工程项目的施工管理、管槽安装施工、线缆敷设施工、设备安装与调试等。

任务 6:综合布线系统工程施工组织

任务 7:综合布线系统工程管槽安装施工

任务 8:综合布线系统工程电缆布线敷设

任务 9:综合布线系统工程光缆布线敷设

任务 10:工作区用户跳线和信息插座的端接

任务 11:电信间线缆端接

任务 12:综合布线系统链路的连接

任务 13:综合布线系统的标识管理

# 综合布线系统工程施工组织

## 6.1 任 务 描 述

综合布线系统完成设计阶段工作后,就进入安装施工阶段,为了保证施工的安全,需要哪些安全措施呢? 在施工前,有哪些准备工作呢? 综合布线的施工如何进行管理和监理呢? 这些都是在施工前人们需要掌握的。

## 6.2 相 关 知 识

### 6.2.1 综合布线系统工程安全施工

综合布线系统工程的施工是在比较复杂的环境中进行的,因此在施工过程中必须建立完善的安全机制,提供安全的施工环境,并且为工作人员提供各项安全训练。

#### 1. 相关安全标准

我国制定、执行的与综合布线系统工程施工相关的安全法规标准主要有以下几个。

(1)《中华人民共和国安全生产法》。

(2)《建筑安装工程安全技术规定》。

(3)《建筑安装工人安全技术操作规程》。

(4)《建筑施工安全检查标准》。

(5)《安全标志使用导则》。

(6)《劳动防护用品选用规则》。

对于施工方来说,保证工作人员安全的方法是创建安全规划,在开始工作之前,进行正规的培训。

一个完善的安全规划应该包括意外事故预防,防火安全装置,避免不安全的行为、环境条件,急救、个人安全等内容。

#### 2. 电气安全

在安装电缆的时候有很多危险,在高压源和地线附近以及在把系统焊接到地线时,所有布线工作人员必须采取预防措施。

(1) 高压安全。综合布线工作人员在使用有源设备之前,要使用电压测试设备(如万用表)对设备的表面电压进行测试,以防止设备带电。

在国标 GB 50311—2007 中第 7.0.9 条(7.0.9 当电缆从建筑物外面进入建筑物时,应选用适配的信号线路浪涌保护器,信号线路浪涌保护器应符合设计要求。)为强制性条文,必须严格执行,就是为了防止施工工作人员触电。

(2)接地安全。接地是保障安全的重要手段,应注意在综合布线系统安装过程中正确安装接地系统,并验证接地系统能否正常工作。

(3)电缆分离。在综合布线系统施工中,不要让综合布线系统的电缆距离传输电能的电缆或任何带电的东西太近,因为距离太近会使铜缆数据传输特性受到损害。

另外,绝不能在裸露的电力电缆、避雷针、变压器、热水管等附近安装电缆;绝不能把数据和语音电缆放入包含动力电缆或者照明电路的任何导管、箱体、通道,除非有特殊电磁屏蔽保护措施;不能把数据电缆和电力电缆捆绑在一起。

(4)静电放电。静电是破坏性最大和最难控制的电流形式,对人体没有伤害,但对计算机等电子设备的破坏有时候却是灾难性的,因此一定要采取措施处理静电,以保护敏感的电子设备。

(5)切割与钻孔。当需要在墙体和地板打孔时,为了避免伤害,必须遵守以下安全规则。

① 不要对掩藏的电缆或管道进行切割和钻孔。

② 在钻孔之前,需要与建筑工程师或维护人员进行交流。

③ 在钻孔前,要检查两个表面,因为一个人头顶的天花板是另一个人脚下的地面。

④ 在切割与钻孔前,先做一个小的观察孔。

**3. 工作场所安全**

在综合布线系统工程施工过程中,必须熟悉工作场所的其他潜在危险。工作场所应该是一个安全的环境。

(1)正确使用梯子。梯子必须放在平坦、稳定的表面上。如果找不到平坦、稳定的表面,必须由其他工作人员扶着梯子,或者将梯子放置在保证不会移动的地方。一定要确定支架是充分固定的,并且是正确锁定的。另外,要确定梯子设定的角度及其工作位置间的距离是正确的。梯子与墙面的距离一般为梯子的1/4。

(2)灭火器的使用。当发生火灾时,应切断电源,打电话求救。只有在火势很小并有限制时,才可用灭火器灭火。在灭火之前,应确定一条逃离路线,灭火时应保持背朝着安全出口。

**4. 个人安全设备**

个人安全设备是指工作现场穿着的,用来保护工作人员免受伤害的衣物及装备。布线安装人员应正确穿戴合身的个人安全设备。

个人安全设备主要包括工作服、安全帽、眼睛保护装备、听力保护装置、呼吸道保护、手套等。

## 6.2.2　综合布线系统工程施工概述

综合布线系统安装施工是按照工程设计、施工合同、设计标准、施工规范和技术规程等的规定,通过生产诸要素的优化配置和动态管理,组织通信工程建设实施的一系列生产活动;采取各种技术经济的实际措施,完成工程任务,增加或提高通信网络的技术功能或服务能力,从而使企业本身获取综合的经济效益。

**1. 综合布线系统工程的特点**

综合布线系统工程在智能化建筑或智能化小区中是一项必备的基础设施,在整个智能化建筑或智能化小区的工程建设项目中占有一定的地位,是其组成部分。

综合布线系统工程建设项目,无论从其重要性或综合性来分析,它都是主体建筑工程中的关键项目,尤其是安装施工,具有一定的再创造和更完善性,从而可使综合布线系统工程设计的意图得以真正实施而形成有形的结果。

综合布线系统工程的安装施工具有以下特点。

(1) 工程内容较多,且更复杂。

(2) 技术先进、专业性强、安装施工的要求很高。

(3) 涉及面广、对外配合协调多。

(4) 外界干扰影响的因素较多,施工周期长。

(5) 工程现场广阔分散、设备和部件类型和品种较多,且价格较高,工程管理难度大。

### 2. 综合布线系统工程施工阶段的划分

综合布线系统工程施工阶段可以细分为施工准备、安装施工、分段测试、系统测试和竣工保修 5 个阶段。

(1) 施工准备阶段

施工企业与发包的建设单位(业主)签订承包施工合同后,即进入施工准备阶段,主要包括以下内容。

① 熟悉和了解工程设计与施工图纸。

② 编制施工进度计划、施工组织设计以及具体施工方案等。

③ 对设备、器材、仪表和工具等进行核对、清点、检查和测试。

④ 对施工现场环境条件进行检查。

(2) 安装施工阶段

安装施工阶段的工作内容极为繁重和复杂,主要包括以下几部分。

① 设备器材的运送、保管。

② 管槽安装施工。根据设计方案和工程实际情况,由综合布线系统工程承包商与建筑物土建承包商、装潢承包商等相互协调,完成地板内或吊顶上线槽和线管的安装与调整以及弱电井(电信间)中垂直线槽的安装等。

③ 干线线缆的布放。施工管理人员首先按照设计的要求,依照系统规划图对设备间的定位、线缆的路由进行分析,并对施工人员进行施工前的技术交底。对于光缆或电缆干线部分的敷设,从各个楼层配线间的分配线架开始,顺本层水平线槽、竖井线槽到主配线间(设备间)。

④ 线缆的端接。按照布线设计要求和施工规范及工艺要求进行线缆管理和端接线缆,主要包括配线架在机柜的安装及线缆的端接、管理;信息模块的端接、安装;跳线的制作等。

(3) 分段测试阶段

分段测试阶段又称阶段测试,是指在干线子系统、配线子系统、建筑群子系统以及地下管线等施工过程中,为了及早发现工程质量问题并及时修复而进行的分段检查测试。

(4) 系统测试阶段

系统测试阶段又称全程测试阶段,是指综合布线系统的全程测试(包含各个布线子系统各自范围内的全段测试)。

(5) 竣工保修阶段

竣工验收和保修阶段简称竣工保修阶段,包括竣工验收准备工作阶段。

### 3. 综合布线系统工程施工的依据和相关文件

综合布线系统工程施工中的主要依据和指导性文件较多,主要依据是国内外的相关标准和规范,包含设计、施工和验收等内容。指导性文件包括工程设计文件、施工图纸、承包施工合同和施工操作规程等。

(1) 标准与规范

综合布线系统工程的施工应执行下列标准、规范及白皮书的要求。

①《综合布线系统工程设计规范》(GB 50311—2007)。

②《综合布线系统工程验收规范》(GB 50312—2007)。

③《大楼通信综合布线系统第 1～3 部分》(YD/T 927.1～3—2001)。

④《通信管道工程施工及验收规范》(GB 50374—2006)。

⑤《本地通信线路工程设计规范》(YD/T 5137—2005)。

⑥《数据中心布线系统设计与施工技术白皮书》。

⑦《综合布线系统的管理和运行维护白皮书》。

⑧《屏蔽布线系统的设计与施工检测技术白皮书》。

⑨《光纤白皮书》。

(2) 工程设计和施工图等有关文件

在指导性文件中,有很多是与具体工程紧密结合的重要内容,它们直接影响工程质量的优劣、施工进度的安排和今后运行的效果。所以,在综合布线系统工程施工时,必须始终以这些文件来指导和监督工程的进行。指导性文件主要有以下几种。

① 综合布线系统工程设计文件和施工图纸。

② 承包施工合同或有关协议。

③ 生产厂家提供的产品安装手册或施工操作规程。

④ 施工变更文件或记录。

### 4. 综合布线系统工程安装施工的基本要求

根据综合布线系统与建筑物本体的关系,综合布线系统工程可分为下列 3 种类型。

(1) 与新建建筑物同步安装的综合布线系统。

(2) 建筑物已预留了设备间、配线间和管槽系统,再需要布线的综合布线系统。

(3) 对没有考虑智能化系统的旧建筑物实施综合布线系统工程。

第 1 种类型的综合布线系统的工程量,只需考虑线缆系统及设备的安装与测试验收;第 2 种类型的综合布线系统的工程量,除包含第 1 种类型的工程量外,还须安装管槽系统和信息插座底座;第 3 种类型的综合布线系统工程量,除包含第 2 种类型的工程量外,还须定位安装设备间、配线间,打通管槽系统的路由。

在进行综合布线系统工程的施工之前,必须了解安装施工所应遵循的标准和要求。工程安装施工的基本要求有以下几点。

(1) 在新建或扩建的智能建筑或智能化小区中,当采用综合布线系统时,必须按照《综合布线系统工程验收规范》(GB 50312—2007)中的有关规定进行安装施工。

(2) 在综合布线系统工程安装施工中,如遇上述规范中没有包括的内容时,可按照国标《综合布线系统工程设计规范》(GB 50311—2007)中的规定要求执行,也可以根据工程设计要求办理。

(3) 在综合布线系统工程中,由于其建筑群子系统部分的施工与本地电话网路有关,因此安装施工的基本要求应遵循我国通信行业标准《本地通信线路工程设计规范》(YD/T 5137—2005)、《通信管道工程施工及验收技术规范》、《市内通信全塑电缆线路工程施工及验收规范》

等的规定。

（4）综合布线系统工程中所用的缆线类型及性能指标、布线部件的规格以及质量等均应符合我国通信行业标准《大楼通信综合布线系统》（YD/T 926.1～3—2009）等规范或设计文件的规定。在工程施工中，不得使用未经检定合格的器材和设备。

（5）综合布线系统是一项系统工程，必须针对工程特点，建立规范的组织机构，以保障施工顺利进行。

（6）必须加强施工工程管理。施工单位必须按照国标 GB 50312—2007 进行工程的自检、互检和随工检查。建设方和工程监理单位必须按照上述规范要求，在整个安装施工过程中进行工地技术监督及工程质量检查工作。

（7）施工过程要按照统一的管理标识对线缆、配线架和信息插座等进行标记，标记一定要清晰、有序。清晰、有序的标记会给下一步设备的安装、调试工作带来便利，以确保后续工作的正常进行。

（8）对于已敷设完毕的线路，必须进行测试检查。线路的畅通、无误是综合布线系统正常可靠运行的基础和保证，测试检查是线路敷设工作中不可缺少的一项工作。例如，测试线路的标记是否准确无误，检查线路的敷设是否与图纸一致等。

（9）必须敷设一些备用线。备用线的作用在于它可及时、有效地代替出问题的线路。

（10）高低压线须分开敷设。为保证信号、图像的正常传输和设备的安全，要完全避免电涌干扰，要做到高低压线路分管敷设，高压线须使用铁管；高低压线应避免平行走向，如果由于现场条件只能平行时，其间隔应保证按规范的相关规定执行。

## 6.2.3　综合布线系统工程施工前的准备工作

施工准备工作是保证综合布线系统工程顺利施工，全面完成各项技术指标的重要前提，是一项有计划、有步骤、有阶段性的工作。准备工作不仅在施工前，而且贯穿于施工的全过程。

### 1．工程施工技术准备

（1）熟悉工程设计和施工图纸

图纸是工程的语言、施工的依据。开工前，施工人员首先应熟悉工程设计文件和施工图纸，了解设计内容及设计意图，明确工程所采用的设备和材料，明确图纸所提出的施工要求，核对土建与安装图纸之间有无矛盾和错误，明确综合布线系统工程和主体工程以及其他安装工程的交叉配合，以便及早采取措施，确保在施工过程中不破坏建筑物的强度、美观，不与其他工程发生位置冲突。

施工准备阶段必须完成所有施工图设计或深化设计，必须具有系统图、平面施工图、设备安装图、接线图及其他必要的技术文件。

综合布线系统工程施工图中要清楚地绘制出有关线槽、桥架的规格尺寸、安装工艺要求、设备的平面布置，并应标出有关尺寸、设备、管线编号、型号规格、说明安装方式等。此外，施工平面图上还应标明预留管线、孔洞的平面布置、开口尺寸以及标高等。例如：

① 外部进线位置、标高、进线方向、进线管道数目及管径。

② 电话机房和计算机的位置，机房引出线槽的位置及标高。

③ 进线间至机房的路由，采用托线盘的尺寸、规格、数量。

④ 每层信息点的分布、数量、插座样式、安装标高、位置。

⑤ 水平线缆路由，水平线槽及引下管材料、口径、安装方式。

⑥ 弱电竖井的数量、位置、大小。

⑦ 电信间的设备布置方式。

⑧ 竖井内桥架规格、尺寸、安装位置。

图纸会审应由弱电工程总包方组织建设单位、设计单位、设备供应商、施工安装承包单位,有步骤地进行,并按照工程的性质、图纸内容等分别组织会审工作。并由建设、设计、施工三方共同签字,作为施工图的补充技术文件。

(2) 熟悉和工程有关的其他技术资料

和工程有关的其他技术资料如施工及验收规范、技术规程、质量检验评定标准以及制造厂提供的资料(如安装使用说明书、产品合格证、试验记录数据等)。

(3) 技术交底

技术交底工作主要是由设计单位的设计人员和工程安装承包单位的项目技术负责人一起完成。技术交底的主要内容包括以下几个方面。

① 设计要求和施工组织中的有关要求。

② 工程使用的材料、设备的性能参数。

③ 工程施工条件、施工顺序、施工方法。

④ 施工中采用的新技术、新设备、新材料的性能和操作使用方法。

⑤ 预埋部件注意事项。

⑥ 工程质量标准和验收评定标准。

⑦ 施工中的安全注意事项。

技术交底的方式有书面技术交底、会议交底、设计交底、施工组织设计交底、口头交底等形式。表 6.1 所示为技术交底纪要表格样式。

表 6.1　技术交底纪要表格样式

年　月　日

| 工程名称 | | 工程地址 | | |
|---|---|---|---|---|
| 工程类型 | | 合同编号 | | |
| 参加人员 | | | | |

内容:

| 提出单位 | 设计单位 | 建设方 | 工程监理 | 安装单位 |
|---|---|---|---|---|
| | | | | |
| 代表签字 | 代表签字 | 代表签字 | 代表签字 | 代表签字 |
| | | | | |

(4) 编制施工方案

施工方案的选择和确定是综合布线系统工程施工组织设计的核心内容,它是指导安装施工的重要依据,具有导向作用。施工人员应在全面熟悉施工图纸的基础上,依据图纸和施工现场情况、技术力量及技术装备等情况,综合作出合理的施工方案。

施工方案的主要内容包括以下几个方面。

① 确定工程施工的起点和流向。它是整个工程项目的施工开始部位和进展方向,用以确定在空间上的施工顺序。

② 确定施工程序。它是一个工程在不同的施工阶段之间所固有的、密切不可分割的先后次序,包括签订工程施工合同、施工准备、安装施工和竣工验收。一般情况下,应遵循先敷设槽管、后布放缆线,先安装设备、后缆线终端,先建筑群布线、后建筑物布线,先安装施工、后检验测试等原则。

③ 确定施工顺序。它是综合布线系统工程各个分项工程之间的具体施工次序。例如,缆线终端连接前,必须对敷设的缆线进行测试,发现问题必须查找症结。只有排除障碍后,才能进行终端连接。

④ 确定施工方法。

⑤ 确定安全施工的措施。在施工过程中,应注意安全施工。

⑥ 施工计划。它包括施工准备计划和施工进度计划。

(5) 编制工程预算

工程预算包括工程材料清单和施工预算。

### 2. 施工场地的准备

为了加强管理,要在施工现场布置如下一些临时场地和设施。

(1) 管槽加工制作场。在管槽施工阶段,根据布线路由实际情况,需要对管槽材料进行现场切割和加工。

(2) 仓库。对于规模稍大的综合布线系统工程,设备材料都有一个采购周期,同时每天使用的施工材料和施工工具不可能存放到公司仓库,因此必须在现场设置一个临时仓库,用于存放施工工具、管槽、线缆和其他材料。

(3) 现场办公室。它是现场施工的指挥场所,配备照明、电话和计算机等办公设备。

(4) 现场供电供水。在施工过程和加工制作过程中都需要供电供水。

### 3. 施工工具准备

根据综合布线系统工程施工范围和施工环境的不同,要准备不同类型和品种的施工工具,并对工具的完好性应做必要的检查。

(1) 室外沟槽施工工具。其主要包括铁锹、十字镐、电镐和电动蛤蟆夯等。

(2) 线槽、线管和桥架施工工具。其主要包括电钻、充击手钻、电锤、台钻、钳工台、型材切割机、曲线锯、铝合金人字梯、安全带、安全帽、电工工具箱(鸭嘴钳、嘴钳、螺丝刀(一字和十字)、铁丝剪刀、电工刀、扳手、卷尺、手套等)等。

(3) 线缆敷设工具。其包括线缆牵引工具和线缆标识工具。线缆牵引工具包括牵引绳索、牵引缆套、拉绳转环、滑车轮、防磨装置、穿线器和电动牵引绞车等;线缆标识工具包括手持线缆标识机、热转移式标签打印机等。

(4) 线缆端接工具。其包括双绞线端接工具和光纤端接工具。双绞线端接工具有剥线钳、压线钳、打线工具等;光纤端接工具有光纤熔接机等。

(5) 线缆测试工具。其包括简单铜缆线序测试仪、光功率计和光时域反射仪等。

### 4. 施工前的环境检查

在对综合布线系统的缆线、工作区的信息插座、配线架及所有连接器件安装施工之前,首先要对土建工程,即建筑物的安装现场条件进行检查,在符合国标 GB 50312—2007 和设计文件相应要求后,方可进行安装。

在国标 GB 50312—2007 中,只对综合布线系统的安装环境检查提出了相关规定。如果电信间内安装有源设备(集线器、局域网交换机等),且设备间安装有计算机主机、用户电话交换机、传输设备,则建筑物内的环境条件应按上述系统设备的安装工艺设计要求进行检查。

(1) 工作区、电信间、设备间检查

在国标 GB 50312—2007 中,对综合布线系统规定了对工作区、电信间、设备间的检查应包括下列内容。

① 工作区、电信间、设备间的土建工程已全部竣工。房屋墙面和地面均应平整、光洁,门的高度和宽度应符合设计要求。

② 房屋建筑内预埋的线槽、暗管、预留孔洞和电缆竖井等的位置、数量、尺寸均应符合设计要求,务必满足工艺施工需要。

③ 铺设活动地板的场所(如机房、设备间),其活动地板防静电措施及接地装置均应符合设计要求。

④ 电信间、设备间应设有一定数量、分布合理,便于使用的交流 220V 带保护接地的单相电源插座。

⑤ 电信间、设备间应提供可靠的接地装置,接地电阻值及接地装置的设置应符合设计要求。

⑥ 电信间、设备间的位置、面积、高度、通风、防火及环境温、湿度等应符合设计要求。

电信间、设备间安装设备所需要的交流供电系统和接地装置及预埋的暗管、线槽应由综合布线系统工艺设计提出要求,并在建筑工程设计和施工中具体实施;通信设备的直流供电系统及 UPS 供电系统应另立项目实施,并按各系统要求进行工艺设计。设备供电系统均按工艺设计要求进行验收。

(2) 建筑物进线间及入口设施检查

建筑物进线间及入口设施在国标 GB 50312—2007 中只对进线间及入口设施的检查提出了相关规定。对于进线间的位置、引入管道和孔洞的封堵、引入缆线的排列布放等,应按照现行国家标准《通信管道工程施工及验收规范》(GB 50374—2006)等和通信行业标准进行检查,具体检查要求包括以下几点。

① 引入管道与其他设施(如电气、水、煤气、下水道等)之间的位置和间距应符合设计要求。

② 引入缆线采用的敷设方法应符合设计要求。

③ 引入管线入口部位的处理应符合设计要求,并应检查采取排水措施及防止气、水、虫等进入的措施,并应检查其是否切实有效。

④ 进线间的位置、面积、高度、照明、电源、接地、防火、防水等应符合设计要求。

### 5. 施工前的器材及测试仪表工具检查

综合布线系统工程所需的设备、器材(包括通信缆线和布线部件)、仪表和工具的品种和类型较多,且较精细、价格昂贵。由于它们的外形结构、产品系列、技术性能和安装要求有很大差异,具体检查校验要求也有显著区别,因此在综合布线系统工程安装施工前,必须针对器材、部件、仪表和工具的特点,认真检验、测试和核查,做好事前的准备工作。在国标 GB 50312—2007 中,对器材、测试仪表和工具的检查校验要求等内容做了详细介绍,在这里不再介绍,请参看国标 GB 50312—2007。

# 6.3　综合布线工程施工管理

## 6.3.1　综合布线系统工程施工管理

综合布线系统工程是一个系统工程,要将综合布线系统设计方案最终在建筑中完美体现,工程组织和工程实施是十分重要的环节。综合布线的工程组织和工程实施是时间性很强的工作,具有步骤性、经验性和工艺性等特点。

**1. 综合布线系统工程的管理组织机构和人员安排**

(1)综合布线系统工程的管理组织机构

在综合布线系统工程领域中,系统集成商一般采用公司管理下的项目管理制度,由公司主管业务的领导作为工程项目总负责人,管理机构由常设机构和根据项目而临时设立的项目经理部组成,工程施工组织机构通常如图6.1所示。实际的工程项目施工组织由施工单位根据自己的情况来组建。

图 6.1　工程施工组织机构

(2)各部门及岗位职责

① 工程项目总负责人:对工程的全面质量负责,监控整个工程的动作过程,并对重大的问题作出决策和处理。

② 项目管理部:项目管理的最高职能机构。

③ 商务管理部:负责项目的一切商务活动,主要由财务组和项目联络协调组组成。

④ 项目经理部:统筹综合布线系统工程项目的所有设计、施工、测试和维修等工作,其下分为3个职能部门,即质检部、施工部和物料计划统筹部。

⑤ 质检部:主要负责审核设计中使用产品的性能指标、项目方案是否满足标书要求、工程进度检验、工程施工质量检验、物料品质数量检验、施工安全检查、测试标准检查等。

⑥ 施工部:主要承担综合布线系统的工程施工,其下分为不同的施工组,各组分工明确,又相互制约。

⑦ 物料计划统筹部:主要根据合同及工程进度及时安排好库存和运输,为工程提供足够的物料。

### 2．施工管理基本流程

施工管理要求达到以下两个目的。

(1) 控制整个施工过程,以确保每一道工序井井有条,工序与工序之间协调配合。

(2) 密切掌握每天的工程进度和质量,发现问题并及时纠正。

为了实现上述目标,施工管理可以参考以下流程。

(1) 接到工程施工任务后,与设计人员进行现场勘查,交流现场实际情况与设计方案存在的出入,出图并出勘查纪要。

(2) 提交施工组织设计方案,进行内部交底。施工方案应包括工期进度安排、材料准备、施工流程、设备安装量表、工期质量材料保障措施、内部交底后确定工程解决方案。

(3) 对建设方进行技术交底,交底内容应以设计思路为辅,施工方案为主;交底后,编写可行的施工组织设计。

(4) 向监理报审施工组织设计,打开工报告,做好施工准备。

(5) 工程实施阶段包括安全管理;进度管理;质量控制;同建设方、监理方定期进行现场例会,做好会议纪要;施工资料及时整理积累,做好施工日志;催要阶段工程款等。

(6) 组织工程自检。发现工程中存在的问题并及时解决。

(7) 协同建设方、监理共同进行工程验收。

(8) 竣工资料整理,资料内部存档。

(9) 完成工程总结报告。

### 3．施工进度管理

项目进度控制的目的是将有限的投资合理使用,在保证工程质量的前提下,按时完成工程任务,以质量、效益为中心做好工期控制。

(1) 施工进度的前期控制。施工进度的前期控制主要是根据合同对工期的要求设计、计算出的工程量、施工现场的实际情况、总体工程的要求、施工工程的顺序和特点,制订出工程总进度计划、月进度计划,甚至周进度计划等,并制订设备采购计划。表 6.2 所示为某综合布线系统工程施工组织进度表。

表 6.2　某综合布线系统工程施工组织进度表

| 时间 项目 | 年　月 | | | | | | | | |
|---|---|---|---|---|---|---|---|---|---|
| | 1 | 3 | 5 | 7 | 9 | 11 | 13 | 15 | 17 |
| 1. 合同签订 | | | | | | | | | |
| 2. 图纸会审 | | | | | | | | | |
| 3. 设备订购检验 | | | | | | | | | |
| 4. 主干管路假设与线缆敷设 | | | | | | | | | |
| 5. 水平管路架设与线缆敷设 | | | | | | | | | |
| 6. 机柜安装 | | | | | | | | | |
| 7. 配线架安装与线缆端接 | | | | | | | | | |
| 8. 内部测试调整 | | | | | | | | | |
| 9. 组织验收 | | | | | | | | | |

（2）施工进度的中间控制。施工进度的中间控制是在施工过程中进行进度检查、动态控制和调整，掌握进度情况，对可能影响进度的因素及时发现和处理。施工人员应定期检查实际进度与计划进度的差异，提交工程进度报告，分析问题并提出调整方案和措施，所有文件都要编目建档。

（3）施工进度的后期控制。施工进度的后期控制是控制进度的关键时期，当进度不能按计划完成时，应分析原因并及时采取措施，调整施工计划、资金供应计划、设备材料等，并进行新的协调、组织。

（4）多方沟通和紧密配合。各方配合是指材料、设备、供应、人员、机具的科学调配，综合布线系统施工方应与土建、装修、建设方和监理密切配合，有关各方应及时沟通，从而及早发现问题，并及时解决问题。

### 4. 施工机具管理

在综合布线系统工程施工时，需要用到许多施工机具，对这些机具的管理也是工程管理的内容，其是提高工程效率、降低成本的有效措施。常用到的施工机具管理办法主要包括以下两种。

（1）建立施工机具使用和维护制度。

（2）实行机具使用借用制度。

表 6.3 所示是机具设备借用卡。

表 6.3　机具设备借用卡

| 借用人 | | | 部门 | | | |
|---|---|---|---|---|---|---|
| 序号 | 设备名称 | 规格型号 | 单位 | 数量 | 借用时间 | 归还时间 |
| 1 | | | | | | |
| 2 | | | | | | |
| 3 | | | | | | |
| 审批人 | | | 借用人 | | | |

### 5. 成本控制措施

降低工程成本的关键在于搞好施工前计划、施工过程中的控制以及工程实施完成的分析。一般来说，综合布线系统工程的成本控制措施可以参考以下几条基本原则。

（1）加强现场管理，合理安排材料进场和堆放，减少二次搬运和损耗。

（2）加强材料的管理工作，不丢窃、遗失材料，施工班组合理使用材料。

（3）管理人员要及时组织材料的发放和施工现场材料的收集工作。

（4）加强技术交流，推广先进的施工方法，积极采用先进、科学的施工方案，以提高施工技术。

（5）积极提高施工人员的技术素质，尽可能地节约材料和人工，以降低工程成本。

（6）加强质量控制，加强技术指导和管理，做好现场施工工艺的衔接，杜绝返工，做到一次施工、一次验收合格。

（7）合理组织工序穿插，缩短工期，减少人工、机械及有关费用的支出。

（8）科学、合理地安排施工程序，实现劳动力、机具、材料的综合平衡，向管理要效益。

**6．工程质量管理**

质量控制主要表现为施工现场的质量控制,控制的内容包括工艺质量控制和产品质量控制。影响质量控制的因素主要有人、材料、机械、方法和环境五大方面。

**7．安全管理**

应采取必要措施加强对施工队伍的人身安全、设备安全进行教育,每一道安装工序都要有专人负责,严把各种材料进场质量关、设备验收关、安装质量关。制订切实可行的安全制度和安全计划。

## 6.3.2  综合布线系统工程实施模式

综合布线系统工程项目是一项技术先进、涉及领域广、投资规模大的建设项目。目前,综合布线系统工程的实施主要采用以下几种方式。

(1) 工程总承包模式。在这种模式中,工程承包商将负责所有系统的深化设计、设备供应、管线和设备安装、系统调试、系统集成和工程管理工作,最终提供整个系统的移交和验收,这种模式也称交钥匙工程模式。

(2) 系统总承包安装分包模式。在这种模式中,工程承包商将负责所有系统的深化设计、设备供应、系统调试、系统集成和工程管理工作,最终提供整个系统的移交和验收,而其中管线和设备安装将由专业安装公司承担,这种模式有助于整个建筑工程(包括土建、其他机电设备安装)管道、线缆走向的总体合理布局,便于施工阶段的工程管理和横向协调,但增加了管线、设备安装与系统调试之间的界面,在工程交接过程中,需要业主和监理按合同要求和安装规范加以监管与协调。

(3) 总包管理分包实施模式。在这种模式中,总包负责系统深化设计和项目管理,最终完成系统集成,而各子系统设备供应、施工调试则由业主直接与分包商签订合同,工程实施由分包商承担,这种承包模式可有效节省项目成本,但由于关系复杂,对业主和监理的工程管理能力提出了更高要求,否则极易产生责任推诿和延误工期。

(4) 全分包实施模式。在这种模式中,业主将按设计院或系统集成公司的系统设计对所有智能化系统分系统实施,业主直接与各分包签订工程承包合同,业主和监理负责对整个工程实施工程协调和管理。这种工程承包模式对业主和监理的技术能力和工程管理经验提出了更高要求,可有效降低系统造价。

分阶段、多层次验收方式因系统验收分阶段、分层次地具体化,可在每个施工节点及时验收并作工程交接,故能适合上述工程承包模式,有利于形成规范的随工验收、交工验收、交付验收制度,便于划清各方工程界面,有效地实施整个项目的工程管理。

## 6.3.3  综合布线系统的工程监理

在智能建筑的综合布线系统工程实施工程监理,就是指在综合布线系统工程建设过程中,给业主提供建设前期咨询、工程方案论证、系统集成商和设备供应商的确定、工程质量控制、安装过程把关、工程测试验收等一系列的服务,帮助用户建设一个性价比优良的综合布线系统。

2006 年,我国发布通信行业标准《综合布线系统工程施工监理暂行规定》,该标准从 2006 年10 月 1 日开始施行。

### 1．工程建设监理的概念

工程建设项目监理又称工程建设监理，简称工程监理，本书统称为工程建设监理。

工程建设监理的确切含义是对一个工程建设项目，需要采取全过程、全方位、多目标的方式进行公正客观和全面科学的监督管理，也就是说，在一个工程监理项目的策划决策、工程设计、安装施工、竣工验收、维护检修等阶段组成的整个过程中，对其投资、工程和质量等多个目标，在事先、中期（又称过程）和事后进行严格的控制和科学管理。

工程建设监理的目的主要是为了确保工程建设项目的质量，提高工程建设项目的管理水平，充分发挥投资效益，并使我国工程建设监理事业适应国际建设市场要求，从而建立具有中国特色的工程建设监理制度，并促进我国各项工程建设事业健康发展。

工程建设监理是一项综合性的管理业务，主要是指按照行政法规和各种制度进行监督管理。它的工作内容既有经济性的（如工程概预算定额和各种费率）内容，又有技术性的内容（如各种设计和施工技术标准及规范），其工作性质涉及咨询、顾问、监督、管理、协调、服务等多种业务。

### 2．工程建设监理的分类

任何一个工程项目采用工程建设监理时都有各种类型的监理方式，一般有以下几种划分（或称分解）方法。

（1）按工程项目的实施阶段来划分。按工程建设项目的全过程来划分各个阶段，实施监理。综合布线系统工程一般分为项目决策阶段（有时称项目规划阶段）、工程设计阶段（包括勘察阶段）、安装施工阶段、竣工验收阶段和运行保修阶段共五大阶段。规模较大，且技术复杂的综合布线系统工程项目有可能增加其他阶段，如系统检验测试阶段等。各个阶段的监理内容有所不同，且各有其重点和要求。工程设计和安装施工阶段中的内容较多，它们是工程项目监理工作的重点。

（2）按工程项目的系统内容来划分。在综合布线系统工程中，有的采用建筑群子系统、建筑物子系统、水平子系统、干线子系统、管理区子系统、设备间子系统和工作区布线来划分。如果是较大型的智能建筑，则应增加建筑物内暗敷管槽系统。

（3）按工程项目的监理和控制内容来划分。在综合布线系统工程中，按监理和控制内容来划分，可分为工程项目质量控制、工程项目进度控制和工程项目投资控制以及工程项目合同管理等几种。

上述几种分类方式各有利弊，目前综合布线系统通常采用第一种和第三种相结合的方式，有时只采用第三种的方式。

### 3．工程监理的职责与组织结构

综合布线系统工程监理主要职责是受业主委托，参与工程实施过程的有关工作；主要任务是控制工程监理和投资、建设工期和工程质量，监督工程建设按合同管理，协调有关单位间的工作关系。

大工程项目的工程监理由总监理工程师、监理工程师、监理人员等组成。各方应明确各工作职责，分工合理，从而使组织运转科学有效。

### 4．工程建设监理的主要内容

由于综合布线系统工程项目可以用不同划分方法进行工程建设监理，因此其内容和范围也有所不同。上面已详细介绍了工程建设监理的 3 种分类方式，且已谈到其内容和范围，尤其是按工程项目的实际阶段和按工程项目的系统内容分类，这两类方式较为细致，在这里不再叙述。对于按工程项目的监理和控制内容划分的方式,因在综合布线系统工程中较多采用,所以在这里予以补充。

对于综合布线系统工程建设项目的监理工作,不论其建设规模大小或采用哪种分类方式,都会包含工程建设监理和控制的工作内容,即质量控制、进度控制和投资控制以及合同管理等。因此,综合布线系统工程建设项目的监理工作内容很多,且涉及范围极宽,如房屋建筑、公用通信网和计算机系统等部分。工程建设监理工作较为繁多,尤其是质量控制,具有技术要求高、点多面广、对外配合协调复杂、所需专业知识广阔等特点,在监理工作中必须重视,以求达到预期的目的和要求。

此外,前面所述仅限于智能建筑中的综合布线系统工程项目的内容和范围。如果是在智能化小区中的综合布线系统,除有房屋建筑内的建筑物干线子系统和配线子系统以及暗敷管槽系统外,尤其重要的是有建筑群主干布线子系统和地下通信管道工程等内容,由于都是屋外部分,涉及小区的建设规则和区内各种地上设施或地下管线等,互相配合协作内容较多,且较复杂,必然增加很多对外协调配合事宜。这些工作内容要求,在工程建设监理工作中,必须认真监督和严格管理,尤其是其中大部分为重要的隐蔽工程,应该加以重视。同时,质量控制点的增多,必然涉及工期进度和工程投资,它们三者有着密切的关系,互相制约,彼此影响,在工程建设监理工作中,必须注意平衡,不宜偏废。

### 5. 工程监理的工作内容

综合布线系统工程施工阶段监理一般分为 3 个阶段:施工准备阶段监理、施工阶段监理、保修阶段监理。

(1) 施工准备阶段的监理工作

① 施工监理准备工作。

a. 监理单位应在综合布线系统工程施工合同约定开工日期之前,派出能满足施工准备阶段监理工作要求的监理人员进驻现场,并开展工作。

b. 监理单位应及时建立监理机构,作出组织机构框架。总监理工程师组织制订监理规划及监理实施细则,明确各级监理人员的职责范围,建立起与建设单位、承包单位的联系渠道和沟通方式。

c. 监理人员应全面收集和综合布线系统工程有关的各种合同文件,在全面熟悉合同文件、有关标准及测试方法的基础上,对合同中存在的错项、漏项、叙述不清楚等问题进行跟踪查询,最终得出明确的解释。

d. 施工前,应对技术文件和设备器材进行检查。检查内容应符合要求,主要包括技术文件的检查,设备器材检验,设备间、交接间的环境检查等,具体可参看《综合布线系统工程施工监理暂行规定》(YD 5124—2005)。

② 其他主要监理工作。

a. 参加工程施工的招标工作,熟悉设计文件,了解设计思想,制订监理工作计划。

b. 召开第一次现场监理会议。

c. 审批承包单位的施工组织设计及进度计划。

d. 检查承包单位的质量保证体系和安全保证体系。

e. 检查承包单位的进场材料与设备。

f. 检查承包单位的保险与担保。

g. 签发工程预付款支付凭证。

h. 检查承包单位的施工设备与测试设备。

i. 审查承包单位提交的施工节点图。

j. 其他与保证按期开工有关的施工监理准备工作。

（2）施工阶段的监理工作

施工阶段监理工作的重要形式是工地例会。施工阶段监理的重要工作内容是对工程质量、工程造价和工程进度等进行控制，以达到合同规定的目标。

① 质量控制。

工程质量包括施工质量和系统工程质量，工程质量控制可通过施工质量控制和系统工程检测、验收来实现。

工程质量控制检查项目主要包括型材、管材与铁件安装的质量监理，线缆敷设的质量监理，交接设备安装的质量监理，其他机架、机柜设备安装的质量监理，缆线终端安装的质量监理，电气测试质量监理等内容。具体可参看《综合布线系统工程施工监理暂行规定》（YD 5124—2005）。

② 进度控制。

进度控制主要包括以下内容。

a. 进度控制应贯穿于事前、事中、事后全过程，并将进度检查、动态控制和调整与工程计量相结合。

b. 监理工程师应建立反映工程进度的监理日志，逐日如实记载每日施工部位及完成的实物工程量。同时，如实记载影响工程进度的内、外、人为和自然的各种因素。

c. 监理工程师应监督承包单位按施工进度计划施工，并审核承包单位提交的工程进度报告，核查计划进度与实际进度的差异、实物工程量与工作量指标完成情况的一致性。

d. 监理工程师应按合同要求，进行工程计量验收，及时为工程进度款的支付签署进度、计量方面的认证意见。

e. 监理工程师应对工程进度进行动态管理，当实际进度与计划进度发生差异时，应分析产生的原因，并提出进度调整的措施和方案，督促相关单位采取调整措施。

f. 进度控制应以现场协调会、例会、监理通知等方式进行。

g. 监理工程师应定期以周（月）报形式向建设单位报告有关工程进度情况。

③ 造价控制。

工程造价控制的主要内容包括以下几个方面：a. 审核施工单位完成的月报工程量；b. 审查和会签设计变更，工地洽商；c. 复核线缆等主要材料、设备和连接硬件；d. 按施工承包合同规定的工程付款办法和审核后的工程量等，审核并签发付款凭证，然后报建设单位。

（3）保修阶段的监理工作

监理单位应依据委托监理合同约定的工程保修期内监理工作的时间、范围和内容开展工作。

保修阶段对工程修补、修复的质量要求与施工阶段的监理工作一致。

监理工程师应对建设单位提出的工程质量缺陷原因进行调查分析并确定责任归属。对因承包单位原因产生的工程质量问题，督促承包单位进行修复，对修复完毕的工程质量进行检查，合格后予以签认；对非承包单位原因产生的工程质量缺陷，监理人员应核实修复工程的费用和签署工程款支付证书，并报建设单位。

（4）工程合同管理

① 监理工程师应协助建设单位确定综合布线系统工程项目的合同结构，并起草合同条

款,参与合同谈判。

②　监理工程师应收集好建设单位与第三方签订的与本工程有关的所有合同的副本或复印件。

③　监理工程师应熟练掌握与本工程有关的各种合同内容,严格按照合同要求进行工程监理,并且对各类合同进行跟踪管理,维护建设单位和承包单位的合法权益。

④　监理工程师应协助建设单位签订与工程相关的后续合同,并协助建设单位办理相关手续。

⑤　当合同需要进行工程变更、工程延期、分包时,监理工程师应协助建设单位履行变更等手续,并做好变更后的各项调整工作。

⑥　监理工程师应协助建设单位处理与本工程项目有关的费用索赔、争端与仲裁、违约及保险等事宜。

（5）工程监理资料管理

对于综合布线系统工程的竣工文件编制,要求整洁、齐全、完整、准确;监理资料的管理应由总监理工程师负责,并指定专人具体实施。

工程监理资料的主要内容应包括以下几个方面。

①　委托监理合同。

②　监理规划。

③　监理实施细则。

④　监理工程师通知书。

⑤　监理日志。

⑥　监理月报。

⑦　各种会议纪要。

⑧　审核签认文件(包括承包单位报来的施工组织设计等各种文件和报表)。

⑨　材料、工程报验文件。

⑩　工程款支付证书。

⑪　工程验收资料。

⑫　质量事故调查及处理报告。

⑬　监理工作联系单。

⑭　竣工结算审核意见书。

⑮　监理工作总结。

⑯　建设单位要求提交的其他资料。

监理工程师在对综合布线系统工程颁发工程移交证书后,按照委托监理合同要求将整套监理文件向建设单位进行移交。

综合布线系统工程完工以后,施工单位填写验收申请表,由建设单位、设计单位、承包单位、监理单位组织验收;验收过程中,若发现不合格项目,四方应查明原因,分清责任,提出解决办法,并责成责任单位限期解决。

## 6. 施工监理常用表格

在监理过程中,监理方与承包方、建设方经常发生工作关系,它们之间是一个有机的整体。例如,建设方向监理方提出开工申请、进场原材料报竣工申报等。它们之间除通过报告文书等形式联系外,更多的是采用管理表格来实现。监理工作常用的管理表格主要有以下3类。

（1）A 类表格

A 类表格为承包单位向监理单位申报的技术文件及资料所使用的报表，包括以下内容。

① 工程开工/复工报审表。

② 施工组织设计（方案）报审表。

③ 分包单位资格审查表。

④ _____报验申请表。

⑤ 工程款支付申请书。

⑥ 监理工程师通知回复单。

⑦ 工程临时延期申请表。

⑧ 费用索赔申请表。

⑨ 工程材料/构配件/设备报审表。

⑩ 工程竣工报验单。

（2）B 类表格

B 类表格为监理单位向承包单位发出指示通知及文件所使用表格，包括以下内容。

① 监理工程师通知单。

② 工程暂停令。

③ 工程款支付证书。

④ 工程临时延期审批表。

⑤ 工程最终延期审批表。

⑥ 费用索赔审批表。

（3）C 类表格

C 类表格为各方通用表格，包括以下内容。

① 监理工作联系单。

② 工程变更单。

根据工程实施和施工组织管理的需要，监理工作采用上述表格的部分或全部。表样可参看相关参考书。

# 习　　题

1. 综合布线系统工程安全施工主要包括哪些方面？

2. 通常将综合布线系统工程施工划分为哪几个阶段？

3. 综合布线系统工程施工的依据主要包括哪些标准和规范？

4. 综合布线系统工程安装施工的基本要求有哪些？

5. 在综合布线系统工程施工前，需要做哪些准备工作？

6. 在综合布线系统工程施工前，环境检查应包括哪些内容？

7. 在综合布线系统工程施工前，对其器材、测试仪表和工具的检查校验应包括哪些内容？

8. 综合布线系统施工进度管理应包括哪些内容？

9. 目前，综合布线系统工程实施模式有几种？

10. 综合布线系统工程的施工监理有哪些内容？

# 任务 7

## 综合布线系统工程管槽安装施工

## 7.1 任务描述

在综合布线系统工程中,当网络布线路由确定以后,首先应当考虑管路和槽道的施工。因为无论在室内还是室外,水平布线、主干布线还是建筑群布线,也无论是双绞线还是光缆,一般都由管槽系统来支撑和保护。因此,选择合适类型的管槽,设计恰当的管槽路由,就成为网络综合布线系统工程的重要步骤之一。

## 7.2 相关知识

在智能化建筑内,综合布线系统的缆线遍布到建筑物内的各处,通常由暗敷或明敷管路或利用槽道(桥架、走线架等)进行敷设,起到支撑和保护线缆的作用,它是综合布线系统工程中极为重要的部分。

### 7.2.1 管路和槽道

#### 1. 管路和槽道的分类

智能化建筑中的管路和槽道可分为以下几类。

(1) 以管路和槽道使用的材质划分,有金属材料(如钢管与钢制电缆槽道)和非金属材料(如塑料管或塑料槽道)两大类。此外,还有利用房屋建筑的构件,如在楼板中或墙壁内开凿预留的线槽等。

(2) 以管路和槽道的安装方式划分,有暗敷或明敷两类。管路通常以暗敷为主;槽道则多为明敷方式。

(3) 以管路和槽道的安装场合划分,有主干路由垂直敷设的上升管路和上升槽道;分支路由的水平管路和水平槽道。上升管路和上升槽道通常是在电缆竖井或电信间内沿墙敷设;水平管路和水平槽道一般在楼层中水平敷设或在房间内(包括走廊吊顶内)安装。

(4) 以管路和槽道的材质和安装方式划分,有利用空心楼板、特制线槽楼板、墙壁槽、地板槽等固定安装的管路和槽道方式以及利用钢管或槽道灵活安装的管槽方式两类。

#### 2. 管路和槽道的安装方式与适用场合

暗敷管路和槽道(桥架)的管路为半成品,既可单独使用,也可成组使用,灵活性高、适应性强,既可用于上升管路,又可用于水平管路,遍布在智能化建筑内的四面八方,到处可见其踪影,是综合布线系统工程中极为重要的支撑保护缆线的措施之一。相反,槽道桥架为成品,且是固定格式,灵活性和适应性均差,一般用于通信线路的主干路由或重要场合,尤其是缆线路由集中,且条数较多的场合或段落,如电缆竖井、电信间和设备间内以及重要的干线路由上。

## 7.2.2　管槽施工工具

建筑施工单位在安装综合布线系统的管槽系统时,需要用到相关的施工工具,掌握相关工具的使用是保证工程质量的重要条件之一。下面介绍一些常用的电动工具和设备。

(1) 电工工具箱。电工工具箱是综合布线系统施工中必备的,一般应包括钢丝钳、尖嘴钳、斜口钳、剥丝钳、螺丝刀、测电笔、电工刀、扳手、铁锤、凿子、卷尺等。

(2) 电源线盘。在室外施工现场,有时需要长距离的电源线盘接电,线盘长度通常有20m、30m、50m 等型号。

(3) 电动工具。在综合布线系统工程管槽施工中,经常用到的电动工具包括手电钻,冲击电钻、电锤、电镐、曲线锯、角磨机、型材切割机、台钻等。

(4) 其他工具。在综合布线系统工程管槽施工中,还有一些经常用到的工具如线槽剪、台虎钳、梯子、管子台虎钳、管子切割器、管子钳、弯管器、数字万用表、接地电阻测量仪等。

## 7.2.3　线管

安装管槽系统,首先必须准备好施工材料和施工工具,然后组织施工安装。管槽系统中使用的施工材料包括线管材料、槽道(桥架)材料和防火材料。

在综合布线系统工程中,使用到的线管材料主要有钢管、塑料管两种。在室外建筑群子系统中,也会采用混凝土管及高密度乙烯材料(HDPE)制成的双壁波纹管。

### 1. 钢管

钢管按照制造方法不同,可分为无缝钢管和焊接钢管两大类。无缝钢管只有在综合布线系统中的特殊场合(如管路引入屋内承受极大的压力时)并在短距离情况下才采用。综合布线系统的暗敷管路系统中常用的钢管为焊接钢管。

钢管按壁厚不同,分为普通钢管(水压实验压力为 2.5MPa)、加厚钢管(3MPa)和薄壁钢管(2MPa)。普通钢管和加厚钢管统称为水管,有时简称为厚管。薄壁钢管又简称薄管或电管。这两种规格在综合布线系统中都有使用。由于水管的管壁较厚,机械强度高,主要用在垂直主干上升管路、房屋底层或受压力较大的地段;有时也用于屋内线缆的保护管,它是最普遍使用的一种管材。电管因管壁较薄承受压力不能太大,常用于屋子内吊顶中的暗敷管路,以减轻管路的重量,所以使用也很广泛。

钢管具有机械强度高、密封性能好、抗弯、抗压和抗拉能力强等特点,尤其是它有屏蔽电磁干扰的作用。钢管管材可根据现场需要任意截锯拗弯,以适合不同的管线路由结构,安装施工方便。但它存在管材重、价格高且易锈蚀等缺点,所以随着塑料管在机械强度、密封性、阻燃防火等性能的提高,目前在综合布线工程中电磁干扰小的场合,钢管已经被塑料管来代替。

钢管的规格有多种,以外径(mm)为单位,综合布线工程施工中常用的金属管有 D16、D20、D25、D32、D40、D50、D63、D110 等规格。

### 2. 塑料管

塑料管是由树脂、稳定剂、润滑剂及添加剂配制挤塑成型的。目前,按塑料管使用的主要材料,塑料管主要有以下产品:聚氯乙烯管材(PVC-U 管)、高密聚乙烯管材(HDPE 管)、双壁波纹管、子管、铝塑复合管、硅芯管等。综合布线系统中通常采用的是软、硬聚氯乙烯管,且是内、外壁光滑的实壁塑料管。室外的建筑群主干布线子系统采用地下通信电缆管道时,其管材除主要选用混凝土管(又称水泥管)外,目前较多采用的是内外壁光滑的软、硬质聚氯乙烯实壁塑料管(PVC-U)和内壁光滑、外壁波纹的高密度聚乙烯管(HDPE)双壁波纹管,有时也采用高密度聚乙烯(HDPE)的硅芯管。由于软、硬质聚氯乙烯管具有阻燃性能,对综合布线系统防火极为有利。此外,在有些软聚氯乙烯实壁塑料管使用场合中,有时也采用低密度聚乙烯光壁(LDPE)子管。

(1) 聚氯乙烯管材(PVC-U 管)。聚氯乙烯管材是综合布线工程中使用最多的一种塑料管,管长通常为 4m、5.5m 或 6m。PVC 管具有优异的耐酸、耐碱、耐腐蚀性,耐外压强度、耐冲击强度等都非常高,具有优异的电气绝缘性能,适用于各种条件下的电线、电缆的保护套管配管工程。PVC-U 管以外径(mm)为单位,有 D16、D20、D25、D32、D40、D45、D63、D110 等多种规格,与其安装配套的有接头、螺圈、弯头、弯管弹簧、开口管卡等多种附件。图 7.1 所示是 PVC-U 管及管件。

图 7.1   PVC-U 管及管件

(2) 高密聚乙烯管材(HDPE 管)。图 7.2 所示为 HDPE 单管,图 7.3 所示为 HDPE 多管。

图 7.2   HDPE 单管

图 7.3   HDPE 多管

(3) 双壁波纹管。塑料双壁波纹管结构先进,除具有普通塑料管的耐腐性、绝缘性好、内壁光滑、使用寿命长等优点外;还具有刚性大,耐压强度高于同等规格的普通光身塑料管;重量是同规格普通塑料管的一半,从而方便施工,减轻了工人劳动强度;密封好,在地下水位高的地方使用更能显示其优越性;波纹结构能加强管道对土壤负荷抵抗力,便于连续敷设在凹凸不平的地面上;使用双壁波纹管工程造价比普通塑料管降低 1/3 等技术特性。图 7.4 所示为双壁波纹电缆套管,图 7.5 所示为双壁波纹电缆套管在工程中的应用。

图 7.4   双壁波纹电缆套管

图 7.5   双壁波纹电缆套管在工程中的应用

（4）子管。子管由 LDPE 或 HDPE 制造，小口径，管材质软，适用于光纤、电缆的保护。图 7.6 所示为 LDPE 子管。

（5）铝塑复合管。铝塑复合管是近年来广泛使用的一种新的塑料材料，它是以焊接管为中间层，内外层均为聚乙烯，聚乙烯与铝管之间以高分子热熔胶黏合，经复合挤出成型的一种新型复合管材，如图 7.7 所示。铝合金是非磁材料，具有良好的隔磁能力，抗电磁场音频干扰能力强，是良好的屏蔽材料，因此常用作综合布线、通信线路的屏蔽管道。

图 7.6　LDPE 子管

（6）硅芯管。硅芯管可作为直埋光缆套管，内壁预置永久润滑内衬，具有更小的摩擦系数，采用气吹法布放光缆，敷管快速，一次性穿缆长度为 500～2000m，沿线接头、人孔、手孔相应减少。图 7.8 所示为内壁固体润滑 HDPE 管材。

图 7.7　铝塑复合管

图 7.8　内壁固体润滑 HDPE 管材（硅芯管）

（7）混凝土管。混凝土管按所用材料和制造方法不同分为干打管和湿打管两种。目前，因湿打管制造成本高、养护时间长等缺点不常采用，较多采用的是干打管（又称砂浆管）。这种混凝土管在一些大型的电信通信施工中常常使用。

## 7.2.4　线槽

线槽有金属线槽和 PVC 塑料线槽，金属线槽在 7.2.5 小节槽式桥架中详细介绍。塑料线槽是综合布线系统工程明敷管槽时广泛使用的一种材料，它是一种带盖板封闭式的管槽材料，盖板和槽体通过卡槽合紧，如图 7.9 所示。塑料线槽的品种规格更多，从型号上讲，有 PVC-20、PVC-25、PVC-30、PVC-40、PVC-60 等系列；从规格上讲，有 20×12mm、24×14mm、25×12.5mm、25×25mm、30×15mm、40×20mm 等。与 PVC 槽配套的连接件有阳角、阴角、直转角、平三通、左三通、右三通、连接头、终端头等，如图 7.10 所示。

## 7.2.5　桥架

综合布线系统工程中，桥架具有结构简单、造价低、施工方便、配线灵活、安全可靠、安装标准、整齐美观、防尘防火、延长线缆使用寿命、方便扩充电缆和维护检修等特点，且同时能克服埋地静电爆炸、介质腐蚀等问题，因此被广泛应用于建筑群主干管线和建筑物内主干管线的安装施工。

### 1. 桥架的分类

（1）桥架按结构可分为梯级式、托盘式和槽式 3 种类型。

图 7.9　PVC 线槽

| 阴角 | 阳角 | 平三通 |
| --- | --- | --- |
| 大小转换头 | 直转角 | 终端头 |

图 7.10　PVC 线槽连接件

(2) 桥架按制造材料可分为金属材料和非金属材料两类。金属材料又可分为不锈钢、铝合金和铁质桥架 3 种类型。不锈钢桥架美观、结实、档次高;铝合金桥架轻、美观、档次高;铁质桥架经济实惠。铁质桥架按表面工艺处理可分为电镀彩(白)锌、电镀后再粉末静电喷涂和热浸镀锌 3 种。

① 电镀彩(白)锌。适合一般的常规环境使用。

② 电镀后再粉末静电喷涂。适合于有酸、碱及其他强腐蚀气体的环境中使用。

③ 热浸镀锌。适用于潮湿、日晒、尘多的环境中。

### 2. 桥架产品

(1) 槽式桥架。槽式桥架是全封闭电缆桥架,也就是通常所说的金属线槽,由槽底和槽盖组成,每根槽一般长度为 2m,槽与槽连接时使用相应尺寸的铁板和螺丝固定。它适用于敷设计算机线缆、通信线缆、热电偶电缆及其他高灵敏系统的控制电缆等,它对屏蔽干扰重腐蚀环境中电缆防护都有较好的效果,适用于室外和需要屏蔽的场所。在综合布线系统中,一般使用的金属槽的规格有 50mm×100mm、100mm×100mm、100mm×200mm、100mm×300mm、200mm×400mm 等多种规格。图 7.11 所示为槽式桥架空间布置示意图。

图 7.11　槽式桥架空间布置示意图

（2）托盘式桥架。它具有重量轻、载荷大、造型美观、结构简单、安装方便、散热透气性好等优点,适用于地下层、吊顶内等场所。图 7.12 所示为托盘式桥架空间布置示意图。

图 7.12　托盘式桥架空间布置示意图

（3）梯级式桥架。它具有重量轻、成本低、造型别致、通风散热好等特点,适用于一般直径较大电缆的敷设和地下层、垂井、活动地板下和设备间的线缆敷设。图 7.13 所示为梯级式桥架空间布置示意图。

图 7.13　梯级式桥架空间布置示意图

（4）支架。支架是支撑电缆桥架的主要部件,它由立柱、立柱底座、托臂等组成,可满足不同环境条件(工艺管道架、楼板下、墙壁上、电缆沟内)安装不同形式(悬吊式、直立式、单边、双边和多层等)的桥架,安装时还须连接螺栓和安装螺栓(膨胀螺栓)。图 7.14 所示为 3 种配线桥架吊装示意图。

图 7.14    3 种配线桥架吊装示意图

### 3. 桥架安装范围与特点

桥架的安装可因地制宜。可以水平、垂直敷设;可以转角、T 字形、十字形分支;可以调宽、调高、变径。安装成悬吊式、直立式、侧壁式、单边、双边和多层等形式。在大型多层桥架吊装或立装时,应尽量采用工字钢立柱两侧对称敷设,以避免偏载过大,造成安全隐患。其安装的范围如下。

(1) 工艺管道上架空敷设。

(2) 楼板和梁下吊装。

(3) 室内外墙壁、柱壁、露天立柱和支墩、隧道、电缆沟壁上侧装。

# 7.3  任务实施:综合布线系统工程管槽安装施工

在智能化建筑中,综合布线系统工程所有管线都是依附在房屋建筑上,其所要穿越楼板或墙壁的洞孔、预留的线槽和安装设备的空间、预埋安装支承吊装铁件和管路以及设置堵封隔离的防火措施等,一般都是由网络系统集成公司会同设计部门提出,提请建筑设计单位纳入土建设计,且与土建工程同时实施的。所以,综合布线系统工程的管槽系统必须与土建工程密切配合、相辅相成为一个整体。

作为综合布线系统工程的项目经理或系统集成工程师,在进行施工前,需要对管槽系统进行检查,以保障整个综合布线系统的质量,使工程顺利通过验收。

## 7.3.1  管路和槽道安装的基本要求

由于管路和槽道系统是智能化建筑综合布线系统的重要组成部分,又附属于房屋建筑中,因此必须与土建工程同时设计与施工。所以,在综合布线系统总体方案决定之后,对于管槽系统需要预留管槽的位置和尺寸、洞孔的规格和数量以及其他特殊工艺要求(如防火要求或与其他管线的间距等)。这些资料要及早提交给建筑设计单位,以便建筑设计中一并考虑,从而使管槽系统能满足综合布线系统线缆敷设和设备安装的需要。对管路和槽道系统安装施工的基本要求如下。

（1）管路和槽道系统建成后，尤其是暗敷安装方式，一旦建成后，与房屋建筑成为一个整体，使用年限应与建筑物的使用年限一致，属于永久性设施。因此，对于管路的管材品种和管孔内径，槽道的规格尺寸和材质等的选用，都必须根据工程今后发展的实际需要，与所在环境的客观条件和通信缆线的数量、品种和规格等因素综合考虑。

（2）为管路和槽道预留的洞孔、线槽和预埋安装铁件的位置、数量、标高和规格尺寸都应标示在设计文件与施工图样上。做到位置准确、尺寸规范、技术到位、没有遗漏。

（3）所有的管路和槽道系统隐蔽工程敷设完毕后，应请监理单位及时到现场验收，做好完整的隐蔽工程记录和签证等规定手续，以便日后备查。所有的管路和槽道系统穿越楼板或墙壁的洞孔和空隙，必须按防火标准和设计中规定的要求执行，并经有关主管单位派人检查验收签证。

（4）建筑物内的暗敷管路或预留沟槽的路由、走向、位置和规格等均应符合设计文件与施工图样。在墙壁内敷设时，应采取水平或垂直方向有规律地走向；在地板中埋设时，应互相垂直或平行敷设；在屋内的暗敷管路，在墙壁或楼板中，都不得任意斜穿，以免增加与其他管线的互相交叉或产生矛盾，影响双方管线安装施工和今后维护。

（5）建筑物干线子系统缆线如在电缆竖井或电信间中敷设时，在电缆竖井的墙壁上应预埋安装上升管路垂直槽道（桥架）的预埋铁件，要求支承的铁件坚固牢靠，其间距应符合工程设计要求。

（6）严禁与燃气、电力、供水和热水管线合用电缆竖井或槽道，以保证通信系统和信息网络（包括综合布线系统）正常安全地运行。在与上述管路系统互相交越或平行敷设时，应满足间距要求。

（7）综合布线系统的线缆和所需的管槽系统必须与公用通信网络的管线连接。要得到通信运营单位的指导和支持，以求更加完善和互相配合。

（8）过线盒、通信引出端等所需预留洞孔的位置和规格尺寸，应符合设计和设备的要求。暂不使用的暗敷管路的管孔，应用易取出的堵塞物堵封严密。

总之，在安装敷设管路和槽道时，必须与建筑设计和施工等有关单位加强联系，密切协商，妥善解决问题。

## 7.3.2　管路和槽道施工与土建工程的配合

### 1．预留洞孔和沟槽

在智能化建筑综合布线系统工程中，暗敷或明敷的管槽需要穿越建筑物的基础、墙壁或楼板等处。这就需要在土建施工时，在相应的建筑部位预留管槽系统穿越用的洞孔或敷设管路的沟槽。做到预留洞孔和沟槽的数量和位置及标高正确无误，规格尺寸和工艺质量符合设计文件与施工图样以及施工质量验收技术规范的要求，切忌发生不留或漏留洞孔、洞孔位置不准确和洞孔或沟槽的规格尺寸有误等弊病。

### 2．预埋安装铁件和其他部件

在智能化建筑综合布线系统工程中，为了安装管槽系统，需要在墙壁上、楼板中或其他建筑物上预埋安装这些设备和管路及槽道系统的铁件（包括支承吊装件、承托安装件和保护套管）。这些预埋的安装铁件，必须位置正确、牢固可靠，且材料质量和规格尺寸均应符合设计文件和标准规定的要求，否则将会不同程度度影响工程质量和正常使用。

### 7.3.3  建筑物水平布线的管槽安装施工

在配线子系统中,线缆的支撑和保护方式是最多的。在安装、敷设线缆时,必须根据施工现场的实际条件和采用的支撑保护方式等综合考虑。

#### 1. 安装金属管

综合布线工程使用的金属管应符合设计文件的规定,表面不应有穿孔、裂缝和明显的凹凸不平,内壁应光滑,且不允许有锈蚀。在易受机械损伤的地方或在受力较大直埋时,应采用足够强度的管材。

(1) 金属管的加工

① 金属管加工的基本要求。为了防止穿电缆时划伤电缆,管口应无毛刺和尖锐棱角;为了防止直埋管在沉陷时管口处对电缆的剪切力,金属管管口宜做成喇叭形状;镀锌管锌层剥落处应涂防腐漆,以增加使用寿命。

② 金属管的切割套丝连接。在配管时,应根据实际长度对管子进行切割。管子的切割可以使用钢锯、管子切割刀或电动切管机等,严禁使用气割。

管子和管子的连接,管子和接线盒、配线架的连接,都要在管子端部进行套丝。管端套丝长度不应小于套管接头长度的 1/2,套完丝后,应随即清扫管口,将管口端面和内壁的毛刺用锉刀锉光。

金属管的连接可以采用端套管或带螺纹的管接头,且都应保证牢固、密封。

③ 金属管的弯曲。金属管的弯曲一般都要使用弯管器,先将管子弯曲部分的前段放在弯管器内,焊缝(如果有)放在弯曲方向的背面或侧面,然后用脚踩住管子,手扳弯管器进行弯曲,并逐步移动弯管器,便可得到所需要的弯度。

(2) 金属管的敷设

金属管的敷设一般分为暗敷和明敷两种。预埋暗敷管路属于隐蔽工程,一般与建筑同时施工建成,敷设于建筑主体的内部,有利于美观和安全,是配线子系统中广泛采用的支撑保护方式之一。明敷即敷设于建筑主体结构之外,不美观,常在主体工程完工之后施工。

① 金属管暗敷。在安装施工暗敷管路时,必须符合以下要求。

a. 预埋暗敷管路宜采用无缝钢管或具有阻燃性能的聚氯乙烯(PVC)管。在墙内预埋管路的管径不宜过大。根据我国建筑结构的情况,一般要求预埋在墙体中间暗管的最大管外径不宜超过 50mm,楼板中暗管的最大管外径不宜超过 25mm,室外管道进入建筑物的最大管外径不宜超过 100mm。暗敷于干燥场所(含混凝土或水泥砂浆层内)的钢管,可采用壁厚为 $1.6 \times 2.5$mm 的薄壁钢管。

b. 预埋暗敷管路应尽量采用直线管道,直线管道超过 30m,再须延长距离时,应设置过线盒等装置,以利于牵引敷设线缆。如必须采用弯曲管道,要求每隔 15m 设置过线盒等装置。

c. 暗敷管路如必须转弯,其转弯角度应大于 90°,在路径上每根暗管的转弯角不得多于两个,并不应有 S 弯出现,当有转弯的管段长度超过 20m 时,应设置管线过线盒装置;当有两个弯时,不超过 15m 应设置过线盒。

d. 暗敷管路转弯的曲率半径不应小于所穿入缆线的最小允许弯曲半径,并且不应小于该管外径的 6 倍,当暗管外径大于 50mm 时,不应小于 10 倍。

e. 至楼层电信间暗敷管路的管口应排列有序,在两端应设有标志,其内容有序号、长度等,便于识别与布放缆线。

f. 暗敷管路内应安置牵引线或拉线。不应有铁屑等异物,以防止堵塞。要求管口应光滑无毛刺,并加有护口(护口圈或绝缘套管)保护,管口伸出部位宜为 25~50mm。

g. 暗敷管路如采用钢管,其管材连接(可采用螺扣连接或套管焊接)时,管孔应对准,接缝应严密,不得有水和泥浆渗入,当在管路中间段落设有过渡箱体时,应采用金属板材制成的箱体配套连接,以利于整个电气通路连接。

暗敷管路如采用硬质塑料管,使用接头套管采用承插法连接,内涂胶合剂粘接。要求接续必须牢固、坚实,密封、可靠。

h. 暗敷管路进入信息插座、过线盒等接续设备时,如采用钢管,可采用焊接固定,管口露出盒内部分应小于 5mm;如采用硬质塑料管,应采用入盒接头紧固。暗敷管路在与信息插座、过线盒等设备连接时,可以采用不同的安装方法。

接线盒在现浇筑梁或板内的安装方法如图 7.15 所示。

图 7.15　接线盒在现浇筑梁或板内的安装方法

(a) 设终端接线盒;(b) 设中间接线盒;(c) 设分歧接线盒;(d) 接线盒在测梁安装;(e) 接线盒

接线盒在墙壁内与暗敷管路(包括钢管或 PVC 管)互相连接的安装方法如图 7.16 所示。

接线盒在轻型材料的石膏板墙的安装有其特殊性。采用金属软件敷设时,软管与其暗管、槽、箱、盒等的连接应用软件接头连接;应用管卡固定,其固定点的间距不应大于 1m;不得利用金属软件作为接地导体。

② 金属管明敷。明敷配线管路在智能建筑中应尽量不用或较少采用,但在有些场合或短距离的段落使用较多。在明敷配线管路采用的管材,应根据敷设场合的环境条件选用不同材质的规格,一般有如下要求。

a. 在潮湿场所或埋设于建筑物底层地面内的段落,如采用镀锌钢管或钢管,均应采用管壁厚度大于 2.5mm 的厚壁钢管;使用在干燥场所(含在混凝土或水泥砂浆内)的段落,可采用管壁厚度为 1.6×2.5mm 的薄壁钢管。

b. 明敷管路如在同一路由上,多根排列敷设时,要求排列整齐,布置合理、横平竖直,且要

图 7.16　接线盒在墙壁内与暗敷管路互相连接的安装方法

求固定点(支撑点)的间距均匀。支撑点的间距应符合标准规定。当金属管明敷时,在距接线盒 300mm 处,弯头处的两端,每隔 3m 处应采用管卡固定。

　　c. 在明敷管路采用钢管或镀锌钢管时,当进入通信引出端时,为连接牢固,应用锁紧螺母或护套帽固定。如采用硬质塑料管时,接入盒接头紧固牢靠。

　　d. 明敷管路的安装位置不宜与建筑物的梁、柱和楼板的距离过近,以免在安装、维修和检查时不方便。

　　e. 当明敷管路垂直安装时,距离墙壁的尺寸应一致,务必使管路垂直度偏差减小。

### 2. 安装 PVC 管

　　(1) 暗敷硬质 PVC 管。其管材的连接为插接法。在接续处两端,塑料管应紧插刀接口中心处,并用接头套管,内涂胶合剂黏接,要求接续必须牢固、结实、密封、可靠。

　　(2) 明敷硬质 PVC 管。其管卡与终端、转弯中点和过线盒等设备边缘的距离应为 100~300mm。中间管卡的最大间距应符合规定。

### 3. 安装 PVC 线槽

　　(1) PVC 线槽安装的基本要求

　　① 线槽的安装位置应符合施工图要求,左右偏差不应超过 50mm。

　　② 线槽水平度每米偏差不应超过 2mm。

　　③ 线槽应与地面保持垂直,垂直度偏差不应超过 3mm。

　　④ 线槽截断处及两线槽拼接处应平滑、无毛刺。

　　⑤ 采用吊顶支撑柱布放线缆时,支撑点宜避开地面沟槽和线槽位置,支撑应牢固。

　　(2) PVC 线槽的安装要求

　　① 垂直敷设时,距地面 1.8m 以下部分应加金属盖板保护或采用金属走线槽包封,门应开启。

　　② 明敷的塑料线槽一般规格较小,通常采用黏结剂黏接或螺钉固定。要求螺钉固定的间距一般为 1m。

　　③ 线槽转弯半径不应小于槽内缆线的最小允许弯曲半径,线槽直角弯处最小弯曲半径不应小于槽内最粗缆线外径的 10 倍。

④ 线槽穿过防火墙体或楼板时,缆线布放完成后应采取防火封堵措施。

#### 4. 安装槽道桥架

(1) 预埋金属槽道(线槽)安装

建筑物内综合布线系统有时采用预埋金属槽道(线槽)支撑保护方式,适用于大空间且间隔变化多的场所,一般预埋于现浇筑混凝土地面、现浇筑楼板中活楼板垫层内。通常,金属线槽可以预先定制,根据客观环境条件可有不同的规格尺寸。预埋金属槽道的具体要求有以下几点。

① 在建筑物中预埋线槽,宜按单层设置,每一路由进出同一过路盒的预埋线槽均不应超过 3 根,总宽度不宜超过 300mm,线槽截面高度不宜超过 25mm,否则会影响建筑结构的布局。线槽路由中若包括过线盒和出线盒,截面高度宜在 70～100mm 范围内。

② 线槽直埋长度超过 30m 或在线槽路由交叉、转弯时,宜设置过线盒,以便于布放缆线和维修。

③ 过线盒盖能开启,并与地面齐平,不得高出地面,以免影响走动。盒盖处应具有防灰与防水功能。

④ 过线盒和接线盒盒盖应具有一定抗压功能,以保证通信畅通。

⑤ 从金属线槽至信息插座模块接线盒间或金属线槽与金属钢管之间相连接时的缆线宜采用金属软管敷设。

⑥ 预埋金属槽道与墙壁暗嵌入式通信引出端的连接,应采用金属套管连接法。

(2) 明敷线缆槽道或桥架

明敷线缆槽道或桥架适用于正常环境的室内场所,有严重腐蚀的场所不宜使用。在敷设时必须注意以下要求。

① 缆线桥架底部应高于地面 2.2m 及以上,顶部距建筑物楼板不宜小于 300mm,与梁及其他障碍物交叉处间的距离不宜小于 50mm。

② 缆线桥架水平敷设时,支撑间距宜为 1.5～3m。垂直敷设时,固定在建筑物结构体上的间距宜小于 2m,距地 1.8m 以下部分应加金属盖板保护或采用金属走线柜包封,门应可开启。

③ 直线段缆线桥架每超过 15～30m 或跨越建筑物变形缝时,应设置伸缩补偿装置。

④ 金属线槽敷设时,在下列情况下应设置支架或吊架:线槽接头处、每间距 3m 处、离开线槽两端出口 0.5m 处、转弯处。

⑤ 塑料线槽槽底固定点间距宜为 1m。

⑥ 缆线桥架和缆线线槽转弯半径不应小于槽内线缆的最小允许弯曲半径,线槽直角弯处最小弯曲半径不应小于槽内最粗缆线外径的 10 倍。

⑦ 桥架和线槽穿过防火墙体或楼板时,缆线布放完成后应采取防火封堵措施。

⑧ 缆线桥架和缆线线槽在水平敷设时,应整齐、平直;沿墙垂直明敷时,应排列整齐、横平竖直、紧贴墙体。

⑨ 金属槽道应有良好的接地系统,并应符合设计要求。槽道间应采用螺栓固定法连接,在槽道的连接处应焊接跨接线。

⑩ 当综合布线缆线与大楼弱电系统缆线采用同一线槽或桥架敷设时,子系统之间应采用金属板隔开,间距应符合设计要求。

### 5. 网络地板缆线敷设

网络地板缆线敷设时应注意以下要求。

(1) 线槽之间应沟通。

(2) 线槽盖板应可开启。

(3) 主线槽的宽度宜在 200~400mm,支线槽宽度不宜小于 70mm。

(4) 可开启的线槽盖板与明装插座底盒间应采用金属软管连接。

(5) 地板块与线槽盖板应抗压、抗冲击和阻燃。

(6) 当网络地板具有防静电功能时,地板整体应接地。

(7) 网络地板板块间的金属线槽段与段之间应保持良好导通并接地。

(8) 在架空活动地板下敷设缆线时,地板内净空应为 150~300mm。若空调采用下送风方式,则地板内净高应为 300~500mm。

(9) 吊顶支撑柱中电力线和综合布线缆线合一布放时,中间应有金属板隔开,间距应符合设计要求。

## 7.3.4　建筑物干线通道施工

综合布线系统的主干缆线不得布放在电梯、供气、供暖管道竖井中。主干缆线应选用带门的封闭性的专用通道敷设,以保证通信线路的安全运行和维护管理。因此,在大型建筑中,都采用电缆竖井或弱电间等作为主干缆线敷设通道。综合布线系统上升部分有上升管路、电缆竖井和弱电间 3 种类型。建筑物干线管槽系统通常采用槽道、桥架或管路。

### 1. 上升管路设计安装

上升管路通常适用于信息业务量较小,今后发展较为固定的中、小型智能化建筑,尤其是楼层面积不大、楼层层数较多的塔楼或由各种功能组合成的分区式建筑群体。采用明敷管路的方式。

装设位置一般选择在综合布线系统线缆较集中的地方,宜在较隐蔽角落的公用部位(如走廊、楼梯间或电梯厅等附近),在各个楼层的同一地点设置;不得在办公室或客房等房间内设置,更不宜过于邻近垃圾道、燃气管、热力管和排水管以及易爆、易燃的场所,以免造成危害和干扰等后患。

上升管路是综合布线系统建筑物干线子系统线缆提供保护和支持的专用设施,既要与各个楼层的楼层配线架(或楼层配线接续设备)互相配合连接,又要与各楼层管理相互衔接。上升管路可采用钢管或硬聚氯乙烯塑料管,在屋内的保护高度不应小于 2m,用钢管卡子等固定,其间距为 1m。上升管路的设计安装如图 7.17 和图 7.18 所示。

明敷管路如在同一路由上,当多根排列敷设时,要求排列整齐、布置合理、横平竖直,且要求固定点(支撑点)的间距均匀。支撑点的间距应符合标准规定。

### 2. 在电缆竖井内安装

在特大型或重要的高层智能建筑中,一般均有设备安装的区域,设置各种管线。它们是从地下底层到建筑物顶部楼层,形成一个自上而下的深井。

综合布线系统的主干线路在竖井中一般有以下几种安装方式。

(1) 将上升的主干电缆或光缆直接固定在竖井的墙上,它适用于电缆或光缆条数很少的综合布线系统。

图 7.17　上升管路直接敷设

图 7.18　塑料保护管敷设方法

（2）在竖井墙上装设走线架，上升电缆或光缆在走线架上绑扎固定，它适用于较大的综合布线系统。在有些要求较高的智能化建筑的竖井中，须安装特制的封闭式槽道，以保证线缆安全。

（3）在竖井墙壁上设置上升管路，这种方式适用于中型的综合布线系统。

### 3. 在弱电间内安装

在大、中型高层建筑中，可以利用公用部分的空余地方，划出只有几平方米的小房间作为上升房，在上升房的一侧墙壁和地板处预留槽洞，作为上升主干缆线的通道，专供综合布线系统的垂直干线子系统的线缆安装使用。在上升房内布置综合布线系统的主干线缆和配线接续设备需要注意以下几点。

（1）上升房内的布置应根据房间面积大小、安装电缆或光缆的条数、配线接续设备装设位置和楼层管路的连接、电缆走线架或槽道的安装位置等合理设置。

（2）上升房为综合布线系统的专用房间，不允许无关的管线和设备在房内安装，避免对通信线缆造成危害和干扰，保证线缆和设备安全运行。上升房内应设有 220V 交流电源设施，其照度应不低于 20lx。为了便于维护、检修，可以利用电源插座采取局部照明，以提高照度。

（3）上升房式建筑物中一个上、下直通的整体单元结构，为了防止火灾发生时沿通信线缆延燃，应按国家防火标准的要求，采取切实有效的隔离防火措施。

图 7.19 所示为在电缆竖井或上升房内安装梯式桥架的示意图。

## 7.3.5　建筑群地下通信管道施工

在建筑群子系统中，采用地下通信管道是最主要的建筑方式，它是城市市区街坊或智能化小区内的公用管线设施之一，也是整个城市地下电缆管道系统的一个组成部分。但在综合布线系统工程中一般是在地下通信管道中穿放光缆或电缆，不会施工，所以在这里不再介绍地下通信管道的施工。

图 7.19　在电缆竖井或上升房内安装梯式桥架的示意图

# 习　　题

## 一、选择题

1. 管槽安装的基本要求不包括(　　)。

　　A. 走最短的路由

　　B. 管槽路由与建筑物基线保持一致

　　C. 横平竖直

　　D. 注意房间内的整体布局

2. 在敷设管道时,应尽量减少弯头,每根管的弯头不应超过(　　)个,并不应有 S 形弯出现。

　　A. 2　　　　　　　　B. 3　　　　　　　　C. 4　　　　　　　　D. 5

3. 布放线缆在线槽内的截面利用率应为(　　)。

　　A. 25%～30%　　　B. 40%～50%　　　C. 30%～50%　　　D. 50%～60%

4. 缆线桥架内缆线垂直敷设时,在缆线的上端每间隔(　　　)m 处应固定在桥架的支架上;水平敷设时,在缆线的首、尾、转弯及每间隔 5~10m 处进行固定。

A. 0.5　　　　　　　B. 1.5　　　　　　　C. 2.5　　　　　　　D. 3.5

## 二、简答题

1. 简述综合布线系统工程管路和槽道安装的基本要求。

2. 简述预埋暗敷管路的施工要求。

3. 简述综合布线系统配线子系统预埋暗敷管路的施工要求。

4. 简述综合布线系统配线子系统明敷线缆槽道或桥架的施工要求。

5. 简述综合布线系统配线子系统网络地板缆线敷设的施工要求。

## 三、实训题

1. 参观使用综合布线系统的建筑物,观察其上升管路的设计安装。

2. 参观使用综合布线系统的建筑物,观察其水平管路的设计安装。

3. 参观使用综合布线系统的建筑物,观察其桥架的设计安装。

4. 参观使用综合布线系统的建筑物,观察其电缆竖井内桥架的设计安装。

# 任务 8

## 综合布线系统工程电缆布线敷设

在综合布线系统工程中,当管路和槽道系统安装完成后,接下来就要进行线缆敷设施工了。

## 8.1 任务描述

本项目要求学生在收集相关资料并参考国家标准的基础上,对配线子系统和干线子系统线缆进行敷设。

综合布线系统的配线子系统一般采用双绞线电缆,干线子系统、建筑群子系统则应根据传输距离和用户需求选用双绞线电缆或者光缆作为传输介质。由于双绞线和光缆的结构不同,所以在布线施工中所采用的技术不相同。在本任务中主要介绍双绞线电缆的布线敷设。

## 8.2 相关知识

### 8.2.1 缆线敷设施工的一般要求

#### 1. 管道的一般要求

综合布线子系统与建筑物内缆线敷设通道对应关系如下。

(1) 配线子系统对应于水平缆线通道。

(2) 干线子系统对应于主干缆线通道,电信间之间的缆线通道,电信间与设备间、电信间及设备间与进线间之间的缆线通道。

(3) 建筑群子系统对应于建筑物间缆线通道。

(4) 对于建筑物内缆线通道内较为拥挤的部位,综合布线系统应单独敷设。但与智能化建筑内弱电系统各个子系统合用一个金属槽道布放缆线时,各个子系统的缆线线束间应用金属板隔开。在一般情况下,各个子系统的缆线应布放在各自的金属线槽中,金属线槽应可靠就近接地,且与各系统缆线间距应符合设计要求。

#### 2. 缆线布放要求

在国标 GB 50312—2007 中,规定了缆线布放的一般要求如下。

(1) 缆线的类型、规格应与设计规定相符。

(2) 缆线在各种环境中的敷设方式、布放间距均应符合设计要求。

(3) 缆线的布放应自然平直,不得产生扭绞、打圈接头等现象,不应受外力的挤压和损伤。这样,缆线不会受到外界各种应力,处于稳定的安全状态。如果因为扭绞和挤压改变了电缆的结构,则不能单纯地靠将扭绞的部分拉直就能恢复的电缆的性能。

(4) 缆线两端应贴有统一正规标签,应标明缆线编号和用途,标签上的文字符号书写应清晰、字体端正、内容正确。标签应选用不易损坏的材料制成。

(5) 缆线应适当留有余量,以适应终端连接、检查测试和需要变更(如拆除移动)的需要。缆线预留的长度应按照电信间、设备间内设备布置、安装的机架数量以及在同一机架内或不同机架间进行终端连接、检查测试和变更需要的长度进行计算,估计缆线的预留长度。在一般情况下,双绞电缆预留长度应符合如下要求:在工作区宜为 3~6cm,电信间宜为 0.5~2m,设备间宜为 3~5m;光缆布放路由宜盘留,预留长度宜为 3~5m,有特殊要求的应按设计要求预留长度。

(6) 缆线的弯曲半径应符合下列规定:①非屏蔽 4 双绞电缆的弯曲半径应至少为电缆外径的 4 倍。②屏蔽 4 对双绞电缆的弯曲半径应至少为电缆外径的 8 倍。③主干双绞电缆的弯曲半径应至少为电缆外径的 10 倍。④2 芯或 4 芯水平光缆的弯曲半径应大于 25mm;其他芯数的水平光缆、主干光缆和室外光缆的弯曲半径至少应为光缆外径的 10 倍。⑤当缆线采用电缆桥架布放时,桥架内侧的弯曲半径不应小于 0.3m。

(7) 缆线间的最小净距应符合如下设计要求:①电源线、综合布线系统缆线应分隔布放,并应符合相关规定。②综合布线与配电箱、变电室、电梯机房、空调机房之间应最小净距宜符合相关规定。③建筑物内电、光缆暗管敷设与其他管线最小净距应符合相关规定。④综合布线缆线宜单独敷设,与其他弱电系统各子系统缆线间距应符合设计要求。⑤对于有安全保密要求的工程,综合布线缆线与信号线、电力线、接地线的间距应符合相应的保密规定,对于具有安全保密要求的缆线应采取独立的金属管或金属线槽敷设。⑥屏蔽电缆的屏蔽层端到端应保持完好的导通性。

(8) 最大牵引力。电缆敷设过程中的拉力过大会损坏电缆的导线部分,牵引电缆用力过猛会改变电缆线对的结构或者线对在电缆中的排列。在极端情况下,拉力过大会导致导线延伸甚至断裂。

布放电缆的牵引力应小于线缆允许张力的 80%;应慢速而平稳地拉线,防止拉力过大缆线变形。速度不宜超过 15m/min,并应制作合格的牵引头。线缆最大允许拉力如下。

① 一根 4 对双绞线对称电缆,拉力为 100N。

② 两根 4 对双绞线对称电缆,拉力为 150N。

③ 3 根 4 对双绞线对称电缆,拉力为 200N。

④ $n$ 根 4 对双绞线对称电缆,拉力为 $(50n+50)$N。

⑤ 25 对 5 类及超 5 类双绞线对称电缆,最大拉力为 400N。

(9)具有屏蔽结构的电缆,其屏蔽层端到端应保持完整良好的导通性,屏蔽层的全程不得有中断的现象。如屏蔽层不连续完整,将会直接影响到屏蔽层的效果,并使通信质量下降。

**3. 预埋线槽和暗管敷设缆线规定**

预埋线槽和暗管敷设缆线应符合下列规定。

(1) 敷设线槽和暗管的两端宜用标志表示出编号等内容。

(2) 预埋线槽宜采用金属线槽,预埋或密封线槽的截面利用率应为 30%~50%。

(3) 敷设暗管宜采用钢管或阻燃聚氯乙烯硬质管。当布放大对数主干电缆及 4 芯以上光缆时,直线管道的管径利用率应为 50%~60%,弯管道应为 40%~50%。暗管布放 4 对双绞电缆或 4 芯及以下光缆时,管道的截面利用率应为 25%~30%。

**4．设置缆线桥架和线槽敷设缆线规定**

设置缆线桥架和线槽敷设缆线应符合下列规定。

（1）在密封式线槽内布放的缆线应顺直，尽量不互相交叉重叠，在缆线进出线槽部位、转弯处应绑扎固定牢靠，做到美观整齐。

（2）在缆线桥架内缆线垂直敷设时，在缆线的上端和每间隔 1.5m 处应固定在桥架的支架上；当缆线为水平敷设时，在缆线的首、尾、转弯及每间隔 5～10m 处应绑扎固定牢靠。

（3）在水平、垂直桥架中敷设缆线时，应对缆线进行绑扎。双绞电缆、光缆及其他信号电缆应根据缆线的类别、数量、缆径、缆线芯数分束绑扎。绑扎间距不宜大于 1.5m，间距应均匀，绑扎不宜过紧或使缆线外护套受到挤压。

为了减少缆线间的相互串扰，6 类 4 对双绞线电缆可采用在槽道或桥架中顺直绑扎或随意布放。针对"＋"字、"－"字等不同骨架结构的 6 类 4 对双绞线电缆，其布放要求是不同的，具体布放方式应根据生产缆线的厂家要求确定。

（4）在建筑物内，光缆在桥架敞开敷设时，应在绑扎固定段落处加装垫套，以缓冲外力直接对缆线的影响。

**5．吊顶支撑柱作为线槽在顶棚内敷设缆线**

采用吊顶支撑柱作为线槽在顶棚内敷设缆线时，每根支撑柱所辖范围内的缆线可以不设置密封线槽进行布放，但应分束绑扎在支撑柱上，力求整齐美观，缆线应采用阻燃型，缆线选用应符合设计要求。

**6．干线子系统缆线敷设**

干线子系统缆线敷设保护方式应符合下列要求。

（1）缆线不得布放在电梯或供水、供气、供暖管道竖井中，缆线不应布放在强电竖井中。

（2）电信间、设备间、进线间之间干线通道应沟通。

## 8.2.2 双绞线电缆布线工具

**1．双绞线电缆敷设工具**

双绞线电缆敷设工具是指双绞线敷设过程中使用的工具。借助这些工具，不仅可以保证双绞线敷设工程的顺利完成，而且还能够最大限度地保障双绞线的电气性能不被改变，从而保证双绞线布线系统通过布线测试。

（1）穿线器。当在建筑物室内、外的管道中布线时，如果管道较长、弯头较多且空间紧张，应使用穿线器牵引线缆。图 8.1 所示为一种小型穿线器（长度也不同），适用于管道较短的情况，图 8.2 所示为工程常用穿线器，适用于室外管道较长的线缆敷设。

（2）线轴支架。为防止缆线本身不受损伤，在缆线敷设时，布放缆线的牵引力不宜过大，一般应小于缆线允许张力的 80%。为了保护双绞线，应当使用专用的线轴支架，如图 8.3 所示，以最大限度地减少牵引力。

（3）吊钩或滑轮。当线缆从上而下垂放电缆时，为了保护电缆，需要一个滑车，以保障线缆从线缆卷轴拉出后经过滑车平滑地向下放线。图 8.4 所示为朝天钩式滑车，它安装在垂井的上方。图 8.5 所示为三联井口滑车，它安装在垂井的井口。

图 8.1　小型穿线器

图 8.2  工程常用穿线器

图 8.3  线轴支架

图 8.4  朝天钩式滑车

(4) 牵引机。当大楼主干布线采用由下往上的敷设方法时,就需要用牵引机向上牵引线缆,牵引机有手摇式牵引机(见图 8.6)和电动牵引机(见图 8.7)两种。当大楼楼层较高且线缆数量较多时,使用电动牵引机;当楼层较低且线缆数量少而轻时,可使用手摇式牵引机。

图 8.5  三联井口滑车

图 8.6  手摇式牵引机

图 8.7  电动牵引机

### 2. 线缆标签

常见的线缆标签有以下几种。

(1) 普通不干胶标签。该标签成本低、安装简便,但不易长久保留。

(2) 覆盖保护膜线缆标签。该标签完全缠绕在线缆上并有一层透明的薄膜缠绕在打印内容上,这样可以有效地保护打印内容,防止刮伤或腐蚀,具有良好的防水、防油性能。

(3) 套管标签。套管标签只能在端子连接之前使用,通过电缆的开口端套在电线上,有普通套管和热缩套管两种。热缩套管在热缩之前可以更换,经过热缩后,套管就成为能耐恶劣环境的永久标识。

## 8.3  配线子系统电缆敷设施工

水平电缆敷设是指把电缆从电信间穿过水平通道牵引到各个工作区所在地。通常情况下,水平布线应当从电信间向各信息出口敷设。在实施水平布线时,应当多箱网线同时敷设,以提高布线效率。配线子系统水平电缆敷设步骤如下:查水平电缆通道→规划并建立工作区→拉绳和引线的安装→支起电缆盘或电缆箱→电缆末端标记→制作线缆牵引端→电缆牵引→收尾。

### 8.3.1　检查水平电缆通道

牵引水平电缆的第一步就是对电缆通道和电缆路径进行检查。检查的起始点在每个布线路径开始的地方,然后对通往工作区的每个电缆通道进行检查。配线子系统水平电缆大都是从电信间通往工作区。

(1)电信间是检查过程的第一站,在牵引水平电缆之前,电信间必须建好,机柜位置已经确定下来,它是水平电缆在电信间内的端接位置。

(2)检查过程的第二步是确定水平电缆在电信间的出口。大多数电信间都由水平电缆通道支持,这些通道从地板下或者吊顶上进入电信间。水平电缆应该在水平电缆通道内牵引进入每个工作区。

(3)检查第三步是检查电信间的电缆支撑硬件(如梯形架)已经安装,用于支撑从机柜或机架到水平通道的水平电缆。

(4)第四部是检查从电信间到工作区的水平电缆通道,如果水平电缆通道是安装在吊顶上的电缆桥架,则要架起一个梯子,然后打开吊顶上的镶板检查电缆桥架。如果是地板下管路,则需要试通。在这两种情况下,都要对水平电缆通道进行分析,看水平电缆通道能否支持必须敷设的水平电缆。如果检查后确定水平电缆通道已经满了或者不能支持新的水平电缆,则要更换一个水平通道或在牵引水平电缆前敷设一条新通道。

### 8.3.2　规划并建立工作区

检查完水平电缆路径后,就需要进行牵引电缆的准备工作,包括准备牵引水平电缆所需的工具和材料,否则在敷设电缆的过程中就会因寻找必要的工具和材料而受阻。

另外,还需要进行工作区的规划和安全检查。在楼内施工时,工作区必须是已经规划好的并且安全有所保障,如采用橙色圆锥体和黄色警示带提醒施工人员和其他人员在进入这个工作区时要注意到的各种可能危险。

### 8.3.3　拉绳和引线的安装

在安装铜线电缆之前,如果水平通道内没有牵引线,则必须先将拉绳和牵引线安装在水平通道内。

每个水平电缆通道都要配有一根牵引线。牵引线是用来在管道和地板下线槽等电缆通道中牵引通信电缆的工具。在吊顶上的电缆桥架或者 J 形钩也可以用牵引线安装电缆。但因为这些电缆通道是开放式的,因此也可以手工敷设电缆。

安装牵引线通常使用图 8.1 所示的小型穿线器。在管道内安装牵引线的具体步骤如下:
①估算以下管道的长度;②选择一个穿线器,要保证其长度可以达到管道的另一端;③把穿线器插入管道的一端并穿过整个电缆通道到达另一端;④并牵引线用带子固定在穿线器末端的吊钩上;⑤把穿线器卷起来,以确保管道两端都有拉绳。

### 8.3.4　支起电缆盘或电缆箱

4 对双绞线电缆通常安装在配线子系统上。4 对双绞线电缆在卖的时候通常绕在电缆盘上或纸板箱中装运,长度一般为 305m(1000ft)。

　　在开始牵引电缆之前,要把电缆盘和纸板箱支起来,以便电缆进入水平电缆通道。同时,把电缆盘和纸板箱固定好,以防电缆缠结和扭绞。

　　当需要一起牵引多条水平电缆时,则需要把电缆盘固定在一个电缆树上。电缆树是一个可以把多个电缆盘固定在上面放线的设备,这样就可以使得多条电缆一起放线。

## 8.3.5　电缆末端标记

　　在支起电缆盘和电缆箱准备放线的时候,每条水平电缆都必须有唯一的标识。电缆标识要贴在每条水平电缆上,相关的标签要贴在电缆盘或电缆箱上。

　　电缆标签要放在距电缆端 7～15cm 的距离,以防止在用带子将电缆固定在拉绳上的时候带子把标签遮住。此外,即使电缆的护套已经被剥离并且端接完毕,标签还可能留在电缆上。因此,在电缆被牵引过水平电缆通道之后,将电缆从电缆盘或电缆箱切断并在电缆另一端作上标记。

　　一般在电缆路径的两端留有余量。余留电缆在电信间和工作区端接完之后切断。在原来的余留电缆被切去之后要把一个新的标签贴在电缆上。尽管端接设备上都有标签,但墙壁后的电缆也要有标签。

## 8.3.6　制作线缆牵引端

　　线缆敷设之前,建筑物内的各种暗敷管路和槽道已安装完毕,因此线缆要敷设在管路或槽道内,就必须使用线缆牵引技术。为了方便线缆牵引,在安装各种管路或槽道时已内置了拉绳(一般为钢丝)。

　　缆线牵引是指用一条拉绳将线缆牵引从墙壁管路、地板管路及槽道或拉过桥架及线槽的一端牵引到另一端。线缆牵引所用的方法取决于要完成作业的类型、线缆的质量、布线路由的难度、管道中要穿过的线缆的数目及管道中是否已敷设线缆等因素。不管在哪种场合,都必须尽量使拉绳与线缆的连接点平滑,所以要采用电工胶布紧紧地缠绕在连接点外面,以保证平滑和牢固。

### 1. 牵引 4 对双绞线电缆

　　一条 4 对双绞线电缆很轻,通常不要求做更多的准备,只需用电工胶带与拉绳捆扎按要求布放即可。

### 2. 牵引多条线缆穿过同一路由

　　牵引多条 4 对双绞线电缆穿过一条路由,方法是使用电工胶布将多根双绞线电缆与拉绳绑紧,使用拉绳均匀用力,缓慢牵引电缆。牵引端的做法通常有以下两种。

　　牵引端做法一:将多条线聚集成一束,并使它们的末端对齐,然后用电工胶带紧绕在缆线束外面,在末端外绕 5～8cm 长就可以了。将拉绳穿过电工胶带缠绕好的电缆,并打好结,如图 8.8 所示。

　　牵引端做法二:为使拉绳与电缆组连接更牢固,可采用如下方法:将电缆除去一些绝缘层以暴露出 5cm 的铜质裸线,将裸线分为两束,将两束导线互相缠绕成一个环,如图 8.9 所示。用拉绳穿过此环,打好结,然后将电工胶带缠绕到连接点周围,并要注意缠得尽可能结实和平滑。

图 8.8　牵引端做法一

图 8.9　牵引端做法二

### 8.3.7　电缆牵引

在同一楼层中,线缆的敷设从楼层电信间开始,由远及近向各个房间依次敷设。也就是从最远处的工作区信息插座处开始布放线缆,一直布放到楼层电信间机柜中。

对于新建建筑物,配线子系统的缆线敷设方式通常有吊顶线槽墙体支管布线法、墙壁线槽布线法和暗埋管布线法 3 种。

#### 1.吊顶线槽墙体支管布线法

吊顶内的布线施工面广、量大、情况复杂而繁多、涉及范围几乎遍布智能化建筑,在整个施工过程中,必须按照以下施工程序、操作方法以及具体要求,才能符合技术规范的规定。

(1)根据施工图纸要求,结合现场实际条件,确定在吊顶内的布线路由。

(2)在缆线施工现场应注意安全,在工作区域采取安全防护措施,设置施工标记牌或示警塑料彩带等,以便提醒过往行人了解现场正在施工,存在安全因素,限制非缆线施工人员和未经允许的个人进入施工现场等。

(3)详细核查缆线的准确长度。对需敷设缆线的段落进行详细核查,注意缆线的路由、走向、位置、拐弯处和设备安装点等。确保每根缆线长度准确(包括预留缆线的长度),敷设的缆线有足够的长度(包括今后终端连接、测试等消耗长度)。对符合长度要求的缆线的两端做好标记,以便于与房间号、配线架端口相匹配。电缆标记应当用防水胶布缠绕,以避免在穿线过程中磨损或浸湿。

(4)检查吊顶内是否符合施工要求。根据施工图纸要求,结合现场实际条件,确定在吊顶内缆线的具体路由位置和安装方式。为此,应在施工现场将拟敷设缆线路由的吊顶活动面板(包括检查口)移开,详细检查吊顶距楼板底边的净空间距是否符合标准,有无影响缆线敷设的障碍。如有槽道或桥架装置及支撑物(包括悬吊件),应检查其安装是否牢固可靠,尤其是上人的吊顶,有无摇晃不稳定的现象、牢固程度不够的隐患等。检查后,确未发现问题才能敷设缆线。

(5)采用相应而适宜的牵引敷设方式。配线子系统的缆线长度不会太长,最长为 100m。在吊顶内,无论是否装设槽道或桥架,空间都较为宽敞,为此,缆线的牵引敷设方式应采取人工牵引。通常在吊顶内采用分区布线法,对于单根大对数的电缆可以直接牵引敷设,不需要牵引绳索;如果是多根小对数的缆线(如 4 对双绞线电缆),则可组成缆束作为牵引单位,用拉绳在吊顶内牵引敷设。当缆束长度较长、缆线根数较多、重量也较大时,可在缆线路由中间设置专人负责照料或帮助牵引,以减少牵引人力,防止电缆在牵引中受到磨损。具体的人工牵引方法如图 8.10 所示。

为了防止距离较长的电缆在牵引过程中发生被磨、刮、蹭、拖等损伤,可在缆线进顶棚的入口处和出口处以及中间增设保护措施和支撑设置。

在牵引缆线时,牵引速度宜慢速,不宜猛拉紧拽,如果缆线被障碍物绊住,则应查明原因,

图 8.10  用拉绳将缆线牵引到顶棚内

排除故障后再继续牵引,必要时,可将缆线拉回重新牵引。

配线子系统的缆线分布较分散,且线对数不多,更有利于利用吊顶内支撑柱或悬吊件等附挂缆线的方式。

(6) 向下穿过管路。配线子系统的缆线在吊顶内敷设后,需要将缆线穿放在预埋墙壁或柱子中的暗敷管路,向下牵引至安装的信息点(通信引出端)处。对于缆线根数较少,且线对数不多的情况,可直接穿放。如果缆线根数较多,宜采用牵引绳拉到安装信息插座处。缆线在工作区处应适当预留长度,一般为 0.1~0.3m,以便连接。

### 2. 暗埋管布线法

暗埋管布线法是指在浇筑混凝土时已把管道预埋好了,管道内有牵引电缆线的钢丝或铁丝,安装人员只需索取管道图纸来了解地板的布线管道系统,确定路径在何处,就可以作出施工方案了。

管道一般从电信间埋到信息插座安装底盒。安装人员只需将双绞线电缆固定在信息插座的拉线端,然后从管道的另一端牵引拉绳即可将线缆打到电信间。

### 3. 墙壁线槽布线法

在墙壁线槽里布线一般遵循以下步骤。

(1) 确定布线路由。

(2) 沿着路由方向放线。

(3) 布线。把线缆放入线槽中,盖塑料槽盖。在工程实际中,要求槽盖应错位盖(第一次可以把线槽盖分成两半,这样底座和槽盖就错开了)。

其他布线方法与吊顶内布线方法基本相似。

## 8.3.8  收尾

(1) 固定线缆。缆线的首、尾、转弯及每间隔 5~10m 处应绑扎固定牢靠。在水平桥架中敷设缆线时,应对缆线进行绑扎。双绞电缆、光缆及其他信号电缆应根据缆线的类别、数量、缆径、缆线芯数分束绑扎。绑扎间距不宜大于 1.5m,间距应均匀,且绑扎不宜过紧或使缆线外护套受到挤压或变形。

(2) 暂不使用的暗敷管路的管孔应用易取出的堵塞物堵封严密。

（3）整理施工现场，保持工地清洁。整理施工现场使工地清洁是安装施工人员的职业道德的要求和必备的基本素质。具体工作主要包括整理牵引绳索和工具，处理施工中废弃的缆线线头和废料；对所有工具、设备进行检验并收藏妥当；清扫施工现场和有关设施（如临时电气线路）的整理等。尤其是施工的剩余缆线和布线部件必须进行清点检查，并分类妥善保管。

# 8.4　干线子系统电缆敷设施工

## 8.4.1　检查干线电缆通道

牵引干线电缆的第一步是检查电信间之间的电缆通道。在敷设任何电缆之前，必须对每个干线通道进行检查，检查内容如下。

（1）电信间之间的管道。

（2）管道容量。

（3）管道使用情况。

（4）所用电缆通道内用于支持干线光缆的套管。

（5）管道填充率。

（6）干线电缆引入引出管道的方式。

（7）电信间之间的支撑结构。

（8）电缆牵引点。

如果检查发现干线通道已满或者不能敷设新的干线电缆，就要在牵引干线电缆之前采用一些预留管道或者敷设新的管道。

## 8.4.2　规划并建立工作区

检查完干线电缆通道之后，须立即进行牵引电缆的准备工作。牵引电缆的准备工作包括牵引干线电缆所需的工具和材料。

另外，还需要进行工作区的规划和安全检查。在楼内施工时，工作区必须是已经规划好的，并且安全应有所保障。例如，采用橙色圆锥体和黄色警示带提醒施工人员和其他人员在进入这个工作区时要注意到的各种可能危险。

## 8.4.3　干线通道内拉绳的安装

牵引干线电缆的第一步是在干线通道内安装拉绳（最小测试拉力为 200 磅的塑料或者尼龙绳）。安装拉绳通常使用图 8.1 所示的小型穿线器。在管道内安装牵引线的具体步骤同 8.3.3 小节。

## 8.4.4　支起电缆盘或电缆箱

干线电缆可能是普通的一条或多条 4 对双绞线，也可能是大对数线缆。如果是大对数电缆，通常需要用大型的电缆盘装运它，市面上电缆盘通常为木质的，电缆长度在 305～5000m 之间。当多条 4 对双绞线干线电缆必须在同一时间牵引时，则须把电缆盘固定在一个电缆树上。

## 8.4.5　电缆和电缆盘的标记

在支起干线电缆盘准备放线的时候，每条干线电缆都必须有唯一的标识。电缆标签必须贴在每条干线电缆上。

电缆标签要放在距电缆端 7～15cm 的距离。在电缆被牵引过干线电缆通道之后，将电缆从电缆盘或电缆箱切断并在电缆另一端作上标记。

一般在电缆路径的两端留有余量，一般为 3～10m，被称作备用环。

## 8.4.6　制作线缆牵引端

干线电缆牵引的最后一步是将拉绳固定到电缆上，拉绳在电缆上的固定方法有拉环、牵引夹和直接将拉绳系在干线电缆上等几种方法。

### 1．牵引一条或多条 4 对双绞线电缆

在 8.3.7 小节中已经介绍过，在此不再赘述。

### 2．牵引单根大对数双绞线对称电缆

这种方法适用于 70 对以下单条大对数（如 25 对、50 对等）主干双绞线电缆。

牵引端做法如一：将电缆向后弯曲以便建立一个环，直径为 15～30cm，并使缆线末端与缆线本身绞紧，再用电工带紧紧地缠绕在绞好的缆线上，以加固此环。然后，用拉绳连接到缆环上，再用电工带紧紧地将连接点包扎起来，已做好的单条大对数双绞线对称电缆的牵引端如图 8.11 所示。

图 8.11　已做好的单条大对数电缆的牵引端

### 3．牵引多根 25 对双绞线电缆或更多线对电缆

对于 70 对以上，特别是上百对的主干缆或多根 25 对线缆，可采用一种称为芯套/钩的连接，这种连接是非常牢固的，它能用于几百对电缆的牵引。

牵引端做法如下：剥除约 30cm 的缆护套，包括导线上的绝缘层，使用斜口钳将部分线切去留下一部分（如约 12 根）作绞合用；将导线分成两个绞线组，将两组绞线交叉地穿过拉绳的环，在缆线的一边建立一个闭环，如图 8.12 所示，在缆线一端将双绞线缠绕在一起来关闭缆环，用电工带紧紧缠绕在缆周围，覆盖长度约 6cm，然后继续再绕上一段，图 8.13 所示为制作好的电缆牵引芯套/钩。

图 8.12　两组缆线交叉地穿过拉线环

图 8.13　制作好的电缆牵引芯套/钩

### 8.4.7　干线电缆的牵引方式

#### 1. 牵引敷设方法的类型

智能建筑有高耸的塔楼型和矮胖的宽敞型两种。

高耸的塔楼型建筑的干线子系统都设在电信间(电缆竖井或上升房内,又称楼层配线间、干线接线间、交接间等),其牵引缆线敷设方式有两种类型:一种是向下垂放,即由建筑物的最高层向最底层牵引敷设,可以利用缆线本身自重的有利条件向下垂放的施工方式;另一种是向上牵引,即由低层向高层敷设,将缆线向上牵引的施工方式。

另外,在特高层(如几十层的高层)建筑中,可以采用分段牵引的方式,如将50层的高层建筑分成两段,可以分别在25层、50层向下垂放。

矮胖的宽敞型建筑的干线子系统通常设在同一楼层的电信间之间,用于连接一个楼层的电信间。

#### 2. 向下垂放的敷设方式

在向下垂放电缆时,应按照以下步骤进行并注意施工方法。

(1)核实缆线的长度重量

在布放缆线前,必须检查缆线两端,核实外护套上的总尺码标记,并计算外护套的实际长度,力求精确核实,以免敷设后发生较大误差。

确定缆线的尺寸和净重,以便考虑有无足够大小的体积和负载能力的电梯,将缆线盘运到顶层或相应楼层,以便决定分别向上或向下牵引缆线施工。

(2)缆线盘定位和安装主滑轮

缆线盘必须放置在合适的位置,以使顶层有足够的操作空间,缆线盘应用千斤顶架空使之能够自由转动,并设有刹车装置,用作帮助控制缆线的下垂速度或停止或启动。为了使缆线能正确直接竖直地下垂到洞孔。在沟槽或立管中,须用主滑车轮来控制缆线方向,以确保缆线垂直进入上述支撑保护措施,使其外护套不受损坏。为此,主滑车轮必须固定在牢固的建筑结构上,防止有摆动偏离垂直的方向而损坏缆线外护套,为此,需要预留较大的洞孔或安装截面较大的槽道,如图8.14所示。

图8.14　利用滑车轮向下垂放通过大的洞孔或槽口

(3)缆线牵引

缆线下垂敷设,要求每层都应有人驻守,以便于引导缆线下垂和观察敷设过程中的情况,这些施工人员需要带有安全手套、无线电话等设备,以便及时发现和处理问题。

在缆线向下垂放敷设的过程中,要求速度适中均匀,不宜过快,使缆线从盘中慢慢放出,徐徐下垂进入洞孔。各个楼层的施工人员应将经过本楼层的缆线正确引导到下一楼层的洞孔,直到缆线顺利到达底层时,将缆线从底层开始向上逐层固定,要求每个楼层留出缆线所需的冗余长度,并对这段缆线予以保护。在统一指挥下,各个楼层的施工人员应将缆线进行绑扎固定。

（4）缆线牵引敷设和保护

在特高的智能化建筑中敷设缆线时,不宜完全采用向下垂放敷设,尚需牵引以提高工效。当采用牵引施工方法时,必须注意以下几点。

① 为了保证缆线本身不受损伤,在布放缆线过程中,其牵引力不宜过大,应小于缆线允许张力的80%。

② 为了防止预留的电缆洞孔或管路线槽的边缘不光滑,磨破电缆外护套,应在洞孔中放置塑料保护装置,以便保护,如图8.15所示。

图8.15　向下垂直布放缆线洞孔中的保护装置

在牵引缆线过程中,为防止缆线被拖、蹭、刮、磨等损伤,应均匀设置吊挂或支承缆线的支点或采取其他保护措施(如增加引导牵引缆线的引导绳);吊挂或支承的支持物间距不应大于

1.5m,可根据实际情况来确定。

③ 在牵引缆线过程中,为减少缆线承受的拉力或避免在牵引中产生扭绞或打圈等有可能影响缆线本身质量的现象,在牵引缆线的端头处应装置操作方便、结构简单的合格牵引网套(夹),旋转接头(旋转环)等连接装置,如图8.16所示。缆线布放后,应平直处于安全稳定的状态,不应有受到外力的挤压或遭受损伤而产生障碍隐患。

旋转接头

旋转接头　电缆

钢丝网夹(套)

可拉动的增强件　钢丝网夹

图 8.16　牵引网套等连接装置

(5) 缆线的牵引

由于建筑物主干布线子系统的主干缆线一般长度为几十米或百余米,因此应以人工牵引方法为主。如为特高层建筑,当其楼层数量较多,且缆线对数较大时,宜采用机械牵引方式。

### 3. 向上牵引的敷设方式

当缆线盘因各种因素不能搬到顶层或建筑物本身楼层数量较少,且建筑物主干布线的长度不长时,也可采用向上牵引缆线的敷设方法。

一般采用电动牵引绞车牵引,电动牵引绞车的型号、性能和牵引能力应根据所牵引电缆的重量和要求以及缆线达到的高度来选择。其施工顺序和具体要求与向下垂放基本相同。所不同的是,需要先从房屋建筑的顶层向下垂放一条牵引缆线的拉绳,拉绳的长度应比房屋顶层到最底层略长;拉绳的强度应足以牵引缆线等的所有重量,在底层将缆线端部与拉绳连接牢固,在受拉力时不会脱落,再次检查无误后,启动绞车,应匀速将缆线逐层向上牵引,同样,在每个楼层应由专人照料,使缆线在洞孔中间徐徐上升,不得产生缆线在洞孔边缘磨、蹭、刮、拖等现象,直到缆线引导顶层,要求从上到下在各个楼层缆线均有适当的预留长度,以便连接到设备,当全部楼层均按标准规定做到后,才停止绞车。

### 4. 水平干线电缆的牵引

水平干线电缆的牵引和支撑方式与水平电缆的相同,只是水平干线电缆要比一般的水平电缆重,因此在敷设时可能会需要更多的人员和更大的支撑设备。

### 5. 不同楼层的缆线敷设方法

向下垂放或向上牵引缆线都分别是从顶层到底层或从底层到顶层的缆线长度最长的情况。在智能化建筑中,当采用各个楼层单独供线方式时,通常是不同楼层各自独立的(或称单独的)缆线,且容量和长度不一。因此,在工程实际施工时,应根据每个楼层需要,分别牵引敷设,有时可以分成若干个缆线组合,例如,1~3 层,将 3 个楼层的缆线一起牵引到该组合的最低楼层(如第 3 层),再依次分别穿放另外两个楼层(4、5 层)长度的缆线到其供线的楼层(4、5 层)。但这种组合应根据工程现场的实际情况来定,而不宜硬性规定。

这种敷设方式较自由,即楼层层数的组合或缆线条数的组合(在同一楼层中有可能不是一根缆线)根据缆线容量多少、缆线直径的粗细和客观敷设的条件及牵引拉绳的承载能力等来考虑,可以采用完全不同的组合。

## 8.4.8 干线电缆的支撑方式

综合布线系统的建筑物干线子系统的缆线,主要在封闭式或敞开式的槽道(桥架)内敷设,尤其是在缆线条数多而集中的设备间或电信间内敷设。为了便于维护和检修,当缆线在槽道或桥架中敷设时,应按以下要求施工。

(1) 当缆线在桥架或敞开式槽道内敷设时,为了使缆线布置整齐有序、固定美观,应采取稳妥牢靠的固定绑扎措施。通常情况下,在水平装设的槽道或桥架中的缆线可以不绑扎,但应在缆线的首端、尾端、转弯处及每间隔 3~5m 处进行固定绑扎;但缆线在垂直装设的敞开式槽道或桥架内敷设时,应在缆线的上端和每隔 1.5m 处进行固定绑扎。具体固定有专制的电缆或光缆的塑料轧带等材料,通常将缆线绑扎在桥架或敞开式槽道内的支架上。

(2) 当缆线在封闭式(有较严密的槽道盖板)的槽道内敷设时,要求缆线在槽道内平齐顺直、排列有序、尽量不交叉或不重叠,缆线不得溢出槽道,以免影响槽道盖板盖合,造成不能严闭密盖的现象,使水分或灰尘进入槽道。缆线在封闭式槽道中虽然可不绑扎,但在缆线进出槽道的部位或转弯处应绑扎固定,尤其是槽道在垂直安装时,槽道内的缆线应每隔 1.5m 将缆线固定绑扎在槽道内的支架上,以保证缆线布置整齐、美观。

(3) 为了便于检修障碍和维护管理,在桥架或槽道内的缆线固定绑扎时,宜采取分类布置和分束固定的方法,通常是根据缆线的类型、用途、缆径、线对数量,采用分束绑扎并加以标记的方法,以示区别,如图 8.17 所示。

例如,4 对双绞线电缆以 24 根为一束;25 对或 25 对以上的主干双绞线电缆或光缆及信号电缆可以分束捆扎。缆线绑扎的间距不宜大于 1.5m,绑扎间距应均匀一致,标志面向外显示。绑扎松紧适度,不宜过紧使缆线结构改变,以免影响传输性能。

图 8.17 缆线在槽道中分束绑扎

(4) 在有些吊顶内因缆线条数较少或因其他原因不需设置专用槽道,可以采用吊顶内的支撑柱附挂缆线的安装方式。这时,承载的缆线不能太多,缆线悬空吊挂容易混乱,必须采取分束绑扎,以便管理和检修。

(5) 在设备间或电缆竖井中,所有建筑物干线子系统的缆线都要求其缆线的外护套材料具有阻燃性能。

# 习　题

## 一、选择题

1. 由于通信电缆的特殊结构,电缆在布放过程中承受的拉力不要超过电缆允许张力的80%。下面关于电缆最大允许拉力值的叙述正确的是(　　)。

    A. 一根 4 对双绞线电缆,拉力为 5kg

    B. 两根 4 对双绞线电缆,拉力为 10kg

    C. 3 根 4 对双绞线电缆,拉力为 15kg

    D. $n$ 根 4 对双绞线电缆,拉力为 $(4n+5)$kg

2. 大对数主干电缆在进行敷设时,要求管线敷设的弯曲半径不小于电缆外径的(　　)倍。

    A. 4　　　　　　　　B. 8　　　　　　　　C. 10　　　　　　　　D. 20

## 二、简答题

1. 双绞线电缆布线在转弯时,对弯曲半径有哪些要求?

2. 列出常用的 3 种双绞线电缆敷设工具,并指出其适用场合。

3. 在综合布线系统工程中,如何一起牵引 5 条 4 对双绞线电缆?

4. 在吊顶内,一般应如何敷设双绞线电缆?

5. 在竖井中,垂直电缆敷设的两种方式应该如何实现?

6. 线缆在槽道或桥架内如何布置和固定?

## 三、实训题

1. 制作一个牵引 10 条 4 对 5e 类双绞线电缆的牵引端。

2. 制作一个牵引一条 25 对双绞线电缆的牵引端。

3. 制作一个牵引 3 条 25 对双绞线电缆的牵引端。

4. 到学校办公楼、机关办公大楼观察电缆竖井内干线电缆的布放。

# 任务 9

## 综合布线系统工程光缆布线敷设

在综合布线系统工程中，当管路和槽道系统安装完成后，接下来就要进行线缆敷设施工了，在上一个任务中介绍了电缆敷设施工，在本任务中将介绍光缆敷设。

## 9.1 任务描述

本任务要求学生在收集相关资料并参考国家标准的基础上，对配线子系统、干线子系统和建筑群子系统线缆进行光缆敷设。

综合布线系统的配线子系统、干线子系统会根据传输距离和用户需求选用双绞线电缆或者光缆作为传输介质，建筑群子系统一般采用光缆。由于双绞线和光缆的结构不同，所以在布线施工中所采用的技术也不相同。在本任务目中主要介绍光缆的布线敷设。

## 9.2 相关知识

### 9.2.1 光缆施工的基本要求

#### 1. 施工准备

光缆施工时，应当做好以下准备工作。

(1) 光缆外观检查。当用户收到光缆后，应及时检查缆盘及外层光缆，确定所收光缆没有受到损伤，并检查缆盘中心孔有无各种可能损害光缆护套或妨碍光缆收卷或展开的障碍物。

(2) 数量检查。检查光缆总数量、每盘长度是否与合同要求一致。

(3) 质量检查。用光时域反射仪检查光缆在运输中是否受到伤害，检查所得数据可用来与安装后验收监测数据进行比较，并作为数据记录的一部分，有利于日后紧急修复工作。

(4) 配线设备的使用应符合规定。光缆交接设备的型号、规格应符合设计要求；光缆交接设备的编排及标记名称应与设计相符，各类标记名称应统一，标记位置应正确、清晰。

#### 2. 光缆敷设要求

光缆和电缆之间有较大的区别，如果光缆在牵引敷设过程中玻璃光纤损坏，则这条光缆就报废了，必须更换。在布线施工时，必须注意以下几点。

(1) 光缆弯曲时，不能超过最小曲率半径。光纤的纤芯是石英玻璃，光纤是由光传输的，因此光缆比双绞线有更高的弯曲半径要求。在安装敷设完工后，光缆允许的最小曲率半径应不小于光缆外径的 15 倍；在施工过程中，光缆允许的最小曲率半径不应小于光缆外径的 20 倍。尺寸较大、光纤数目较多的光缆的最小弯曲半径要比小尺寸的光缆大。

（2）光缆敷设时的张力应符合设计标准中的规定。要求布放光缆的牵引力应不超过光缆允许张力的80%，瞬时最大牵引力不得大于光缆允许张力。主要牵引力应加在光缆的加强构件上，光纤不应直接承受拉力。当光缆采用机械牵引时，牵引力应用拉力计监视，不得大于规定值。

为了满足对弯曲半径和抗拉强度的要求，在施工中应使光缆卷轴转动，光缆盘转动速度应与光缆布放速度同步，要求牵引的最大速度为15m/min，并保持恒定。光缆应从卷轴的顶部去牵引光缆，而且是缓慢而平稳地牵引，严禁硬拉猛拽。

（3）光缆敷设时的侧压力、扭转力均应符合设计标准中的规定。涂有塑料涂覆层的光纤细如毛发，而且光纤表面的微小伤痕都将使耐张力显著地恶化。另外，当光纤受到不均匀侧面压力时，光纤损耗将明显增大，因此，敷设时应控制光缆的敷设张力，避免使光纤受到过度的外力(弯曲、侧压、牵拉、冲击等)。在光缆敷设过程中，严禁光缆打小圈及弯曲、扭曲，从而有效地防止打背扣的发生。

（4）光缆敷设时的最大垂直高度。最大垂直高度是垂直敷设的光缆自支承时的垂直距离。光缆沿大楼的立柱垂直敷设时光缆要承受其自身的压力。如果光缆支撑方法不正确，光缆自身重量就会压到光缆支撑物上，会对光缆产生损害。

（5）根据运到施工现场的光缆情况，结合工程实际，合理配盘与光缆敷设顺序相结合，应充分利用光缆的盘长，施工中宜整盘敷设，不得任意切断光缆，以减少中间接头。

（6）光缆布放应有冗余。光缆布放路由宜盘留(过线井处)，预留长度宜为3～5m；在设备间和电信间，多余光缆盘成圆来存放，光缆盘的弯曲半径也应至少为光缆外径的10倍，预留长度宜为3～5m，有特殊要求的应按设计要求预留长度。

（7）光缆与建筑物内其他管线应保持一定间距，最小净距符合国标的规定。

（8）必须在施工前对光缆的端别予以判别，并确定A、B端，A端应是网络枢纽一侧，B端是用户一侧，敷设光缆的端别应方向一致，不得使端别排列混乱。

（9）光缆无论在建筑物内还是建筑群间敷设，应单独占用管孔。当利用原有管道和铜芯电缆共管时，应在管孔中穿放塑料子管，塑料子管的内径应为光缆外径的1.5倍以上，光缆在塑料子管中敷设。当建筑物内光缆与其他弱电系统的缆线平行敷设时，应有一定间距分开敷设，并固定绑扎妥当。当小芯数光缆在建筑物内采用暗管敷设时，管道的截面利用率应为25%～30%。

## 9.2.2　光缆的装卸和运输

### 1. 光缆的装卸

在装卸光缆时，最好用叉车或吊葫芦把光缆从车上轻轻地放置地上。用平直木板放置在卡车和地面之间，形成一个小于45°角的斜坡，在光缆顺着斜坡下滑的同时，用一绳子穿过光缆中间孔，再在车上拉住绳子的两端，使光缆盘匀速下滑；或在斜坡下端放置几个软垫(如破旧轮胎等)，光缆顺着斜坡向下滑。严禁把光缆直接从卡车上滚下来，这样很可能造成光缆损坏。

### 2. 光缆的运输

光缆在运输时，不得使缆盘处于平放状态，且不得堆放；盘装光缆应按缆盘标明的旋转箭头方向滚动，但不得长距离滚动；防止受潮和长时间暴晒；储运温度应控制在-40℃～+60℃。

### 9.2.3 光缆敷设环境

可以在如下环境下敷设光缆。

(1) 建筑物之间的干线。

(2) 建筑物内垂直干线。

(3) 建筑物内水平缆线。

在综合布线系统中,光缆是水平布线和干线布线(建筑群干线和建筑物干线)都认可的传输介质。尽管用于水平布线系统的光缆增长有限,但是对于干线布线系统而言,光缆是首选缆线。

## 9.2.4 光缆敷设方式

#### 1. 室外光缆敷设方式

室外光缆(即建筑物间干线光缆)常见的敷设方式有 3 种:地下管道敷设,即在地下管道中敷设光缆;地下直埋敷设;架空敷设,即在空中从电线杆到电线杆的敷设。

(1) 架空光缆。架空光缆是指架设在地面以上,用杆支撑起来或捆扎在建筑物上的光缆。在园区楼宇规划中,这是最经济的楼宇间架设光缆的方式。一些会损伤架空光缆的外界因素有风、冰雪、鸟害等。

(2) 地下管道。地下管道既是一个通道,又是一个保护管道,是楼宇间干线布线的首选方案。这种敷设方案可以保护光缆,防止潮湿和其他外界因素的破坏。

(3) 地下直埋。直埋法不需要敷设管道,直接挖沟对光缆进行掩埋。直埋光缆需要有一层保护铠甲保护光缆,防止动物撕咬。直埋光缆敷设方案在楼间干线上并不是首选方案,因为如果以后在敷设区进行挖掘的时候会损坏光缆。

选择何种敷设方式,应视工程条件、环境特点和电缆类型、数量等因素,且满足运行可靠、便于维护的要求和技术经济合理的原则来选择。

#### 2. 室内光缆敷设方式

室内光缆敷设包括建筑物内干线光缆和水平光缆。

(1) 建筑物内干线光缆敷设方式。建筑物内干线光缆敷设方式有两种:一种是由建筑的顶层向下垂直布放;另一种是由建筑的底部向上牵引。通常采用向下垂直布放的施工方式,只有当整盘光盘搬到顶层有较大困难或有其他原因时,才采用由下向上牵引光缆的施工方式。

(2) 水平光缆敷设方式。建筑物配线子系统的光缆从电信井到工作区,一般采用走吊顶(电缆桥架)或线槽(地板下)的敷设方式。

### 9.2.5 室外光缆敷设要求

#### 1. 管道光缆敷设要求

管道光缆敷设方式就是指在管道中敷设光缆,即在建筑物之间预先敷设一定数量的管道,如塑料管道,然后再用牵引法布放光缆。

管道光缆敷设的基本要求如下。

(1) 在敷设光缆前,根据设计文件和施工图纸对选用穿放光缆的管孔进行核对,当所选管孔需要改变时,应征求设计单位同意。

(2) 在敷设光缆前,应逐段将管孔清刷干净和试通。清刷时,应用专制的清刷工具,清刷后,应用试通棒检查合格后,才可穿放光缆。如选用已有的多孔水泥管(又称混凝土管)穿放塑料子管,则在施工前,应对塑料子管的材质、规格、盘长进行检查,均应符合设计要求。一个水泥管孔中布放两根以上的塑料子管时,其子管等效总外径不宜大于管子内径的85%,如图9.1和图9.2所示。

图 9.1　多孔的混凝土管　　　　　　图 9.2　单孔的塑料管

(3) 当穿放塑料子管时,其敷设方法与电缆敷设基本相同,但须注意以下几点。

① 当布放两根以上的塑料子管,且管材已有不同颜色可以区别时,其端头可不必做标志;如无颜色区别,在其端头应有区别的标志,具体标志内容由工程实际需要决定。

② 布放塑料子管的环境温度应在−5～35℃,温度过低或过高时,应尽量避免施工,以保证塑料子管的质量不受影响。

③ 连续布放塑料子管的长度不宜超过300m,并要求塑料子管不得在管孔中间有接头。

④ 牵引塑料子管的最大拉力不应超过管材的抗拉强度,在牵引时的速度要求缓和均匀。

⑤ 穿放塑料子管的水泥管孔应采用塑料管堵头(也可采用其他方法)在管孔口处安装,使塑料子管固定。塑料子管布放完毕应将子管口临时堵塞,以防异物进入管内;近期不会穿放缆线的塑料子管必须在其端部安装堵塞或堵帽。塑料子管在人孔或手孔中应按设计规定预留足够的长度,以备使用。

(4) 光缆的牵引端部的端头应预先制成。为防止在牵引过程中产生扭转而损伤光缆,在牵引端头与牵引绳索之间应加装转环,避免牵引光缆时产生扭转而损伤光缆。

(5) 当光缆采用人工牵引布放时,每个人孔或手孔中应有专人帮助牵引,同时,予以发现和解决牵引的过程中可能出现的问题。在机械牵引时,一般不需要每个人孔都有人,但在拐弯人孔或重要人孔处应有专人照看。整个光缆敷设过程,必须有专人统一指挥、严密组织,并配有移动通信工具进行联络。不应有未经训练的人员上岗和在无通信联络工具的情况下施工。

(6) 光缆一次牵引长度一般不应大于1000m。当超过1000m时,应将光缆盘成倒8字形状,分段牵引或在中间适当地点增加辅助牵引,以减少光缆张力,提高施工效率。

(7) 为了在牵引过程中保护光缆外护套不受损伤,在光缆穿入管孔或管道拐弯处或与其他障碍物有交叉时,应采用导引装置或喇叭口保护管等保护。此外,根据需要可在光缆四周涂抹中性润滑剂等材料,以减少牵引光缆时的摩擦阻力。

(8) 光缆敷设后,应逐个在人孔或手孔中将光缆放置在规定的托板上,并应留有适当余量,避免光缆过于绷紧。在人孔或手孔中的光缆需要接续时,其预留长度应符合表9.1中的规定。

表 9.1　管道光缆敷设的预留长度

| 自然弯曲增加长度/(m/km) | 人孔或手孔内弯曲增加的长度/(m/孔) | 接续每侧预留长度/m | 设备间每侧预留长度/m | 管道光缆需引上连接到架空时,其引上地面部分每处增加长度/m | 备　注 |
|---|---|---|---|---|---|
| 5 | 0.5~1.0 | 一般为 6~8 | 一般为 10~20 | 6~8 | 其他预留按设计要求 |

在设计中,如有特殊预留长度的要求,应按规定的位置妥善留足和放置。例如,预留光缆是为了将来引入新建的建筑物内,光缆可放在建筑物附近的人孔内。

(9) 光缆在管道中间的管孔内不得有接头。当光缆在人孔中不设接头时,要求将光缆弯曲放置在电缆托板上固定绑扎牢靠,光缆不得在人孔中间悬空通过。它将会影响人员进出人孔,且有碍于施工和维护,也会增加对光缆的损害机会。

(10) 光缆敷设后,应检查外护套有无损伤,不得有压扁、扭伤和折裂等缺陷。光缆与其接头在人孔或手孔中均应放置在铁架的电缆托板上予以固定绑扎,并应按设计要求采取保护措施,保护材料可以采用蛇形软管或软塑料管等管材,也可在上面或周围设置绝缘板材隔断,以便保护。

(11) 光缆在人孔或手孔中应注意以下几点。

① 光缆穿放的管孔出口端应封堵严密,以防水分或杂物进入管内。

② 光缆及其接续应有识别标识,标识内容有编号、光缆型号和规格等。

③ 在严寒地区应按设计要求采取防冻措施,以防光缆受冻损伤。

④ 如光缆有可能被碰损伤时,可在其上面或周围采取保护措施。

(12) 为了确保通信质量,对于在人孔中预留的盘放光缆,除用软管加以保护外,其缆头端部应做好密封堵严处理,以防进水或潮气渗入,尤其是经常有积水的人孔,预留盘放的光缆必须安放在高于积水面的位置,以确保光缆不会浸泡在积水中,特别是光缆端头和光缆护套等容易受到损伤的部位。

此外,盘留光缆(包括光缆接头和光缆接头设备)的位置必须安全可靠,不易受到外力机械损伤,力求减少人为障碍的发生,提高光缆线路的使用寿命,保证通信畅通。

**2. 直埋光缆的敷设要求**

直埋敷设的主要特点是能够防止各种外来的机械损伤,而且地温较稳定,减少了温度变化对光纤传输特性的影响,从而提高了光缆的安全性和传输质量。直埋光缆是隐蔽工程,技术要求高,在敷设时应注意以下几点。

(1) 在直埋光缆施工前,要对设计中确定的线路路由实施复测。内容包含路由测量、复核,以确定光缆路由的具体走向和位置;核实丈量地面正确的距离,为光缆配盘、分屯和敷设等工序提供必要的数据和依据,对于确保施工质量和提高工效会起到很好的作用。光缆路由复测的内容包括定线、定位、测距、打标桩、确定埋深的画线和登记等工作。

其中,直埋光缆的埋设深度见表 9.2。

表 9.2　直埋光缆的埋设深度

| 序号 | 光缆敷设的地段或土质 | 埋设深度/m | 备　注 |
|---|---|---|---|
| 1 | 市区、村镇的一般场合 | ≥1.2 | 不包括车行道 |
| 2 | 街坊和智能化小区内、人行道下 | ≥1.0 | 包括绿化地带 |
| 3 | 穿越铁路、道路 | ≥1.2 | 距道渣底或距路面 |
| 4 | 普通土质(硬路面) | ≥1.2 | |
| 5 | 砂砾土质(半石质土等) | ≥1.0 | |

(2) 直埋光缆最大的工程量之一是挖掘缆沟(简称挖沟),在市区和智能化小区中,因道路狭窄、操作空间较小、线路距离短,不易采用机械式挖沟,通常采用人工挖沟,简便、灵活,且不受地形和环境条件的影响,是较为经济、有效的施工方法。在挖沟中,务必做到以下几点。

① 挖沟标准必须执行。例如,路由走向和位置以及间距等应按复测后的画线施工,不得随意改变或偏离,沟槽应保持直线,不得自行弯曲。

② 沟深要符合施工要求。深度应该达标,当土质不同或环境各异时,沟深应有不同的标准,如确有困难经施工监理、工程设计或主管建设等单位同意后,可适当降低标准,但应采取相应的技术保护措施,确保缆线正常运行。

③ 沟宽必须满足缆线敷设的要求,且以施工操作方便为目的,沟宽和沟深的比例关系要适宜。

④ 在敷设光缆前,应先清理沟底,沟底应平整,无碎石和硬土块等有碍于施工的杂物。

(3) 在同一路由上,同沟敷设光缆或电缆时,应同期分别牵引敷设。如与直埋电缆同沟敷设,则应先敷设电缆,后敷设光缆,在沟底应平行排列。如同沟敷设光缆,则应同时分别布放,在沟底不得交叉或重叠放置,光缆必须平放于沟底或自然弯曲,使光缆应力释放,光缆如有弯曲腾空和拱起现象,应设法放平,不得用脚踩光缆使其平铺沟底。

(4) 直埋光缆的敷设位置,应在统一的管线规划综合协调下进行安排布置,以减少管线设施之间的矛盾。直埋光缆与其他管线及建筑物间的最小净距应符合要求。

(5) 当在智能化小区、校园式大院或街坊内布放光缆时,因道路狭窄、操作空间小,宜采用人工抬放敷设光缆,施工人员应根据光缆的重量,按 2～10m 的距离排开抬放。当人数有限时,可采用 8 字形盘绕分段敷设。敷设时,不允许光缆在地上拖拉,也不得出现急弯、扭转、浪涌或牵引过紧等现象,抬放敷设时的光缆曲率半径不得超过规定值,且应加强前后照顾呼应、统一指挥、步调一致、逐段敷设。在敷设时或敷设后,需要前后移动光缆的位置时,应将光缆全长抬起或逐段抬起移位,且要轻手轻脚,不易过猛拉拽而使光缆的外护套产生暗伤隐患。

(6) 光缆敷设完毕后,应及时检查光缆的外护套,如有破损等缺陷应立即修复,并测试其对地绝缘电阻。

根据我国通信行业标准《光缆线路对地绝缘指标及测试方法》(YD 5012—2003)中的规定,必须符合以下要求。

① 单盘直埋光缆敷设后,其金属外护套对地绝缘电阻竣工验收指标,不应低于 $10M\Omega \cdot km$,其中暂允许 10% 的单盘光缆不低于 $2M\Omega$。

② 为了保证光缆金属护套免遭自然腐蚀的起码要求,维护指标也规定不应低于 $2M\Omega$。具体可参考《光缆线路对地绝缘指标及测试方法》(YD 5012—2003)中的规定。

(7) 在智能化小区、街坊内敷设的光缆,按设计规定须在光缆上面铺设红砖或混凝土盖板,首先敷盖 20cm 后的细土再铺红砖,根据敷设光缆条数采取不同的铺砖方式(如竖铺或横铺)。

(8) 在智能化小区、校园式大院或街坊内,尤其是道路的路口、建筑的门口等处施工时,应有安全可靠的防护措施,如醒目的安全标志等,以保证居民生活和通行安全。光缆敷设完毕后,应及时回填,回填土应分层夯实,地面应平整。

(9) 直埋光缆的接头处、拐弯点或预留长度处以及其他地下管线交越处,应设置标志,以便今后维护检修。标志可以使用专制的标石,也可利用光缆路由附近的永久性建筑的特定部位,测量出距直埋光缆的相关距离,并在有关图纸上记录,以作为今后的查考资料。

（10）布放光缆时，直埋光缆的盘留安装长度在光缆自然弯曲时增加的长度为 7m/km，其他光缆与管道光缆相同。

（11）直埋光缆接头和预留光缆应平放在接头坑内；弯曲半径不得小于光缆外径的 20 倍；直埋光缆接头和预留光缆的上下各覆盖或铺放细土或细砂，最少厚度为 100mm，共 200mm。

### 3. 架空光缆的敷设

架空敷设光缆通常适用于临时的应用，对于永久或固定的线缆安装，不建议采用架空方式，但如确须采用架空方式，则在敷设时有以下基本要求。

（1）在光缆架设前，在现场对架空杆路坚固状况进行检验，要求符合《本地通信线路工程验收规范》中的规定，且能满足架空光缆的技术要求时，才能架设光缆。

（2）在架设光缆前，应检查新设或原有的钢绞线吊线有无伤痕和锈蚀等缺陷，钢线绞合应严密、均匀，无跳股现象。吊线的原始垂度应符合设计要求，固定吊线的铁件安装位置应正确、牢固。对光缆路由和环境条件进行考察，检查是否存在有碍于施工敷设的障碍和具体问题，以确定光缆敷设方式。

（3）不论采用机械式或人工牵引光缆，都要求牵引力不得大于光缆允许张力的最大拉力。牵引速度要求缓和均匀，且保持恒定，不能突然启动，猛拉紧拽。架空光缆布放应通过滑轮牵引，敷设过程中不允许出现过度弯曲或光缆外护套硬伤等现象。

（4）光缆在架设过程中和架设后受到最大负载时，会产生的伸长率，要求应小于 0.2%。在工程中，对架空光缆垂度的确定应十分慎重，应根据光缆结构及架挂方式计算架空光缆垂度，并应核算光缆的伸张率，使取定的光缆垂度能保证光缆的伸张率不超过规定值。

（5）架空光缆在以下几处应预留长度，要求在敷设时考虑以下几点。

① 中负荷区、重负荷区和超重负荷区布放的架空光缆，应在每根电杆上预留，轻负荷区每 3～5 杆档作一处预留。其预留及保护示意图如图 9.3 所示。

图 9.3　光缆在杆上预留及保护示意图（单位：mm）

② 架空光缆在配盘时，应将架空光缆的接头点放在电杆上或邻近电杆 1m 左右处，以利于施工和维护。架空光缆在接头处的预留长度应包括光缆接续长度和施工中所需的消耗长度，一般架空光缆接头处每侧预留长度为 6～10m。当在光缆终端设备处终端时，在设备一侧，预留光缆长度应为 10～20m。

③ 在电杆附近的架空光缆接头，它的两端光缆应各作伸缩弯，其安装尺寸和形状如图 9.4 所示，两端的预留光缆应盘放在相邻的电杆上。

固定在电杆上的架空光缆接头及预留光缆的安装尺寸和形状，如图 9.5 所示。

④ 在经过十字形吊线连接处或丁字形吊线连接处时，光缆的弯曲应圆顺，并符合最小曲率半径要求，光缆的弯曲部分应穿放聚乙烯管加以保护，其长度约为 30cm，如图 9.6 所示。

图 9.4　在电杆附近架空光缆接头与预留示意图(单位：mm)

图 9.5　固定在电杆上的架空光缆接头及预留
光缆安装尺寸和形状(单位：mm)

图 9.6　光缆在十字形吊线处保护示意图

⑤ 架空光缆在布放或配盘时,应适当预留一些因光缆韧性而增加的长度,一般每公里约增加 5m,其与预留长度应根据设计要求考虑。

⑥ 对于架空光缆的吊挂放,目前以光缆挂钩将光缆卡挂在钢绞线上为主。光缆挂钩的间距一般为 50cm,允许偏差不应大于±3cm。

(6) 管道光缆或直埋光缆引上后,与吊挂式的架空光缆相连接时,其引上光缆的安装方式和具体要求,如图 9.7 所示。

(7) 架空光缆线路的架设高度,与其他设施接近或交越时的间距等,应符合《本地通信线路工程验收规范》(YD/T 5138—2005)中有关电缆线路部分的规定。架空光缆线路与其他建筑物、树木的最小间距应符合规定。

(8) 架空光缆与电力线交越时,可采取以下技术措施。

① 在光缆和钢绞线吊线上采取绝缘措施,如将光缆中的金属构件在接头处电气断开,其钢绞线每隔 1~2km 加装绝缘子,使电气通路切断,减少影响范围。

图 9.7　引上光缆安装及保护(单位：mm)

② 在光缆和钢绞线吊线外面采用塑料管、胶管或竹片等捆扎,使之绝缘。

(9) 架空光缆如紧靠树木或电杆等有可能使外护套磨损时,在与光缆的接触部位处,应套包长度不小于 1m 的聚氯乙烯塑料软管、胶管或蛇皮管加以保护。当靠近易燃材料建造的房屋段落或温度过高的场合时,应包套石棉管或包扎石棉带等耐温或防火材料保护。

### 9.2.6 室内光缆敷设要求

室内光缆的敷设应满足如下要求。

**1. 光缆的固定**

(1) 在楼内敷设光缆时,可以不采用钢丝绳,如果沿垂直金属槽敷设,则只需在光缆路径上每两层楼或 10m 用缆夹吊住即可。

(2) 如果光缆沿墙面敷设,则只需每 1m 系一个缆扣或装一个固定的夹板。

**2. 光缆两端的雨量**

由于光缆两端最易受到损伤,所以在光缆到达目的地后,两端各需要有 10m 的富余量,从而保证光纤的熔接质量要求。

**3. 光纤的熔接和跳接**

将光纤与 ST 头熔接,然后与耦合器共同固定于光纤端接箱上。光纤跳线一头插入耦合器,另一头插入交换机上的光纤端口。

## 9.3 建筑物内光缆的敷设施工

在综合布线系统中,光缆主要应用于配线子系统、干线子系统和建筑群子系统等场合。建筑物内光缆布线技术在某些方面与电缆的布线技术类似,但有其独特且灵活的布线方式。

### 9.3.1 光缆布线施工工具

光缆布线使用的敷设工具主要包括滑车、牵引机、穿线器等,在 8.2.2 小节中已经介绍过。

### 9.3.2 建筑物配线子系统光缆敷设

建筑物配线子系统光缆的敷设与双绞线电缆类似,只是光缆的抗拉性能更差,因此在牵引时应当更为小心,曲率半径也要更大。

建筑物配线子系统光缆敷设步骤如下。

(1) 沿着光纤敷设路径打开吊顶或地板。

(2) 利用工具切去一段光纤的外护套,并由一端开始的 0.3m 处环切光缆的外护套,然后除去外护套。

(3) 将光纤及加固芯切去并掩没在外护套中,只留下纱线。对需敷设的每条光缆重复此过程。

(4) 将纱线与带子扭绞在一起。

(5) 用胶布紧紧地将长 20cm 范围的光缆护套缠住。

(6) 将纱线馈送到合适的夹子中去,直到被带子缠绕的护套全塞入夹子中为止。

(7) 将带子绕在夹子和光缆上,将光缆牵引到所需的地方,并留下足够长的光缆供后续处理用。

### 9.3.3　建筑物干线子系统光缆敷设

建筑物垂直干线子系统光缆用于连接设备间至各个楼层电信间,在前面介绍过,智能建筑有高耸的塔楼型和矮胖的宽敞型两种。高耸的塔形楼的主干布线子系统都设在电信间(电缆竖井或上升房内),其牵引缆线敷设方式有向下垂放和向上牵引两种类型。

**1. 通过各层电信间的槽孔垂直敷设光缆**

在楼内垂直方向,光缆宜采用电缆竖井内电缆桥架或电缆走线槽方式敷设,电缆桥架或电缆走线槽宜采用金属材质制作;在没有竖井的建筑物内可采用预埋暗管方式敷设,暗管宜采用钢管或阻燃硬质 PVC 管,管径不宜小于 $\phi50\text{mm}$。

在电信间中,敷设光缆有两种方式:向下垂放和向上牵引。

通常向下垂放比向上牵引容易些,敷设方法和敷设电缆相似。但如果将光缆卷轴机搬到高层上去很困难,则只能由下向上牵引。

(1) 向下垂放敷设光缆

向下垂放敷设光缆时的步骤如下。

① 在离建筑顶层设备间的槽孔 1~1.5m 处安放光缆卷轴,使卷筒在转动时能控制光缆。将光缆卷轴安置于平台上,以便保持在所有时间内光缆与卷筒轴心都是垂直的,放置卷轴时要使光缆的末端在其顶部,然后从卷轴顶部牵引光缆。

② 慢慢转动光缆卷轴,并将光缆从其顶部牵出。当牵引光缆时,要保证不超过最小弯曲半径和最大张力的规定。

③ 引导光缆进入槽孔中去。如果是一个小孔,则首先要安装一个塑料导向板,以防止光缆与混凝土边侧摩擦导致光缆的损坏。如果是一个大孔,则在孔的中心上安装一个滑车轮,然后把光缆拉出缠绕到车轮上去。

④ 慢慢地从光缆卷轴上牵引光缆,直到下一层的施工人员能将光缆并引入下一层的各槽孔中去为止。

⑤ 在每一层楼均重复以上步骤,当光缆达到最底层时,要使光缆松弛地盘在地上。

⑥ 在弱电间敷设光缆时,为了减少光缆上的负荷,应在一定的间隔上(如 1.5m)用缆带将光缆扣牢在墙壁上。

(2) 固定光缆

若采用向下垂放敷设光缆的方法,则光缆不需要中间支持,捆扎光缆要小心,避免力量太大损伤光纤或产生附加的传输损耗。固定光缆的步骤如下。

① 使用塑料扎带,由光缆的顶部开始,将干线光缆扣牢在电缆桥架上。

② 由上往下,在指定的间隔(5.5m)安装扎带,直到干线光缆被牢固地扣好。

③ 检查光缆外套有无破损,盖上桥架的外盖。

(3) 建筑物干线子系统光缆敷设注意事项

在光缆敷设时需注意以下几点。

① 建筑物内主干布线子系统的光缆一般装在电缆竖井或上升房中,从设备间到各个楼层的干线交接间(又称干线接线间)之间敷设,成为建筑物中的主要骨干线路。为此,光缆应敷设在槽道内(或桥架)或走线架上,缆线应排列整齐,不应溢出槽道(或桥架)。槽道等的安装位置应正确合理,牢固可靠。为了防止光缆下垂或脱落,尤其是垂直敷设段落,在穿越每个楼层的槽道上、下端和中间,均应对光纤光缆采用切实有效的固定装置,例如,用尼龙绳、塑料带捆扎,

使光缆捆扎牢固稳定。但捆扎要适度,不宜过紧,避免使光缆的外护套变形或损伤,影响光纤传输光信号的质量。

② 光纤光缆敷设后应细致检查,要求外护套应完好无损,不得有压扁、扭伤、折痕和裂缝等缺陷。如出现异常,应及时检测,并予以解决,尤其是当存在严重缺陷或有断纤现象时,应经检修测试合格后才能使用。此外,光缆敷设后的预留长度必须符合设计要求或按需要来决定。光缆的走向应合理,曲率半径应符合规定,缆线的转弯状态应圆顺,不得有死弯和折痕。

③ 在光纤光缆的同一路由上,如有其他弱电系统的缆线或管线,且它们平行或交叉敷设时,应有一定间距,且要分开敷设和固定,各种缆线间的最小净距应符合标准,以保证光缆安全运行。

④ 光缆全部固定牢靠后,应将光缆穿越各个楼层的所有槽洞或管孔等空隙部分,先用堵封材料严密封堵,再加堵防火材料,以达到防潮和防火的效果。

⑤ 在敷设光缆时,应当按照设计要求预留适当的长度。一般在设备端应当预留 5～10m,对有特殊要求的场合,应根据需要预留长度。

⑥ 光缆在建筑物内施工完毕后,为便于管理检修,凡是两根以上的光缆,应在相关部位(如光缆起始端)设置标志,标明光缆的用途、编号和端别等,尤其是光缆设备处和重要部位必须设置。如果光缆经过易受人为地移动或碰撞等不安全的地方(如行人较为繁多的走廊或通道),对光缆应作明显的保护标志或警示牌,提醒人们注意,避免光缆受伤而造成通信阻断事故。

**2. 通过吊顶(天花板)来敷设光缆**

在某些建筑物中,如低矮而又宽阔的单层建筑物中,可以在吊顶内水平地敷设干线光缆。由于吊顶的类型不同(有悬挂式的、塞缝片的)、光缆的类型不同(有填充物的和无填充物的),故其敷设光缆的方法也不同。因此,首先要查看并确定吊顶和光缆的类型。

通常,当设备间和配线间同在一个大的单层建筑物中时,可以在悬挂式的吊顶内敷设光缆为主。如果敷设的是有填充物的光缆,且不牵引过管道,并且在具有良好的可见光的宽敞的工作空间,则光缆的敷设任务就比较容易。如果要在一个管道中敷设无填充物的光缆就比较困难,其难度还与敷设的光缆数及管道的弯曲度有关。

# 9.4 建筑群干线光缆敷设施工

建筑群之间的干线光缆有地下管道敷设、直埋敷设、架空敷设和墙壁敷设共 4 种敷设方法。其中,在地下管道中敷设光缆是 4 种方法中最好的一种方法。因为管道可以保护光缆,并能防止潮湿、野兽及其他故障源对光缆造成损坏。

## 9.4.1 管道光缆的敷设

### 1. 管道光缆敷设流程

(1) 准备材料、工具和设备

① 对工程中所用的光缆、光缆附件和器材的型号、规格和数量等进行检验核对,对其质量和性能应做必要的检验和测试。

② 对光缆进行测试。

③ 对工程中登高用的梯子、脚扣、安全带、吊板(即滑椅)等工具必须严格检验是否良好,只有在确能保证施工人员生命安全可靠时才能使用。

(2) 试通管道

在敷设光缆前,应逐段将管孔清刷干净和试通。清刷时,应用专制的清刷工具,清刷后,应用试通棒检查合格后,才可穿放光缆。

（3）选择管道的管孔

如选用已有的多孔水泥管（又称混凝土管）穿放塑料子管,则在施工前应对塑料子管的材质、规格、盘长进行检查,确保其符合设计要求。管道内穿塑料子管的内径应为光缆外径的1.5 倍。当在一个水泥管孔中布放两根以上的塑料子管时,其子管等效总外径不宜大于管子内径的 85%。

（4）检查和安装入口硬件

略。

（5）确定牵引方案,即施工方式

① 机械牵引敷设。

a. 集中牵引法。集中牵引即端头牵引,牵引绳通过牵引端头与光缆端头连接,用终端牵引机按设计张力将整条光缆牵引至预定敷设地点。

b. 分散牵引法。不用终端牵引机,而是用 2～3 部辅助牵引机完成光缆敷设。这种方法主要是由光缆外护套承受牵引力,故应在光缆允许承受的侧压力下施加牵引力,因此须使用多台辅助牵引机使牵引力分散并协同完成。

c. 中间辅助牵引法。除使用终端牵引机外,同时使用辅助牵引机。一般以终端牵引机通过光缆牵引头牵引光缆,辅助牵引机在中间给予辅助牵引,使一次牵引长度得到增加。

② 人工牵引敷设

人工牵引需有良好的指挥人员,使前端集中牵引的人与每个人孔中辅助牵引的人尽量同步牵引。

（6）牵引机具的装设

在管道光缆的端部应装设光缆网套等牵引装置,牵引的光缆端部应绑扎牢固,光缆端部外护套完整无损,保证在牵引过程中,光缆端部的外护套密封良好。为保证牵引和保护光缆敷设顺利,在牵引钢丝绳与光缆网套等牵引装置之间应加装旋转接头等连接装置。

（7）牵引光缆

① 光缆一次牵引长度一般不应大于 1000m。当超过 1000m 时,应将光缆盘成倒 8 字形状,分段牵引或在中间适当地点增加辅助牵引,以减少光缆张力,提高施工效率。

② 为了在牵引过程中保护光缆外护套不受损伤,在光缆穿入管孔或管道拐弯处或与其他障碍物有交叉时,应采用导引装置或喇叭口保护管等保护。此外,根据需要可在光缆四周涂抹中性润滑剂等材料,以减少牵引光缆时的摩擦阻力。

③ 当光缆采用人工牵引布放时,每个人孔或手孔中应有专人帮助牵引,同时,予以发现和解决牵引过程中可能出现的问题。在机械牵引时,一般不需要每个人孔都有人,但在拐弯人孔或重要人孔处应有专人照看。整个光缆敷设过程,必须有专人统一指挥、严密组织,并配有移动通信工具进行联络。不应有未经训练的人员上岗和在无通信联络工具的情况下施工。

（8）人孔及端站光缆的安装

管道光缆盘留安装方法（光缆接头）。管道光缆在人孔中的盘留方法根据人孔或手孔内部尺寸、缆线预留长度、人孔或手孔容纳缆线的条数以及操作空间而定。管道光缆接头应放在光缆铁支架上,光缆接头两侧的余缆应盘成"O"形圈（小圈、大圈或人孔四周）,用扎线或尼龙带等固定在人孔或手孔的铁支架,"O"形圈的弯曲半径不得小于光缆直径的 20 倍。并将在人孔或手孔中的盘放光缆用软管加以保护。

（9）完成

光缆敷设后,应逐个在人孔或手孔中将光缆放置在规定的托板上,并应留有适当余量,避免光缆过于绷紧。

#### 2. 管道光缆敷设的防机械损伤

防止管道光缆敷设过程中可能对光缆造成的机械损伤的措施见表 9.3。

**表 9.3　管道光缆敷设保护措施**

| 措　　施 | 保　护　用　途 |
|---|---|
| 蛇形软管 | 在人孔内保护光缆<br>（1）当从光缆盘送出光缆时,为防止被人孔角或管孔入口角摩擦损伤,采用软管保护。<br>（2）绞车牵引光缆通过转弯点和弯曲区,采用 PE 软管保护。<br>（3）当绞车牵引光缆通过人孔中不同水平（有高差）管孔时,采用软 PE 管保护 |
| 喇叭口 | 光缆进管口保护<br>（1）光缆穿入管孔,使用两条互连的软金属管组成保护。金属管分别长 1m 和 2m,每管的一个端装喇叭口。<br>（2）光缆通过人孔进入另一管孔,将喇叭口装在牵引方向的管孔口 |
| 润滑剂 | 当光缆穿管孔时,应涂抹中性润滑剂。当牵引 PE 护套光缆时,液体石蜡是一种较优润滑剂,它对 PE 护套没有长期不利的影响 |
| 堵口 | 将管孔、子管孔堵塞,防止泥沙和鼠害 |

## 9.4.2　直埋光缆的敷设

直埋光缆的敷设流程如下。

#### 1. 准备材料、工具和设备

略,与管道光缆类似。

#### 2. 检查光缆沟

在直埋光缆施工前,要对设计中确定的线路路由实施复测。检查光缆沟与地面的距离要符合国标要求。

#### 3. 光缆沟的清理和回填

沟底应平整,无碎石和硬土块等有碍于光缆敷设的杂物。如沟槽为石质或半石质,则在沟底还应铺垫 10cm 厚的细土或沙土并铲平。光缆敷设后,应先回填 30cm 厚的细土或沙土作为保护层,严禁将碎石、砖块、硬土块等混入保护层。保护层应采用人工方式轻轻踏平。

#### 4. 光缆敷设

敷设直埋光缆时,施工人员手持 3～3.5m 光缆,并将之弯曲为一个水平 U 形,该 U 形弯不能小于光缆所允许的弯曲半径。然后,向前滚动推进光缆,使光缆前端始终呈 U 形。

当光缆向上引出地面时,应当在地下拐角处填充支撑物,避免光缆在泥土的重力压迫下变形,改变其弯曲半径。

当同沟敷设光缆和电缆时,应同期分别牵引敷设。

#### 5. 标识

直埋光缆的接头处、转弯点、预留长度处或与其他管线的交汇处应设置标志,以便以后的维护检查。

### 9.4.3　架空光缆的敷设

#### 1. 架空光缆敷设前的准备

架空光缆不论是采用自承式还是非自承式,在敷设缆线前都应做好以下准备工作,以有利于施工的顺利进行,并且能保证工程质量和提高工效。

(1) 准备材料、工具和设备

略,与管道光缆类似。

(2) 检查客观环境的施工条件是否具备

对工程的客观环境进行检查,查清有无妨碍正常施工的问题。例如,树木是否过于茂盛、与电力线路交叉较多,影响架设光缆,或社区广告牌、体育锻炼用具等是否妨碍光缆路由顺利施工。在施工前,应及早与有关单位协商解决。

(3) 立杆或对已有架空杆路进行检查和整修加固

在园区中如有已建成的架空杆路可以用于架挂光缆时,在施工前,必须对原有架空杆路进行认证检验和判断,要求符合《本地通信线路工程验收规范》中的规定,确认合格,且能满足架空光缆的技术要求时,才能架设光缆。检验包括电杆是否坚实牢固,杆高是否适宜,能否架设光缆、有无位置,该杆路有无须整修或加固的情况,甚至换杆或增设加固装置。

(4) 架空光缆的施工方法

目前,国内外架空光缆的施工方法较多,从大的分类有全机械化施工和人力牵引施工两种,国内采用传统的人力牵引施工方法。按照电缆本身有无支承结构来分,有自承式光缆和非自承式光缆两种。在综合布线系统工程中一般采用非自承式光缆。

国内非自承式光缆是采用光缆挂钩将光缆拖挂在光缆吊线上,即托挂式施工方法。国内通信工程业界将托挂式施工方法又细分为汽车牵引、人力辅助的动滑轮拖挂法(简称汽车牵引动滑轮拖挂法)、动滑轮牵引便放边挂法、定滑轮拖挂法和预挂挂钩托挂法等几种,应视工程环境和施工范围及客观条件等来选定哪种施工方法更合适。

① 汽车牵引动滑轮拖挂法。这种方法适合于施工范围较大、敷设距离较长、光缆重量较重,且在架空杆路下面或附近无障碍物及车辆和行人较少,可以行驶汽车的场合。受客观条件限制较多,在智能化小区采用较少,如图 9.8 所示。

② 动滑轮牵引边放边挂法。这种方法适合于施工范围较小、敷设距离较短、架空杆路下面或附近无障碍物,但不能通行车辆的场合。所以,这种方法是在智能化小区较为常用的一种敷设缆线方法,如图 9.9 所示。

图 9.8　汽车牵引动滑轮托挂法

图 9.9　动滑轮边放边挂法

③ 定滑轮托挂法。这种方法适用于敷设距离较短、缆线本身重量不大,但在架空杆路下面有障碍物,施工人员和车辆都不能通行的场合,如图 9.10 所示。

图 9.10　定滑轮托挂法

④ 预挂挂钩托挂法。这种方法适用于敷设距离较短,一般不超过 200～300m,因架空杆路的下面有障碍物,施工人员无法通行,采取吊挂光缆前,先在吊线上按规定间距预挂光缆挂钩,但须注意挂钩的死钩应逆向牵引,防止在预挂的光缆挂钩中牵引光缆时,拉泡移动光缆挂钩的位置或被牵引缆线撞掉。必要时,应调整光缆挂钩的间距,如图 9.11 所示。这种方法在智能化小区内较为常用。

图 9.11　预挂挂钩托挂法

### 2. 挂吊线调整垂度

对于非自承重的架空光缆而言,应当先行架设承重钢绞线,并对钢缆进行全面的检查。钢绞线应无划痕和锈蚀等缺陷,且绞合应紧密、均匀、无跳股。吊线的原始垂度和跨度应符合设计要求,一般要求下垂不大于跨度的 1%。固定吊线的铁杆安装位置正确、牢固,周围环境中无施工障碍。

如果架设自承式光缆,则调垂。

### 3. 架空光缆的施工方法

非自承式架空光缆常采用动滑轮牵引边放边挂法和定滑轮托挂法,这两种方法都适用于电杆下不通行汽车的情况。自承式架空光缆常采用定滑轮托挂法。

(1) 定滑轮托挂法的施工步骤

① 为顺利布放光缆且不损伤光缆外护层,应采用导向滑轮和导向索,并在光缆始端和终点的电杆上各安装一个滑轮。

② 每隔 20～30m 安装一个导引滑轮,边牵引绳边按顺序安装滑轮,直至光缆放线盘处与光缆牵引头连好。

③ 采用端头牵引机或人工牵引,在敷设过程中应注意控制牵引张力。

④ 当一盘光缆分几次牵引时,可在线路中盘成"∞"形分段牵引。

⑤ 当每盘光缆牵引完毕后,由一端开始用光缆挂钩将光缆托挂于吊线上,替换导引滑轮。挂钩之间的距离和在杆上作"伸缩弯"。

⑥ 光缆接头预留长度为6～10m,应盘成圆圈后用扎线固定在杆上。

(2) 动滑牵引轮边放边挂法

对于杆下障碍不多的情况,可采用杆下牵引法,即动滑轮边放边挂法。施工步骤如下。

① 将光缆盘置于一段光路的中点,采用机械牵引或人工牵引将光缆牵引至一端预定位置,然后将盘上余缆倒下,盘成"∞"形,再向反方向牵引至预定位置。

② 边安装光缆挂钩,边将光缆挂于吊线上。

③ 在挂设光缆的同时,将杆上预留、挂钩间距一次完成,并做好接头预留长度的放置和端头处理。

(3) 预挂钩光缆牵引步骤

① 在杆路准备时就将挂钩安装于吊线上。

② 在光缆盘及牵引点安装导向索及滑轮。

③ 将牵引绳穿过挂钩,预放在吊线上,敷设光缆时与光缆牵引端头连接。

④ 预留光缆。详见前述架空光缆的敷设要求。

⑤ 安装附件。

⑥ 完成。

### 9.4.4　墙壁光缆施工

墙壁光缆的敷设方式有贴壁卡子式和沿壁吊挂式。吊挂式根据光缆的结构不同,又分为非自承式和自承式两种,它与一般架空光缆敷设方法相似。

#### 1. 卡子式墙壁光缆的施工方法

(1) 光缆卡子的间距,一般在光缆的水平方向为60cm,垂直方向为100cm,遇有其他特殊情况可酌情缩短或增长间距。当采用塑料线码时,可根据固定的塑料光缆规格,适当增减间距距离,但在同一段落,间距应一致。

(2) 当光缆水平方向敷设时,光缆卡子和塑料线码的钉眼位置应在光缆下方;当光缆垂直方向敷设时,光缆卡子和塑料线码的钉眼位置应与附近水平方向敷设的光缆卡子钉眼在光缆的同一侧,如图9.12所示。

图9.12　卡子式墙壁光(电)缆(单位:mm)

（3）当光缆必须垂直敷设时，应尽量将其放在墙壁的内角，不宜选择在墙壁的外角附近，不得已时，光缆垂直的位置距外墙角边缘应不小于 50cm。

（4）卡子式墙壁光缆在屋内敷设，当须穿越楼板时，其穿越位置应选择在楼梯间、走廊等公共地方，且应尽量避免在房间内穿越楼板。在垂直穿越楼板处时，光缆应设有钢管保护，其上部保护高度不得小于 2m。

（5）在屋内同一段落内，尽量不采用两条墙壁光缆平行敷设的方法。这时，可采用特制的双线光缆卡子同时固定两条光缆的安装方法。

（6）卡子式墙壁光缆在门窗附近敷设时，应不影响门窗的关闭和开启，并应注意美观。在屋外墙上敷设的位置，一般选择在阳台或窗台等间断或连续的凸出部位上布置。不论在屋内或屋外墙壁上敷设光缆，都应选择在较隐蔽的地方。

### 2．非自承式吊挂式墙壁光缆的施工方法

吊挂式墙壁光缆分为非自承式和自承式两种。非自承式墙壁光缆的敷设形式是指将光缆用光缆挂钩等器件悬挂在光缆吊线下，它与一般架空杆路上的架空光缆装设方法相似，光缆和其他器件也是与架空光缆基本相同。

## 9.4.5  光缆通过进线间引入建筑物

### 1．光缆引入建筑物

综合布线系统引入建筑物内的管理部分通常采用暗敷方式。引入管路从室外地下通信电缆管道的人孔或手孔接出，经过一段地下埋设后进入建筑物，由建筑物的外墙穿放到室内，这就是引入管路的全部。

综合布线系统建筑物引入口的位置和方式的选择需要会同城建规划和电信部门确定，并应留有扩展余地。

图 9.13 所示为管道光（电）缆引入建筑物示意图。图 9.14 所示为直埋光（电）缆引入建筑物示意图。

图 9.13  管道光（电）缆引入建筑物示意图

### 2．光缆从室外引入设备间的方法

在很多情况下，光缆引入口和设备间距离较远，这时需要进线间，光缆由进线间敷设至机房的光缆配线架（ODF），往往从地下或半地下进线室由楼层间爬梯引至所在楼层。因光缆引上不能光靠最上层拐弯部位受力固定，而应进行分散固定，即要沿爬梯引上，并作适当绑扎。光缆在爬梯上，在可见部位应在每支横铁上用粗细适当的轧带绑扎。对无铠装光缆，每隔几档

图 9.14　直埋电(光)缆引入建筑物示意图

应衬垫一块胶皮后扎紧;对拐弯受力部位,还应套胶管保护。在进线间可将室外光缆转换为室内光缆,也可引至光缆配线架进行转换。如图 9.15 和图 9.16 所示。

图 9.15　在进线间将室外光缆引入到设备间

图 9.16　在进线间将室外光缆转换为室内光缆

当室外光缆引入口位于设备间,不必设进线间,室外光缆可直接端接于光缆配线架上,或经由一个光缆进线设备箱(分接箱),转换为室内光缆后再敷设至主配线架或网络交换机,并由竖井布放至楼层电信间,如图9.17所示。

图 9.17　敷设至主配线架或网络交换机

　　光缆布放应有冗余,一般室外光缆引入时预留长度为5~10m,室内光缆在设备端预留长度为3~5m。在光缆配线架中,通常都有盘纤装置。电信间、设备间、进线间之间干线通道应沟通。

# 习　　题

## 一、选择题

1. 室外光缆在敷设时,管线的弯曲半径应不小于缆线外径的(　　)倍。

　　A. 4　　　　　　　B. 8　　　　　　　C. 10　　　　　　　D. 20

2. 制作光缆牵引头时,利用工具切去一段光缆的外护套,并由一端开始的(　　)m处环切光缆的外护套,然后除去外护套。

　　A. 0.3　　　　　　B. 0.4　　　　　　C. 0.5　　　　　　D. 0.6

3. 光缆与电缆同管敷设时,应在管道内预设塑料子管。将光缆设在子管内,使光缆与电缆分开布放,子管的内径应为光缆外径的(　　)倍。

　　A. 2.5　　　　　　B. 3　　　　　　　C. 3.5　　　　　　D. 5

4. 当室外光缆进入建筑物时,通常在入口处经过一次转接进入室内。在转接处加上电气保护设备,以避免因电缆受到雷击、感应电势或与电力线接触而给用户设备带来的损坏。这是为了满足(　　)的需要。

　　A. 屏蔽保护　　　　B. 过流保护　　　　C. 电气保护　　　　D. 过压保护

5. (　　)要求用电杆将线缆在建筑物之间悬空架设,一般先架设钢丝绳,然后在钢丝绳上挂放缆线。

　　A. 架空布线法　　　B. 直埋布线法　　　C. 地下管道布线法　　　D. 隧道内电缆布线

## 二、简答题

1. 简述光缆施工的基本要求。

2. 简述配线子系统光缆敷设的步骤。

3. 简述在弱电竖井中敷设光缆的基本方法和步骤。

4. 简述地下管道光缆的敷设要求和过程。

5. 架空光缆敷设有哪些要求和哪几种方法？

6. 简述卡子式墙壁光缆的施工方法。

7. 光缆从室外引入设备间有哪几种方法？

### 三、实训题

到学校办公楼、机关办公大楼观察电缆竖井内干线光缆的布放。

# 任务 10

## 工作区用户跳线和信息插座的端接

### 10.1 任务描述

在配线子系统和干线子系统敷设线缆后,就需要对敷设完毕的双绞线电缆进行端接了。

### 10.2 相关知识

#### 10.2.1 双绞线电缆终接的基本要求

双绞线电缆终接是综合布线系统工程中最为关键的步骤,它包括配线接续设备(设备间、电信间)和信息点(工作区)处的安装施工,另外,还包括与 RJ-45 水晶头的端接。综合布线系统的故障绝大部分出现在链路的连接之处,故障会导致线路不通和衰减、串扰、回波损耗等电气指标不合格,故障不仅出现某个终接处,也包含终接安装时不规范作业,如弯曲半径过小、开绞距离过长等引起的故障。所以,对安装和维护综合布线的技术人员,必须先进行严格培训,使其掌握安装技能。

**1. 缆线终接应符合下列要求**

(1) 缆线在终接前,必须核对缆线标识内容是否正确。

(2) 缆线中间不应有接头。

(3) 缆线终接处必须牢固、接触良好。

(4) 双绞线电缆与连接器件连接应认准线号、线位色标,不得颠倒和错接。

**2. RJ-45 水晶头端接原理**

RJ-45 水晶头端接原理如下:利用压力钳的机械压力使 RJ-45 头中的刀片首先压破线芯护套,然后再压入铜线芯中,实现刀片与线芯的电气连接。每个 RJ-45 头中有 8 个刀片,每个刀片与一个线芯连接。图 10.1 所示为 RJ-45 头刀片压线前位置图,图 10.2 所示为 RJ-45 头刀片压线后位置图。

图 10.1 RJ-45 头刀片压线前位置图

图 10.2 RJ-45 头刀片压线后位置图

### 3．双绞线电缆终接应符合下列要求

（1）终接时，每对双绞线应保持扭绞状态，电缆剥除外护套长度够端接即可，最大暴露双绞线长度为 40～50mm；扭绞松开长度对于 3 类电缆不应大于 75mm；对于 5 类电缆不应大于 13mm；对于 6 类电缆应尽量保持扭绞状态，以减小扭绞松开长度。

（2）当双绞线与 8 位模块式通用插座相连时，必须按色标和线对顺序进行卡接。插座类型、色标和编号应符合图 10.3 所示的规定。两种连接方式均可采用，但在同一布线工程中两种连接方式不应混合使用。

A类                                    B类
G(Green)-绿;BL(Blue)-蓝;BR(Brown)-棕;W(White)-白;O(Orange)-橙

图 10.3    插座类型、色标和编号

（3）当 7 类布线系统采用非 RJ-45 方式终接时，连接图应符合相关标准规定。

（4）屏蔽双绞线电缆的屏蔽层与连接器件终接处屏蔽罩应通过紧固器件可靠接触，缆线屏蔽层应与连接器件屏蔽罩 360°圆周接触，接触长度不宜小于 10mm。屏蔽层不应用于受力的场合。

（5）对不同的屏蔽双绞线或屏蔽电缆，屏蔽层应采用不同的端接方法。并应对编织层或金属箔与汇流导线进行有效的端接。

（6）虽然电缆路由中允许转弯，但端接安装中要尽量避免不必要的转弯，绝大多数的安装要求少于 3 个 90° 转弯，在一个信息插座盒内允许有少数电缆的转弯及短（30cm）的盘圈。安装时，应避免下列情况：①避免弯曲超过 90°；②避免过紧地缠绕电缆；③避免损伤电缆的外皮；④剥除外护套时，避免伤及双绞线绝缘层。

（7）电缆剥除外护套后，双绞线在端接时应注意下列情况：①避免线对发散；②避免线对叠合紧密缠绕；③避免长度不同。

## 10.2.2    信息模块的端接要求

信息插座的核心是信息模块。双绞线在与信息模块连接时，必须按色标和线对顺序进行卡接。

信息模块端接原理如下：利用打线钳的压力将 8 根线逐一压接到模块的 8 个接线口，同时裁剪掉多余的线头。在压接过程中，刀片首先快速划破线芯绝缘护套，与铜线芯紧密接触，实现刀片与线芯的电气连接，这 8 个刀片通过电路板与 RJ-45 口的 8 个弹簧连接，如图 10.4 所示。RJ-45 配线架配线端接原理和信息模块的端接原理是一样的。

信息插座与插头的 8 根针状金属片具有弹性连接，且有锁定装置，一旦插入连接，很难直接拔出，必须解锁后才能顺利拔出。信息插座应具有防尘、防潮护板功能。同时，信息插座出

图 10.4　信息模块端接标准

口应有明确的标记,面板应符合国标 86 系列标准。

双绞线电缆与信息模块端接的施工操作方法应符合以下基本要求。

(1) 双绞线与信息模块端接采用卡接方式,施工中不宜用力过猛,以免造成模块受损。连接顺序应按线缆的同一色标排列,连接后的多余线头必须清除干净,以免留有后患。

(2) 线缆端接后,应进行全面测试,以保证综合布线系统正常运行。

(3) 屏蔽双绞线的端接要求同 10.2.1 小节。

(4) 在终端连接时,应按线缆统一色标、线对组合和排列顺序施工连接。

(5) 各种线缆(包括跳线)和接插件间必须接触良好、连接正确、标志清楚。跳线选用的类型和品种均应符合系统设计要求。

(6) 当双绞线与信息模块端接时,必须按色标和线对顺序进行卡接。并尽量保持线对的对绞状态。通常,线对非扭绞状态应不大于 13mm。插座类型、色标和编号有两种标准,即 TIA/EIA 568—A 和 TIA/EIA 568—B,如图 10.4 所示。两类标准规定的线序压接顺序有所不同,通常在信息模块的侧面会有两种标准的色标标注,可以按照所选择的标准进行接线,但要注意的是,在同一工程中只能有一种连接方式。

## 10.2.3　双绞线端接工具

(1) 剥线钳。剥线钳使用高度可调的刀片或利用弹簧张力来控制合适的切割深度,以保证切割时不会伤及导线的绝缘层,如图 10.5 所示。但在实际中,工程人员一般会用压线工具上的刀片来剥除双绞线的外套,他们凭借经验来控制切割深度,但有时一不小心会伤及导线的绝缘层。

图 10.5　剥线器

(2) 压线工具。压线工具用来压接 8 位的 RJ-45 连接器和 4 位、6 位的 RJ-11、RJ-12 连接器,可同时提供切线和剥线的功能。常见的压线工具有 RJ-45 或 RJ-11 型的,也有双用的。图 10.6 所示是一款常用 RJ-45 压线钳,图 10.7 所示为一款常用双用压线钳,图 10.8 所示为 AMP 专用压线钳。

图 10.6　RJ-45 压线钳　　　　　图 10.7　双用压线钳　　　　　图 10.8　AMP 专用压线钳

如图 10.9 所示是美国理想公司的 6 类双绞线压线工具。

（3）打线工具。打线工具用于将双绞线压接到信息模块和配线架上，110 配单线打线工具如图 10.10 所示。信息模块或配线架是采用绝缘连接器（IDC）与双绞线连接的。IDC 实际上是 V 形豁口的小刀片，当把导线压入豁口时，刀片割开导线的绝缘层，与其中的铜线接触。打线工具由手柄和刀具组成，它是两端式的，一端具有打接和裁线功能，可剪掉多余的线头；另一端不具有裁线功能。在打线工具一端会有清晰的"CUT"字样，使用户能够识别正确的打线方向。110 型 4 对打线工具如图 10.11 所示。

图 10.9　6 类双绞线压接工具　　图 10.10　110 型单线打线工具　　图 10.11　110 型 4 对打线工具
（IDEAL 30—696）

（4）手掌保护器。因为把网线的 4 对芯线卡入到信息模块的过程比较费劲，并且由于信息模块容易划伤手，于是就有公司专门开发了一种打线保护装置。这样，一方面，可以更加方便地把网线卡入到信息模块中，另一方面，也可以起到隔离手掌，保护手的作用。图 10.12 所示的是西蒙的两款掌上防护装置（注意，上面嵌套的是信息模块，下面部分才是保护装置）。

图 10.12　西蒙的两款掌上防护装置

# 10.3　子任务 1：工作区信息模块的端接

目前，在工作区的信息插座各式各样，其中各厂家的信息模块结构有所差异，因此具体的模块压接方法各不相同，但基本原理和方法是类似的。信息模块根据打线方式可分为两种：一种是传统的需要手工打线的，打线时需要专门的打线工具，制作起来比较麻烦；另一种是新型的，无须手工打线，无须任何模块打线工具，只需把相应双绞线卡入相应位置，然后用手轻轻一压即可，使用起来非常方便、快捷。

从电气性能上看，信息模块有 5 类、5e 类、6 类、6A 类、7 类等。

其操作步骤如下。

### 1．准备材料和工具

在开始端接工作区的信息插座前，要一次领取半天工作需要的全部材料和工具，包括网络数据模块、电话语音模块、盖板、标记材料、剪线工具、压线工具、手掌保护器以及凳子等。

### 2．清理和标记

在实际工程中，新建建筑物的信息插座底盒和基建工程一起完成，然后进行传线。再之后才能安装信息模块。因此，安装前，应该首先清理底盒内堆积的水泥砂浆或者垃圾；然后，将双绞线从底盒内轻轻地取出，清理表面的灰尘重新做编号标记，标记位置距离管口为 6～8cm。注意，只有做好新标记后才能取消原来的标记。

### 3．剪掉多余线头

在穿线施工过程中，双绞线的端头进行捆扎或者缠绕，管口预留也比较长，并且双绞线的内部结构可能已经破坏，一般安装模块前都要剪掉多余部分的长度。将双绞线（6 类）从信息插座底盒里抽出来，留出 10～12cm 长度用于压接模块或者检修，并剪去多余的线。

### 4．打线型 RJ-45 信息模块安装

RJ-45 信息模块前面插孔内有 8 芯线针触点分别对应着双绞线的 8 根线；后部两边分列各 4 个打线柱，外壳为聚碳酸酯材料，打线柱内嵌有连接各线针的金属夹子；有通用线序色标清晰注于模块两侧面上，分两排。A 排表示 T586A 线序模式，B 排表示 T586B 线序模式。具体的制作步骤如下。

（1）用剥线工具或压线钳的刀具在离线头 4～5cm 长处将双绞线的外护套剥去，如图 10.13 所示。

（2）剪去护套内的撕裂带。在双绞线的护套内有一根撕裂带。在用剪刀在护套边沿上垂直剪一个缺口后，可以使用撕裂带撕开护套。如没有，则可省去。把剥开双绞线线芯按线对分开，但先不要拆开各线对，只有在将相应线对预先压入打线柱时才拆开，如图 10.14 所示。

图 10.13　剥除线缆外护套

（3）剪去十字骨架（6 类非屏蔽双绞线使用）。端接 6 类带十字骨架的非屏蔽双绞线之前，应贴着护套剪去 4 对双绞线芯线中间的十字骨架。在剪线时，应注意不得损伤芯线（包括铜芯和绝缘层），如图 10.15 所示。

（4）确定双绞线的芯线位置。将双绞线平放在模块中间的走线槽上方（注意，是平行于走线槽，而不是垂直于走线槽），旋转双绞线，使靠近模块走线槽底的两对芯线的颜色与模块上最靠近护套的两对 IDC 色标一致（不可交叉）。如果无法做到一致，则可将模块掉转 180°后再试，

图 10.14　剪去撕裂带

图 10.15　剪去十字骨架

如图 10.16 所示。

（5）将双绞线放入模块走线槽内。在确定双绞线芯线位置后,将双绞线平行放入模块中间的走线槽内,其护套边沿与模块的边沿基本对齐(可略深入模块内)。

（6）将靠近护套边沿的两对线卡入打线槽内。由于靠近护套的两对打线槽与双绞线底部的两对线平行,因此可以将这两对线自然向外分,然后根据色谱用手压入打线槽内。注意,尽量不改变芯线原有的绞距,如图 10.17 所示。

图 10.16　确定双绞线的芯线位置

图 10.17　将靠近护套边沿的两对线卡入打线槽内

（7）将远离护套边沿的两对线卡入打线槽内。前两对线刚好在护套边,因此基本上不需要考虑绞距。这两对线将远离护套,因此须将它自然的理直后,放到对应的打线槽旁(保持离开护套后的绞距不改变),然后根据色谱用手压入打线槽内。注意,如果为了保证色谱而被迫改变绞距时,应将芯线多绞一下,而不是让它散开,如图 10.18 所示。

（8）将 8 芯线全部打入打线槽内。在芯线全部用手压入对应的打线槽后,使用一对打线工具(将附带的剪刀启用)将每根芯线打入模块的打线槽内,在听到"喀嗒"声后可以认为芯线已经打到位。此时,附带的剪刀将芯线的外侧多余部分自动切除,如图 10.19 所示。

图 10.18　将远离护套边沿的两对线卡入打线

图 10.19　8 芯线全部打入打线槽内

（9）盖上模块盖。在全部端接结束前,将模块的上盖中的线槽缺口对准双绞线的护套边沿,用手指压入模块。此时,双绞线与模块中的走线槽方向平行,如果要将双绞线与模块中的走线槽方向垂直,则可以将双绞线弯曲 90°后从上盖中间的线槽中出线,如图 10.20所示。

免打线型 RJ-45 信息模块的设计,便于无须打线工具而准确快速地完成端接,没有打线柱,而是在模块的里面有两排各 4 个的金属夹子,而锁扣机构集成在扣锁帽里,色标也标注在扣锁帽后端,端接时,用剪刀裁出约 4cm 的线,按色标将线芯放进相应的槽位,扣上,再用钳子压一下扣锁帽即可(有些可以用手压下,并锁定)。扣锁帽确保铜线全部端接并防止滑动,扣锁帽多为透明,以方便观察线与金属夹子的咬合情况,如图 10.21 所示。

图 10.20  盖上模块盖

图 10.21  免打线型 RJ-45 信息模块

### 5. 信息模块的安装

信息模块端接后,接下来就要安装到信息插座内,以便工作区终端设备使用。各厂家信息模块的安装方法相似,具体可以参考厂家说明资料。

下面以 RJ-45 信息插座安装为例,介绍信息模块的安装步骤。

（1）将已端接好的信息模块卡接在插座面板槽位内,如图 10.22 所示。

（2）将已卡接了模块的面板与暗埋在墙内的底盒接合在一起,如图 10.23 所示。当双口面板上有网络和电话插口标记时,应按照标记口位置安装。当双口面板上没有标记时,宜将网络模块安装在左边,电话模块安装在右边,并且在面板表面做好标记。

图 10.22  将 RJ-45 模块卡到面板插槽内

图 10.23  将已卡接了模块的面板
与底盒接合在一起

（3）用螺丝将插座面板固定在底盒上。

（4）在插座面板上安装标签条。信息插座的标识必须与配线架的相应端口一致。

# 10.4　子任务 2：双绞线跳线现场制作方法

在综合布线施工中，双绞线与 RJ-45 连接器终接可以制作双绞线跳线，双绞线跳线就是指在一段双绞线的两端终接了 RJ-45 水晶头。双绞线跳线用在设备间、电信间的配线架的跳接，或在工作区将用户终端连接到信息点上。

目前，综合布线系统中选用的双绞线电缆绝大多数为 5e 类和 6 类双绞线。相应的，RJ-45 水晶头也分 5e 类和 6 类。6 类线缆的外径要比一般的 5 类线粗，在施工安装方面，6 类比 5e 类难度也要大很多。下面分别介绍 5e 类和 6 类双绞线跳线的现场制作。

## 10.4.1　5e 类双绞线跳线现场制作方法

在前面已经介绍过，根据双绞线两端采用的标准不同，双绞线跳线有直通线和交叉线两种，它们采用的标准不一样，但制作过程和要求是一样的。在通信行业标准《大楼通信综合布线系统第 3 部分：综合布线用连接硬件技术要求》(YD/T 926.3—2001)中对 RJ-45 连接头的终接步骤如下。

### 1. 剥除电缆的外护套长度必须规范

不得随意剥除电缆外护套，应按规范要求，5e 类电缆不被剥除护套的操作长度不宜少于13mm，即由圆形截面的电缆护套转变为扁平形截面的电缆护套，其总长度不少于 13mm；适用于便于连接的扭绞导线的长度(即被剥除电缆护套的长度)不宜少于 20mm，如图 10.24 所示。

图 10.24　双绞线电缆线对排列顺序(EIA/TIA 568—A)

有一些双绞线电缆上含有一条柔软的尼龙绳，当在剥除双绞线的外皮时，如果觉得裸露出的部分太短，而不利于制作 RJ-45 接头，则可以紧握双绞线的外皮，再捏住尼龙线往外皮的下方剥开，就可以得到较长的裸露线。

### 2. 裸露部分导线正确定位和固定

根据所选定的线对连接顺序，按标准规定进行排列。如选定采用 TIA/EIA 568—B 的线对连接顺序，应依次将线对 2、线对 3、线对 1、线对 4，分别对应于 RJ-45 连接头端接的簧片 1和 2，3 和 6，4 和 5，7 和 8。务必要正确对准、认真核查无误。为了防止电缆移动或弯曲、接头产生扭动移位时，使电缆护套内的导线位置发生变化或互相挤压改变相对平衡的位置，根据施工经验，首先将电缆被剥除护套的裸露导线按规定的平行排列顺序予以定位。其次，采用固定线对排列顺序，即使缆线受力弯曲或扭转，也难以变动所在的相对位置，其方法是将电缆长度最少 8mm 不剥除护套部分，由圆形做成扁平形状的缆线，使其横截面形成椭圆形。如果用户选择 TIA/EIA 568—A 连接方式,则只需将线对 2 和线对 3 的位置互相对调,保持其他线对位置不变。

### 3.整理裸露导线、排列顺序

将裸露的电缆线对的扭绞部分导线松开,使导线互相平行,按正确的定位顺序排列,以便于与对应的连接端子终接。其中,导线 6 跨越导线 4 和导线 5,跨越导线 4 和导线 5 的地方距离缆线护套的边缘不应超过 4mm,其他导线之间不应有交叉现象,且要求护套内导线的相对位置保持原状和扭绞长度不变化,更不应松开移位,以免影响缆线的传输性能。对裸露的导线整理好的长度宜为 14mm,从导线端头开始的一段长度最少为 $10\pm1$mm。导线的端头截面应修齐平整,不应有毛刺或参差不齐的现象,应用压线钳的剪线端口将导线剪齐,如图 10.25 所示。

图 10.25　电缆在连接前线对排列

### 4.电缆导线插入插头完成连接

首先将整理好的电缆端头(包括裸露的导线部分)正确平直地插入 RJ-45 连接头中,应将导线直插到连接头的前端最前部位(或称最低部位)。要求电缆未剥除护套的扁平部分,从连接头的后端一直伸插到超过预张力释放块,且将它包含在内。电缆未剥除护套部分在连接头后面的露出长度最少为 6mm。连接安装后的插头情况要检查,如图 10.26 所示。

图 10.26　电缆导线插入插头完成连接

### 5.用压线钳压实 RJ-45 连接头

### 6.重复步骤 2 到步骤 7,再制作另一端的 RJ-45 接头

因为工作站与集线器之间是直接对接,所以另一端 RJ-45 接头的引脚接法完全一样。完成后的连接线两端的 RJ-45 接头无论引脚和颜色都完全一样,这种连接方法适用于工作站与集线器之间的连接。

### 10.4.2　6类双绞线跳线现场制作方法

6类双绞线跳线现场制作具体步骤如下。

（1）剥除电缆外护套。

（2）去掉中间的芯(十字骨架)，不要把芯直接剪到根部，这样可以使卡槽更容易插到水晶头的根部，如图10.27所示。

（3）将分线器(Sled)宽度为4mm套入线对，使4个线对各就各位、互不缠绕，并可以有效地控制剥线长度 $L$ 的值，如图10.28所示。

（4）按照标准排列线对，并将每根线轻轻捋直，如图10.29所示。

图10.27　剪掉十字骨架　　　图10.28　将分线器套入线对　　　图10.29　将每根线轻轻捋直

（5）将插件(Liner)套入各线序，如图10.30所示。

（6）将裸露出的双绞线用剪刀剪下只剩约14mm的长度，如图10.31所示。

（7）插入RJ-45水晶头，注意一定要插到底，如图10.32所示。正确的压接位置如图10.33所示。

图10.30　将插件套入各线对　　　图10.31　剪掉多余的双绞线　　　图10.32　插入RJ-45水晶头

图10.33　正确的压接位置

（8）用RJ-45压线钳进行压接，完成RJ-45水晶头的制作。

# 习　题

## 一、选择题

1. 管槽安装的基本要求不包括(　　)。

　A. 走最短的路由　　　　　　　　B. 管槽路由与建筑物基线保持一致

　C. 横平竖直　　　　　　　　　　D. 注意房间内的整体布局

2. 在敷设管道时,应尽量减少弯头,每根管的弯头不应超过(　　)个,并不应有 S 形弯出现。

　A. 2　　　　　　　B. 3　　　　　　　C. 4　　　　　　　D. 5

3. 布放线缆在线槽内的截面利用率应为(　　)。

　A. 25%～30%　　B. 40%～50%　　C. 30%～50%　　D. 50%～60%

4. 在缆线桥架内缆线垂直敷设时,在缆线的上端每间隔(　　)m 处应固定在桥架的支架上;水平敷设时,在缆线的首、尾、转弯及每间隔 5～10m 处进行固定。

　A. 0.5　　　　　　B. 1.5　　　　　　C. 2.5　　　　　　D. 3.5

## 二、思考题

1. 列出常用的 3 种双绞线电缆端接工具,并指出其适用场合。

2. 简述双绞线电缆终接的基本要求。

3. 简述信息模块的端接要求。

4. 简述 5e 类双绞线跳线的制作步骤。

5. 比较 5e 和 6 类双绞线跳线制作的要求有何不同。

## 三、实训题

1. 制作 5e 类双绞线直通线跳线、交叉线各一条。

2. 制作 6 类双绞线直通线跳线、交叉线各一条。

3. 将 5e 双绞线端接在 5e 类信息模块上,并安装到信息面板。

4. 将 6 类双绞线端接在 6 类信息模块上,并安装到信息面板。

# 任务11

## 电信间线缆端接

　　电信间是放置电信设备、电缆或光缆终端、配线架等,并进行布线交接的一个专用空间,是建筑物干线子系统和配线子系统的指定连接地点。它主要为楼层安装配线设备(机柜、机架、机箱、配线架等)和楼层计算机网络设备(交换机等)的场地,并可考虑在该场地设置缆线竖井、等电位接地体、等电位接地体、电源插座、UPS配电箱等设施。在场地面积满足的情况下,也可设置建筑物,如安防、消防、建筑设备监控系统、无线信号覆盖等系统的布线线槽和功能模块的安装。

## 11.1 任务描述

　　建筑群子系统的干线缆线、建筑物干线子系统的干线缆线和配线子系统的水平缆线敷设完毕后,在电信间要进行端接和连接,此时电信间中机柜或机架的位置在敷设缆线时已经确定。本项目的主要任务就是在电信间进行电缆、光缆的端接和互连。电信间的线缆端接主要包括RJ-45配线架的端接、110型配线架的端接、光纤在配线架的端接以及它们之间的互连。

## 11.2 相关知识

### 11.2.1 电信间的缆线端接原理

#### 1. 5对连接块端接原理

　　110型配线架一般使用5对连接块,5对连接块中间有10个双头刀片,每个刀片两头分别压接一根线芯,实现两根线芯的电气连接。

　　5对连接块的端接原理如下:在连接块下层端接时,将每根线在110型配线架底座上对应的接线口放好,用力快速将5对连接块向下压紧,在压紧过程中刀片首先快速划破线芯绝缘护套,然后与铜线芯紧密接触,实现刀片与线芯的电气连接。

　　5对连接块上层端接与信息模块端接原理相同。将线逐一放到上部对应的端接口,在压接过程中刀片首先快速划破线芯绝缘护套,然后与铜线芯紧密接触实现刀片与线芯的电气连接。这样,5对连接块刀片两端都压好线,实现了两根线的可靠电气连接,同时裁掉了多余的线头。

#### 2. RJ-45配线架的端接原理

　　RJ-45模块化配线架端接的基本原理如下:将线芯用机械力量压入两个刀片中间,在压入过程中,刀片将双绞线的绝缘护套划破并与铜线芯紧密接触,同时金属刀片的弹性将铜线芯长期夹紧,从而实现长期稳定的电气连接。

## 11.2.2　机柜安装的基本要求

目前,国内外综合布线系统所使用的配线设备的外形尺寸基本相同,都采用通用的 19in 标准机柜,实现设备的统一布置和安装施工。

机柜安装的基本要求如下。

(1) 机柜(架)排列位置、安装位置和设备面向都应符合设计要求,并符合实际测定后的机房平面布置图中的需要。

(2) 机柜(架)安装完工后,机柜(架)安装的位置应符合设计要求,其水平度和垂直度都必须符合生产厂家的规定,若厂家无规定,要求机柜(架)、设备与地面垂直,其前后左右的垂直偏差度不应大于 3mm。

(3) 机柜及其内部设备上的各种零件不应脱落或碰坏,表面漆面不应有脱落及划痕,如果进行补漆,其颜色应与原来漆色协调一致。各种标志应统一、完整、清晰、醒目。

(4) 机柜(架)、配线设备箱体、电缆桥架及线槽等设备的安装应牢固可靠。如有抗震要求,应按抗震设计进行加固。各种螺丝必须拧紧,无松动、缺少、损坏或锈蚀等缺陷,机架更不应有摇动现象。

(5) 为便于施工和维护人员操作,机柜(架)前至少应留有 800mm 的空间,机柜(架)背面距离墙面应大于 600mm,以便人员施工、维护和通行。相邻机架设备应靠近,同列机架和设备的机面应排列平齐。

(6) 机柜的接地装置应符合相关规定的要求,并保持良好的电气连接。

(7) 如采用墙上型机柜,则要求墙壁必须牢固可靠,且能承受机柜重量,机柜距地面宜为 300～800mm,或视具体情况而定。

(8) 在新建建筑物中,布线系统应采用暗线敷设方式,所使用的配线设备也可采取暗敷方式,暗装在墙体内。在建筑施工时,应根据综合布线系统要求,在规定位置处预留墙洞,并先将设备箱体埋在墙内,当进行布线系统工程施工时,再安装内部连接硬件和面板。

## 11.2.3　配线架在机柜中的安装要求

在电信间(楼层配线间)和设备间内,模块化快速配线架和网络交换机一般安装在 19in 的标准机柜内。为了使安装在机柜内的模块式快速配线架和网络交换机美观大方且方便管理,必须对机柜内设备的安装进行规划,具体应遵循以下原则。

(1) 在机柜内部安装配线架前,首先要进行设备位置规划或按照图纸规定确定位置。

(2) 当采用地面出线方式时,一般缆线从机柜底部穿入机柜内部,配线架宜安装在机柜下部。当采取桥架出线方式时,一般缆线从机柜顶部穿入机柜内部,配线架宜安装在机柜上部。当采取从机柜侧面穿入机柜内部时,配线架宜安装在机柜中部。

(3) 每个模块式快速配线架之间应安装有一个理线架,每个交换机之间也要安装理线架。

(4) 正面的跳线从配线架中出来后全部要放入理线架,然后从机柜侧面绕到上部的交换机间的理线器中,再接插进入交换机端口。

配线架与交换机的布置通常采用两种形式:一种是将配线架与交换机置于同一机柜中,彼此间隔摆放,如图 11.1 所示;另一种是将配线架和交换机分别置于不同的机柜中,机柜间隔摆放,如图 11.2 所示。

图 11.1　将配线架与交换机置于同一机柜中

图 11.2　将配线架与交换机置于不同机柜中

将配线架和交换机置于同一机架主要有以下优势。

(1) 跳线长度明显减少。由于交换机与配线架紧挨在一起,因此在通常情况下,跳线的长度只需 0.5m 左右即可,从而大幅减少对双绞线数量的需求。

(2) 便于维护和管理。在对网络链路进行管理和维护时,可以非常直观地将配线架的某个端口连接至交换机,或者将某个配线架端口与交换机断开。

(3) 便于跳线的整理。由于跳线的长度限制,只需使用水平理线器即可实现跳线的整理与管理,无须使用垂直理线器、扎带等辅助材料。

## 11.2.4　光缆连接的类型和施工内容及要求

### 1. 光缆连接的类型和施工内容

光缆连接是综合布线系统工程中极为重要的施工项目,按其连接类型可分为光缆接续和光缆终端两类。

光缆接续是指光缆直接连接,中间没有任何设备,它是固定接续;光缆终端是指中间安装设备,如光缆接续箱(LIU,又称光缆互连装置、光缆接续箱)和光缆配线架(LGX,又称光纤接线架)等。

光缆连接的施工内容应包括光纤接续,铜导线、金属护层和加强芯的连接,接头损耗测量,接头套管(盒)的封合安装以及光缆接头的保护措施的安装等。

光缆终端的施工内容一般不包括光缆终端设备的安装,主要是光缆本身终端部分,通常包括光缆布置(包括光缆终端的位置),光纤整理和连接器的制作及插接,铜导线、金属护层和加强芯的终端与接地等施工内容。

### 2. 光纤接续

光缆的接续包括光纤接续,铜导线(如为光纤和铜导线组合光缆时)、金属护层和加强芯的连接,接头套管(盒)的封合安装等。

(1) 光纤接续的类型

目前,光纤接续按照是否采用电源或热源分类,可分为热接法和冷接法,其中热接法采用电源或热源,通常为熔接法;冷接法不采用电源或热源,通常有粘接法、机械法和压接法。目前,一般采用熔接法。

光纤接续按照连接方式是否活动,可分为固定连接方式和活动连接方式两种。其中熔接法和粘接法为固定连接方式,采用光纤连接器实现光纤连接是活动连接方式。

光纤接续以光纤芯数多少分类,可分为单芯光纤熔接法和多芯光纤熔接法。

（2）光纤连接产生损耗的原因

影响光纤熔接损耗的因素较多，大体可分为光纤本征因素和非本征因素两类。

光纤本征因素是指光纤自身因素，主要有以下 4 点。

① 光纤模场直径不一致。

② 两根光纤芯径失配。

③ 纤芯截面不圆。

④ 纤芯与包层同心度不佳。

影响光纤接续损耗的非本征因素即接续技术有以下几种。

① 轴心错位：单模光纤纤芯很细，两根对接光纤轴心错位会影响接续损耗。当错位 $1.2\mu m$ 时，接续损耗达 0.5dB。

② 轴心倾斜：当光纤断面倾斜 1°时，约产生 0.6dB 的接续损耗，如果要求接续损耗≤ 0.1dB，则单模光纤的倾斜角应≤0.3°。

③ 端面分离：活动连接器的连接不好，很容易产生端面分离，造成连接损耗较大。当熔机放电电压较低时，也容易产生端面分离，此情况一般在有拉力测试功能的熔接机中可以发现。

④ 端面质量：当光纤端面的平整度差时，也会产生损耗，甚至气泡。

⑤ 接续点附近光纤物理变形：光缆在架设过程中的拉伸变形、接续盒中夹固光缆压力太大等，都会对接续损耗有影响，甚至熔接几次都不能改善。

另外，接续人员操作水平、操作步骤、盘纤工艺水平、熔接机中电极清洁程度、熔接参数设置、工作环境清洁程度等均会影响到熔接损耗的值。

（3）光纤熔接法

光纤熔接法是光纤连接中使用最为广泛的一种方法，它又被称为电弧焊接法。其工作原理是利用电弧放电产生高温，使被连接的光纤熔化而焊接成为一体。光纤熔接法基本上采用预放电熔接方式，它是将接续光纤的端面对准，这些端面经过加工处理，在熔接前，必须相互紧贴，通过预熔，将光纤端面的毛刺、残留物清除掉，从而使光纤端面清洁、平整，从而提高熔接质量。

### 3．光缆终端的连接方式

综合布线系统的光缆终端一般都是在设备上或专制的终端盒内，在设备上是利用其装设的连接硬件，如耦合器、适配器等器件，使光纤互相连接。终端盒采用光缆尾纤与盒内的光纤连接器连接。这些光纤连接方式都是采用活动接续，分为光纤交叉连接（又称光纤跳接）和光纤互相连接（简称光纤互连，又称光纤对接）两种。

（1）光纤交叉连接

光纤交叉连接与双绞线电缆在建筑物配线架或交接箱上进行跳线连接是基本相似的，它是一种以光缆终端设备为中心，对线路进行集中和管理的设施。目的是为了便于线路维护管理而考虑设置，即可简化光纤连接，又便于重新配置、新增或拆除线路等调整工作。在需要调整时，一般采用两端均装有连接器的光纤跳线或光纤跨接线，按标准规定，它们的长度都不超过 10m。在终端设备上安装耦合器、适配器或连接器面板进行插接，使终端在设备上的输入和输出光缆互相连接，形成完整的光通路。

这些光缆终端设备主要有光缆配线架、光缆接线箱和光缆终端盒等多种类型和品种，在前面已经介绍过。光纤交叉连接示意图如图 11.3 所示。

图 11.3 光纤交叉连接示意图

（2）光纤互相连接

它是综合布线系统中较常用的光纤连接方法,有时也可作为线路管理使用。它的主要特点是将来自不同的光缆的光纤,如分别是输入端和输出端的光纤,通过连接套轴互相连接,且在中间不必通过光纤跳线或光纤跨接线连接,如图 11.4 所示。因此,在综合布线系统中如不考虑对线路进行经常性的调整工作,且要求降低光能量的损耗时,常常使用光纤互连模块,因为光纤互相连接的光能量损耗远比光纤交叉连接要小。

图 11.4 光纤互连连接示意图

## 11.2.5　电信间布线施工工具

电信间的线缆端接主要包括 RJ-45 配线架的端接、110 型配线架的端接、光纤在配线架的端接等。其中,RJ-45 配线架的端接、110 型配线架的端接常用的工具主要有 110 打线钳、剥线钳和 5 对打线钳,而光纤端接使用的工具主要有以下几种。

### 1.光纤剥离钳

其用于剥除光纤涂覆层和外护层。光纤剥离钳的种类很多,图 11.5 为一款常用的光纤剥离钳。钳刃上的 V 形口用于精确剥离 $250\mu m$、$500\mu m$ 的涂覆层和 $900\mu m$ 的缓冲层。第二开孔用于剥离 3mm 的尾纤外护层。

### 2.光纤剪刀

光纤剪刀是一种防滑锯齿剪刀,复位弹簧可以提高剪切速度,其只能用来修剪光纤的凯弗拉线(Kevlar,是一种韧性很高的线,用于光纤加固),不能修剪光纤内芯玻璃层及作为剥皮之用。如图 11.6 所示。

### 3.光纤连接器压线钳

其用于压接 FC、SC、ST 等连接器,如图 11.7 所示。

图 11.5　一种常用的光纤剥离钳　　　　图 11.6　光纤剪刀　　　　图 11.7　光纤连接器压接钳

### 4.光纤切割工具

其用于光纤的切割,包括通用光纤切割工具和光纤切割笔。其中,通用光纤切割工具用于光纤的精密切割,如图 11.8 所示;光纤切割笔用于光纤的简易切割,如图 11.9 所示。

### 5.光纤熔接机

光纤熔接机采用芯对芯标准系统进行快速、全自动熔接。图 11.10 所示为一种单芯光纤熔接机。光纤熔接机一般都带有光纤切割工具。

图 11.8　通用光纤切割工具　　　　图 11.9　光纤切割笔　　　　图 11.10　单芯光纤熔接机

### 6．开缆工具

开缆工具的功能是剥离光缆的外护套，典型的几种开缆工具如图 11.11（横向开缆刀）、图 11.12（纵向开缆刀）、图 11.13（横纵向综合开缆刀）所示。

图 11.11　横向开缆刀　　　　图 11.12　纵向开缆刀　　　　图 11.13　横纵向综合开缆刀

# 11.3　电信间电缆端接施工

## 11.3.1　标准机柜和配线架等的安装

通用 19in 标准机柜以 U(0.625in＋0.625in＋0.5in 通用孔距)为一个安装单位，可适用于所有的 19in 设备的安装。

安装在通用 19in 标准机柜的配线架、交换机、路由器等配线设备和网络设备也是以 U 为单位的。

### 1．配线架和理线架的安装

根据机柜安装示意图，在机柜相应位置上安装 4 个浮动螺母，然后将所安装设备用附件 M4 螺钉固定在机柜上，每安装一个配线架（最多两个），均应在相邻位置安装一个理线架，以使线缆整齐有序。同时，应注意电缆的施工最小曲率半径应大于电缆外径的 8 倍。

### 2．有源设备的安装

有源设备如为标准的 19in，也应像配线架一样安装，如果有源设备过重或有源设备不是标准的 19in，则可通过使用托架实现。

### 3．进线电缆管理安装

进线电缆可以从机柜顶部或底部引入，将电缆平直安排、合理布置，并用尼龙扣带捆扎在 L 形穿线环上，电缆应敷设到所连接的模块或配线架附近的缆线固定支架处，也用尼龙扣带将电缆固定在缆线固定架上。

### 4．跳线电缆管理安装

跳线电缆的长度应根据两端需要连接的接线端子间的距离来决定，跳线电缆必须合理布置，并安装在 U 形立柱上的走线环和理线架的穿线环上，以便走线整齐有序，以便于维护检修。

## 11.3.2　RJ-45 模块式快速配线架的安装与端接

目前，常见的双绞线配线架有 110 型配线架和模块式快速配线架。其中，模块式快速配线架主要应用于楼层管理间和设备间内的计算机网络电缆的管理。各厂家模块式快速配线架的结构和安装方法基本相同。下面以 RJ-45 配线架为例,介绍模块式快速配线架在机架上的安装步骤。

（1）使用螺丝将配线架固定在机架上,如图 11.14 所示。

（2）在端接线对之前,要整理缆线。将缆线松松地用带子缠绕在配线板的导入边缘上,最好将缆线用带子缠绕固定在垂直通道的挂架上,这样在缆线移动期间可保证避免线对的变形。在配线架背面安装理线环,将电缆整理好后固定在理线环中并使用扎带固定。一般情况下,每6 根电缆作为一组进行绑扎,如图 11.15 所示。

图 11.14　在机架上安装配线架

图 11.15　安装理线环并整理固定线缆

（3）根据每根电缆连接接口的位置,测量端接电缆应预留的长度,然后截断电缆,如图 11.16 所示。

图 11.16　测量预留电缆长度并截断电缆

（4）根据系统安装标准选定 TIA/EIA 568—A 或 TIA/EIA 568—B 标签,然后将标签压入模块组插槽,如图 11.17 所示。

（5）根据标签色标排列顺序,将对应颜色的线对逐一压入槽内,然后使用打线工具固定线对连接,同时将伸出槽位外多余的导线剪断,如图 11.18 所示。

（6）将每组线缆压入槽位,然后整理并绑扎固定线缆,如图 11.19 所示。

（7）将跳线通过配线架下方的理线架整理固定后,逐一接插到配线架前面板的 RJ-45 接口,最好编好标签并贴在配线架前面板,如图 11.20 所示。

TIA/EIA 568—A

TIA/EIA 568—B

图 11.17    调整合适标签并安装在模块组槽位内

按标签色标将
线对压入槽内

IBDN打线工具

图 11.18    将线对逐次压入槽位并打压固定

图 11.19    整理并绑扎固定线缆

图 11.20    将跳线接插到各接口并贴好标签

### 11.3.3    通信配线架的安装与端接

通信配线架主要用于语音配线子系统,一般采用 110 型配线架,主要是上级程控交换机过来的接线与到桌面终端的语音信息点连接线之间的连接和跳线部分,便于管理、维护、测试。

在墙上或托架上安装好 110 型配线板后,线缆端接的步骤如下。

(1) 先把底部 110 型配线模块上要端接的 24 条 4 对双绞线电缆牵引到位。每个配线槽中放 6 条。左边的线缆端接在配线模块的左半部分,右边的线缆端接在配线模块的右半部分。在配线板的内边缘处松弛地将缆线捆起来,并在每条缆线上标记出剥除线缆外皮的位置,然后揭开捆扎,在标记处刻痕,刻好痕后再放回原处,暂不要剥去外皮,如图 11.21 所示。

(2) 当所有 4 个缆束都刻好痕并放回原处后,安装 110 型配线模块(用铆钉),并开始进行端接。端接时,从第一条缆线开始,按下列的步骤进行。

① 在每条刻痕点之外最少 15cm 处将缆线切割,并将刻痕的外皮去掉。

② 然后,沿着 110 型配线模块的边缘将 4 对导线拉进前面的线槽中去。

③ 用索引条上的高齿将一对导线分开,在转弯处拉紧,使双绞线解开部分最少,并在线末端对捻,如图 11.22 和图 11.23 所示。

(3) 在将线对安放到索引条中之后,按颜色编码检查线对是否安放正确,或是否变形。确认无误后,再用工具把每个线对压下并切除线头。当所有 4 个索引条上的线对都安装就位后,即可安装 4 对线的 110 型连接块。

图 11.21　在配线板边缘处捆绑　　　　图 11.22　将导线拉进线槽

图 11.23　在配线模板上布放线对

（4）110 型配线模块交叉连接使用快接式接插软线,预先装好连接器,只要把插头夹到所需位置,就可完成交叉连接。

（5）为了保证在 110 型配线模块上获得端接的高质量,要做到如下几点。

① 为了避免缆线线对分开,转弯处必须拉紧。

② 线对必须对着块中的线槽压下,而不能对着任一个牵引条,在安装连接块时,应避免损坏缆线。

③ 线对基本上要放在线槽的中心,向下贴紧配线模块,以避免连续的端接在线槽中堆积起来时所造成的线对的变形。

④ 必须保持"对接"的正确性,直到在牵引条上的分开点为止,这点对于保证缆线传输性能是至关重要的。

⑤ 为了使没有外皮线对的长度变得更小,要指定端接的位置。

a. 最左边的 6 条缆线端接在左边的上两条和下两条牵引条的位置上。

b. 最右边的 6 条缆线端接在右边的上两条和下两条牵引条的位置上。

c. 必须返回去仔细检查前面步骤(1)中完成的工作,看看缆线分组是否正确,是否形成可接受的标注顺序。

### 11.3.4 双绞线链路的整理

#### 1. 桥架中线缆的整理

在通常情况下,楼层桥架中的线缆只须理顺即可,无须进行捆扎。而主干桥架中的线缆则需要使用扎带进行简单的捆扎,以区别不同的楼层,并减少重力拉伸线缆,从而避免改变其物理属性(绞合度、长度等)和电气性能。

#### 2. 配线架中线缆的整理

在跳线施工中,纽结、毛刺、箍缩和接触不良均有可能大幅降低跳线性能。若要避免此类问题,应重点考虑以下因素。

(1) 弯曲半径。跳线允许的最小弯曲半径需要遵守跳线厂商的操作规范。一般规定,非屏蔽双绞线(UTP)的最小弯曲半径应为缆线直径的 4 倍,屏蔽双绞线则为缆线直径的 8 倍。如果弯曲半径小于此标准,则可能导致导线的相对位置发生变动,从而导致传输性能降低。

(2) 跳线拉伸及应力。在配线过程中,请勿用力过度,否则可能加大对跳线和连接器的应力,从而导致性能降低。

(3) 捆扎。跳线不一定都需要捆扎,如果捆扎,则需要遵守厂商的捆扎原则,不要捆扎过紧,否则会引起对绞线变形。勿过分拧紧线夹,而应以各条跳线能自由转动为宜。应使用专用产品,考虑选择无须工具即可反复使用的产品,如尼龙粘扣带。

在机房内,应当做到每根线从进入机房开始,直到配线架的模块为止,都应做到横平竖直不交叉。并按电子设备排线的要求,做到每个弯角处都有线缆固定,保证线缆在弯角处有一定的转弯半径,同时做到横平竖直。

(1) 前面板线缆的整理。如果交换机与配线架位于同一机柜中,则只须选择适当长度的跳线,将跳线打个环(见图 11.24)后置于理线器中。然后,两端分别连接至交换机和配线架端口。

所有连接都完成后,盖上理线器的盖板即可,如图 11.25 所示。

图 11.24 跳线打环

图 11.25 盖上理线架面板

如果配线架与交换机位于不同的机柜,则需要使用较长的跳线(大致 5m 以上),并且必须对跳线进行整理。

配线架和交换机的前面板除了需要使用水平理线器外,还需要使用垂直理线器。

(2) 后部线缆整理。由于配线架后部集中着网络布线系统中的所有水平布线,因此有大量的线缆需要进行整理。在通常情况下,每一个配线架中的线缆在理顺之后,应当使用尼龙扎带依次捆扎固定,如图 11.26 所示。水平线缆的捆扎固定方向应当左右交替,以便于垂直部分固定在机柜两侧。

　　然后,再将所有垂直部分线缆依次捆扎固定在机柜的两侧,如图 11.27 所示。在捆扎固定线缆时,应注意不要过分折弯双绞线,并且扎带不要扎得过紧,以免影响线缆的电气性能。

图 11.26　捆扎固定水平线缆

图 11.27　捆扎固定垂直线缆

## 11.4　电信间光缆施工

### 11.4.1　光缆交接盒中的光纤熔接

　　光纤熔接法所用的空气预放电熔接装置称为光纤熔接机,按照一次熔接的光纤数量可分为单芯熔接机和多芯熔接机。下面以单芯熔接机为例来介绍光纤熔接的过程。

　　**1．准备好相应工具和材料**

　　在光纤熔接过程中不仅需要专业的熔接工具,还需要很多工具,如光纤切割工具、光纤剥离钳、热缩管、酒精等。

　　**2．安装工作**

　　将户外接来的用黑色保护外皮包裹的光缆从光缆接续盒、光纤配线架、光缆配线箱等的后方接口放入光纤收容箱中,如图 11.28 所示。

　　**3．去皮工作**

　　(1)使用光缆专用开剥工具(偏口钳或钢丝钳)剥开光缆加固钢丝,将光缆外护套开剥长度 1m 左右。

　　(2)剥开另一侧的光缆加固钢丝,然后将两侧的加固钢丝剪掉,只保留 10cm 左右,如图 11.29 所示。

图 11.28　将光缆放入光纤收容箱

图 11.29　剥开另一侧的光缆加固钢丝

（3）剥除光纤外皮 1m 左右，即剥至剥开的加固钢丝附近。

（4）用美工刀在光纤金属保护层上轻轻刻痕，如图 11.30 所示。折弯光纤金属保护层并使其断裂，折弯角度不能大于 45°，以避免损伤其中的光纤。

（5）用美工刀在塑料保护管四周轻轻刻痕，如图 11.31 所示。轻轻用力，以免损伤光纤，也可使用光纤剥线钳完成该操作。轻轻折弯塑料保护管并使其断裂，如图 11.32 所示。同样，折弯角度不能大于 45°，以避免损伤其中的光纤。

图 11.30　在金属保护层　　图 11.31　在塑料保护管上刻痕　　　图 11.32　折弯塑料保护管
　　　　　上刻痕

（6）将塑料管轻轻抽出，漏出其中的光纤。如图 11.33 所示。

### 4. 清洁工作

用较好的纸巾蘸上高纯度酒精，使其充分浸湿。轻轻擦拭和清洁光缆中的每一根光纤，去除所有附着于光纤上的油脂，如图 11.34 所示。

### 5. 套接工作

为欲熔接的光纤套上光纤热缩套管，如图 11.35 所示。热缩套管（管内有一根不锈钢棒）主要用于在光纤对接好后套在连接处，经过加热形成新的保护层。

图 11.33　抽出塑料保护管　　　图 11.34　折弯塑料保护管　　　图 11.35　抽出塑料保护管

### 6. 熔接工作

（1）使用光纤剥线钳剥除光纤涂覆层，如图 11.36 所示。当剥除光纤涂覆层时，要掌握平、稳、快 3 字剥纤法。"平"即持纤要平，左手拇指和食指捏紧光纤，使之成水平状，所露长度以 5cm 为准，余纤在无名指、小拇指之间自然打弯，以增加力度，防止打滑。"稳"即剥纤钳要握得稳。"快"即剥纤要快。剥线钳应与光纤垂直，向上方内倾斜一定角度，然后用钳口轻轻卡住光纤，右手随之用力，顺光纤轴向平推出去，整个过程要自然流畅，一气呵成。

（2）用蘸酒精的潮湿纸巾将光纤外表面擦拭干净，如图 11.37 所示。注意观察光纤剥除部分的涂覆层是否全部去除，若有残余，则必须去掉。

（3）用光纤切割器切割光纤,使其拥有平整的断面。切割的长度要适中,保留 2~3cm。光纤端面切割是光纤接续中的关键工序,如图 11.38 所示。它要求处理后的端面平整、无毛刺、无缺损,且与轴线垂直,呈现一个光滑平整的镜面区,并保持清洁,避免灰尘污染。

图 11.36　剥除光纤涂覆层

图 11.37　擦拭光纤

图 11.38　光纤切割

光纤端面切割有 3 种方法:刻痕法、切割钳法和超声波电动切割法。

（4）将切割好的光纤置于光纤熔接机的一侧,如图 11.39 所示。并在光纤熔接机上固定好该光纤,如图 11.40 所示。

（5）如果有成品尾纤,可以取一根与光缆同种型号的光纤跳线,从中间剪断作为尾纤使用,如图 11.41 所示。注意,光纤连接器的类型一定要与光纤终端盒的光纤适配器相匹配。

图 11.39　置于光纤熔接机一侧

图 11.40　固定好光纤

图 11.41　用光纤跳线制作的尾纤

（6）使用石英剪刀剪除光纤跳线的石棉保护层,如图 11.42 所示,剥除的外保护层之间长度至少为 20cm。

（7）用蘸酒精的潮湿纸巾将光纤尾纤中的光纤外表面擦拭干净。

（8）使用光纤切割器切割光纤尾纤,保留 2~3cm。

（9）将切割好的尾纤置于光纤熔接机的另一侧,并使两条光纤尽量对齐,如图 11.43 所示。

（10）在光纤熔接机上固定好尾纤,如图 11.44 所示。

图 11.42　剥好的尾纤

图 11.43　放置尾纤

图 11.44　固定好尾纤

(11) 按 SET 键开始光纤熔接,两条光纤的 $x$、$y$ 轴将自动调节,并显示在屏幕上。熔接结束后,观察损耗值。若熔接不成功,光纤熔接机会显示具体原因。熔接好的接续点损耗一般低于 0.05dB 以下,方认可为合格。若高于 0.05dB 以上,则可用手动熔接按钮再熔接一次。一般熔接次数 1~2 次为最佳,若超过 3 次,熔接损耗反而会增加,这时应断开重新熔接,直至达到标准要求为止。如果熔接失败,则可重新剥除两侧光纤的绝缘包层并切割,然后重新进行熔接操作。

### 7. 包装工作

(1) 熔接测试通过后,将光纤熔接前预先套入的光纤热缩管,移到剥掉绝缘包层的位置,如图 11.45 所示。

(2) 将套好热缩套管的光纤放到加热器中,如图 11.46 所示。由于光纤在连接时去掉了接续部位的涂覆层,使其机械强度降低,一般要用热缩套管对接续部位进行加强保护。将预先穿置光纤某一端的热缩套管移至光纤连接处,使熔接点位于热缩管中间,轻轻拉直光纤接头,放入光纤熔接机的加热器内加热。

(3) 按 HEAT 键开始对热缩管进行加热。稍等片刻,取出已加热好的光纤,如图 11.47 所示。

图 11.45 套热缩管

图 11.46 放到加热器中

图 11.47 取出已加热好的光纤

上述过程是熔接一芯光纤的过程。重复上述操作过程,直至该光缆中所有光纤全部熔接完成。

(4) 将以熔接好的热缩管置于光缆终端盒的固定槽中,如图 11.48 所示。

(5) 在光缆终端盒将光纤盘好,并用不干胶纸进行固定,如图 11.49 所示。同时,将加固钢丝折弯且与光缆终端盒固定。并使用尼龙扎带进一步加固。

(6) 将光纤连接器——置入光纤终端盒的适配器中并固定,如图 11.50 所示。

图 11.48 将热缩管置于固定槽

图 11.49 固定光纤

图 11.50 连接适配器

（7）将光缆终端盒用螺丝封好，并固定于机柜。

## 11.4.2 光纤配线架的施工步骤

光纤配线架适用于光纤信道中端接和管理，可以完成光缆与尾纤盘绕和端接，还可以在面板上安装各种类型的光纤适配器，实现光缆与光纤跳线之间的插接。

光纤配线架由箱体、光纤连接盘、面板三部分组成，如图 11.51 所示。

图 11.51 光纤配线架

光纤配线架集光缆熔接、尾纤收容、跳接线收容 3 种功能于一体。余长收容在两个特制的半圆塑料绕线盘上，保证光纤的弯曲半径大于 37.5mm；面板安装光纤适配器，如 ST、SC、SFF 等。采用抽屉式结构，安装时只要抽出箱体，就可以在机柜正面进行盘绕、端接等工作。自带面板、熔接盘和绕线盘，只要配备适配器和尾纤（或光纤连接器）就可进行端接和跳线。

光纤配线架的施工步骤为。

步骤 1：用双手从两侧轻抬面板后，将箱体向自己方向拉即可抽出箱体（不能全部抽出）。

步骤 2：将光缆端部剪去约 1m 长，然后取适当长度（约 1.5m），剥出外层护套。从光缆开剥出取金属加强芯（如果有金属加强芯的话）约 85mm 长度后剪去其余部分，并将金属加强芯固定在接地桩上，并用尼龙轧带将光缆轧紧并使其稳固。剥开后的光缆束管用 PVC（约 0.9m）保护软管置换后，盘在绕线盘上并引入熔接盘，在熔接盘入口处用轧带扎紧 PVC 软管，如图 11.52 所示。

步骤 3：取 1.5m 长的光纤尾纤，在离连接器头 0.9m 处（根据适配器位置不同稍有长短）剥出光纤，并在连接器根部和外护套根部贴上同号的标识纸。将尾纤的连接器头固定在适配器面板的适配器上。将尾纤盘在绕线盘上并引入熔接盘。用轧带将尾纤固定在熔接盘片入口处。

步骤 4：将熔接盘移至箱体外进行光纤熔接。熔接点用热缩套管保护，并卡入熔接盘内的热塑管卡座内。完成后将熔接盘固定在箱体内并理顺，固定光纤。

步骤 5：将箱体推回光纤配线架机架后，光纤配线架安装完毕。

## 11.4.3 光纤连接器件的管理与标识

在光缆布线工程中，对光纤交接部件进行管理是应用、维护光纤系统中重要的手段和方法。光纤端接场按功能管理，其标记分为 Level 1 和 Level 2 两级。

图 11.52　扎带扎紧 PVC 软管

　　Level 1 标识用于点到点的光纤连接,即用于互连场,标识通过一个直接的金属箍把一根输入光纤与另一根输出光纤连接(简单的发送端到接收端的连接)。

　　Level 2 标识用于交连场,标识每一根输入光纤通过单光纤跨接线连接到输出光纤。交连场的每根光纤上都有两种标识:一种是非综合布线系统标识,它标明该光纤所连接的具体终端设备;另一种是综合布线系统标识,它标明该光纤的识别码。交连场光纤管理标识如图 11.53 所示。

　　每根光纤都应用光纤标签标识,标签标识的内容包括两类信息:①光纤远端的位置。其包括设备位置、交连场墙或楼层连接器等;②光纤本身的说明。其包括光纤类型、该光纤所在光缆的区间号、离此连接点最近处的光纤颜色等,如图 11.54 所示。

图 11.53　交连场光纤管理标识

　　除了每根光纤标签提供的标记信息外,在每条光缆上还可增加光缆标签标记,以提供该光缆远端的位置及特殊信息。光缆标前的特殊信息包括光缆编号、使用的光纤数、备用的光纤数以及长度,用两行来描述,如图 11.55 所示,第一行表示此光缆的远端在第一教学楼 302 房间;第二行表示启用光纤数为 6 根,备用光纤数为 2 根,光缆长度为 990m。

图 11.54　光纤标签范例一

图 11.55　光缆标签范例二

# 习　题

## 一、选择题

1. 缆线应有余量以适应终接、检测和变更。双绞线电缆在工作区的余留长度一般为（　　）cm。

  A. 1～2　   B. 3～6　   C. 5～10　   D. 15～30

2. 缆线应有余量以适应终接、检测和变更。双绞线电缆在电信间的余留长度一般为（　　）cm。

  A. 1～5　   B. 2～5　   C. 2～6　   D. 3～6

3. 双绞线电缆开绞的距离不超过（　　）cm。

  A. 1　    B. 4　    C. 13　   D. 20

4. 在电信间和设备间的打线过程中，经常会碰到 25 对大对数缆线，其中，大对数电缆的线序通过主色和副色来区分，其中主色线序是白、红、黑、黄、紫；每个主色里面又包括 5 种副色，其线序是（　　）。

  A. 绿、橙、蓝、棕、灰　     B. 橙、绿、蓝、棕、灰

  C. 灰、绿、橙、蓝、棕　     D. 蓝、绿、橙、棕、灰

5. 光缆芯线终接应符合下列要求（　　）。

  A. 采用光纤连接盘对光纤进行连接、保护，在连接盘中光纤的弯曲半径应符合工艺要求

  B. 光纤熔接处应加以保护和固定

  C. 光纤连接盘面板应有标志

  D. 光纤连接损耗，最大损耗值应小于 0.3dB

6. 下列选项中，顺序正确地描述了光纤熔接的过程的是（　　）。

  A. 盘纤固定→开剥光缆→分纤→制作对接光纤端面→熔接光纤→加热热缩管

  B. 开剥光缆→盘纤固定→分纤→制作对接光纤端面→熔接光纤→加热热缩管

  C. 开剥光缆→分纤→制作对接光纤端面→加热热缩管→熔接光纤→盘纤固定

  D. 开剥光缆→分纤→制作对接光纤端面→熔接光纤→加热热缩管→盘纤固定

## 二、简答题

1. 试列出 5 种常用的光缆端接施工工具。

2. 简述光缆施工的基本要求。

3. 光缆施工前应如何对光缆进行检验？

4. 简述配线子系统光缆敷设的步骤。

5. 简述在弱电竖井敷设光缆的基本方法和步骤。

### 三、实训题

1. 在机柜上安装光纤配线架并整理光纤跳线。

2. 到学校办公楼、机关办公大楼观察电缆竖井内干线光缆的布放。

3. 到校园、企事业单位等网络中心，观察网络中心机房光纤配线架的整理。

# 任务 12

## 综合布线系统链路的连接

## 12.1 任务描述

综合布线完成之后,也就是在完成线缆敷设,并进行了工作区信息模块的打接以及电信间和设备间的端接施工后,在每个链路上至少存在两个接插件、4个插头,因此还需要借助跳线将每段链路完整地连接在一起,才能实现计算机之间彼此的通信。

## 12.2 相关知识

### 12.2.1 电信间连接方式

在《综合布线系统工程设计规范》(GB 50311—2007)中规定,电信间 FD 与电话交换配线及计算机网络设备之间的连接方式应符合以下要求。

#### 1. 电话交换配线的连接方式
电话交换配线的连接方式应符合图 12.1 所示的要求。

图 12.1 电话交换配线连接方式

#### 2. 计算机网络设备连接方式
计算机网络设备连接方式通常有以下两种情况。

(1) 在电信间安装有计算机网络设备

在电信间安装有计算机网络设备通常又分为以下两种方式进行互通。

① 交叉连接方式,如图 12.2 所示。

图 12.2 交叉连接方式

在电信间内所安装的计算机网络设备通过设备缆线(电缆或光缆)连接至配线设备(FD)以后,经过跳线管理,将设备的端口经过水平缆线连接至工作区的终端设备,此种为传统的连接方式,称为交叉连接方式。它们之间的连接关系示意图如图 12.3 所示。在该示意图中水平缆线和干线缆线全部采用双绞线电缆。

图 12.3　交叉连接方式连接示意图

整个链路的连接方式如图 12.4 所示。此时,整个链路的介质采用双绞线电缆,即建筑群子系统、建筑物干线子系统、配线子系统全部采用双绞线电缆。

图 12.4　交叉连接方式整个链路的连接方式

② 互连连接方式,如图 12.5 所示。

图 12.5　互连连接方式(经设备缆线连接)

在此种连接方式中,利用网络设备端口连接模块(点或光)取代设备侧的配线模块。这时,相当于网络设备的端口直接通过跳线连接至模块,既减少了线段和模块以降低工程造价,又提高了通路的整体传输性能。因此,可以认为是一种优化的连接方式。它们之间的连接关系示意图如图 12.6 所示。在该示意图中水平缆线和干线缆线全部采用双绞线电缆。建筑物配线架 BD 和楼层配线架 FD 合而为一,在一个配线架上实现。

图 12.6　互连连接方式连接示意图

整个链路的连接方式如图 12.7 所示。此时,整个链路的介质也全部采用双绞线电缆,即建筑群子系统、建筑物干线子系统、配线子系统全部采用双绞线电缆。

图 12.7　互联连接方式整个链路的连接方式

(2) 在电信间没有计算机网络设备

在电信间没有安装计算机网络设备,通常也分为两种方式进行互通,分别如下。

① 电信间设楼层配线架方式。

通过大对数连接到设备间,水平电缆连接到各工作区的信息点。它们之间通过跳线连接,其连接示意图如图12.8所示。

图 12.8 电信间设楼层配线架方式连接示意图

整个链路的连接方式如图 12.9 所示。

图 12.9 电信间设楼层配线架方式整个链路的连接方式

② 电信间没有设楼层配线架方式。

从设备间直接布 4 对双绞线电缆到工作区的信息点,此时水平电缆和主干电缆为一根 4 对双绞线电缆,如图 12.10 所示。

图 12.10 电信间没有设楼层配线架方式

## 12.2.2　电信间的形式

在综合布线系统实际工程中,建筑群配线架(CD)所在的楼宇通常为园区网的网络中心,或称数据中心,也就是综合布线系统结构中的设备间。在包含设备间的楼宇中,往往建筑物群配线架(CD)、建筑物配线架(BD)和该楼层的楼层配线架(FD)共同装在设备间内;在不包含设备间的楼宇中,BD 通常设在该楼宇的一个电信间中,即建筑物配线架(BD)和其中一个楼层配线架(FD)装在一个电信间(通常为底层)中,该电信间包含建筑物配线架(BD)和楼层配线架(FD)的设备。

为了简化网络系统结构和减少配线架等设备数量,允许将不同功能的配线架组合在一个配线架上。例如,将建筑物配线架 BD 和楼层配线架 FD 合二为一集成在一个配线架上,也可以将建筑物配线架 BD 和楼层配线架 FD 合二为一集成在一个配线架上。

参照国家标准,电信间通常有两种方式:一种为独立的电信间,作为楼层配线间使用,将干线子系统的干线缆线和配线子系统的水平缆线在这里连接;另一种为包含建筑物配线架(BD)的电信间,实际上起到了连接建筑群子系统的主干缆线、建筑物干线子系统的主干缆线和配线子系统的水平缆线。

### 1. 包含建筑物配线架(BD)的电信间

在该电信间中要完成建筑群子系统的主干缆线、建筑物干线子系统的主干缆线和配线子系统的水平缆线的连接。

(1) 电话交换配线的连接方式

电话系统的建筑群子系统的主干电缆、建筑物干线子系统的主干电缆通常都采用大对数电缆,而配线子系统的水平电缆则采用与数据网络一样的电缆一次到位。建筑群子系统的主干电缆、建筑物干线子系统的主干电缆通常采用 IDC 配线架,配线子系统的水平电缆采用 RJ-45 模块化配线架。它们之间在电信间要完成无源设备的交接。

图 12.11 所示为 IDC 配线架与 IDC 配线架在机柜中的连接。图 12.12 所示为 IDC 配线架与 RJ-45 配线架在机柜中的连接。

图 12.11　IDC 配线架与 IDC 配线架在机柜中的连接

建筑物干线电缆

IDC配线

跳线

机柜或机架

RJ-45配线架

跳线

水平电缆

图 12.12　IDC 配线架与 RJ-45 配线架在机柜中的连接

（2）计算机网络设备连接方式

计算机网络数据通信系统的建筑群子系统的主干缆线通常采用光缆；而建筑物干线子系统的主干缆线通常既可以采用光缆，也可以采用双绞线；配线子系统的水平缆线通常采用双绞线，当有特殊要求时，也可采用光缆。在综合布线实际工程中有以下几种情况。

① 光缆＋电缆＋电缆方式

建筑群子系统的主干缆线通常采用光缆，而建筑物干线子系统的干线缆线和配线子系统的水平缆线则采用电缆。此时，建筑群子系统的主干光缆端接到该电信间的光纤配线架，建筑物干线子系统的干线电缆和配线子系统的水平电缆端接到该电信间的 RJ-45 模块化配线架。在该电信间需要配置分布层交换机和接入层交换机。

分布层交换机通过建筑群干线光缆连接到园区设备间的核心交换机，通过建筑物干线电缆连接到各电信间的接入层交换机；各电信间的接入层交换机通过建筑物干线电缆连接到分布层交换机，通过水平电缆连接到各工作区的信息点。它们之间的连接示意图如图 12.13 所示。

整个链路的连接方式如图 12.14 所示。此时，整个链路的介质采用光缆＋双绞线电缆，即建筑群子系统采用光缆，建筑物干线子系统、配线子系统采用双绞线电缆。

② 光缆＋光缆＋电缆方式

建筑群子系统和建筑物干线子系统的主干缆线都采用光缆，而配线子系统的水平缆线则采用电缆。此时，建筑群子系统和建筑物干线子系统的主干光缆端接到该电信间的光纤配线架，配线子系统的水平电缆端接到该电信间的 RJ-45 模块化配线架。在该电信间需要配置分布层交换机和接入层交换机。分布层交换机通过建筑群干线光缆连接到园区设备间的核心交换机，通过建筑物干线光缆连接到各电信间的接入层交换机；各电信间的接入层交换机通过建筑物干线光缆连接到分布层交换机，通过水平电缆连接到各工作区的信息点。分布层交换机为光纤接口，如果接入层交换机上没有光纤接口，则中间需要光电转换器。它们之间的连接示意图如图 12.15 所示。

在图 12.15 中，把建筑群子系统的干线光缆和建筑物干线子系统的干线光缆端接到一个光纤配线架上，接入层交换机没有光纤接口，通过光纤转换器和建筑物干线光缆连接。

图 12.13 光缆＋电缆＋电缆方式电信间缆线连接示意图

图 12.14 整个链路的连接方式一

图 12.15　光缆＋光缆＋电缆方式电信间缆线连接示意图

　　整个链路的连接方式如图 12.16 所示。此时，整个链路的介质采用光缆＋双绞线电缆，即建筑群子系统、建筑物干线子系统采用光缆，配线子系统采用双绞线电缆。

图 12.16　整个链路的连接方式二

　　③ 全光缆方式

　　建筑群子系统、建筑物干线子系统的主干缆线和配线子系统的水平缆线都采用光缆，组成一个全光链路的网络。此时,在该电信间中只需要光缆配线架和光纤交换机。

当建筑物干线光缆和建筑群干线光缆的芯数较少时,建筑群子系统的干线光缆和建筑物干线子系统的干线光缆可以合用一个光纤配线架,配线子系统的水平光缆根据信息点的数据确定光纤配线架的数量。它们之间的连接示意图如图 12.17 所示。

图 12.17  全光缆方式电信间缆线连接示意图

在图 12.17 中,显示了建筑群子系统、建筑物子系统、配线子系统 3 个子系统。但在实际工程中,当综合布线系统采用光纤光缆传输系统时,其网络结构和设备配置可以简化。例如,在建筑物内各个楼层的电信间可不设置传输或网络设备,甚至可以不设楼层配线接续设备。但是,全程采用的光纤光缆应选用相同类型和品种的产品,以求全程技术性能统一,以保证通信质量优良,不致产生不匹配的或不能衔接的问题。当干线子系统和配线子系统均采用光纤光缆并混合组成光纤信道时,其连接方式应符合如下规定。

a. 光缆经电信间 FD 光纤跳线连接。水平光缆和主干光缆都敷设到楼层电信间的光纤配线设备,通过光纤跳线连接构成光信道,并应符合图 12.18 所示的连接方式。对于光信道的构成,水平光缆在电信间不作延伸。在一般情况下,信息的传递通过计算机网络设备经主干端口下传。主干光缆中并不包括水平光缆的容量在内,它只满足工作区接入终端设备电端口所需的接入至电信间计算机网络设备骨干光端口所需求的光纤容量。

图 12.18　光缆经电信间 FD 光纤跳线连接

加上建筑群子系统的干线光缆,其连接示意图如图 12.17 所示。完整的光纤信道连接示意图如图 12.19 所示。

图 12.19　完整的光纤信道连接示意图一

b. 水平光缆和主干光缆在楼层电信间应经端接。水平光缆和主干光缆在楼层电信间经端接(熔接或机械连接)构成,FD 只设光纤之间的连接点,如图 12.20 所示。

图 12.20　水平光缆和主干光缆在电信间端接

在图 12.20 中,水平光缆和主干光缆在 FD 处作端接,光纤的连接可以采用光纤熔接或机械连接。完整的光纤信道连接示意图如图 12.21 所示。

水平光缆经主干光缆延伸,主干光缆光纤应包括网络设备主干端口和水平光缆所需求的容量。

c. 水平光缆经过电信间直接连至大楼设备间光配线设备构成。对于水平光缆经过电信间直接连至大楼设备间光配线设备构成,电信间只作为光缆路经的场所。在此情况下,在电信间不设 FD,如图 12.22 所示。

图 12.21　完整的光纤信道连接示意图二

图 12.22　光缆经过电信间(FD)直接连接至大楼设备间(BD)

在图 12.22 中,水平光缆直接路经电信间,连接至设备间总配线设备,中间不做任何处理。完整的光纤信道连接示意图如图 12.23 所示。

图 12.23　完整的光纤信道连接示意图三

### 2. 不包含建筑物配线架(BD)的电信间

在不包含建筑物配线架的电信间,只是建筑物干线子系统的干线缆线和配线子系统的水平缆线端接和连接的场所。不含有建筑物配线架 BD 的电信间的连接方式只是其中的一部分,在包含建筑物配线架(BD)的电信间中去掉建筑群子系统即可。

(1) 电话交换配线的连接方式

电话系统的建筑物干线子系统的主干电缆通常都采用大对数电缆,而配线子系统的水平电缆则采用与数据网络一样的电缆一次到位。干线子系统电缆采用 IDC 配线架、水平电缆采用 RJ-45 配线架,它们之间的连接为无源连接。

(2) 计算机网络设备连接方式

在前面已经介绍过,在计算机网络数据通信系统中,建筑物干线子系统的主干缆线通常既可以采用光缆,也可以采用双绞线,配线子系统的水平缆线通常采用双绞线,当有特殊要求时,也可采用光缆。通常有全光缆方式、光缆+电缆方式和全电缆方式。

不包含建筑物配线架的电信间的连接线路只需在包含建筑物配线架(BD)的电信间中去掉建筑群子系统即可。所不同的是,因为在不包含有建筑物配线架(BD)的电信间中只有一条光缆,如果光缆芯数较少,此时,从经济的角度出发在实际工程中,经常采用光缆终端盒。

### 12.2.3    光纤端接的方法

光纤端接比较简单,下面以 ST 光纤连接器为例,说明其端接方法。

#### 1. 光纤连接器的端接

光纤连接器的端接是指将两条半固定的光纤通过其上的连接器与此模块嵌板上的耦合器互连起来。具体做法是将两条半固定光纤上的连接器从嵌板的两边插入其耦合器中。

对于交叉连接模块来说,光纤连接器的端接是指将一条半固定光纤上的连接器插入嵌板上耦合器的一端中,此耦合器的另一端插入光纤跳线的连接器;然后,将光纤跳线另一端的连接器插入要交叉连接的耦合器的一端,该耦合器的另一端插入要交叉连接的另一条固定光纤的连接器。

交叉连接就是在两条半固定的光纤之间使用跳线作为中间链路,使管理员易于管理或维护线路。

#### 2. ST 连接器端接的步骤

(1) 清洁 ST 连接器。拿下 ST 连接器头上的黑色保护帽,用蘸有试剂的丙醇酒精棉花签轻轻擦拭连接器头。

(2) 清洁耦合器。摘下光纤耦合器两端的红色保护帽,用蘸有试剂的丙醇酒精杆状清洁器穿过耦合器孔擦拭耦合器内部,以除去其中的碎片。

(3) 使用罐装气,吹去耦合器内部的灰尘。

(4) 将 ST 光纤连接器插到一个耦合器中。将光纤连接器头插入耦合器的一端,耦合器上的突起对准连接器槽口,插入后扭转连接器以使其锁定。如经测试发现光能量耗损较高,则须摘下连接器并用罐装气重新净化耦合器,然后再插入 ST 光纤连接器。在耦合器的两端插入 ST 光纤连接器,并确保两个连接器的端面在耦合器中接触,如图 12.24 所示。

连接器            耦合器            连接器

图 12.24    将 ST 光纤连接器插入耦合器

**注意**:每次重新安装时,都要用罐装气吹去耦合器的灰尘,并用蘸有试剂的丙醇酒精棉花签擦净 ST 光纤连接器。

(5) 重复以上步骤,直到所有的 ST 光纤连接器都插入耦合器为止。

**注意**:若一次来不及装上所有的 ST 光纤连接器,则连接器头上要盖上黑色保护帽,而耦合器空白端或连接的一端(另一端已插上连接头的情况)要盖上红色保护帽。

## 12.2.4　综合布线系统中光缆的极性管理

在综合布线系统中,光缆主要被应用于垂直主干布线和建筑群主干布线,只有少量被应用于对安全性、传输距离和传输速率要求较高的水平布线。

光纤在接续和连接时,需要注意光纤的极性。在标准中,通常用 A 和 B 来表示光纤的极性。在光纤链路施工过程中,需要对光纤链路的极性做出标识。这样,将缩短光纤连接和线路查找的时间。

### 1. 一般原理

大多数光纤系统都是采用一对光纤来进行传输的,一根用于正向的信号传输,而另一根则用于反向的传输。在安装和维护这类系统时,需要特别注意信号是否在相应的光纤上传输,确保始终保持正确的传送接收极性。LAN 电子设备中使用的光收发器具有双工光纤端口,一个用于传送,一个用于接收。

同一应用系统(如以太网)中的所有双工光电收发器的传送和接收端口位置都是相同的。从收发器插座的键槽(用于帮助确定方向的槽缝)朝上的位置看收发器端口,发送端一般在左侧,接收端在右侧。

将收发器相互连接时,信号必须是交叉传递的。交叉连接是指将一个设备的发送端连接到另一个设备的接收端。信道中的各个元件都应能提供交叉连接。信道元件包括配线架间的各个跳线、适配器(耦合)以及缆线段。无论信道是由一条跳线组成的,还是由多条缆线和跳线串联而成的,信道中的元件数始终是奇数。

奇数的交叉连接实际上等于一条交叉连接,按这样的程序,无论何时发送端都会连接到接收端,而接收端也总是连接到发送端。

### 2. 跳线交叉连接

图 12.25 所示的双工跳线可以提供交叉连接,其原因是光纤一端的插头位置将会连接到另一端的相反的插头位置。为清楚起见,图 12.25 中以 3 个不同的方向标示了该交叉跳线。在所有视图中,两根光纤都是一端连接插头位置 A,另一端连接位置 B。请注意连接头上的键槽位置。

图 12.25　交叉跳线视图

现今的大多数光纤系统都是在一对光纤传输的基础之上,用其中的一条光纤将信号以一个方向进行传播,用另一条光纤实现反向传播。对该类系统进行安装和维护时,重点是确保信号在正确的光纤上传播,以使发射/接收极性始终如一。

### 3. 端到端光纤信道极性管理

图 12.26 说明的是使用对称定位方法形成的端到端连接,起点是主要的交叉连接,经过了中间的交叉连接或者水平连接,最后到达通信信息口。对于其中的每一缆线节段和每一跳线,一端将插入适配器 A 位置,另一端将插入 B 位置。

图 12.26　端到端极性管理

两个工作站之间所布的布线信道内有着众所周知的"跨接"。固定的缆线节段必须按照各光纤对中的跨接进行安装,使光纤对中的每根光纤的一头插入适配器 A 位置,而另一头插入 B 位置。要完成作业很简单,只需按照两种方法之一来决定适配器的方向并调节配线架中的光纤顺序即可。

当相同定向的适配器进行交叉连接时,信号从奇数编号的光纤中转移至偶数编号的光纤中。如果不按照以上方法进行操作,则可能会出现极性问题。任何一个违背了 A-B 的规则的连接,将减少一个跨接并可能产生偶数个跨接继而导致系统内出现错误的极性。有时候,安装人员或者用户试图通过减少链路中的另一个跨接来解决这个问题,这可以通过使用单工跳线或者通过使用直连跳线代替跨接缆线来实现。这个方法可能导致缆线管理出现问题,应避免采用该方法,因为这些跳线在以后可能会被无意地用于有着正确路由的信道中。要解决极性问题,就必须确定哪些配线架中未按照规定应用上述方法,并分别进行纠正。注意,在正确安装的光纤连接中,在 A 位置输入的信号将在 B 位置输出。一旦正确安装了这些系统,将一直能保持极性。

### 4. 光纤链路极性管理

具体方法是奇数芯数的光纤以位置 A 开始,位置 B 结束。而偶数芯数的光纤以位置 B 开始,位置 A 结束。

在光纤链路两端,光纤芯数可以都采用连续性的排列(如 1、2、3、4…),但是光纤适配器却需要采用两端相反的方式连接(例如,一端为 A-B、A-B…,另一端则为 B-A、B-A…),如图 12.27 所示。

除了上述的排序方法之外,光纤芯数也可以采用交叉排列的方式接续。对于交叉排列方式,光纤链路的一端应按照正常的连续排列(如 1、2、3、4…),而另一端则为交叉方式(如 2、1、4、3…)。这时,链路两端的适配器不需要采用反向连接(如同为 A-B、A-B…)。

### 5. 光纤连接硬件的安装规定

每一条光纤传输通道包括两根光纤,一根接收信号,另一根发送信号,即光信号只能单向图例：

　　　　　=单芯光纤连接器　　　　　=方位"A"　　　　- - - - - - =奇数纤

　　　　　　　　　　　　　　　　　=方位"B"　　　　————=偶数纤

　　　　　=适配器

注：阴影部分仅用于说明。

图 12.27　光纤极性表示方法

传输。如果收对收，发对发，光纤传输系统肯定不能工作。因此，光纤工作前，应先确定信号在光纤中的传输方向。

　　(1) 连接器和适配器采用色码来区别，不同的颜色容易判断不同类型的光纤，以保证光纤硬件(连接器件和适配器)不会因不同型号的光纤而错误对接。

　　(2) 连接硬件应有光纤单芯连接和光纤双芯连接两种类型。

　　① 为保证通信引出端和配线架(或配线盘)布线侧的灵活性，建议使用光纤单芯连接器终端连接水平光缆或干线光缆。

　　② 在通信引出端和配线架(或配线盘)用户侧，建议使用光纤双芯连接起来建立和保持双芯光纤传输系统每一条发送和接收光纤的正确极性。光纤双芯适配器可以由两个单芯适配器组成，也可以用一个整体封装的双芯单元的部件。同时，使用配套的光纤双芯连接器，实现光纤双芯适配器与设备光缆、接插软线的连接。

　　③ 在通信引出端上使用定位销或在适配器上根据方位"A"和方位"B"的标签来确定极性。为了保证综合布线系统中极性的正确和统一，要求定位销的排列方向、标签和光纤配置必须在整个综合布线系统中保持一致，从而使光纤传输系统中的发送和接收的极性正确排列。

　　在未安装光缆布线基座的地方，规定通信引出端采用光纤双芯连接器，并用其定位销确定极性，如图 12.28 所示。在装有 BFOC/2.5 连接器基座的地方，可使用 BFOC/2.5 连接器连接到通信引出端，但要满足下列要求。

　　a. 当使用光纤双芯连接器时，宜使用定位销确定其极性，如图 12.28 所示。

　　b. 当使用光纤单芯连接器时，适配器宜用标志，以确定它们的极性，如图 12.29 所示。

图 12.28　光纤双芯连接器的连接方法

图 12.29　光纤单芯 BFOC/2.5 连接器的连接方法

　　c. 当使用一个 BFOC/2.5-SC(混合)光纤适配器代替两个光纤单芯连接器时,应使用定位销确定极性,如图 12.30 所示。

图 12.30　光纤单芯 BFOC/2.5 连接器到光纤双芯 SC(混合)连接器的连接方法

配线架上的光纤连接通过可拆卸式光纤连接器和适配器来完成。此外,必须严格控制配线架上的连接变更或采用上述的定位装置,以保证极性正确和连接质量。

# 习　题

**一、选择题**

1. 光纤信道分为 OF-300、OF-500 和 OF-2000 3 个等级,各等级光纤信道应支持的应用长度不应小于(　　)。

    A. 200m、400m、1000m　　　　　　B. 100m、200m、500m

    C. 300m、500m、2000m　　　　　　D. 500m、1500m、3000m

2. 配线设备和通信设备之间采用接插软线或跳线上的连接器件相连的一种连接方式称为(　　)。

    A. 交联　　　　　B. 互联　　　　　C. 直联　　　　　D. 下联

3. 不用接插软线或跳线,使用连接器把一端的电缆、光缆与另一端的电缆、光缆直接相连的一种连接方式称为(　　)。

    A. 交联　　　　　B. 互联　　　　　C. 直联　　　　　D. 下联

4. (　　)用于配线架到交换设备和信息插座到计算机的连接。

    A. 理线架　　　　　　　　　　　　B. 跳线

    C. 110 型连接块　　　　　　　　　D. 尾纤

**二、简答题**

1. 在电信间,安装有计算机网络设备的互连方式有几种?

2. 在电信间,没有安装计算机网络设备的互连方式有几种?

3. 在综合布线系统中,电信间通常有哪几种形式?

4. 在综合布线系统中,光缆的极性连接的原理是什么?

# 任务13

## 综合布线系统的标识管理

## 13.1 任务描述

在综合布线系统中,网络应用的变化会导致连接点经常出现移动、增加等变化。一旦没有标记或使用了不恰当的标记,都会导致最终用户不得不付出更高的维护费来解决连接点的管理问题。因此,在综合布线系统施工过程中,需要建立详细的标识系统,这对于网络布线系统来说是一个非常重要的环节。

## 13.2 相关知识

### 13.2.1 综合布线系统管理概述

#### 1. 综合布线系统管理的级别

综合布线系统工程的技术管理涉及综合布线系统的工作区、电信间、设备间、进线间、入口设施、缆线管道与传输介质、配线连接器件及接地等各个方面。根据布线系统的复杂程度和主体工程建设规模大小,同时考虑今后使用功能的变更或系统规模的扩充升级等因素,将其分为以下4级。

(1)一级管理系统。针对单一电信间或设备间的系统。

(2)二级管理系统。针对同一建筑物内多个电信间或设备间的系统。

(3)三级管理系统。针对同一建筑群内多栋建筑物的系统,包括建筑物内部及外部系统。

(4)四级管理系统。针对多个建筑群的系统。

每一个级别的管理要求主要包括以下几点。

(1)标识符。标识符是指明基础设施的每个组成部分的唯一标识。

(2)记录。记录包含与每个标识符有关的信息,包括来自记录组的报告和绘图的信息。

(3)标签。标签是附着被识别组件上的标识符的物理体现。

#### 2. 综合布线系统管理级别的选择

管理系统的设计应使系统可在无须改变已有标识符和标签的情况下升级和扩充。也就是说,管理系统应设计合理、应变能力强,这样今后只需少量改动,甚至无须改变现有的管理方式和内容(包括现有标识和相关信息),即可顺利升级换代。一级系统多服务于单一电信间装置,通常为不超过100个用户(极少超过100个)服务,如果一个系统使用者最初计划一个单一电信间系统,但是预期将扩充为多电信间,则开始二级管理。二、三、四级被设计为可升级且允许扩充,无须改变现有标识符或标签。

(1)一级管理系统。一级管理的定位需要一个前提:对单一电信间及安装的配线设施进行服务。因为只有一个电信间,不需要标识符来区别与 表示出其他各个电信间,也不需要对主干布线和户外布线系统及简单的缆线路径进行管理。如果业主希望管理电缆路径或者防火装置,宜使用二级管理,一级管理通常使用纸版文件系统或通用电子表格软件。

(2)二级管理系统。二级管理的定位需要一个前提:对单一建筑物内多个电信间进行服务。二级包括主干布线、多点接地和接地导体的连接系统及防火的管理。缆线路径因为较直观,其管理可作为选项。二级通常使用纸版文件系统、通用电子表格软件或特殊电缆管理软件。

(3)三级管理系统。三级管理定位于一建筑群,其中包括建筑物(设备间和进线间)及户外部分的管理需要。三级管理包括二级管理的所有元素,加上建筑物和建筑物间布线的标识符。建议包括路径和空间及户外部分的管理。三级管理可使用通用电子表格软件或特殊电缆管理软件。

(4)四级管理系统。四级管理定位于多场所综合布线系统的管理需要。它包括三级管理的所有元素,加上每个场所的标识符,广域网连接的标识符为可选项,加上建筑物和建筑物布线的标识符,包括路径和空间及户外部分的管理。四级管理可使用通用电子表格软件或专用的缆线管理系统软件。

### 3. 综合布线系统管理标识设计

(1)建筑物及相关场地及信息点业务的推荐代码

建筑物的分类和推荐代码见表 13.1。

表 13.1　建筑物的分类和推荐代码

| 建筑物名称 | 代码 | 场地 | 代码 | 槽道 | 代码 | 信息插座业务 | 代码 |
|---|---|---|---|---|---|---|---|
| 办公建筑 | BG | 工作区 | GZ | 密闭线槽 | MC | 语音 | DH |
| 商业建筑 | SY | 电信间 | DX | 开放桥架 | KJ | ISDN | ZH |
| 文化建筑 | WH | 设备间 | SB | 托架 | TJ | 计算机 | JS |
| 媒体建筑 | MT | 进线间 | JX | 梯架 | TJ | 图像 | TX |
| 体育建筑 | TY | 区域场地 | QY | 导管 | DG | 多媒体 | DM |
| 学校建筑 | XY | 竖井 | SJ | 网格地板 | WG | 无线 AP | WA |
| 交通建筑 | JT | | | | | 弱电 | RD |
| 医院建筑 | YY | | | | | | |
| 住宅建筑 | ZZ | | | | | | |
| 工业建筑 | GY | | | | | | |

(2)管理级别和相关的标识符

一个唯一的标识符与电信基础设施的各要素相关作为查询该要素相关的信息记录的线索。按级别分组的电信基础设施的要素及其标识符见表 13.2。

## 13.2.2　综合布线系统分级管理及标识要求

### 1. 一级管理系统

一级管理包括单一电信间及电信基础设施。

(1)基础设施标识符

一级管理系统中要求的基础设施标识符如下。

**表 13.2　按级别分组的电信基础设施的要素及其标识符**

| 标 识 符 | 标识符的描述 | 级　别 | | | |
|---|---|---|---|---|---|
| | | 1 | 2 | 3 | 4 |
| ann | 水平链路 | R | — | — | — |
| ft | 电信间 | — | R | R | R |
| ft-annn | 电信间—水平链路(推荐格式) | — | R | R | R |
| ft1/ft2c | 建筑物内主干电缆 | — | R | R | R |
| ft1/ft2c-n | 建筑物内主干线对 | — | R | R | R |
| TMGB | 电信主接地汇流排 | R | R | R | R |
| ft-TGB | 电信接地汇流排 | — | R | R | R |
| f-FSLn(h) | 防火位置(时间等级) | — | R | R | R |
| B1ft1/b2ft2c | 建筑物间主干电缆 | — | — | R | R |
| B1ft1/b2ft2c-n | 建筑物间主干线对 | — | — | R | R |
| b | 建筑物 | — | — | R | R |
| s | 场所或建筑群 | — | — | — | R |
| Ft-UUUn(q) | 建筑物水平缆线及主干缆线敷设的管槽部分 | — | O | O | O |
| ft1/ft2-UUUn(q) | 建筑物水平缆线及主干缆线敷设的管槽部分(两个电信间或区域之间) | — | O | O | O |
| S-UUUn(q) | 户外缆线敷设的引入建筑物的管槽部分 | — | O | O | O |
| B1ft1/b2ft2- UUUn(q) | 建筑物间的缆线敷设的管槽或配线设施 | — | — | O | O |
| WANn | 广域网连接 | — | — | — | O |
| PNLn | 专网连接 | — | — | — | O |

注:R=Required Identifier for class(要求的标识符);O=Optional Identifier for class(可选的标识符)。

① 水平链路标识符。

② 总等电位联结端子板标识符。

(2) 水平链路组件标识符

每个水平链路的组件应分配一个唯一的水平链路标识符。

① 铜缆水平链路。铜缆水平链路包括如下几部分。

a. 电信间内配线架端口或端接模块。

b. 4 对水平电缆。

c. 信息插座面板/工作区端接模块。

d. 如果有集合点(CP),连接到 CP 的水平电缆线段和端接模块。

② 光缆水平链路。光缆水平链路包括如下几部分。

a. 电信间内配线架端口或光纤终端模块。

b. 从电信间到工作区的水平光缆。

c. 工作区的光纤终端模块(单工或双工适配器)。

d. 光纤单工或双工连接器。

③ 水平链路标识符的格式。水平链路标识符格式为 ann,其字母的含义如下。

a. a 是一个字母,专门识别作为连接水平缆线的一个配线架。

b. nn 是两个数字,用于指定配线架的端口或电信间内端接水平缆线的模块。

在电信间,每个配线架端口或端接模块应使用水平链路标识符标签。可以将标识符的

a 部分标签粘贴于配线架,nn 部分粘贴于每个端口,由制造商标明端口数字的配线架可当作 nn 部分使用。此外,应在水平缆线的两端,距缆线护套 300mm 内粘贴水平链路标识符。还应包括电信间内、工作区、CP 或 MUTOA 的缆线的每一端。

（3）水平缆线记录

水平缆线记录应包括下列信息。

① 水平链路标识符。

② 缆线类型（光缆或电缆）。

③ 信息插座的位置。

④ 信息插座类型。

⑤ 缆线长度。

⑥ 连接模块类型。

⑦ 链路安装测试及运维记录。

系统业主或操作员需要的另外的信息项目可加在记录的后面,如以下信息项目。

① 测试结果的位置。

② 房间或办公室的信息插座位置。

③ 连接模块或连接模块图标的颜色。

④ 面板结构。

⑤ 在面板上的信息插座的位置。

⑥ 水平缆线到面板的缆线敷设路由及方式。

⑦ 有无 MUTOA。

⑧ 如果有 MUTOA,工作区设备缆线的长度。

⑨ 是否出现 CP。

⑩ 终端设备的业务类型。

⑪ 现在的使用者名字。

（4）水平链路记录举例

表 13.3 为综合布线系统一级管理的水平链路记录举例。

表 13.3　综合布线系统一级管理的水平链路记录举例

| 水平链路举例 | B23 |
|---|---|
| 缆线类型 | 4 对 UTP,6 类,CMP |
| 工作区信息插座的位置 | 房间号 122 |
| 信息插座类型 | 8 为模块,T568B,制造商产品码××× |
| 水平缆线长度 | 60m |
| 连接模块类型 | 48 端口配线架,T568B,6 类,制造商产品码××× |
| 链路安装工程记录 | 由×××布线已安装且测试,安装时间××××年××月××日 |
| 可 选 信 息 | |
| 测试结果的位置 | 文件位于:×××数据库 |
| 房间或办公室的信息插座位置 | 信息插座端口编号 |
| 连接模块或连接模块图标的颜色 | 蓝色的图标 |

续表

| 可　选　信　息 | |
| --- | --- |
| 面板结构 | 面板的 B48,端口 W08; |
| 在面板上的信息插座的位置 | ××× |
| 水平缆线(FD-TO)敷设路由及方式 | 地板下线槽 |
| 是否存在 MUTOA | 没有 |
| 是否存在 CP | 没有 |
| 终端设备的业务类型 | ××× |
| 现在的使用者名字 | ××× |

### 2．二级管理系统

二级管理系统包括在一栋建筑物中存在多个电信间的基础设施。

(1) 基础设施标识符

二级管理系统要求的基础设施标识符如下。

① 电信间标识符。

② 水平链路标识符。

③ 建筑物内主干缆线标识符。

④ 建筑物内主干电缆线对或光缆纤芯标识符。

⑤ 总等电位联结端子板标识符。

⑥ 局部等电位联结端子板标识符。

⑦ 防火位置标识符。

在二级管理系统中的可选基础设施标识符如下。

① 水平或建筑物内主干路径标识符。

② 在两电信间或建筑物内的区域之间的水平或建筑物内主干路径标识符。

③ 需要时,可以增加另外的标识符和相关的记录。

(2) 电信间标识符

应为每个电信间分配一个唯一的标识符格式,格式应为 ft,其含义如下。

① f 是一个数字,用以识别电信间所在的建筑物楼层;可以增加第二个数字以适应高于99 层的建筑

② t 是一个字母,用以唯一识别在 f 楼层上一个电信间或电信间所在的建筑物区域,如果需要可增加第二个字母。

在同一基础设施的所有电信间标识符应有相同数量的字母和数字。每个电信间应在房间内粘贴标签,以使其中的工作人员清楚地看到。

(3) 电信间—水平链路标识符

水平链路的每个组件应分配唯一的电信间—水平链路标识符。

铜缆水平链路组件包括以下几个部分。

① 电信间中一个配线架端口或端接 4 对水平电缆的端接模块。

② 4 对水平电缆。

③ 在工作区中端接 4 对水平电缆的信息插座面板/连接模块。

④ 如果有集合点(CP),所有连接 CP 点的 4 对水平电缆线段和端接电缆线段的端接

模块。

⑤ 如果有多用户信息插座(MUTOA)，MUTOA 中信息插座面板/连接模块。

光纤水平链路组件包括以下几个部分。

① 电信间配线架上的光缆纤芯终端。

② 电信间至工作区的水平光缆(两芯)。

③ 工作区光信息插座及光纤的终端连接器。

④ 光纤可终端于两个单工连接器或一个双工连接器，而且包括对应的适配器。

电信间—水平链路标识符格式应为 ft-annn，其含义如下。

① ft 为电信间标识符。

② a 是一个或两个字母，用以唯一识别水平链路的组成部分，一个配线架、一组连续端口号的配线架、一个或一组端接模块。

③ nnn 是 2～4 个字母，用于指定配线架端口或电信间内端接 4 对水平电缆的端接模块。

同一基础设施中所有的电信间—水平链路标识符应有相同的格式。在电信间内每个配线架端口或端接模块应粘贴标识符的 an 部分。配线架可粘贴标识符的 a 部分，每个端口粘贴 n 部分。配线架上生产厂商标记的端口号可作 n 部分使用。

同样地，一个或一组端接模块可能粘贴标识符的 a 部分，模块端接的 4 对水平电缆粘贴标识符的 n 部分。水平缆线的每一端应在距缆线护套 300mm 内粘贴电信间—水平链路标识符并使其清晰可见。还应包括在电信间、工作区和 CP 点的缆线的两端。在工作区中，每个单独的信息插座应粘贴电信间—水平链路标识符。标签应在连接模块、面板或 MUTOA 上，从而可使工作人员清楚地识别每个连接模块。

例如，1C-A23 表示位于 1 层，C 机房，A 配线架的 23 端口。

(4) 建筑物主干缆线标识符

主干缆线标识符用于识别交叉连接之间的缆线。每条主干缆线应分配一个唯一的主干缆线标识符，格式为 ft1/ft2c，其含义如下。

① ft1 为端接主干缆线一端的电信间标识符。

② ft2 为端接主干缆线另一端的电信间标识符。

③ c 为一或两个字母数字，用于识别一端端接于电信间 ft1，而另一端端接于电信间 ft2 的某根缆线。

电信间的标识字母应按照先后顺序进行标识。主干缆线标识符应标识在主干缆线每端的缆线护套 300mm 以内。

例如，2A/3A1 表示 2 层 A 电信间到 3 层电信间的第一根缆线。

电信间与设备间、电信间与进线间、设备间与进线间、进线间与进线间、设备间与设备间等场地之间相连接的建筑物内主干缆线标识符的表示方式可参照上述内容。

(5) 建筑物内主干线对或纤芯标识符

唯一的建筑物主干电缆线对或光缆纤芯标识符用于识别同一建筑物的两个电信间或其他配线设施安装场地之间的主干缆线中每一铜缆线对或每一光缆纤芯。格式为 ft1/ft2c-n，其含义如下。

① ft1/ft2c 为主干缆线，c 为一或两个字母数字，用于识别端接于电信间 ft1 和电信间 ft2 之间的某根缆线。

② n 是 2～4 个数值，用于识别一对铜缆线对或一芯光纤。

在同一基础设施的所有主干线对或纤芯标识符应有相同数量的字母和数字,并应标记在配线架的前面,端接模块标签条处,以便清楚地识别线对或纤芯。标识符的 ft1/ft2c 部分可标记于配线架、端接模块或模块组,标识符的 n 部分可标记于端接线对或纤芯的模块端口。

(6)总等电位联结端子板标识符

总等电位联结端子板标识符用于识别单一建筑物的总接地系统的 TMGB。总等电位联结端子板标识符的格式为 TMGB。总等电位联结端子板标识符应粘贴在 TMGB 正面。

(7)局部等电位联结端子板(TGB)标识符

TGB 标识符用于识别建筑物内部局部汇接接地系统的 TGB。每个 TGB 应分配唯一的 TGB 标识符,格式为 ft-TGB,其含义如下。

① ft 为包含 TGB 的电信间标识符。

② TGB 为局部等电位联结端子板标识符。

(8)必需的记录要求

二级管理系统要求下列记录。

① 电信间记录。

② 电信间—水平链路记录。

③ 主干缆线记录。

④ TMGB 记录。

⑤ TGB 记录。

⑥ 防火位置记录。

二级管理系统的详细记录要求见表 13.4。

**表 13.4　二级管理系统的详细记录要求**

| | 应包含信息 | 可选增加到记录 |
| --- | --- | --- |
| 电信间记录 | 房间号;<br>钥匙或房卡;<br>联络人;<br>出入时间 | 系统业务或操作员需要的其他信息可增加到记录中 |
| 电信间—水平链路记录 | 电信间—水平链路标识符,例如,4A-B48;<br>缆线类型,例如,2 芯多模光纤;<br>信息插座位置(房间、办公室或工作区位置);<br>信息插座类型,例如,8 位模块 T568B,6 类;<br>缆线长度,例如,51m;<br>交叉连接硬件类型,例如,48 端口配线架模块,T568B,6 类;<br>链路运维记录,例如,××××年××月××日对故障线对进行了重新端接和再测试 | 测试结果的位置;<br>房间或办公室的信息插座位置;<br>连接器或连接器上图标的颜色(例如,橙色图标或蓝色插座);<br>在相同的位置其他信息插座;<br>面板结构,例如,四端口,象牙白;<br>在面板或 MUTOA 上安装的信息插座位置;<br>缆线敷设的路径;<br>是否有 MUTOA;<br>如果有 MUTOA,工作区设备缆线的长度 |
| 主干缆线记录 | 主干缆线标识符,例如,2A/3A1;<br>缆线类型;<br>连接硬件类型,第一个电信间;<br>连接硬件类型,第二个电信间;<br>每条主干缆线线对或纤芯与另一主干缆线线对或纤芯或与一条水平链路的交叉连接的关系表格 | 系统业务或操作员需要的其他信息可增加到记录中 |

续表

| | 应包含信息 | 可选增加到记录 |
|---|---|---|
| TMGB 记录 | 总等电位联结端子板标识符,例如,TMGB;<br>MGB 的位置(进线间标识符);<br>TMGB 的尺寸;<br>对电气系统接地或建筑结构钢件的 TMGB 装置位置;<br>TMGB 测试结果的位置,例如,对地电阻 | 系统业务或操作员需要的其他信息可增加到记录中 |
| TGB 记录 | 局部等电位联结端子板标识符,例如,3A-TGB;<br>TGB 的尺寸; | 系统业务或操作员需要的其他信息可增加到记录中 |

## 13.2.3　综合布线系统标识色码标准

在每个配线区实现线路管理的方式是在各色标区域之间,按应用的要求采用跳线连接。色标用来区分配线设备的性质,分别由按性质划分的配线模块组成,且按垂直或水平结构进行排列。色标的规定及应用场合宜符合下列要求,如图 13.1 所示。

图 13.1　色标应用位置示意图

(1) 橙色:用于分界点,连接入口设施与外部网络的配线设备。

(2) 绿色:用于建筑物分界点,连接入口设施与建筑群的配线设备。

(3) 紫色:用于与信息通信设施(PBX、计算机网络、传输等设备)连接的配线设备。

(4) 白色:用于连接建筑物内主干缆线的配线设备(一级主干)。

(5) 灰色:用于连接建筑物内主干缆线的配线设备(二级主干)。

（6）棕色：用于连接建筑群主干缆线的配线设备。

（7）蓝色：用于连接水平缆线的配线设备。

（8）黄色：用于报警、安全等其他线路。

（9）红色：预留备用。

## 13.2.4　综合布线系统管理设计

### 1．管理系统要求

对设备间、电信间、进线间和工作区的配线设备、缆线、信息点等设施，应按一定的模式进行标识和记录，并宜符合下列规定。

（1）综合布线系统工程宜采用计算机进行文档记录与保存，简单且规模较小的综合布线系统工程可按图纸资料等纸质文档进行管理，并做到记录准确、及时更新、便于查阅；文档资料应使用中文。

（2）综合布线的每根电缆、光缆、配线设备、端接点、接地装置、敷设管线等组成部分均应给定唯一的标识符，并设置标签。标识符应采用相同数量的字母和数字等标明。

（3）缆线的两端均应该标识，且两端标识应该相同。

（4）设备间、电信间、进线间的配线设备宜采用统一的色标区别各类业务与用途的配线区。

（5）所有标签应保持清晰、完整，并满足使用环境要求。

综合布线系统相关设施的工作状态信息除应包括设备和缆线的用途、使用部门、组成局域网的拓扑结构、传输信息速率、终端设备配置状况、占用器件编号、色标、链路与信道的功能和各项主要指标参数及完好状况、故障记录等外，还应包括设备位置和缆线走向等内容。

### 2．管理系统配置原则

上述管理内容的实施将给今后布线工程维护和管理带来很大的方便，有利于提高管理水平和工作效率。特别是较为复杂的综合布线系统，如采用计算机进行管理，其效果将十分明显。

综合布线的各种配线设备，应用色标区分干线缆线、配线缆线或设备端点。同时，还应采用标签表明端接区域、物理位置、编号、容量、规格等，以便维护人员可以在现场一目了然地加以识别。

在每个配线区实现线路管理的方式是在各色标区域之间，按应用的要求采用跳线连接。色标用来区分配线设备的性质，分别由按性质划分的配线模块组成，且按垂直或水平结构进行排列。

综合布线系统使用的标签可采用粘贴型和插入型。电缆和光缆的两端应采用不易脱落和磨损的不干胶条标明相同的编号。

无论是数据，还是语音都存在两种配线方式，配线设计分互连和交连两种配线方式，对应布线设计阶段应需要考虑配线架的单端和双端设计，相关内容在模块二中已经介绍过。

管理设计方案中对于管理场地可以考虑两种方式：单点管理和双点管理，相关内容在模块二中也已经介绍过。

### 3．走线管理

（1）管槽的标识管理

管槽需要进行管理，标识可以使用粘贴式标签和插入式标签卡。粘贴式标签适合于密闭管槽,插入式标签卡适合于开放式托架。

标签卡可轻松卡接在桥架的侧面和底部,并以不同颜色区别不同类型的缆线,也可根据用户的要求印上工程名称及缆线的型号等,使缆线管理更灵活、美观、方便。

管槽标识如图 13.2 所示。

(2) 机柜和机架的标识

机柜的前部、后部和底部都需要统一标识。在标识该机柜配线架时,也包含机柜的标识。例如,6A-D02-A22 表示 6 层 A 电信间 D02 机柜 A 配线架 22 端口。

(3) 信息出口标识

信息出口标识标签应设置于接插件、面板或多用户信息插盒(MUTOA)处,以能够明确标识具有相应标识符的独立接插件为准。命名中应指示该端口对应的配线架端口号或设备的端口号,如图 13.3 所示。

图 13.2　管槽标识

图 13.3　信息出口标识

## 13.2.5　综合布线系统标识产品

### 1. 环境要求

(1) 标识符建议按照"永久标识"的概念选择材料,标签的寿命应能与布线系统的设计寿命相对应。建议标签材料符合通过 UL969(或对应标准)认证以达到永久标识的保证;同时,建议标签要达到环保 RoHS 指令要求。所有标签应保持清晰、完整,并满足环境的要求。

(2) 标签应打印,不允许手工填写,并应清晰可见、易读取。特别值得强调的是,标签应能够经受环境的考验,如潮湿、高温、紫外线等,且应该具有与所标识的设施相同或更长的使用寿命。聚酯、乙烯基或聚烯烃等材料通常是最佳的选择。

(3) 作为缆线专用标签要满足清晰度、磨损性和附着力的要求,TIA/EIA 606—A 标准中规定黏性标签要适用于 UL969 标准描述的易辨认、耐磨损、黏性要求。

UL969 实验由两部分组成:暴露测试、选择性测试。

① 暴露测试:其包括温度测试、湿度测试和抗磨损测试。

② 选择性测试:其包括黏性强度测试、防水性测试、防紫外线测试(日照 100/30 天)、抗化学腐蚀测试、耐气候性测试以及抗低温能力测试等。

只有经过了上述各项严格测试的标签,才能用于缆线上,从而在布线系统的整个寿命周期内发挥应有作用。

### 2. 标识方式

标识方式可以根据具体情况采用不同的方式,如粘贴型、插入型、吊牌式、直接喷涂型、套管式等不同的实施方式。

(1) 粘贴型。其背面为不干胶的标签纸,可以直接贴到各种物体的表面。

(2) 插入型。其应具有良好的防撕性能,能够经受环境的考验,并且符合 RoHS 对应的标准。常用的材料有类型包括聚酯、聚乙烯、聚亚胺酯等。

(3) 覆盖保护膜标签。电缆标识最常用的是覆盖保护膜标签,这种标签带有黏性并且在打印部分之外带有一层透明保护薄膜,可以保护标签打印内容,防止剐伤或腐蚀。覆盖保护膜标签如图 13.4 所示。

图 13.4　覆盖保护膜标签

(4) 套管标识。它只能在端接之前使用,通过电线的开口端套在电线上。其有普通套管和热缩套管之分。热缩套管在热缩之前可以随便更换标识,且具有灵活性。经过热缩后,套管就成为能耐恶劣环境的永久标识。

(5) 旗形标签。光纤类线缆建议使用旗形标签。规格:30mm×20mm;颜色:白色,如图 13.5 所示。

(6) 吊牌标识。大对数电缆建议使用吊牌标识。规格:76.20mm×19.05mm。颜色:白色,如图 13.6 所示。

图 13.5　旗形标签

图 13.6　吊牌标识

(7) 缠绕式标签。缆线长度的直接决定了所需缠绕式标签的长度或套管的直径。缠绕式标签适用于各种不同直径的标签。

打印区域按照业务不同,必须选用不同颜色标识,建议选择颜色红、橙、黄、绿、棕、蓝、紫、灰、白。

# 13.3　综合布线系统工程标识示例

标识设计与工程规模和应用特点有一定关系，可以根据布线工程系统的构成具体要求来设计。标识设计可以采用辅助中文说明。综合布线系统的标识设计示例如图 13.7 所示。

图 13.7　综合布线系统的标识设计示例

标识设计方案见表 13.5。

表 13.5　标识设计方案

| 位置号 | 说明 | 标识设计 | 标识说明 |
|---|---|---|---|
| 1 | 设备缆线 | A10-D02-C14 | 设备缆线连接到：A 建筑物 10 层—D 功能区域 02 房间—C 面板第 14 端口 |
| 2 | 面板 | D02-C14-D | D 功能区域 02 房间—C 面板第 14 端口—D(数据业务) |
| 3 | 水平缆线 | A10-D02-C14/10A-A08-E24 | 端接顺序如下。<br>工作区：A 建筑物 10 层—D 功能区域 02 房间—C 面板第 14 端口；<br>电信间：10 层电信间—A 列 08 机柜—E 配线架第 24 端口 |
| 4 | 配线架 | 10A-A08-E24 | 10 层电信间—A 列 08 机柜—E 配线架第 24 端口 |
| 5 | 跳线 | A08-E24/A08-F14 | A 列 08 机柜—E 配线架第 24 端口/A 列 08 机柜—F 配线架第 14 端口 |
| 6 | 配线架 | 10A-A08-F14 | 10 层电信间—A 列 08 机柜—F 配线架第 14 端口 |

续表

| 位置号 | 说明 | 标识设计 | 标识说明 |
|---|---|---|---|
| 7 | 设备缆线 | A08-F14-Q02 | A 列 08 机柜—F 配线架第 14 端口—机柜 Q 交换机 02 号设备端口 |
| 8 | 设备缆线 | A08-G04-Q06 | A 列 08 机柜—G 配线架第 04 端口—机柜 Q 交换机 06 号设备端口 |
| 9 | 配线架 | 10A-A08-G04 | 10 层电信间—A 列 08 机柜—G 配线架第 04 端口 |
| 10 | 跳线 | A08-G04/A08-H02 | A 列 08 机柜—G 配线架第 04 端口/A 列 08 机柜—H 配线架第 02 端口 |
| 11 | 配线架 | 10A-A08-H02 | 10 层电信间—A 列 08 机柜—H 配线架第 02 端口 |
| 12 | 主干电缆（语音主干） | 10A-A08-H02/A01-A02-C04/H18 | 端接顺序如下。<br>电信间：10 层电信间—A 列 08 机柜—H 配线架第 02 端口；<br>设备间：A 建筑物 01 层—A 设备间 02 号房—C 列 04 机柜/H 配线架第 18 端口 |
| 13 | 主干光缆（数据主干） | 10A-A08-L02/A01-A02-C02/F15 | 端接顺序如下。<br>电信间：10 层电信间—A 列 08 机柜—L 配线架第 02 端口；<br>设备间：A 建筑物 01 层—A 设备间 02 号房—C 列 02 机柜/F 配线架第 15 端口 |
| 14 | 配线架 | A02-C04/H18 | A 设备间 02 号房—C 列 04 机柜/H 配线架第 18 端口 |
| 15 | 跳线 | A02-C04/H18-A02-C02/E06 | A 设备间 02 号房—C 列 04 机柜/H 配线架第 18 端口—A 设备间 02 号房—C 列 02 机柜/F 配线架第 15 端口 |
| 16 | 配线架 | A02-C02/E06 | A 设备间 02 号房—C 列 02 机柜/E 配线架第 06 端口 |
| 17 | 设备缆线 | C02/E06-D01/J04 | C 列 02 机柜/E 配线架第 06 端口—电话交换机 01 机柜/J 机框 04 号设备端口 |
| 18 | 配线架 | A02-C02/F15 | A 设备间 02 号房—C 列 02 机柜/F 配线架第 15 端口 |
| 19 | 跳线 | A02-C02/F15-A02-C02/K22 | A 设备间 02 号房—C 列 02 机柜/F 配线架第 15 端口—A 设备间 02 号房—C 列 02 机柜/K 配线架第 22 端口 |
| 20 | 配线架 | A02-C02/K22 | A 设备间 02 号房—C 列 02 机柜/K 配线架第 22 端口 |
| 21 | 设备缆线 | C02/K22-J04 | C 列 02 机柜/K 配线架第 22 端口—机柜 J 交换机位置第 04 号设备端口 |
| 22 | 主干电缆（语音主干） | A02-C04/T32—1A-A01/T22 | A 设备间 02 号房—C 列 04 机柜/T 配线架第 32 端口—地下 1 层 A 进线间—A 列 01 机柜/T 配线架第 22 端口 |
| 23 | 主干光缆（数据主干） | A02-C02/T15—1A-A01/T01 | A 设备间 02 号房—C 列 02 机柜/T 配线架第 15 端口—地下 1 层 A 进线间—A 列 01 机柜/T 配线架第 01 端口 |
| 24 | 配线架 | —1A-A01/A01 | 地下 1 层 A 进线间—A 列 01 机柜/A 配线架第 01 端口 |
| 25 | 跳线 | —1A-A01/A01—1A-A02/B01 | 地下 1 层 A 进线间—A 列 01 机柜/A 配线架第 01 端口—地下 1 层 A 进线间—A 列 02 机柜/B 配线架第 01 端口 |
| 26 | 配线架 | —1A-A02/B01 | 地下 1 层 A 进线间—A 列 02 机柜/B 配线架第 01 端口 |

# 习　　题

## 一、选择题

1. 在下列选项中，不属于综合布线系统标记类型的是（　　）。

　　A. 电缆标记　　　　　B. 场标记　　　　　C. 插入标记　　　　　D. 颜色标记

2. 对于插入标记的色标,综合布线系统有较为统一的规定,其中在设备间与干线电缆和建筑群间干线电缆使用(　　　)色标进行标记。

  A. 蓝色　　　　　　　B. 绿色　　　　　C. 橙色　　　　　　D. 白色

3. 综合布线管理系统宜满足下列要求(　　　)。

  A. 管理系统级别选择应符合设计要求

  B. 需要管理的每个组成部分均设置标签,并由唯一的标识符进行表示,标识符与标签的设置应符合设计要求

  C. 管理系统的记录文档应详细完整并汉化,包括每个标识符相关信息、记录、报告、图纸等

  D. 不同级别的管理系统可采用电子表格、专用管理软件或电子配线设备等进行维护管理

4. (　　　)是对设备间、电信间的配线设备、线缆和信息插座等设施,按一定的模式进行标识和记录。

  A. 管理　　　　　　B. 管理方式　　　C. 色标　　　　　　D. 交叉连接

## 二、简答题

常用的标识方式有哪几种?

# 综合布线系统工程测试与验收

一个优质的综合布线系统工程,不仅要设计合理,选择好的布线器材,还要有一支经过专门培训的、高素质的施工队伍,且在工程进行过程中和施工结束时要及时进行测试。目前,在实际网络工程施工中,人们往往对设计指标、设计方案比较关心,而对施工质量却不太关心,导致忽略测试等环节,致使工程验收形式化。等到开通业务时,发现问题很多,方才认识到测试的重要性。

实践证明,计算机网络故障 70% 是由综合布线系统质量引起的。要保证综合布线系统工程的质量,必须在整个施工过程中进行严格的测试。对于综合布线系统的施工方来说,测试主要有两个目的:一是提高施工的质量和速度;二是向建设方证明其所作的投资得到了应有的质量保证。

通过下面 3 个工作任务来学习综合布线系统工程测试与验收相关的内容。

任务 14:铜缆链路的测试与故障排除

任务 15:光纤传输通道测试与故障排除

任务 16:综合布线系统工程验收

# 任务 14

## 铜缆链路的测试与故障排除

电缆敷设工程的最后一步是对布线系统的测试和评估,每个新敷设的布线系统都会存在这样或那样的问题。即使经验丰富的布线工程承包商,其所新敷设的布线系统也会有失败概率。因此,电缆敷设后需要进行测试。

## 14.1　任　务　描　述

当综合布线系统工程的布线项目完成后,就进入了布线的测试和验收工作阶段,即依照相关的现场电缆/光缆的认证测试标准,采用公认的经过计量认可的测量仪器对已布施的电缆和光缆按其设计时所选用的规格、标准进行验证测试和认证测试。也就是说,必须在综合布线系统工程验收和网络运行调试之前进行电缆和光缆的性能测试。

## 14.2　相　关　知　识

### 14.2.1　综合布线系统测试概述

在综合布线系统中,缆线的连接硬件本身的质量以及安装工艺都直接影响网络的正常运行。综合布线常用的是电缆和光缆两类。

总的来说,可将电缆故障分为连接故障和电气特性故障两类。连接故障大多是由施工工艺差或是电缆受到意外损坏所造成的,如电缆连接不严、短路、开路等。电气特性故障是指电缆在传输过程中达不到设计要求。引起电气特性故障的主要原因,除了电缆本身的质量外,还包括施工中缆线的弯曲过度、捆绑太紧、拉伸过度和干扰源过近等。

光缆故障可分为光链路的连接故障和光链路的传输特性故障两大类。光链路的连接故障一般是由连接不当或几何变形或者轻微污染所造成的,如弯曲过度、受压断裂、熔接不良、核心不匹配、接头的抛光接触不良及污染。光链路的传输特性故障则主要由传输损耗、色散等引起。

一般来说,综合布线系统的测试主要包括如下内容。

(1) 信息插座到楼层电信间配线架的连通性测试。

(2) 主干线包括建筑群缆线和干线缆线的连通性测试。

(3) 跳线测试。

(4) 电缆通道性能测试。

(5) 光缆通道性能测试。

### 14.2.2　综合布线系统测试类型

综合布线系统工程测试是综合布线系统工程中一个关键性的环节,它能够验证综合布线系统前期工程中的设计和施工的质量水平,并为后续的网络调试以及工程验收做必要的、定量性的准备,是工程建设过程中的重要环节。综合布线系统的测试分为以下 3 种。

### 1. 验证测试

验证测试又称随工测试,是指边施工边测试,主要检测线缆的质量和安装工艺,及时发现并纠正问题,避免返工。验证测试不需要使用复杂的测试仪,只需要使用能测试接线通断和线缆长度的测试仪(验证测试并不测试电缆的电气指标)。因为在工程竣工检查中,发现信息链路不通、短路、反接、线对交叉、链路超长等问题占整个工程质量问题的 80%,所以这些问题应在施工初期通过重新端接、调换线缆、修正布线路由等措施来解决。

### 2. 鉴定测试

鉴定测试是在验证测试的基础上,增加了故障诊断测试和多种类别的电缆测试。

### 3. 认证测试

认证测试又称为竣工测试、验收测试,其是所有测试工作中最重要的环节,是在工程验收时对综合布线系统的安装、电气特性、传输性能、设计、选材和施工质量的全面检验。综合布线系统的性能不仅取决于综合布线系统方案设计、施工工艺,同时还取决于在工程中所选的器材的质量。认证测试检验的是工程设计水平和工程质量的总体水平,所以对于综合布线系统必须要求进行认证测试。

认证测试通常分为两种类型,即自我认证测试和第三方认证测试。

(1) 自我认证测试。自我认证测试由施工方自己组织进行,按照设计施工方案对工程每一条链路进行测试,确保每一条链路都符合标准要求。如果发现未达标链路,则应进行修改,直至复测合格;同时,需要编制确切的测试技术档案,写出测试报告,交建设方存档。测试记录应准确、完整、规范,方便查阅。由施工方组织的认证测试可邀请设计、施工监理方等共同参与,建设方也应派遣网络管理人员参加测试工作,了解测试过程,以方便日后的管理和维护。

认证测试是设计、施工方对所承担的工程所进行的一个总结性质量检验。承担认证测试工作的人员应当是经过测试仪供应商的技术培训并获得资格认证的人。

(2) 第三方认证测试。综合布线系统是计算机网络的基础工程,工程质量将直接影响建设方的计算机网络能否按设计要求顺利开通,网络系统能否正常运转,这是建设方最为关心的问题。随着网络技术的发展,对综合布线系统施工工艺的要求不断提高,越来越多的建设方,不但要求综合布线系统施工方提供综合布线系统的自我认证测试,而且还会委托第三方对系统进行验收测试,以确保布线施工的质量。这是对综合布线系统验收质量管理的规范化做法。

第三方认证测试目前主要采用以下两种做法。

① 对工程要求高、使用器材类别高、投资较大的工程,建设方除要求施工方要做自我认证测试外,还邀请第三方对工程做全面验收测试。

② 建设方在施工方做自我认证测试的同时,邀请第三方对综合布线系统链路做抽样测试。按工程规模确定抽样样本数量,一般 1000 个信息点以上的工程抽样率为 30%,1000 个信息点以下的工程抽样率为 50%。

## 14.2.3　综合布线系统测试标准

### 1. 测试标准

为了满足综合布线系统工程施工质量检查、随工检验和竣工验收的技术要求,2007 年

4月,我国出台了国家标准《综合布线系统工程验收规范》(GB 50312—2007)。另外,可以参考通信行业标准《综合布线系统电气特性通用测试方法》(YD/T 1013—1999)。

以上两个标准都是根据国外标准 ISO/IEC 11801—2002《用户建筑综合布线系统》和 TIA/EIA 发布的 TSB—67、568—B 等中的内容,同时参考其他国家标准并结合我国工程的实际需要编写的。

(1) TSB—67。TSB—67《现场测试非屏蔽对绞(UTP)电缆布线系统传输性能技术规范》,是由 TIA/EIA 委员会于 1995 年 10 月发布的,是国际上第一部综合布线系统现场测试技术规范,该规范规定了电缆布线的现场测试内容、方法以及对测试仪的要求。

(2) TIA/EIA 568—B。2002 年 6 月,TIA/EIA 发布了支持 6 类布线的标准 TIA/EIA 568—B。该标准包括 B.1、B.2 和 B.3 共三大部分。B.1 为商用建筑物电信布线标准总则,包括布线子系统定义、安装实践、链路、通道测试模型及指标;B.2 为平衡对绞线部分,包含了组件规范、传输性能、系统模型及用户验证电信布线系统的测量程序等内容;B.3 为光纤布线部分,包括光纤、光纤连接件、跳线、现场测试仪的规格要求等。

TIA/EIA 568—B 与以前的规范相比较,做了较大的改动,具体如下。

① 将参数"衰减"改名为"插入损耗"。

② 将测试模型中的基本链路(Basic Link)重新定义为永久链路(Permanent Link)。

③ 规定水平线缆为 4 对 $100\Omega$ 3 类、超 5 类或 6 类 UTP 或 SCTP 电缆;两条或多条 62.5/$125\mu m$ 或 $50/125\mu m$ 多模光缆。

④ 主干线缆为 3 类或更高的 $100\Omega$ 双绞线电缆;$62.5/125\mu m$ 或 $50/125\mu m$ 多模光缆;$8.3/125\mu$ 单模光缆。

⑤ 不认可 4 对 4 类和 5 类双绞线电缆;$150\Omega$ 屏蔽双绞线电缆是认可的介质,但不建议在安装新设备时使用。

⑥ 规定 24AWG 多股导线组成的 UTP 跳接线和设备线的额定衰减率为 20%,并建议多股线缆用于跳接线装置。

⑦ 规定水平永久链路两端的 UTP 跳接线与设备线最长为 5m。

⑧ 超 5 类双绞线开绞距离应保持在距端接点 13mm 以内,3 类应保持在 75mm 以内。

(3) 国家标准《综合布线系统工程验收规范》(GB 50312—2007)。该标准包括了目前使用最广泛的 5 类、5e 类、6 类电缆和光缆的测试方法,在本任务中以该标准为主线,适当参照其他标准内容进行介绍,以供在综合布线系统工程施工、验收和运行中参考执行。

## 2．测试内容

目前,综合布线系统工程中使用的传输介质主要就是电缆和光缆。在现场测试时,由于各种线缆的测试参数是随布线测试所选定的标准而变化的,因此必须了解不同布线产品在测试时应满足的标准及测试项目。

(1) 5 类电缆系统的测试标准及测试内容

目前,常用的 5 类电缆布线标准有北美的 TIA/EIA 568—A 和 TSB—67、ISO/IEC 11801 以及我国的《综合布线系统工程验收规范》(GB 50312—2007)(以下简称国标 GB 50312—2007)等标准。

TIA/EIA 568—A 和 TSB—67 标准规定的 5 类电缆布线现场测试参数主要有接线图、长度、近端串扰和衰减。

ISO/IEC 11801 标准规定的 5 类电缆布线现场测试参数主要有接线图、长度、近端串扰、衰减、衰减串扰比和回波损耗。

在国标 GB 50312—2007 中规定,5 类电缆布线的现场测试内容分为基本测试项目和任选测试项目,基本测试项目有接线图、长度、衰减和近端串扰;任选测试项目有衰减串扰比、环境噪声干扰强度、传输延迟、回波损耗、特性阻抗和直流环路电阻等内容。

(2) 5e 类电缆系统的测试标准及测试内容

TIA/EIA 568—A—5—2000 和 ISO/IEC 11801—2000 是正式公布的 5e 类 D 级双绞线电缆系统的现场测试标准。5e 类电缆系统的基本测试内容包括接线图、长度、衰减和近端串扰这 4 项基本测试项目,也包括回波损耗、衰减串扰比、综合近端串扰、等效远端串扰、综合远端串扰、传输延迟和直流环路电阻等参数。

(3) 6 类电缆系统的测试标准及测试内容

EIA/TIA 568—B1.1 和 ISO/IEC 11801—2002 是正式公布的 6 类 E 级双绞线电缆系统的现场测试标准。6 类电缆系统的测试内容包括接线图、长度、衰减、近端串扰、传输延迟、延迟偏离、直流环路电阻、综合近端串扰、回波损耗、等效远端串扰、综合等效远端串扰、综合衰减串扰比等参数。

(4) 光缆系统的测试标准及测试内容

在国标 GB 50312—2007 中规定,光纤测试的参数有连通性、插入损耗、长度、衰减等。

### 14.2.4　电缆的认证测试模型

在国标 GB 50312—2007 中规定了 3 种测试模型:基本链路模型、永久链路模型和信道模型。3 类和 5 类布线系统按照基本链路和信道进行测试,5e 类和 6 类布线系统按照永久链路和信道进行测试。

#### 1. 基本链路模型(Basic Link)

基本链路包括 3 部分:最长为 90m 的在建筑物中固定的水平布线电缆、水平电缆两端的接插件(一端为工作区信息插座,另一端为楼层配线架)和两条与现场测试仪相连的 2m 测试设备跳线。基本链路模型如图 14.1 所示,其中 F 是信息插座至配线架之间的电缆,G、E 是测试设备跳线。由于 F 是综合布线系统施工承包商负责安装的,链路质量由其负责,所以基本链路又称为承包商链路。

注: F≤90; G、E为2m。

图 14.1　基本链路模型

#### 2. 永久链路模型

永久链路又称固定链路,在国际标准化组织 ISO/IEC 所制定的 5e 类、6 类标准草案及

TIA/EIA 568—B 新的测试定义中,定义了永久链路模型,它将代替基本链路模型。永久链路方式供工程安装人员和用户用以测量安装的固定链路性能。

永久链路由最长为 90m 的水平电缆、水平电缆两端的接插件(一端为工作区信息插座,另一端为楼层配线架)和链路可选的转接连接器组成,与基本链路不同的是,永久链路不包括两端 2m 测试电缆,电缆总长度为 90m;而基本链路包括两端的 2m 测试电缆,电缆总计长度为 94m。

永久链路模型如图 14.2 所示。其中,H 是从信息插座至楼层配线设备(包括集合点)的水平电缆,H 的最大长度为 90m。

图 14.2　永久链路模型

永久链路测试模型使用永久链路适配器连接测试仪表和被测链路,测试仪表能自动扣除测试跳线的影响,排除测试跳线在测试过程中本身带来的误差,因此在技术上消除了测试跳线对整个链路测试结果的影响,使测试结果更准确、合理。

### 3. 信道模型

信道是指从网络设备跳线到工作区跳线的端到端的连接,包括最长 90m 的水平线缆、水平线缆两端的接插件(一端为工作区信息插座,另一端为配线架)、一个靠近工作区的可选的附属转接连接器、最长 10m 的在楼层配线架和用户终端的连接跳线,信道最长为 100m。信道模型如图 14.3 所示。其中,A 是用户端连接跳线,B 是转接电缆,C 是水平线缆,D 是最长为 2m 的跳线,E 是配线架到网络设备的连接跳线,B 和 C 总计最大长度为 90m,A、D 和 E 总计最大长度为 10m。

图 14.3　信道模型

由于信道测试的是网络设备到计算机间端到端的整体性能,是用户所关心的,所以信道也被称为用户链路。

基本链路模型和信道模型的区别在于,基本链路模型不包含用户使用的跳线,包括管理间配线架到交换机的跳线和工作区用户终端与信息插座之间的跳线。在测试基本链路时,采用测试仪专配的测试跳线连接测试仪接口;而测试信道时,则直接使用链路两端的跳线连接测试仪接口即可。

永久链路由综合布线系统施工方负责完成。通常,综合布线系统施工方在完成综合布线系统工程的时候,布线系统所要连接的设备、器件并没有完全安装,而且并不是所有的电缆都会连接到设备或器件上,所以综合布线系统施工方只能向用户提交一份基于永久链路模型的测试报告。

从用户的角度来说,用于高速网络传输或其他通信传输的链路不仅仅要包含永久链路部分,还应包括用于连接设备的用户电缆,所以希望得到基于信道的测试报告。无论采用何种模型,都是为了认证布线工程是否达到设计要求。在实际测试应用中,选择哪一种测量连接方式,应根据需求和实际情况决定。使用信道模型更符合实际使用的情况,但是很难实现,所以对 5e 类和 6 类综合布线系统,一般工程验收测试都选择永久链路模型。

## 14.2.5  电缆的认证测试参数

对于不同等级的电缆,需要测试的参数并不相同,在国标 GB 50312—2007 中,主要规定了以下测试内容。

### 1. 3 类和 5 类水平链路及信道测试项目及性能指标

3 类和 5 类水平链路及信道测试项目及性能指标具体可参看国标 GB 50312—2007 中的要求(测试条件为环境温度 20℃)。

(1) 接线图的测试。接线图测试是主要测试布线链路有无终接错误的一项基本检查,主要测试配线电缆终接在工作区和电信间配线设备的安装连接是否正确。正确的线对组合为 1/2、3/6、4/5、7/8,分为非屏蔽和屏蔽两类,对于非 RJ-45 的连接方式按相关规定要求列出结果。

接线图测试会显示出所测的每条 8 芯电缆与模块接线端子连接的实际状态,可能出现的结果如图 14.4 所示。

① 交叉。交叉是指不同线对的线芯发生交叉连接,形成不可识别的回路。

② 反接。反接是指同一线对的两端针位反接。

③ 错对。错对是指将一端的一对线接到另一端的另一对线上。

④ 串绕。串绕就是将原来的线对分别拆开重新组成新的线对,当出现这种故障时,端与端的连通性正常,用一般的万用表或简单测试仪"能手"检测不出来,需要使用专门的电缆认证测试仪才能检测出来。

(2) 长度。布线链路及信道缆线长度应在测试连接图所要求的极限长度范围之内。长度测量采用时域反射原理(TDR)。

(3) 衰减测试。由于绝缘损耗、阻抗不匹配、连接电阻等因素,信号沿链路传输损失的能量为衰减或插入损耗。衰减用 dB 来度量。一条链路的总插入损耗是电缆信号衰减和布线部件的信号衰减之和。传输衰减主要测试传输信号在每个线对两端间传输损耗值,及每一条电缆内所有线对中最差线对的衰减量相对于所允许的最大衰减值的差值。衰减由以下各部分

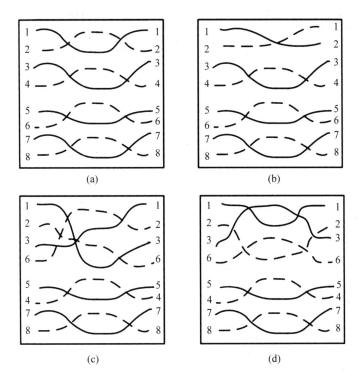

图 14.4　接线图测试的可能结果

(a) 正确连接；(b) 反向线对；(c) 交叉线对；(d) 串对

构成。

① 布线电缆对信号的衰减是衰减的主要因素,信号频率越大,衰减越大;温度越高,衰减越大。

② 各连接件对信号的衰减。

③ 对通道链路模型再加上两端最长 10m 跳线对信号的衰减。

(4) 近端串音测试。串音是沿链路的信号耦合度量。

### 2. 5e 类、6 类和 7 类信道、测试项目及性能指标

5e 类、6 类和 7 类信道测试项目主要有回波损耗(RL)、插入损耗(IL)、近端串音(NEXT)、近端串音功率 N(PS NEXT)、线对与线对之间的衰减串音比(ACR)、ACR 功率和(PS ACR)、线对与线对之间等电平远端串音(ELFEXT)、等电平远端串音功率和(PS ELFEXT)、直流(D.C.)环路电阻、传播时延、传播时延偏差等,性能指标具体可参看国标 GB 50312—2007 中的要求(测试条件为环境温度 20℃)。

### 3. 5e 类、6 类和 7 类永久链路或 CP 链路测试项目及性能指标

5e 类、6 类和 7 类永久链路或 CP 链路测试项目及性能指标具体可参看国标 GB 50312—2007 中的要求(测试条件为环境温度 20℃)。

### 4. 测试结果记录

所有电缆的链路和信道测试结果应有记录,记录在管理系统中并纳入文档管理。电缆系统电气性能测试项目应根据布线信道或链路的设计等级和布线系统的类别要求制定。各项测试结果应有详细记录,以作为竣工资料的一部分。测试记录内容和形式宜符合表 14.1 的要求。

表 14.1 综合布线系统工程电缆(链路/信道)性能指标测试记录

| 序号 | 工程项目名称 | | | 内 容 | | | | | | | 备注 |
|---|---|---|---|---|---|---|---|---|---|---|---|
| | 编 号 | | | 电缆系统 | | | | | | | |
| | 地址号 | 缆线号 | 设备号 | 长度 | 接线图 | 衰减 | 近端串音 | …… | 电缆屏蔽层连通情况 | 其他任选项目 | |
| | | | | | | | | | | | |
| | | | | | | | | | | | |
| | | | | | | | | | | | |
| 测试日期、人员及测试仪表型号、测试仪表精度 | | | | | | | | | | | |
| 处理情况 | | | | | | | | | | | |

## 14.2.6 测试仪器

测试仪器是综合布线系统测试和工程验收的重要工具。

### 1. 测试仪器的类型

综合布线系统工程所涉及的测试仪器有许多类型,其功能和用途也不尽相同。从所测试的对象上可以分为铜缆类测试仪和光纤类测试仪两大类;而铜缆类测试仪又可分为 5 类缆线测试仪和 6 类缆线测试仪等类型;根据使用级别的不同,可分为简易测试仪、综合测试仪和认证分析测试仪等类型;根据测试仪的大小的不同,又可分为手执式和台式等类型;根据测试仪使用的频率范围的不同,可分为通用型测试仪和宽带链路测试仪等类型;根据测试仪适用的测试对象的不同,分为电缆测试仪、网络测试仪和光缆测试仪等类型;根据测试仪按时域原理和频域原理的不同,可分为模拟和数字两种类型。目前,一般采用数字式测试仪。

电缆测试仪具有电缆的验证测试和认证测试功能,主要用于检测电缆质量及电缆的安装质量。

目前,全球有许多公司生产了各种相关的测试仪,用于测试网络中电缆和光缆的参数,常用测试仪表有 AT&T、Fluke、3M、Micro Test 等公司生产的产品。从国内众多综合布线系统商所采用的测试仪器情况看,较权威的测试仪器是 Fluke 公司生产的网络测试仪系列。Fluke(福禄克)公司生产了 200 多种测试仪以及 1300 多种附件和选件。

### 2. 常用测试仪表

下面介绍 4 种典型的验证测试仪。

(1) 简易布线通断测试仪。图 14.5 所示是最简单的电缆通断测试仪,包括主机和远端机。在测试时,线缆两端分别连接到主机和远端机上,根据显示灯的闪烁次序就能判断双绞线 8 芯线的通断情况,但不能确定故障点的位置。这种仪器的功能相对简单,通常只用于测试网络的通断情况,可

图 14.5 最简单的电缆通断测试仪——"能手"测试仪

以完成双绞线和同轴电缆的测试。

（2）MicroScanner Pro2 电缆验测仪（MS2）。Fluke MicroScanner Pro2 是专为防止和解决电缆安装问题而设计的，如图 14.6 所示。使用线序适配器可以迅速检验 4 对线的连通性，以确认被测电缆的线序正确与否，并识别开路、短路、跨接、串扰或任何错误连线，迅速定位故障，从而确保基本的连通性和端接的正确性。

（3）Fluke DTX 系列电缆认证分析仪。福禄克网络公司推出的 DTX 系列电缆认证分析仪全面支持国标 GB 50312—2007。Fluke DTX 系列中文数字式线缆认证分析仪有 DTX-LT AP（标准型（350Mbps 带宽））、DTX-1200 AP（增强型（350Mbps 带宽））、DTX-11200 AP（超强型（900Mbps 带宽））等几种类型可供选择。图 14.7 所示为 Fluke DTX-1800 AP 电缆认证分析仪。这种测试仪既可以进行基本的连通性测试，也可以进行比较复杂的电缆性能测试，并能够完成指定频率范围内衰减、近端串扰等各种参数的测试，从而确定其是否能够支持高速网络。

图 14.6  Fluke MicroScanner Pro2 测试仪　　14.7  Fluke DTX-1800 AP 电缆认证分析仪

这种测试仪一般包括两部分：基座部分和远端部分。基座部分可以生成高频信号，这些信号可以模拟高速局域网设备发出的信号。电缆分析仪可以通过将高频信号输入双绞线布线系统来测试它们在系统中的传输性能。电缆分析仪是评估 5 类、5e 类和 6 类布线系统的最常用的测试设备，综合布线系统工程在认证验收测试中使用的测试仪必须是电缆分析仪。

## 14.2.7  电缆通道测试

对于一个完整的双绞线电缆信道，有时候需要作为一个信道整体来测试，有时候需要分开来测试。通常有以下几种情况。

### 1. 跳线

测试方法是将要测试的双绞线跳线的两端分别插入测试仪的主测试仪和远程测试端的 RJ-45 端口，然后打开测试仪电源进行测试。

### 2. 永久链路

永久电路根据电信间的设备连接方式通常有以下几种情况。

（1）从工作区的信息插座到电信间的配线架（FD）的水平链路。

（2）从电信间的配线架到设备间的配线架（BD）的主干链路。

（3）从工作区的信息插座到设备间的配线架（BD）的链路，在电信间楼层配线架与建筑物配线架之间通过跳线连接。

### 3.信道测试

在永久铵路的两端使用跳线代替测试跳线。

## 14.2.8 解决测试错误

在电缆测试过程中,经常会碰到某些测试项目不合格的情况,这说明双绞线电缆及其相关连接的硬件安装工艺不合格,或者产品质量不达标。要有效地解决测试中出现的各种问题,就必须认真理解各项测试参数的内涵,并依靠测试仪准确地定位故障。下面介绍测试过程中经常出现的问题及相应的解决办法。

### 1.接线图测试未通过

接线图测试未通过的可能原因如下。

(1)双绞线电缆两端的接线线序不对,造成测试接线图出现交叉现象。

(2)双绞线电缆两端的接头有断路、短路、交叉、破裂的现象。

(3)某些网络特意需要发送端和接收端跨接,当测试这些网络链路时,由于设备线路的跨接,测试接线图会出现交叉。

相应的解决问题的方法如下。

(1)对于双绞线电缆两端端接线序不对的情况,可以采取重新端接的方式来解决。

(2)对于双绞线电缆两端的接头出现的短路、断路等现象,首先应根据测试仪显示的接线图判定双绞线电缆的哪一端出现了问题,然后重新端接。

(3)对于跨接问题,应确认其是否符合设计要求。

### 2.链路长度测试未通过

链路长度测试未通过的可能原因如下。

(1)测试 NVP 设置不正确。

(2)实际长度超长,如双绞线电缆信道长度不应超过 100m。

(3)双绞线电缆开路或短路。

相应的解决问题的方法如下。

(1)可用已知的电缆确定并重新校准测试仪的 NVP。

(2)对于电缆超长问题,只能通过重新布设电缆来解决。

(3)对于双绞线电缆开路或短路的问题,首先要根据测试仪显示的信息,准确地定位电缆开路或短路的位置,然后重新端接电缆。

### 3.近端串扰测试未通过

近端串扰测试未通过的可能原因如下。

(1)双绞线电缆端接点接触不良。

(2)双绞线电缆远端连接点短路。

(3)双绞线电缆线对扭绞不良。

(4)存在外部干扰源影响。

(5)双绞线电缆和连接硬件性能问题,或不是同一类产品。

相应的解决问题的方法如下。

(1)对于接触点接触不良的问题,经常出现在模块压接和配线架压接方面,因此应对电缆所端接的模块和配线架进行重新压接加固。

（2）对于远端连接点短路问题,可以通过重新端接电缆来解决。

（3）对于双绞线电缆在端接模块或配线架时线对扭绞不良的问题,应采取重新端接的方法来解决。

（4）对于外部干扰源,只能采用金属线槽或更换为屏蔽双绞线电缆的手段来解决。

（5）对于双绞线电缆和连接硬件的性能问题,只能采取更换的方式来彻底解决,所有线缆及连接硬件应更换为相同类型的产品。

#### 4. 衰减测试未通过

衰减测试未通过的可能原因如下。

（1）双绞线电缆超长。

（2）双绞线电缆端接点接触不良。

（3）电缆和连接硬件性能问题,或不是同一类产品。

（4）现场温度过高。

相应的解决问题的方法如下。

（1）对于超长的双绞线电缆,只能采取更换电缆的方式来解决。

（2）对于双绞线电缆端接质量问题,可通过重新端接的方式来解决。

（3）对于电缆和连接硬件的性能问题,应采取更换的方式来彻底解决,所有线缆及连接硬件应更换为相同类型的产品。

## 14.3 任务实施:双绞线链路测试实施

### 14.3.1 双绞线连通性简单测试

对于小型网络或传输速率要求不高的网络而言,只需简单地做以下网络布线的连通性测试即可。连通性测试通常可以采用"能手"测试仪。

#### 1. 跳线连通性测试

将要测试的双绞线跳线的两端分别插入"能手"测试仪的主测试仪和远程测试端的 RJ-45 端口,并将开关拨至"ON"挡(S 为慢速挡),对应的线号灯逐个顺序闪亮,如图 14.8 所示。

若连接不正常,按下述情况显示。

（1）若有一根导线断路,则主测试仪和远程测试端对应线号的灯都不亮。

（2）若有几条导线断路,则相对应的几条线都不亮,当导线少于两根线连通时,灯都不亮。

（3）若两头网线乱序,则与主测试仪端连通的远程测试端的线号亮。

（4）当导线有两根短路时,则主测试器显示不变,而远程测试端显示短路的两根线灯都亮。若有 3 根以上(含 3 根)线短路时,则所有短路的几条线对应的灯都不亮。

图 14.8 双绞线连通性测试

（5）如果出现红灯或黄灯,则说明存在接触不良等现象,此时最好先用压线钳压制两端水晶头一次,再测,如果故障依旧存在,就得检查一下芯线的排列顺序是否正确。如果芯线顺序错误,那么就应重新进行制作。

### 2. 永久链路测试

(1) 首先制作两根跳线(或采用的测试跳线),并确认该跳线的连通性完好。

(2) 使用一根跳线连接配线架预测试端口和主测试仪端。

(3) 使用另一根跳线连接至信息插座(与该配线架端口相对应的端口)和远程测试仪端。连接图与图 14.9 类似。测试过程与跳线连通性测试相同。

## 14.3.2　双绞线链路或跳线验证测试

双绞线验证测试可以采用 Fluke MicroScanner Pro2 验证测试仪。

### 1. 启动测试仪

如果测试仪已经启动并处于同轴电缆模式,按 Y 切换到双绞线测试模式。

### 2. 将测试仪和线序适配器或 ID 定位器连至布线中

如图 14.9 所示连接后,测试将连续运行,直到更改模式或关闭测试仪。

### 3. 分析双绞线测试结果

图 14.10 所示为 Fluke MicroScanner Pro2 验证测试仪的显示屏,各部分含义如下。

图 14.9　连接到双绞线布线

图 14.10　Fluke MicroScanner Pro2 验证
测试仪的显示屏

①——测试仪图标。

②——细节屏幕指示符。

③——指示哪个端口为现用端口,RJ-45 端口还是同轴电缆端口。

④——音频模式指示符。

⑤——以太网供电模块指示符(PoE)。

⑥——带英尺/米指示符的数字显示。

⑦——测试活动指示符,在测试正在进行时会以动画方式显示。

⑧——当音频发生器处于 IntelliTone 模式时，会显示 IntelliTone。

⑨——表示电缆上存在短路。

⑩——电话电压指示符。

⑪——表示线序适配器连接到电缆的远端。

⑫——电池电量不足指示符。

⑬——表示 ID 定位器连接到电缆的远端并显示定位器的编号。

⑭——以太网端口指示符。

⑮——线序示意图。对于开路，线对点亮段的数量表示与故障位置的大致距离，最右侧的段表示屏蔽。

⑯——表示电缆存在故障或带有高压。当出现线对串扰问题时，显示 SPLIT（串扰）。

当双绞线布线存在问题时，在显示屏上会显示出来，以下各图显示了双绞线布线的典型测试结果。

（1）双绞线布线上存在开路

图 14.11 所示为显示第 4 根线上存在开路。其中所示的 3 个表示线对长度的段表示开路大致位于至布线端部距离的 3/4 处，电缆长度为 75.4m。要查看与开路处的距离，应使用"△"或"▽"来查看线对的单独结果。

此时，请注意以下两点。

① 如果线对中只有一根线开路并且未连接线序适配器或远程 ID 定位器，则线对中的两根线均显示为开路。

② 如果线对中的两根线均开路，但警告图标却不显示，这是因为线对开路对某些布线应用属于正常现象。

（2）双绞线布线上存在短路

图 14.12 所示为显示第 5 根和第 6 根线之间存在短路，短路的接线会闪烁来表示故障。电缆长度为 75.4m。注意，当存在短路时，远端适配器和未短路接线的线序不显示。

图 14.11　链路开路

图 14.12　链路短路

（3）线路跨接

图 14.13 所示为显示第 3 根和第 4 根线跨接。线位号会闪烁来表示故障。电缆长度为 53.9m。电缆为屏蔽式，检测线路跨接需要连接远端适配器。

（4）线对跨接

图 14.14 所示为显示线对 1、2 和 3、6 跨接。线位号会闪烁来表示故障。这可能是由于接错 568A 和 568B 电缆引起的。检测线对跨接需要使用远端适配器。

图 14.13　线路跨接

图 14.14　线对跨接

（5）串绕

图 14.15 所示为显示线对 3、6 和 4、5 存在串绕。串绕的线对会闪烁来表示故障。电缆长度为 75.4m。在串绕的线对中，端到端的连通性正确，但是所连接的线来自不同线对。线对串绕会导致串扰过大，因而干扰网络运行。

图 14.15　链路串扰

### 4. 查看单独结果

要查看每个线对的单独结果，可用"△"或"▽"在屏幕之间移动。在此模式下，测试仪仅连续测试用户正在查看的线对。

图 14.16 所示为单独线对的结果屏幕。其中，图 14.16(a)表示线对 1、2 在 29.8m 处存在短路；图 14.16(b)表示线对 3、6 为 67.7m 长并以线序适配器端接。图 14.16(c)表示线对 4、

(a)　　　　　　　　(b)　　　　　　　　(c)

图 14.16　单独线对的结果屏幕

5 在 48.1m 处存在开路,且开路可能是一根或两根接线。

### 14.3.3　双绞线链路及信道认证测试

双绞线链路及信道认证测试可以使用 Fluke DTX 系列认证测试仪。下面以 Fluke DTX-1800 为例来介绍对双绞线链路及信道进行认证测试。其步骤如下(关于 Fluke DTX-1800 测试仪在这里不再详细介绍)。

#### 1. 基准设置

在使用测试仪之前,首先需要进行基准设置。基准设置程序可用于设置插入损耗及 ACR-F(ELFEXT)测量的基准,在下面的情况运行测试仪的基准设置程序。

(1) 如果要将测试仪用于不同的智能远端,可将测试仪的基准设置为两个不同的智能远端。

(2) 通常每隔 30 天就需要运行测试仪的基准设置程序,以确保取得准确度最高的测试结果。

更换链路接口适配器后无须重新设置基准。

设置基准设置的步骤如下。

(1) 开启测试仪及智能远端,等候 1min,然后才开始设置基准。

(2) 连接永久链路及信道适配器,如图 14.17 所示。

永久链路适配器　　信道适配器

图 14.17　连接永久链路及信道适配器

(3) 将测试仪旋转开关转至 SPECIAL FUNCTION(特殊功能)位置,并开启智能远端。

(4) 选中设置基准,然后按 Enter 键,如果同时连接了光缆模块及铜缆适配器,接下来应选择链路接口适配器。

(5) 按 TEST 键。

#### 2. 线缆类型及相关测试参数的设置

在使用测试仪测试之前,需要选择测试依据的标准、测试链路类型(基本链路、永久链路、信道)、线缆类型(3 类、5 类、5e 类、6 类双绞线,还是多模光纤或单模光纤)。同时,还需要对测试时的相关参数(如测试极限、NVP、插座配置等)进行设置。

具体操作方法是将测试仪旋转开关转至 SETUP(设置)位置,用方向键选中双绞线;然后,按 Enter 键,对相关参数进行设置。表 14.2 列出了 DTX-1800 双绞线认证测试的部分设置参数。

表 14.2 DTX-1800 双绞线认证测试部分设置参数

| 设 置 值 | 说 明 |
| --- | --- |
| SETP→双绞线→线缆类型 | 选择一种适用于被测线缆的线缆类型:线缆类型按类型及制造商分类,选择"自定义"可创建电缆类型 |
| SETP→双绞线→测试极限 | 为测试任务选择适当的测试极限,选择"自定义"可创建测试极限 |
| SETP→双绞线→NVP | 额定传播速度可与测得的传播延时一起来确定缆线长度。选定的缆线类型所定义的默认值代表该特定类型的典型 NVP。如果需要,可以输入另一个值。若要确定实际的数值,可更改 NVP,直到测得的长度与缆线的已知长度相同。使用至少 15m(50in)长的缆线。建议的长度为 30m(100in)。增加 NVP 将会增加测得的长度 |
| SETP→双绞线→插座配置 | 输出配置设置值决定测试哪一个线缆对以及将哪一个线对号指定给该线对。要查看某个配置的线序,按插座配置屏幕中的 F1 键取样;选择"自定义"可以创建一个配置 |
| SETP→双绞线→HDTDX/HDTDR | 仅通过 */失败:测试仪仅以 PASS(通过)* 或 FAIL(失败)为 Autotests(自动测试)显示 HDTDX(高精度时域串扰分析)和 HDTDR(高精度时域反射计分析)结果<br>所有自动测试:测试仪为所有自动测试显示 HDTDX(高精度时域串扰分析)和 HDTDR(高精度时域反射计分析)结果 |
| SETUP→双绞线→AC 线序 | 选择启用以通过一个未通电的以太网供电(PoE)MidSpan 设备来测试布线系统 |
| SPECIAL FUNCTIONS→设置基准 | 当首次一起使用两个装置时,必须将测试仪的基准设置为智能远端。还需每隔 30 天设置基准一次 |

### 3. 连接被测线路

为了将测试仪和智能远端连入被测链路,除了需要测试仪主机和智能远端外,还需要一些附件,主要包括以下几项。

(1) 测试仪及智能远端连电池组。

(2) 内存卡(可选)。

(3) 两个带电源线的交流适配器(可选)。

(4) 两个永久链路适配器:用于测试永久链路。

(5) 两个通道适配器:用于测试通道。

链路接口适配器提供用于测试不同类型的双绞线 LAN 布线的正确插座及接口电路。测试仪提供的通道及永久链路接口适配器适用于测试至第 6 类布线。

如果是信道测试,需要使用两个信道适配器;如果用于测试永久链路,则需要使用两个永久链路适配器。

图 14.18 所示为 DTX-1800 电缆测试仪的永久链路测试连接。

### 4. 进行自动测试

自动测试是最常用的功能。自动测试会运行认证测试所需的所有测试。测试完毕,所有测试和测试结果全部列出,以便查看每项测试的详细结果。结果可以保存、打印或传送至计算机。

图 14.18　DTX-1800 电缆测试仪的永久链路测试连接

（1）将适用于该任务的适配器连接至测试仪及智能远端。

（2）将旋转开关转至设置，然后选择双绞线。从双绞线选项卡中设置以下设置值。

① 缆线类型：选择一个缆线类型列表，然后选择要测试的缆线类型。

② 测试极限：选择执行任务所需的测试极限值。屏幕画面会显示最近使用的 9 个极限值。按 F1 键来查看其他极限值列表。

（3）将旋转开关转至 AUTOTEST（自动测试），然后开启智能永久链路测试连接远端。依图 14.18 所示的永久链路测试连接方法或依图 14.19 所示的信道连接方法，连接至布线。

图 14.19　DTX-1800 电缆测试仪的信道测试连接

（4）如果安装了光缆模块，则可能需要按 F1 键更改媒介来选择双绞线作为媒介类型。

（5）按测试仪或智能远端的 Test 键。若要随时停止测试，可按 Exit 键。

技巧：按测试仪或智能远端的 Test 键启动音频发生器，这样便能在需要时使用音频探测器，然后再进行连接。音频也会激活连接布线另一端休眠中或电源已关闭的测试仪。

（6）测试仪会在完成测试后显示"自动测试概要"屏幕。

（7）如果自动测试失败，可按 F1 错误信息键来查看可能的失败原因。

（8）若要保存测试结果，可按 Save 键，选择或建立一个缆线标识码；然后，再按一次 Save 键。

### 5．测试结果的处理

测试仪绘在测试完成后显示"自动测试概要"屏幕，如图 14.20 所示。

（1）通过：所有参数均在极限范围内。

失败：有一个或一个以上的参数超出极限值。

通过*/失败*：有一个或一个以上的参数在测试仪准确度的不确定性范围内，且特定的测试标准要求"*"注记。

（2）按 F2 或 F3 键来滚动屏幕画面。

（3）如果测试失败，可按 F1 键来查看诊断信息。

（4）屏幕画面操作提示。使用"△"、"▽"键来选中某个参数，然后按 Enter 键。

（5）"✔"：测试结果通过。

"ⅰ"：参数已被测量，但选定的测试极限内没有通过/失败极限值。

"✗"：测试结果失败。

图 14.20　"自动测试概要"屏幕

（6）通过*/失败*结果。标有星号的结果表示测得的数值在测试仪准确度的误差范围内（见图 14.21），且特定的测试标准要求"*"注记。这些测试结果被视作勉强可用的。勉强通过及接近失败结果分别以蓝色及红色星号标注。

图 14.21　通过*及失败*结果

① PASS（通过）*可以视作测试结果通过。

② FAIL（失败）*的测试结果应视作完全失败。

### 6．自动诊断

如果自动测试失败，则按 F1 错误信息键可以查阅有关失败的诊断信息。诊断屏幕画面会显示可能的失败原因及建议采取的措施来解决问题。测试失败可能产生一个以上的诊断屏幕。在这种情况下，可按 F2 键来查看其他屏幕。图 14.22 所示为诊断屏幕画面实例。

### 7．缆线标识码

（1）每次测试后可从预先产生的列表中选择线缆标识码或者建立一个新的标识码。

（2）若要选择线缆标识码来源，可将旋转开关转至 SETUP，选择仪器设置值→线缆标识码来源，然后选择一个来源。

图 14.22　诊断屏幕画面实例

① 自动递增：每当按下 Save 键时递增标识码的最后一个字符。

② 列表：运行将 LinkWare 软件所建立的标识码列表下载至测试仪。

③ 自动序列：使用由模板产生的序列标识码列表。水平、主干及园区网模板均须遵循 ANSI/TIA/EIA 606—A 标准所规定的标识码格式。

④ 无：每一次按 Save 键后建立标识码。

(3) 若要建立序列标识码列表,可执行下面的步骤。

① 从自动序列屏幕中,选择一个模板。

② 从自动序列屏幕中,选择开始标识码列表。使用软键盘,在顺序表中输入第一个标识码,完成后按 Save 键。

③ 选择停止标识码。在顺序表中输入最后一个标识码,完成后按 Save 键。

④ 按 F3 键样本列表键来查看顺序表。

⑤ 将线缆标识号列表中已使用的标识号以"$"标识。

### 8. 查看、移动、删除测试结果

若要查看保存的测试结果,可执行下面的步骤。

(1) 将旋转开关转至 Special Function,然后选择查看/删除结果。

(2) 如果需要,可按 F1 键来查找想查看的测试结果。

(3) 突出显示测试结果,然后按 Enter 键进入。

若要删除测试结果或资料夹,可执行下列步骤。

(1) 将旋转开关转至 Special Function,然后选择查看/删除结果。

(2) 如果需要,可按 F1 键来查找想查看的测试结果。

(3) 执行下面其中一个步骤。

① 若要删除一个结果,突出显示该结果,按 F2 键删除。

② 若要删除所有位置当前资料夹中的所有结果或者删除一个资料夹,按 F2 键删除。

### 9. 测试报告

(1) 测试报告的生成

与 Fluke 公司系列测试仪配合使用的测试管理软件是 Fluke 公司的 LinkWare 电缆测试管理软件。LinkWare 电缆测试管理软件支持 TIA/EIA 606—A 标准,允许添加 TIA/EIA 606—A 标准管理信息到 LinkWare 数据库。该软件可以组织、定制、打印和保存 Fluke 系列测试仪测试的铜缆和光缆记录,并能配合 LinkWare Stats 软件生成各种图形测试报告。

使用 LinkWare 电缆测试管理软件管理测试数据并生成测试报告的操作步骤如下。

① 安装 LinkWare 电缆测试管理软件。

② Fluke 测试仪通过 RS-232 串行接口或 USB 接口与 PC 的串口相连。

③ 导入测试仪中的测试数据。例如,要导入 DTX-1800 电缆分析仪中存储的测试数据,则可在 LinkWare 软件窗口中选择 File→Import From→DTA Cable Analyzer 命令。

④ 导入数据后,双击某测试数据记录,可查看该测试数据的情况。

⑤ 生成测试报告。测试报告有两种文件格式:ASCII 文本文件格式和 Acrobat Reader 的.pdf。

(2) 评估测试报告

通过电缆管理软件生成测试报告后,要组织人员对测试结果进行统计分析,以判定整个综合布线系统工程质量是否符合设计要求。在使用 Fluke LinkWare 软件生成的测试报告中会明确给出每条被测链路的测试结果。如果链路的测试结果合格,则给出"PASS"的结论。如果链路测试不合格,则给出"Fail"的结论。

对测试报告中每条被测链路的测试结果进行统计,就可以知道整个工程的达标率。要想快速地统计出整个被测链路的合格率,则可以借助于 LinkWare Stats 软件,该软件生成的统计报表的首页会显示出被测链路的合格率。

对于测试不合格的链路,施工方必须限时整改。只有整个工程的链路全部测试合格,才能确认整个综合布线系统工程通过测试验收。

# 习　　题

## 一、选择题

1. 将同一线对的两端针位接反的故障,属于( )故障。

　　A. 交叉　　　　　　　B. 反接　　　　　　　C. 错对　　　　　　　D. 串扰

2. 下列有关电缆认证测试的描述,不正确的是( )。

　　A. 认证测试主要是确定电缆及相关连接硬件和安装工艺是否达到规范和设计要求

　　B. 认证测试是对通道性能进行确认

　　C. 认证测试需要使用能满足特定要求的测试仪器并按照一定的测试方法进行测试

　　D. 认证测试不能检测电缆链路或通道中连接的连通性

3. 下列有关串扰故障的描述,不正确的是( )。

　　A. 串扰就是将原来的线对分别拆开重新组成新的线对

　　B. 出现串扰故障时端与端的连通性不正常

　　C. 用一般的万用表或简单电缆测试仪"能手"检测不出串扰故障

　　D. 串扰故障需要使用专门的电缆认证测试仪才能检测出来

4. 下列有关长度测试的描述,不正确的是( )。

　　A. 长度测量采用时域反射原理(TDR)

　　B. 长度 $L$ 值的计算公式为 $L = T \cdot NVP \cdot C$

　　C. NVP 为电缆的标称传输速率,典型 UTP 电缆的 NVP 值是 $62\% \sim 72\%$

　　D. 校正 NVP 值的方式是使用一段已知长度(必须在 15m 以上)同批号电缆来校正测

　　试仪的长度值至已知长度

5. 回波损耗是衡量(　　)的参数。

　　A. 阻抗一致性　　　B. 抗干扰特性　　　C. 连通性　　　　D. 物理长度

6. 接线图错误不包括(　　)。

　　A. 反对、错对　　　B. 开路、短路　　　C. 超时　　　　　D. 串扰

## 二、简答题

1. 什么是电缆的验证测试？什么是电缆的认证测试？

2. 电缆认证测试的标准或规范有哪些？

3. 什么是基本链路？什么是永久链路？什么是信道？

4. 简述永久链路和信道的区别。

5. 电缆认证测试模型有哪些？试分析各个模型的异同点。

6. 5e 类布线系统和 6 类布线系统在认证测试时分别需要测试哪些参数？

7. 常用的电缆测试设备有哪些？分别可以进行什么测试？

8. 双绞线电缆布线的常见故障有哪些？

9. 分析双绞线电缆近端串扰未通过的原因及解决的方法。

10. 分析双绞线电缆接线图未通过的原因及解决的方法。

11. 分析双绞线电缆链路长度未通过的原因及解决的方法。

12. 分析双绞线电缆衰减未通过的原因及解决的方法。

## 三、实训题

以一幢大楼的布线为依据，进行电缆认证测试，得出测试报告。

## 光纤传输通道测试与故障排除

## 15.1 任 务 描 述

光缆安装的最后一步就是对光纤进行测试,测试目的是为了检测光缆敷设和端接是否正确。光纤测试主要包括衰减测试、长度测试、带宽测试和故障定位测试。

## 15.2 相 关 知 识

光纤链路的传输质量不仅取决于光纤和连接件的质量,还取决于光纤连接的安装水平及应用环境。

### 15.2.1 光纤系统的测试

#### 1. 光纤测试分类

光纤有单模和多模之分。对于多模光纤,TIA/EIA 568—C 规定了 850nm 和 1300nm 两个波长,因此要用 LED 光源对这两个波段进行测试;对于单模光纤,TIA/EIA 568—C 规定了 1330nm 和 1550nm 两个波长,要用激光光源对这两个波段进行测试。在 TIA/TSB—140 中对光纤定义了两个级别的测试,即一级测试和二级测试。

(1) 光纤一级测试

光纤一级测试主要测试光缆的衰减(插入损耗)、长度以及极性。一级测试只关心光纤链路的总衰减值是否符合要求,并不关心链路中可能影响误码率的连接点(连接器、熔接点、跳线等)的质量,所以测试的对象主要是低速光纤布线链路(千兆及以下)。

需要使用光缆损耗测试设备

一类测试常常分为"通用型测试"和"应用型测试"。通用型测试关注光纤本身的安装质量,通常不对光纤的长度作出规定;而应用型测试则更关注当前选择的某项应用是否能被光纤链路所支持,通常都有光纤链路长度的限制。部分生产厂家还提供高于标准的"厂家专用型测试"。通用型测试标准和应用型测试标准它们之间时常会表现出"不兼容"的情况。例如:一条 700m 长的多模光纤链路,测试的衰减值是 1.2dB,符合通用型测试标准的要求,但这条链路在多数情况下是不能用来运行 1000Base-SX 这种应用的,原因只是因为超长了。

(2) 光纤二级测试

光纤二级测试(Tier 2,Expanded Fiber Link Test)又叫扩展的光纤链路测试。它是选择性测试,包括了一级测试的参数测试报告,并在此基础上增加了每条光纤链路的 OTDR 追踪评估报告。OTDR 曲线是一条光缆随长度变化的反射能量的衰减图形。通过检查整个光纤路径的每个不一致性点,可以深入查看由光缆、连接器或熔接点构成的链路的详细性能以及施工质量。OTDR曲线可以近似地估算链路的衰减值,并可用于光缆链路的补充性评估和故障准确定位,但不能替代使用OLTS进行的插入损耗精确测量。结合上述两个等级的光纤测试,施工者可以最全面地认识光缆的安装质量。对于关心光纤高速链路质量的网络拥有者(甲方),二级测试具有非常重要的作用,它可以帮助减少"升级阵痛"(升级阵痛的典型表现是100Mbps或1Gbps以太网使用正常,但升级到1Gbps特别是10Gbps以太网则运行不正常,甚至不能连通,检查其长度、衰减值又都符合1Gbps或10Gbps的参数要求)。网络所有者(甲方)可借助二级测试获得安装质量的更高级证明和对未来质量的长期保障。

　　二级光纤测试需要使用光时域反射计(OTDR,Optical Time-Domain Reflect Meter)对链路中的各种"事件"进行评估。这些"事件"可以是熔接点差、连接点差(插头/插座)、端面脏污、擦伤、光洁度不足、凸台、内陷、断裂、气泡、弯曲过度、捆扎过紧等,可以用OTDR曲线直接或间接地定位。其中,端面污染、擦损是比例最高的故障原因。

### 2．光纤链路测试模型

(1) 测试方法A或称"A模式"

　　衰减测试最基本的原理如图15.1和图15.2所示。图15.1为测试原理1,可测出光源输出的功率$P_o$。图15.2为测试原理2,可测出光功率$P_i$,则光纤链路衰减值=$P_o-P_i$。

图 15.1　测试原理1　　　　　　　　　　图 15.2　测试原理2

　　当工程上要求测试时,一定要使用测试跳线。实际工程测试时的操作原理如图15.3和图15.4所示。在工程测试原理1中,先将测试跳线用光耦合器短接,测得$P_o$,然后移去光耦合器,将测试跳线接入被测光纤链路,测出$P_i$,则这根光纤链路的衰减值=$P_o-P_i$。图15.4所示的这种测试模式就叫做测试方法A或称"A模式"。在图15.3中实际测得$P_o$后,将此$P_o$值强行设为"相对零",即将$P_o$设置为参考值零(又称"归零"、设置基准值、设置基准值零)。

图 15.3　工程测试原理1

图 15.4　工程测试原理2——测试方法A

　　由于$P_o$已经等于相对"零",所以图15.4中测得的$P_i$值就等于这条被测光纤链路的衰减值($P_o=0$,链路损耗$Loss=|P_o-P_i|=|P_i|$)。

(2) 测试方法B或称"B模式"

　　首先,在图15.3中测出$P_o$,并将其设为相对零功率(归零),然后以图15.5所示的方式接入被测光纤链路,测得接收光功率$P_i$,$P_i$就是光纤链路的损耗值。

　　在实际工程中,使用的改进的"B模式",增加了一条已知的端跳线,使用了3个连接适配器。图 15.5 所示连接线路被称为改进的"B 模式",或者称作改进的测试方法 B。

图 15.5　测试方法 B

"B 模式"测试误差最小,工程上经常推荐使用这种测试模式。由于补偿光纤一般很短(如 0.3m),因此衰减可以忽略不计。设置参考值这个"动作"一般在仪器开机预热 5min 稳定后进行,如果此前忘记"归零",则多数测试仪器会向操作者进行"提醒"。

(3) 测试方法 C 或称"C 模式"

如果只希望了解被测光纤本身的衰减值,而不包含光纤两端连接器的衰减,那么工程上可以按图 15.6 所示的连接方法先用短跳线设置基准值(归零)。

然后,按照图 15.7 所示的连接方式进行实际测试。这种测试模式就是测试方法 C。测试方法 C 只包含被测光纤本身的等效衰减值。此法不适合大批量测试,否则会过度磨损仪器插座,导致测试成本提高。

图 15.6　"C 模式"　　　　　　　　图 15.7　只测试光纤的衰减值——测试原理图

大批量测试可按图 15.8 所示连接方式先进行归零,设置参考零时使用 0.3m 归零跳线。然后,用图 15.9 所示的连接方式进行测试,这种测试模式被称作改进的"C 模式"或者改进的测试方法 C。在测试方法 C 中,实际被测的是一段光纤,不包含其两端连接器的衰减,短光纤的衰减值因为受耦合器的影响一般不提倡使用。

图 15.8　设置基准零

图 15.9　测试方法 C

### 3. 光纤测试要点

(1) 测试标准

在敷设综合布线系统时,事先可能不知道被测光纤链路以后会升级运行何种应用(例如,昨天运行的还是低速的 100Bsae-F,今天改为 1GBase-SX,明天就升级到 10GBase-SX),所以采用通用型测试是必须的基础测试,测试结果作为验收文件存档。当新建网络已经规划有高速应用时,可以选择通用型＋应用型相结合的测试方法进行链路质量认证。当在实际运行中陆续增加各种应用时,需要选择性地增加应用型测试。

需要特别指出的是,今天某项应用测试通过,并不意味着明天升级新应用就一定能通过。建议将应用型光纤链路的测试结果另档保存,以便作为新安装和调整应用的依据。部分经常变更应用的用户甚至不保存应用型测试的结果,只保存通用型测试结果。

新应用的开发者有时会有意无意地忽视原有的光纤链路是否能稳定支持新应用的问题,所以,在验收合同中宜明确规定采用何种应用测试标准和测试方法,以免引发事后争议。

在综合布线系统中,进行一级测试(Tier 1)时,通用型标准目前选用 TIA/EIA 568—B 和 ISO 11801 的比例比较高,这些标准也适合在 FTTX 中进行分段验收测试。应用型标准在计算机网络系统中以选择 1Gbps 和 10Gbps 的以太网标准比较常见。

对于高速光纤链路,要求高的用户还需要进行二级测试(Tier 2),以确保高速链路的安装质量。

（2）测试光源

对于常用光源的选择,一般单模光纤使用典型的 1310/1550nm 激光光源,多模光纤使用典型的 850/1300nm LED 光源。对于不常用的其他波长测试则选择对应波长的光源。例如,应用测试中 1Gbps 和 10Gbps 以太网大量使用的 850nm 波长的 VCSEL(垂直腔面发射激光器)光源。

### 4．双光纤、双向(极性)、双波长测试选择

在综合布线系统设计时,考虑的都是成对地布放和使用光纤(收发信号各用一根光纤),绝大多数情况下的测试对象都是成对的光纤。虽然测试标准中没有强制要求同时进行双光纤的成对测试,但是同时进行双光纤测试,效率比单光纤测试平均要高 4 倍以上。

由于实际使用过程中收发光纤可能被颠倒后继续使用,即原来的发射光纤因某种原因(如维护时弄混了发送 Tx 和接收 Rx,插错位置)可能和接收光纤互换后使用,所以在验收测试时需要对这种不可预计的使用状态预先进行双向损耗值验收测试。另外,FTTX 和电信级的光纤应用中常有使用单光纤进行单向信号传输,或者使用单光纤分频复用、密集波分频复用等技术来实现单光纤双向传输信号的目的。由于器件误差、安装错误等原因,可能造成一根光纤链路两个方向的衰减值出现较大偏差,导致出现信号反向传输的问题。这类应用也要求对一根光纤的极性进行测试(即双向衰减值测试)。但是,综合布线系统的测试标准中没有要求强制进行极性测试。用户需要将极性测试写进验收合同。

光纤的使用寿命比较长,因为更换设备,不同时期会有不同波长的光信号在光纤链路上面传输,这就要求验收时对不同的典型波长事先进行测试。同时,由于光纤链路的弯曲半径对不同波长的衰减值影响程度是不同的,因此施工安装后也要求对不同波长进行测试。目前,通用型标准中一般要求如下：对多模光纤进行 850nm 和 1300nm 波长的损耗测试,单模光纤进行 1310nm 和 1550nm 波长的损耗测试。

多数的(一类)光纤测试仪在设计时就考虑到了双光纤、双极性(方向)、双波长测试的需求,使用时只需进行简单设置选择即可。

### 5．卷轴(心轴)光纤测试

#### (1) 多模光纤测试

当使用卷轴(心轴)进行多模光纤测试,且需要较高精度的衰减值测试结果时,一般都会被要求将测试跳线缠绕在一个测试卷轴(心轴)上,这是因为卷轴可以过滤多模光纤中常用的LED 光源的高次模,使得测试光源更纯净一些,以减少干扰光功率,仿真光源的逼真度提高了,测试精度就会更高。卷轴的过滤作用与光波长、光纤直径和卷轴的直径、缠绕的圈数都有关。表 15.1 列出了 TIA/EIA 568—B.1 及 ISO/IEC TR 14763—3 等标准对卷轴的尺寸要求和卷轴缠绕的方法。

**表 15.1　TIA/EIA 568—B.1 及 ISO/IEC TR 14763—3 等标准对卷轴的尺寸要求和卷轴缠绕的方法**

| 被测光纤核心尺寸 | 标　准 | 盘绕心轴圈数 | 用于 250μm 缓冲光纤的心轴直径 | 用于 3mm 护套光缆的心轴直径 |
|---|---|---|---|---|
| 50μm | TIA/EIA 568—B.1 7.1 | 5 | 25mm(1.0in) | 22mm(0.9in) |
| | ISO/IEC TR 14763—3 6.22 | | 15mm(0.6in) | 15mm(0.6in) |
| 62.5μm | TIA/EIA 568—B.1 7.1 | 5 | 20mm(0.8in) | 17mm(0.7in) |
| | ISO/IEC TR 14763—3 6.22 | 5 | 20mm(0.8in) | 17mm(0.8in) |

图 15.10 为多模光纤测试心轴图。图 15.11 为最常用的带卷轴的多模光纤测试——方法 B,归零操作。图 15.12 为最常用的带卷轴的多模光纤测试——方法 B,可以进行双光纤测试、双极性、双波长常规测试。

图 15.10　多模光纤测试心轴图

图 15.11　用卷轴测试多模光纤(方法 B,双光纤)——设置基准(归零)

图 15.12　用卷轴测试多模光纤（方法 B，双光纤）——包含链路两端连接器的损耗值

（2）单模光纤测试

单模光纤测试不需要使用卷轴。

### 6. 测试模型选择

如何选择光纤链路测的测试模式（方法）？

当进行认证/验收测试时，推荐使用测试方法 B。

测试模式（方法）的选择往往给甲方、乙方或者第三方测试人员带来困惑和混乱。从事测试的第三方经常遇到对多种测试结果的矛盾解释。从前面的介绍可以了解，工程当中为了精确测试光纤链路的衰减值应当使用改进的"B 模式"。这种方法的优点是精度高、仪器接口磨损少、测试成本低；缺点是测试跳线较多。此方法多在工程验收测试时被采用，有时也用来粗略评估光纤跳线的衰减值。

较长距离光纤链路可以考虑使用"A 模式"，此时忽略了一个连接器的衰减值。这种方法的优点是测试跳线较少、仪器接口磨损少；缺点是偏差大，适合故障诊断时临时测试光纤链路的衰减值。

当需要考察较长光纤链路中光纤本身衰减值时，可选择"C 模式"或改进的"C 模式"，优点是可以测试光纤本身的衰减值（不含两端接头的等效衰减），缺点是短光纤的测试误差较高、仪器接口磨损大、测试成本高，适合故障诊断时偶尔进行少量测试。

### 7. 测试跳线选择

对于测试跳线选择，被测光纤链路两端的接插件端口有许多规格，常见的如 ST、FC、SC、FDDI 等，还有各种小型连接器如 LC、VF45、MT-RT 等，但仪器上一般只有一个规格的测试接口，这就需要根据被测链路选择测试跳线。这种测试跳线的插头一端与仪器接口相同，一端与被测链路的接口相同。通过灵活选用各种测试跳线，就可以测试几乎任何接口的光纤链路。有时也可以选择不同的光纤耦合器来进行测试，这种耦合器两端的耦合接口是不同类型的。

如果需要进行二级测试，则 OTDR 测试跳线的选择与一级测试基本相同，只是一般倾向于选择稍长的测试跳线，以便避开测试死区。为了清晰地评估第一个接入的被测光纤链路接头，还可以在被测链路前面加一段"发射补偿光纤"（提高精度并避开死区）；为了清晰地评估最后一个链路接头，可以增加一段"接收补偿光纤"。

为了保证 OTDR 仪接入链路后能稳定地进行测试，测试规程一般都要求在测试前清洁测试跳线和仪器端口，或者使用光纤显微镜检查测试跳线的端面质量，部分 OTDR 仪器在开始

测试前会自动评估测试跳线的端面连接质量。

### 8．非现场测试

某些要求高的用户出于疑虑或其他原因会提出现场测试光纤的对应等级,如证明光纤链路符合 OM3 而不是 OM2。这种测试现场往往是难以实施的,通常只能选择在实验室进行差分模式延迟(测试)测试。建议如下:提供工程光纤样品请专业机构进行实验室鉴定。目前流行的做法是,仅要求产品供应商提供相关机构有效的产品认证证明、生产资格证明等文件。

### 9．带分光器链路测试

带分光器的链路由于没有对应测试标准,在工程验收中常引起争议。这类链路通常涉及光纤有线电视网络和通用的 FTTX 网络。

建议的测试方法之一是分段测试。即以分光器为分段点,对光纤链路进行一级通用型测试(衰减测和长度测试),测试标准和方法要在合同当中实现明确规定。对分光器则进行单独的安装前验证测试或者安装后验证测试。此时,使用"B 模式"自环方式进行单向衰减测试即可。

对于没有成对使用光纤的链路,用"飞时法"测试长度无法实现,一级测试只能测试损耗值指标。光纤长度这一指标的测试则要使用二级测试(Tier 2)当中要求的光时域反射计(OTDR)来完成,选用的测试工具最好能将两个测试结果合并到一个测试报告当中。

建议的测试方法之二是带分光器链路的单向衰减测试。由于没有对应判定标准,因此需要根据设计进行人工分等级判断,判读方法需要写入合同中,以避免争议。

## 15.2.2　综合布线系统光纤链路测试

### 1．光纤链路测试内容

根据国标 GB 50312—2007 的规定,光纤链路主要测试以下内容。

(1) 在施工前进行器材检验时,一般检查光纤的连通性,必要时,宜采用光纤损耗测试仪(稳定光源和光功率计组合)对光纤链路的插入损耗和光纤长度进行测试。

(2) 对光纤链路(包括光纤、连接器件和熔接点)的衰减进行测试,同时测试光跳线的衰减值可作为设备连接光缆的衰减参考值,整个光纤信道的衰减值应符合设计要求。

### 2．光纤链路测试连接

对光纤链路性能测试是指对每一条光纤链路的两端在双波长情况下测试收/发情况。在国家标准《综合布线系统工程验收规范》(GB 50312—2007)中有如下规定。

(1) 在两端对光纤逐根进行双向(收与发)测试时,连接方式如图 15.13 所示。其中,光连接器件可以为工作区 TO、电信间 FD、设备间 BD、CD 的 SC、ST、SFF 连接器件。

图 15.13　光纤链路测试连接(单芯)

（2）光缆可以作为水平光缆、建筑物主干光缆和建筑群主干光缆。

（3）光纤链路中不包括光跳线在内。

### 3．光纤链路衰减

必须对光纤链路上的所有部件进行衰减测试。衰减测试就是对光功率损耗的测试。引起光纤链路损耗的原因主要如下。

（1）材料原因：光纤纯度不够或材料密度的变化太大。

（2）光缆的弯曲程度：包括安装弯曲和产品制造弯曲问题。光缆对弯曲非常敏感，如果弯曲半径大于两倍的光缆外径，大部分光将保留在光缆核心内。单模光缆比多模光缆更敏感。

（3）光缆接合以及连接的耦合损耗：主要由截面不匹配、间隙损耗、轴心不匹配和角度不匹配等因素造成。

（4）不洁或连接质量不良：主要由不洁净的连接、灰尘阻碍光传输、手指的油污影响光传输、不洁净光缆连接器等造成。

### 4．光纤链路测试技术指标

在综合布线系统中，由于光纤链路的距离较短，因此与波长有关的衰减可以忽略，光纤连接器损耗和光纤接续子损耗是水平光纤链路的主要损耗。

（1）布线系统所采用光纤的性能指标及光纤信道指标应符合设计要求。不同类型的光缆在标称的波长，每公里的最大衰减值应符合表 15.2 中的规定。

**表 15.2  最大光缆衰减**　　　　　　　　　　　　　　单位：dB/km

| 项　目 | OM1、OM2 及 OM3 多模 | | OS1 单模 | |
|---|---|---|---|---|
| 波长/nm | 850 | 1300 | 1310 | 1550 |
| 衰减 | 3.5 | 1.5 | 1.0 | 1.0 |

（2）光缆布线信道在规定的传输窗口测量出的最大光衰减（介入损耗）应不超过表 15.3 中的规定，该指标已包括接头与连接插座的衰减在内。

**表 15.3  光缆信道衰减范围**

| 级　别 | 最大信道衰减/dB | | | |
|---|---|---|---|---|
| | 单　模 | | 多　模 | |
| | 1310nm | 1550nm | 850nm | 1300nm |
| OF—300 | 1.80 | 1.80 | 2.55 | 1.95 |
| OF—500 | 2.00 | 2.00 | 3.25 | 2.25 |
| OF—2000 | 3.50 | 3.50 | 8.50 | 4.50 |

注：每个连接处的衰减值最大为 1.5dB。

（3）插入损耗是指光发射机与光接收机之间插入光缆或元器件时产生的信号损耗，通常指衰减。光纤链路的插入损耗极限值可用以下公式计算。

光纤链路损耗＝光纤损耗＋连接器件损耗＋光纤连接点损耗

光纤损耗＝光纤损耗系数（dB/km）×光纤长度（km）

连接器件损耗＝连接器件损耗/个×连接器件个数

光纤连接点损耗＝光纤连接点损耗/个×光纤连接点个数

表 15.4 为光纤链路损耗的参考值表。

**表 15.4　光纤链路损耗参考值表**

| 种　类 | 工作波长/nm | 衰减系数/(dB/km) |
|---|---|---|
| 多模光纤 | 850 | 3.5 |
| 多模光纤 | 1300 | 1.5 |
| 单模室外光纤 | 1310 | 0.5 |
| 单模室外光纤 | 1550 | 0.5 |
| 单模室内光纤 | 1310 | 1.0 |
| 单模室内光纤 | 1550 | 1.0 |
| 连接器件衰减 | 0.75dB | |
| 光纤连接点衰减 | 0.3dB | |

### 5. 测试记录

同样,所有光纤链路和信道测试结果应有记录,记录在管理系统中并纳入文档管理。各项测试结果应有详细记录,以作为竣工资料的一部分。测试记录内容和形式宜符合表 15.5 中的要求。

**表 15.5　综合布线系统工程光纤(链路/信道)性能指标测试记录**

| 工程项目名称 | | | | | | | | | | |
|---|---|---|---|---|---|---|---|---|---|---|
| 序号 | 编　号 | | | 光　缆　系　统 | | | | | | 备注 |
| | | | | 多　模 | | | | 单　模 | | |
| | | | | 850nm | | 1300nm | | 1310nm | | 1550nm | |
| | 地址号 | 缆线号 | 设备号 | 衰减(插入损耗) | 长度 | 衰减(插入损耗) | 长度 | 衰减(插入损耗) | 长度 | 衰减(插入损耗) | 长度 | |
| | | | | | | | | | | |
| | | | | | | | | | | |
| | | | | | | | | | | |
| 测试日期、人员及测试仪表型号、测试仪表精度 | | | | | | | | | | |
| 处理情况 | | | | | | | | | | |

## 15.2.3　光纤测试设备

用于光纤的测试设备与用于铜缆的不同,每个测试设备都必须能够产生光脉冲,然后在光纤链路的另一端对其测试。由于不同的测试设备具有不同的测试功能,因此应用于不同的测试环境。一些设备只可以进行基本的连通性测试,而有些设备则可以在不同的波长上进行全面测试。

### 1. 光纤识别仪和故障定位仪

光纤识别仪和故障定位仪是一种简单的光纤测试设备。这种设备可以用来定位没有标记的光缆或诊断布线链路中存在的故障。光纤识别仪和故障定位仪可测试长度在 5km 以上的光纤链路段,这两种设备在定位和处理光纤线路的故障时都很省时。

光纤识别仪是一种在不破坏光纤、不中断通信的前提下,迅速、准确地识别光纤路线的仪器,它不仅能指出光纤中是否有光信号通过以及光信号走向,而且它还能识别 2kHz 的调制信号,光纤夹头具有机械阻尼设计,以确保不对光纤造成永久性伤害,它是线路日常维护、抢修、割接的必备工具之一,使用简便、操作舒适,如图 15.14 所示。

光纤故障定位仪是可以识别光纤链路中故障的设备,如图 15.15 所示。可以从视觉上识别出光纤链路的断开或光纤断裂。

### 2. 光功率计

光功率计是测试光纤布线链路损耗的基本测试设备,如图 15.16 所示。它可以测量光缆的出纤光功率。在光纤链路段中,用光功率计可以测量传输信号的损耗和衰减。

图 15.14　光纤识别仪

图 15.15　光纤故障定位仪

图 15.16　光功率计

大多数光功率计是手提式设备,用于测试多模光缆布线系统的光功率计的工作波长是 850nm 和 1300nm,用于测试单模光缆的光功率计的测试波长是 1310nm 和 1550nm。光功率计和激光光源一起使用,是测试评估楼内、楼区布线多模光缆和野外单模光缆最常用的测试设备。

### 3. 光纤测试光源

在进行光功率测量时,必须有一个稳定的光源。光纤测试光源可以产生稳定的光脉冲。光纤测试光源和光功率计一起使用,这样功率计就可以测试出光纤链路路段的损耗。光纤测试光源如图 15.17 所示。目前的光纤测试光源主要有 LED(发光二极管)光源和激光光源两种。VCSEL 光源是一种性能好且制造成本低的激光光源,目前很多网络互连设备都可以提供 VCSEL 光源的端口。表 15.6 给出了 3 种光源的比较。

图 15.17　光纤测试光源

表 15.6　3 种光源的比较

| 光源类型 | 工作波长 | 光纤类型 | 带宽 | 元器件 | 价格 |
| --- | --- | --- | --- | --- | --- |
| LED | 850 | 多模 | >200MHz | 简单 | 便宜 |
| 激光 | 850、1310、1550 | 单模 | >5GHz | 复杂 | 昂贵 |
| VCSEL | 850 | 多模 | >1GHz | 适中 | 适中 |

#### 4．光损耗测试仪

光损耗测试仪是由光功率计和光纤测试光源组合在一起构成的。光损耗测试仪包括所有进行链路段测试所必需的光纤跳线、连接器和耦合器。光损耗测试仪可以用来测试单模光缆和多模光缆。用于测试多模光缆的光损耗测试仪有一个 LED 光源，可以产生 850nm 和1300nm 的光；用于测试单模光缆的光损耗测试仪有一个激光光源，可以产生 1310nm 和1550nm 的光，如图 15.18 所示。

#### 5．光时域反射仪

光时域反射仪（OTDR）是最复杂的光纤测试设备，图 15.19 所示为 Fluke 公司的OptiFiber 光缆认证（OTDR）分析仪——OF 500。OTDR 既可以进行光纤损耗的测试，也可以进行长度测试，还可以确定光纤链路故障的起因和故障位置。

图 15.18　光损耗测试仪　　　　　图 15.19　OptiFiber 光缆认证（OTDR）分析仪——OF 500

OTDR 使用的是激光光源，而不像光功率计那样使用 LED。OTDR 基于回波散射的工作方式，光纤连接器和接续子在连接点上都会将部分光反射回来。OTDR 通过测试回波散射的量来检测链路中的光纤连接器和接续子。OTDR 还可以通过测量回波散射信号返回的时间来确定链路的距离。

#### 6．Fluke DTX 测试仪选配光纤模块

当使用 Fluke DTX 测试仪测试光纤链路时，必须配置光纤链路测试模块，并根据光纤链路的类型选择单模或多模模块。

将多模或单模 DTX 光缆模块插入 DTX 电缆认证分析仪背面专用的插槽中，无须再拆卸下来，如图 15.20 所示。不像传统的光缆适配器需要和双绞线适配器共享一个连接头，DTX

图 15.20　Fluke DTX 光纤链路测试模块

光缆测试模块通过专用的数字接口和 DTX 通信。双绞线适配器和光缆模块可以同时接插在 DTX 上。这样的优点是单键就可快速在铜缆和光缆介质测试间进行转换。

无论是光纤一级测试还是二级测试,均可以使用 DTX 系列电缆分析仪来完成。相应的,需要选择合适的光纤测试适配器。

## 15.2.4  测试仪器的常规操作程序

测试前,需要先回答一组问题:被测链路是通用型测试(存档)还是应用型测试,是一级测试还是二级测试,是单模光缆还是多模光缆,是否需要极性测试,是否选择双波长测试,是否需要精确测试("B 模式"),是否需要测试链路结构图等。

常见的测试仪器操作程序如下。

(1) 准备测试模块和测试跳线、充电。

(2) 开机。

(3) 选择测试介质(单模、多模、电缆等——如果需要)。

(4) 选择光纤测试标准(Tier 1/2、骨干、水平、通用、应用等——SETUP)。

(5) 确定是否需要使用卷轴(心轴,多模光纤——SETUP)。

(6) 设置折射率(如果需要,SETUP)。

(7) 选择测试模式(建议"B 模式",SETUP)。

(8) 安装测试跳线。

(9) 设置参考值(归零)。

(10) 安装补偿跳线(补偿光纤)。

(11) 选择测试范围(如果需要,SETUP)。

(12) 按测试键实施测试(衰减/长度/OTDR 曲线/事件/链路结构图/端面图等)。

(13) 存储数据(命名/存入)。

(14) 重复完成批量测试。

(15) 取出/打印/转存/处理数据。

(16) 关机(或充电)。

# 15.3  任务实施:综合布线系统光纤链路测试

## 15.3.1  连通性简单测试

### 1. 光纤跳线连通性简单测试

(1) 将光纤跳线的两端与所连接的设备断开。

(2) 用一支激光笔(作为玩具使用的即可)对准光纤跳线的一端,查看另一端是否有光线出来。如果手头没有激光笔,使用明亮的手电筒也可以。

### 2. 测试光纤链路连通性

可以使用以下两种方法测试光纤链路的连通性。

方法一:将待测试光纤链路两端的光纤跳线分别从光纤配线架和信息插座拔出,使用激光笔从光纤配线架一端发出光源,查看信息插座一端是否有光线传出。

方法二：先分别测试光纤链路两端光纤跳线的连通性，然后再使用激光笔从一端跳线发射光源，并从另一端的光纤跳线观察是否有光线传输。

## 15.3.2  光缆链路连通性测试

当使用 Fluke DTX 测试仪测试光纤链路时，必须配置光纤链路测试模块，并根据光纤链路的类型选择单模或多模模块。其操作步骤如下。

### 1. 光纤链路连接

按照图 15.12 连接 Fluke DTX 测试仪。

### 2. 测试仪光纤参数设置

开启 Fluke DTX 测试仪电源，将旋转开关调节至 Setup 位置，并选择"光纤"选项。按 Enter 键即可查看需要设置的选项，包括光纤类型、测试极限值和远端端点设置 3 项。按照默认顺序依次进行设置即可。

（1）光纤类型选择

选择适合当前测试任务的光纤类型。Fluke DTX 测试仪采用了按照传输模式划分、按照波长划分等多种常用分类标准。例如，按照传输模式进行划分，可分为单模光纤和多模光纤，其中多模光纤通常有 $50\mu m$ 和 $62.5\mu m$ 两种。

① 选择"光纤类型"选项后，按 Enter 键即可显示光纤类型选择页面，然后选择对应的光纤型号，也可以根据制造商的不同而选择相应的光纤类型，建议用户选择"通用"选项。

② 选择"通用"选项后，按 Enter 键即可进入详细的光纤类型选择页面，其中包含各种分类标准所产生的分类结果，如 Multimode 62.5、Multimode 50、Singlemode 等。

③ 使用上、下键可以选择不同的选项，最后按 Enter 键即可确认保存选择并返回光纤设置界面。

（2）选择测试极限值

为当前任务设定相应的测试极限值，以保证测试结果的准确性。通过移动上、下键选中"测试极限值"选项并按 Enter 键。测试仪默认显示的是 DTX 测试仪自动保存的最近使用的 9 项测试极限值，按照保存时间的长短依次排列。

（3）远端端点设置

光纤测试远端端点设置共包括 3 种，分别应用于不同的测试任务。

① 用智能远端模式测试双重光纤布线。

② 用环回模式测试跳接线与光缆绕线盘。

③ 用远端信号源模式及光学信号源测试单独的光纤。

（4）双向

根据当前执行的测试任务决定是否选择双向模式。例如，若当前测试任务是双向测试，则应选择"是"选项。在"智能远端"或"环回"模式中启用"双向"时，测试仪提示要在测试半途切换测试连接。在每组波长条件下，测试仪可对每根光缆进行双向测量（850nm/1300nm 或 1310nm/1550nm）。

（5）适配器数目和拼接点数目

输入将在设置参考后被添加至光纤路径的每个方向的适配器数目。如果所选的极限值使用计算的损耗极限值,则输入在设置参数后将被添加至光纤路径的适配器数目。拼接点是指仅有每公里损耗、每连接器损耗、每拼接点损耗最大值的极限值,使用计算极限值作为总损耗。例如,光缆主干的极限值会使用计算损耗值。

(6)连接点类型

选择用于待测布线的连接器类型。如果未列出实际的连接器类型,则可以选择"通用"选项。

(7)测试方法

损耗结果包含设置基准后添加的连接。基准及测试连接可决定将哪个连接包含于结果当中。测试方法是指所含端点连接数,共包括 A、B、C 3 种。

① 方法 A:损耗结果包含链路一端的一个连接。

② 方法 B:损耗结果包含链路两端的连接。

③ 方法 C:损耗结果不包含链路各端的连接,仅测量光纤损耗。

以上 3 种测试方法只是对于 DTX 测试设备而言,而其他工业标准中对于相同的测试方法所采用的名称也不同。

(8)折射率来源(n)

此设置值不会影响损耗的测试结果,它将与测试结果一同保存,以记录所用方法测试仪使用目前选定的光纤类型(默认值)所定义的折射率。

### 3.光纤类型选择

接下来要选择用于参照测试的光纤类型。

(1)首先将旋转开关调节至"Special Function(特殊参数)"位置,然后选择"设置基准"选项。

(2)按 Enter 键,选择"光缆模块"。

(3)按 Enter 键,选择"测试方法"。

(4)清洁测试仪上的连接器及跳接线,并连接测试仪及智能远端,然后按 Test 键。

(5)完成参照设置后,DTX 将会以两种波长显示选择信息,并且会同时显示选择的测试方法、参照日期和具体时间。

(6)清洁布线系统中的待测连接器,然后将跳接线连接至布线。DTX 测试仪将显示用于所选测试方法的连接方式,以便进行更精确的测试。

(7)按下 F2(确定)键保存所做的设置,即可开始光纤自动测试任务。

### 4.光纤自动测试

(1)将旋转开关调节至"AutoTest"位置,确认介质类型为光纤。如果需要切换,按 F1 键即可实现。

(2)按 DTX 测试仪或智能远端的 Test 键即可开始测试。按 Exit 键即可取消测试。

(3)测试完成后显示测试结果。其包括输入光纤和输出光纤的损耗情况和长度。

(4)当选择某项摘要信息后,按 Enter 键即可进入查看其详细结果的界面。

(5)最后,根据提示信息按 Save 键保存测试结果。

在光纤自动测试过程中应特别注意,如果选择了双向测试,则在测试过程中可能会中途提示切换光纤,即切换适配器的光纤,而并非测试仪端口的光纤。

### 5. 生成测试报告

与 Fluke DTX 电缆分析仪相同。

# 习　题

## 一、选择题

1. 下列选项中,不属于光缆测试的参数是(　　)。

    A. 回波损耗　　　　　B. 近端串扰　　　　　C. 衰减　　　　　D. 插入损耗

2. 定义光纤系统部件和传输性能指标的标准是(　　)。

    A. ANSI/TIA/EIA 568—B.1　　　　　　　B. ANSI/TIA/EIA 568—B.2

    C. ANSI/TIA/EIA 568—B.3　　　　　　　D. ANSI/TIA/EIA 568—A

## 二、简答题

1. 光纤测试的技术指标有哪些? 分别代表什么含义?

2. 光纤测试分为哪几类?

## 三、实训题

以一幢大楼的布线为依据,进行光缆测试,得出测试报告。

# 综合布线系统工程验收

综合布线系统工程经过设计、施工,最后进入竣工验收阶段。工程验收是全面考核工程的建设质量,包括设计质量、主铺料质量、工程施工质量和竣工资料以及相关原始资料质量。工程竣工验收合格后将移交给建设单位使用。

## 16.1 任务描述

综合布线系统工程验收是一个系统性的工作,主要包括前面介绍的链路连通性、电气和物理特性测试,还包括施工环境、工程器材、设备安装、线缆敷设、线缆终接、竣工验收技术文档等。

## 16.2 相关知识

### 16.2.1 工程验收的依据和标准

目前,国内综合布线系统工程的验收应按照以下的原则来实行。

(1) 综合布线系统工程的验收,首先必须以工程合同、设计方案、设计修改变更单为依据。

(2) 布线链路性能测试应符合国标《综合布线系统工程验收规范》(GB 50312—2007),按国标 GB 50312—2007 验收,也可按照 TIA/EIA 568—B 和 ISO/IEC 11801—2002 标准进行。

(3) 综合布线系统工程验收主要参照国标 GB 50312—2007 中描述的项目和测试过程进行。此外,综合布线系统工程验收还涉及其他标准规范,如《智能建筑工程质量验收规范》(GB 50339—2003)、《建筑电气工程施工质量验收规范》(GB 50303—2002)、《通信管道工程施工及验收技术规范》(GB 50374—2006)等。

当工程技术文件、承包合同文件要求采用国际标准时,应按相应的标准验收,但不应低于国标 GB 50312—2007 的规定。以下国际标准可供参考。

① 《用户建筑综合布线系统》(ISO/IEC 11801)。

② 《商业建筑电信布线标准》(TIA/EIA 568)。

③ 《商业建筑电信布线安装标准》(TIA/EIA 569)。

④ 《商业建筑通信基础结构管理规范》(TIA/EIA 606)。

⑤ 《商业建筑通信接地要求》(TIA/EIA 607)。

⑥ 《信息系统通用布线标准》(EN 50173)。

⑦ 《信息系统布线安装标准》(EN 50174)。

在综合布线系统工程施工与验收中,当遇到上述各种规范未包括的技术标准和技术要求时,可按有关设计规范和设计文件的要求办理。

### 16.2.2　工程验收阶段

综合布线系统工程的验收工作贯穿于整个工程的施工过程,包括施工前检查、随工检查、初步验收和竣工验收等几个阶段,每一阶段都有其特定的内容。

#### 1. 开工前检查

工程验收应当说从工程开工之日起就开始了,从对工程材料的验收开始,严把产品质量关,保证工程质量。开工前检查包括设备材料检验和环境检查。设备材料检验包括检查产品的规格、数量、型号是否符合设计要求,检查线缆外护套有无破损,抽查线缆的电气性能指标是否符合技术规范。环境检查包括检查土建施工情况,包括地面、墙面、门、电源插座及接地装置、机房面积、预留孔洞等环境。

#### 2. 随工验收

在工程中,为随时考核施工单位的施工水平和施工质量,对产品的整体技术指标和质量有一个了解,部分的验收工作应该在随工中进行(如布线系统的电气性能测试工作、隐蔽工程等)。这样,可以及早地发现工程质量问题,避免造成人力和器材的大量浪费。随工验收应对工程的隐蔽部分边施工边验收,在竣工验收时,一般不再对隐蔽工程进行复查,而由工地代表和质量监督员负责。

#### 3. 初步验收

所有的新建、扩建和改建项目都应在完成施工调试之后进行初步验收。初步验收应在原定计划的建设工期内进行,由建设单位组织相关单位(如设计、施工、监理、使用等单位人员)参加。初步验收工作包括检查工程质量、审查竣工材料,对发现的问题提出处理意见,并组织相关责任单位落实解决。

#### 4. 竣工验收

综合布线系统接入电话交换系统、计算机局域网或其他弱电系统,在试运转后的半个月内,由建设单位向上级主管部门报送竣工报告(含工程的初步决算及试运行报告),并请示主管部门接到报告后,组织相关部门按竣工验收办法对工程进行验收。

工程竣工验收为工程建设的最后一道程序,对于大、中型项目可以分为初步验收和竣工验收两个阶段。一般情况下,当综合布线系统工程完工后,若尚未进入电话、计算机或其他弱电系统的运行阶段,则应先对综合布线系统进行竣工验收,验收的依据是在初验的基础上,对综合布线系统各项监测指标认真考核审查,如果全部合格,且全部竣工图纸资料等文档齐全,也可以对综合布线系统进行单项竣工验收。

竣工验收包括两部分:第一部分是"物理验收"(见 16.2.4 小节),第二部分是"文档和系统测试验收"(见 16.2.5 小节)。物理验收按物理验收的内容组织实施,文档和系统测试验收按竣工技术文档的内容组织实施。

### 16.2.3　综合布线系统工程验收条件、组织和方式

对综合布线系统验收是施工方(乙方)向用户方(甲方)移交的正式手续,也是用户对工程的认可。验收是用户方对综合布线系统施工工作的认可,检查工程施工是否符合设计要求和

符合有关施工规范。用户方要确认工程是否达到了原来的设计目标、质量是否符合要求、是否有不符合原设计的有关施工规范的地方等。

### 1. 综合布线系统工程竣工验收的前提条件

通常,工程竣工验收应具备以下前提条件。

(1) 隐蔽工程和非隐蔽工程在各个阶段的随工验收已经完成,且验收文件齐全。

(2) 综合布线系统中的各种设备都已自检测试,且测试记录齐备。

(3) 综合布线系统和各个子系统已经试运行,且有试运行的结果。

(4) 工程设计文件、竣工资料及竣工图纸均完整、齐全。此外,设计变更文件和工程施工监理代表签证等重要文字依据均已收集汇总,装订成册。

### 2. 验收方式

综合布线工程采取以下 3 级验收。

(1) 自检自验:由施工单位自检、自验,发现问题并及时完善。

(2) 现场验收:由施工单位和建设单位联合验收,作为工程结算的依据。

(3) 鉴定验收:上述两项验收后,乙方提出正式报告作为正式竣工报告共同上报上级主管部门或委托专业验收机构组织鉴定。

### 3. 综合布线系统工程验收的组织

工程竣工后,施工方应在工程计划验收 10 日前,通知验收机构,同时送达一套完整的竣工报告,并将竣工技术资料一式 3 份交给建设方。竣工资料包括工程说明、安装工程量、设备器材明细表、随工测试记录、竣工图纸、隐蔽工程记录等。

联合验收之前成立综合布线系统工程验收的组织机构,建设方可以聘请相关行业的专家,对于防雷及地线工程等关系到计算机网络系统安全的工程部分,还应申请有关主管部门协助验收(如气象局、公安局等)。通常,综合布线系统工程验收小组可以考虑聘请以下人员参与工程的验收。

(1) 工程双方单位的行政负责人。

(2) 工程项目负责人及直接管理人员。

(3) 主要工程项目监理人员。

(4) 建筑设计施工单位的相关技术人员。

(5) 第三方验收机构或相关技术人员组成的专家组。

在验收中,有些工程项目是由工程双方认可的,但另外有一些内容并非双方签字盖章就可以通过,例如,涉及消防、地线工程等项目的验收,通常要由相关主管部门来进行。

## 16.2.4　物理验收

物理验收也就是现场验收。由用户方(甲方)、施工方(乙方)以及监理方等共同组成一个验收小组,对已竣工的工程进行验收。

### 1. 工作区验收

对于众多的工作区不可能逐一验收,而是由用户方抽样挑选工作间。

工作区验收的重点主要有以下几个方面。

(1) 线槽走向、布线是否美观大方,符合规范。

(2) 信息插座是否按规范进行安装。

（3）信息插座安装是否做到一样高、平、牢固。

（4）信息面板是否都牢固可靠。

### 2．配线子系统验收

配线子系统验收的重点主要有以下几个方面。

（1）线槽安装是否符合规范。

（2）线槽与线槽、线槽与槽盖是否接合良好。

（3）托架、吊杆是否安装牢靠。

（4）水平干线与垂直干线、工作区交接处是否出现裸线，是否符合规范。

（5）水平干线槽内的线缆有没有固定。

### 3．干线子系统验收

垂直干线子系统的验收除了类似于配线子系统的验收内容外，还要检查楼层与楼层之间的洞口是否封闭，以防火灾出现时，成为一个隐患点；线缆是否按间隔要求固定；拐弯线缆是否留有弧度等。

### 4．电信间、设备间子系统验收

电信间、设备间子系统验收主要是检查设备安装是否规范整洁。验收不一定要等工程结束时才进行，往往有的内容是随时验收的。

综合布线系统工程检验项目内容见表 16.1。具体验收标准为国标 GB 50312—2007 中的详细要求。

表 16.1　综合布线系统工程检验项目及内容

| 阶段 | 验收项目 | 验收内容 | 验收方式 | 结果 |
|---|---|---|---|---|
| 一、施工前检查 | 1．环境要求 | ①土建施工情况：地面、墙面、门、电源插座及接地装置；②土建工艺：机房面积、预留孔洞；③施工电源；④地板铺设；⑤建筑物入口设施检查 | 施工前检查 | |
| | 2．器材检验 | ①外观检查；②形式、规格、数量；③电缆及连接器件电气特性测试；④光纤及连接器件特性测试；⑤测试仪表和工具的检验 | | |
| | 3．安全、防火要求 | ①消防器材；②危险物的堆放；③预留孔洞防火措施 | | |
| 二、设备安装 | 1．电信间、设备间、设备机柜、机架 | ①规格、外观；②安装垂直、水平度；③油漆不得脱落，标志完整齐全；④各种螺丝必须紧固；⑤抗震加固措施；⑥接地措施 | 随工检验 | |
| | 2．配线模块及 8 位模块式通用插座 | ①规格、位置、质量；②各种螺丝必须拧紧；③标志齐全；④安装符合工艺要求；⑤屏蔽层可靠连接 | | |
| 三、电、光缆布放（楼内） | 1．电缆桥架及线槽布放 | ①安装位置准确；②安装符合工艺要求；③符合布放缆线工艺要求；④接地 | | |
| | 2．缆线暗敷（包括暗管、线槽、地板下等方式） | ①缆线规格、路由、位置；②符合布放缆线工艺要求；③接地 | 隐蔽工程签证 | |

续表

| 阶段 | 验收项目 | 验收内容 | 验收方式 | 结果 |
|---|---|---|---|---|
| 四、电、光缆布放（楼间） | 1. 架空缆线 | ①吊线规格、架设位置、装设规格；②吊线垂度；③缆线规格；④卡、挂间隔；⑤缆线的引入符合工艺要求 | 随工检验 | |
| | 2. 管道缆线 | ①使用管孔孔位；②缆线规格；③缆线走向；④缆线的防护设施的设置 | 隐蔽工程签证 | |
| | 3. 埋式缆线 | ①缆线规格；②敷设位置、深度；③缆线的防护设施的设置质量；④回土夯实质量 | | |
| | 4. 通道缆线 | ①缆线规格；②安装位置，路由；③土建设计符合工艺要求 | | |
| | 5. 其他 | ①通信路线与其他设施的间距；②进线室设施安装、施工质量 | 随工检验或隐蔽工程签证 | |
| 五、缆线终接 | 1. 8位模块式通用插座 | 符合工艺要求 | 随工检验 | |
| | 2. 光纤连接器件 | 符合工艺要求 | | |
| | 3. 各类跳线 | 符合工艺要求 | | |
| | 4. 配线模块 | 符合工艺要求 | | |
| 六、系统测试 | 1. 工程电气性能测试 | ①连接图；②长度；③衰减；④近端串音；⑤近端串音功率和；⑥衰减串音比；⑦衰减串音比功率和；⑧等电平远端串音；⑨等电平远端串音功率和；⑩回波损耗；⑪传播时延；⑫传播时延偏差；⑬插入损耗；⑭直流环路电阻；⑮设计中特殊规定的测试内容；⑯屏蔽层的导通 | 竣工检验 | |
| | 2. 光纤特性测试 | ①衰减；②长度 | 竣工检验 | |
| 七、管理系统 | 1. 管理系统级别 | 符合设计要求 | 随工检验 | |
| | 2. 标识符与标签设置 | ①专用标识符类型及组成；②标签设置；③标签材质及色标 | 随工检验 | |
| | 3. 记录和报告 | ①记录信息；②报告；③工程图纸 | 随工检验 | |
| 八、工程总验收 | 1. 竣工技术文件 | 清点、交接技术文件 | 随工检验 | |
| | 2. 工程验收评价 | 考核工程质量，确认验收结果 | 随工检验 | |

注：系统测试内容的验收亦可在随工中进行检验。

## 5. 物理验收的要求

物理验收的要求如下。

综合布线系统工程，应按表16.1所示的综合布线系统工程检验项目及内容所列项目、内容进行检验。检测结论作为工程竣工资料的组成部分及工程验收的依据之一。

（1）系统工程安装质量检查，各项指标符合设计要求，则被检项目检查结果为合格；被检项目的合格率为100%，则工程安装质量判为合格。

（2）系统性能检测中，对绞电缆布线链路、光纤信道应全部检测。当竣工验收需要抽验时，抽样比例应不低于10%，抽样点应包括最远布线点。

(3) 系统性能检测单项合格判定。

① 如果一个被测项目的技术参数测试结果不合格,则该项目判为不合格。如果某一被测项目的检测结果与相应规定的差值在仪表准确度范围内,则该被测项目应判为合格。

② 按 GB 50312—2007 中《附录 B　综合布线系统工程电气测试方法及测试内容》的指标要求,采用 4 对双绞线电缆作为水平电缆或主干电缆,所组成的链路或信道有一项指标测试结果不合格,则该水平链路、信道或主干链路判为不合格。

③ 主干布线大对数电缆中按 4 对双绞线对测试,指标有一项不合格,则判为不合格。

④ 如果光纤信道测试结果不满足指标要求,则该光纤信道判为不合格。

⑤ 未通过检测的链路、信道的电缆线对或光纤信道,可在修复后复检。

(4) 竣工检测综合合格判定。

① 当进行对绞电缆布线全部检测时,无法修复的链路、信道或不合格线对数量有一项超过被测总数的 1%,则判为不合格。当进行光缆布线检测时,如果系统中有一条光纤信道无法修复,则判为不合格。

② 当进行对绞电缆布线抽样检测时,若被抽样检测点(线对)不合格比例不大于被测总数的 1%,则视为抽样检测通过,且不合格点(线对)应予以修复并复检。被抽样检测点(线对)不合格比例如果大于 1%,则视为一次抽样检测未通过,应进行加倍抽样,若加倍抽样不合格比例不大于 1%,则视为抽样检测通过;若不合格比例仍大于 1%,则视为抽样检测不通过,应进行全部检测,并按全部检测要求进行判定。

③ 全部检测或抽样检测的结论为合格,则竣工检测的最后结论为合格;全部检测的结论为不合格,则竣工检测的最后结论为不合格。

(5) 综合布线系统管理系统检测,标签和标识按 10% 抽检,系统软件功能全部检测。检测结果符合设计要求,则判为合格。

## 16.2.5　文档和系统测试验收

文档验收主要是检查乙方是否按协议或合同规定的要求,交付所需要的文档。系统测试验收就是指甲方组织的专家组,对信息点进行有选择的测试,检验测试结果。测试的过程请参看任务 13、任务 14。

竣工技术文件要保证质量,做到外观整洁、内容齐全、数据准确。

### 1. 竣工技术文件

竣工技术文件是指为了便于工程验收和今后管理,施工单位应编制工程竣工技术文件,按协议或合同规定的要求,交付所需要的文档。

工程竣工后,施工单位应在工程验收以前将工程竣工技术资料交给建设单位。综合布线系统工程的竣工技术资料应包括以下内容。

(1) 安装工程量。

(2) 工程说明。

(3) 设备、器材明细表。设备、机架和主要部件的数量明细表,将整个工程中所用的设备、机架和主要部件分别统计,清晰地列出其型号、规格、程式和数量。

(4) 竣工图纸、总体设计图、施工设计图,包括配线架、色场区的配置图、色场图、配线架布放位置的详细图、配线图、信息点位布置竣工图。

（5）工程核算。综合布线系统工程的主要安装工程量，如主干布线的缆线规格和长度，装设楼层配线架的规格和数量等。

（6）测试记录（宜采用中文表示）。工程中各项技术指标和技术要求的随工验收、测试记录，如缆线的主要电气性能、光缆的光学传输特性等测试数据。

（7）会议记录。在工程变更、检查记录及施工过程中，当需要更改设计或采取相关措施时，建设、设计、施工等单位之间的双方洽商记录。

（8）随工验收记录。在施工中的检查记录等基础资料。

（9）隐蔽工程签证。其为直埋电缆或地下电缆管道等隐蔽工程经工程监理人员认可的签证，例如，当设备安装和缆线敷设工序告一段落时，经常驻工地代表或工程监理人员随工检查后的证明等原始记录。

（10）设计更改。在施工过程中有少量修改时，可利用原工程设计图更改补充，无须再重作竣工图纸，但在施工中改动较大时，则应另作竣工图纸。

（11）施工说明。在安装施工中，一些重要部位或关键段落，如建筑群配线架和建筑物配线架合用时，连接端子的分区和容量等内容须有说明。

（12）软件文档。在综合布线系统工程中，当采用计算机辅助设计时，应提供程序设计说明和有关数据，如磁盘、光盘、操作说明、用户手册等文件资料。

（13）工程决算。

### 2．竣工技术资料的要求

工程竣工技术文件，在工程施工过程中或竣工后，应及早编制，并在工程验收前提交建设单位。综合布线系统工程竣工验收技术文件和相关资料应符合以下要求。

（1）竣工验收的技术文件中的说明和图纸，必须配套并完整无缺、文件外观整洁，且文件应有编号，以利登记归档。

（2）竣工验收技术文件最少一式 3 份，当有多个单位需要和建设单位要求增多份数时，可按需要增加文件份数，以满足各方要求。

（3）竣工技术文件和相关资料应做到内容齐全、资料真实可靠、数据准确无误、文字表达条理清楚、文件外观整洁、图表内容清晰，不应有互相矛盾、彼此脱节和错误遗漏等现象。

（4）技术文件的文字页数及其排列顺序以及图纸编号等要与目录对应，并有条理，做到查阅方便，有利于查考。文件和图纸应装订成册，取用方便。

# 16.3　综合布线系统验收实施

根据综合布线系统工程的施工特点，综合布线系统工程验收分为开工前检查、随工验收、初步验收、竣工验收等过程。

## 16.3.1　开工前检查

根据工程设计方案要求，进行开工前检查，检查项目包括表 16.1 所列内容，从而确保工程器材和设备符合设计要求。表 16.2、表 16.3 分别为材料进场记录表和设备进场记录表的参考表样。

**表 16.2　材料进场记录表**

项目名称：学院综合实训楼综合布线工程　　　　　　　　项目编号：×××Y—××010

| 序号 | 材料名称 | 型号/规格 | 生产厂家 | 性能参数 | 数量 |
|------|----------|-----------|----------|----------|------|
| 1 | | | | | |
| 2 | | | | | |
| 3 | | | | | |
| | | | | | |
| | | | | | |

记录人：　　　　　　　　　　监督人：　　　　　　　　　　日期：

　　注：本报告一式 3 份,建设单位、监理单位、施工单位各一份。

**表 16.3　设备进场记录表**

项目名称：学院综合实训楼综合布线工程　　　　　　　　项目编号：×××Y—××010

| 序号 | 设备名称 | 设备型号 | 生产厂家 | 数量 | 备注 |
|------|----------|----------|----------|------|------|
| 1 | | | | | |
| 2 | | | | | |
| 3 | | | | | |
| | | | | | |
| | | | | | |

记录人：　　　　　　　　　　监督人：　　　　　　　　　　日期：

　　注：本报告一式 3 份,建设单位、监理单位、施工单位各一份。

## 16.3.2　随工验收

　　在工程施工中,重点检查隐蔽工程,可使用随工验收。表 16.4 给出了参考表样。

**表 16.4　隐蔽工程报验申请表**

项目名称：学院综合实训楼综合布线工程　　　　　　　　项目编号：×××Y—××010

致：_____(监理单位)

　　我单位已完成了_____分项工作,经自检具备隐蔽验收的条件,现报上该分项工程隐蔽工程报验申请表,请予以审查和隐蔽验收。

　　附件：

承包单位(章)：_____

项目经理：_____

日期：　　年　月　日

审查意见：

项目监理机构(盖章)：_____

总/专业监理工程师：_____

日期：　　年　月　日

　　注：本报告一式 3 份,建设单位、监理单位、施工单位各一份。

## 16.3.3 初步/竣工验收

在整个综合布线系统工程中,最重要的验收就是在整个工程结束后,分别进行初步验收和竣工验收。初步验收和竣工验收需要用到的表格见表 16.5～表 16.10。

**表 16.5 已安装设备清单**

项目名称:学院综合实训楼综合布线工程　　　　　　　　项目编号:×××Y—××010

| 序号 | 设备名称及型号 | 单位 | 数量 | 安装地点 | 备注 |
| --- | --- | --- | --- | --- | --- |
| 1 | | | | | |
| 2 | | | | | |
| | | | | | |
| | | | | | |
| | | | | | |

注:1. 本报告一式 3 份,建设单位、监理单位、施工单位各一份。
　　2. 工程概要内容:中心机房、配线间终端设备安装。

**表 16.6 安装设备工艺检查情况表清单**

项目名称:学院综合实训楼综合布线工程　　　　　　　　项目编号:×××Y—××010

| 序号 | 检查项目 | 检查情况 |
| --- | --- | --- |
| 1 | | |
| 2 | | |
| | | |
| | | |
| | | |

检查人员:　　　　　　　　　　　　　　日期:

注:1. 本报告一式 3 份,建设单位、监理单位、施工单位各一份。
　　2. 工程概要内容:安装 PVC 线管、镀锌铁桥架、安装机柜、敷设光纤、6 类缆线及端接测试。

**表 16.7 综合布线系统缆线穿布检查记录表**

项目名称:学院综合实训楼综合布线工程　　　　　　　　项目编号:×××Y—××010

| 施工单位 | | 施工负责人 | | 完成日期 | |
| --- | --- | --- | --- | --- | --- |
| **工程完成情况** | | | | | |
| 序号 | 缆线品牌、规格型号 | 根数 | 均长 | 备注 | |
| 1 | | | | | |
| 2 | | | | | |
| 3 | | | | | |
| **检查情况** | | | | | |
| 两端预留长度有无编号 | | | | | |
| 缆线有无弯折现象 | | | | | |
| 缆线外皮有无破损 | | | | | |
| 松紧冗余 | | | | | |
| 槽、管利用率 | | | | | |
| 过线盒安装是否符合标准 | | | | | |

检查人员:　　　　　　　　　　　　　　日期:

注:本报告一式 3 份,建设单位、监理单位、施工单位各一份。

### 表 16.8　综合布线信息点抽检电气测试验收记录表

项目名称：学院综合实训楼综合布线工程　　　　　　　　　　项目编号：×××Y—××010

| 施工单位 | | 施工负责人 | | 完成日期 | |
|---|---|---|---|---|---|
| 工程完成情况 | | | | | |
| 序号 | 缆线品牌、规格型号 | | 根数 | 均长 | 备注 |
| 1 | | | | | |
| 2 | | | | | |
| 3 | | | | | |

| 检查情况 | |
|---|---|
| 两端预留长度有无编号 | |
| 缆线有无弯折现象 | |
| 缆线外皮有无破损 | |
| 松紧冗余 | |
| 槽、管利用率 | |
| 过线盒安装是否符合标准 | |

检查人员：　　　　　　　　　　　　　　日期：

注：本报告一式 3 份，建设单位、监理单位、施工单位各一份。

### 表 16.9　综合布线光纤抽检测试验收记录表

项目名称：学院综合实训楼综合布线工程　　　　　　　　　　项目编号：×××Y—××010

| 光纤总根数 | | 其中室内(分芯数) | | 室外(分芯数) | | 拟抽检根数 | |
|---|---|---|---|---|---|---|---|
| 光纤厂家型号 | | | | | | 端接设备厂家型号 | |
| 测试标准 | | | | | | 使用的测试仪器 | |
| 设计单位 | | | | | | 施工单位 | |

| 序号 | 起始电信间<br>(设备间) | 终止电<br>信间 | 光纤类型<br>编号 | 典型插入<br>损耗 | 最大回波<br>损耗 | 插入<br>损耗 | 回拨<br>损耗 | 震动<br>(单振幅) | 结果 |
|---|---|---|---|---|---|---|---|---|---|
| 1 | | | | | | | | | |
| 2 | | | | | | | | | |
| 3 | | | | | | | | | |

测量人员：　　　　　监视人员：　　　　　记录人员：　　　　　日期/时间：

注：本报告一式 3 份，建设单位、监理单位、施工单位各一份。

### 表 16.10　综合布线系统机柜安装检查记录表

项目名称：学院综合实训楼综合布线工程　　　　　　　　　　项目编号：×××Y—××010

| 施工单位 | | 施工负责人 | | 完成日期 | |
|---|---|---|---|---|---|
| 工程完成情况 | | | | | |
| 序号 | 机柜型号 | 台数 | 生产厂家 | 安装地点 | 安装方式 | 备注 |
| 1 | | | | | | |
| 2 | | | | | | |
| 3 | | | | | | |

续表

| 工程完成情况 | | | | | | |
|---|---|---|---|---|---|---|
| | | | | | | |

| 检 查 情 况 | | |
|---|---|---|
| 机柜稳固情况 | | |
| 水平度/垂直度 | | |
| 外管损坏、地脚锈蚀和清洁情况 | | |
| 接线配线工作方便情况 | | |
| 电源和接地情况 | | |

检查人员： 日期：

注：本报告一式 3 份，建设单位、监理单位、施工单位各一份。

工程验收过程一般都伴随着验收文档的产生，一般验收文档包含验收报告和技术文档两大类。表 16.11 给出了验收文档模板，表 16.12 给出了工程验收证书模板，表 16.13 给出了验收文档的技术文档目录。

表 16.11 工程竣工初/终验报告

| 建设项目名称 | | 建设单位 | | |
|---|---|---|---|---|
| 单位工程名称 | | 施工单位 | | |
| 建设地点 | | 监理单位 | | |
| 开工日期 | | 竣工日期 | 初/终验日期 | |
| 工程内容 | | | | |

验收意见及施工质量评语：

施工单位代表：
施工单位签章：
日期： 年 月 日

监理单位代表：
监理单位签章：
日期： 年 月 日

建设单位代表：
建设单位签章：
日期： 年 月 日

注：本报告一式 3 份，建设单位、监理单位、施工单位各一份。

表 16.12 工程验收证书

| 项目编号 | | 项目名称 | | |
|---|---|---|---|---|
| 工程名称 | | | | |
| 工程地址 | | | | |
| 工程总投资 | | 合同日期 | 验收日期 | |
| 开工日期 | | 竣工日期 | 完工日期 | |

工程内容简述：

验收意见及评定等级：

验收人员签名：

| 建设单位<br>（签章） | 施工单位<br>（签章） | 监理单位<br>（签章） |
|---|---|---|

注：本报告一式 3 份，建设单位、监理单位、施工单位各一份。

**表 16.13　验收技术资料汇总**

工程名称：

| 序号 | 目　　录 | 页数 | 备注 |
|---|---|---|---|
| 1 | 已安装设备清单 | | |
| 2 | 设备安装工艺检查记录表 | | |
| 3 | 综合布线系统缆线穿布检查记录表 | | |
| 4 | 综合布线信息点抽检电气测试验收记录表 | | |
| 5 | 综合布线光纤抽检测试验收记录表 | | |
| 6 | 综合布线系统机柜安装检查记录表 | | |
| 7 | 隐蔽工程报验申请表 | | |
| 8 | 工程材料/构配件/设备报审表 | | |
| 9 | 缆线终接检查记录表 | | |
| 10 | 缆线终接测试记录表 | | |
| 11 | 施工质量自建自测结论 | | |
| 12 | 工程设计文件及施工图 | | |
| 13 | 深化设计投保文件 | | |
| 14 | 变更设计有关文件 | | |
| 15 | 工程施工合同或有关协议 | | |
| 16 | 器材供应商提供的质量合格文件及有关技术文件 | | |
| 17 | 器材抽样检测报告 | | |
| 18 | 工程自检报告 | | |
| 19 | 工程监理报告 | | |
| 20 | 验收检测报告 | | |
| 21 | 工程竣工报告 | | |

# 习　　题

## 一、选择题

1. 在下列综合布线系统工程的验收内容中，验收项目（　　）不属于隐蔽工程签证。

　　A. 管道线缆　　　B. 架空线缆　　　C. 直埋线缆　　　D. 隧道线缆

2. 在下列综合布线系统工程的验收内容中，验收项目（　　）是环境要求的验收内容。

　　A. 电缆电气性能测试　　　　　　　B. 施工电源

    C. 外观检查                    D. 消防器材

  3. 下列关于验收的描述中,不正确的是( )。

    A. 综合布线系统工程的验收贯穿了整个施工过程

    B. 布线系统性能检测验收合格,则布线系统验收合格

    C. 竣工总验收是工程建设的最后一个环节

    D. 综合布线系统工程的验收是多方人员对工程质量和投资的认定

  4. 工程竣工后,施工单位应提供符合技术规范的结构化综合布线系统工程竣工技术资料,其中不包括( )。

    A. 安装工程量和设备、器材明细表

    B. 综合布线系统总图和路由图

    C. 综合布线系统信息点分布平面图和各配线区(管理)布局图

    D. 信息端口与配线架端口位置的对应关系表和系统性能测试报告

  5. 下列选项中,( )是工程竣工后,施工单位应提供的、符合技术规范的综合布线工程竣工技术资料。

    A. 工程说明                    B. 测试记录

    C. 设备、材料明细表           D. 工程决算

## 二、简答题

  1. 简述综合布线系统验收的标准和依据。

  2. 综合布线系统工程验收有几大类?

  3. 综合布线系统工程验收人员一般由哪些人员组成?

  4. 简述综合布线系统验收的项目和内容。

  5. 综合布线系统工程的竣工技术资料应包括哪些内容?

# 综合布线系统工程管理

通过下面 2 个任务来学习综合布线系统工程项目招投标、项目管理等内容。

任务 17：综合布线系统工程招投标

任务 18：综合布线系统工程项目管理

# 任务 17

## 综合布线系统工程招投标

## 17.1 任务描述

在工程建设中，综合布线系统是根据建筑主体专业的功能需求而配套设置的。因此，在工程招(投)标工作中，通常只是伴随在主体项目之内或者包含在工程的弱电系统加以考虑，由于综合布线系统具有很大的专业技术特点，因此往往由集成商在总承包的条件下实施或进行二次分包。对于规模较大、安全保密性强的工程项目，可以采取对综合布线系统进行单项招(投)标。

综合布线系统工程如何进行招投标？如何指定招标文件、投标文件和签订施工合同？下面将对这些内容进行详细的介绍。

## 17.2 相关知识

### 17.2.1 综合布线系统工程招标

**1. 招标的基本概念**

(1) 综合布线系统工程招标。综合布线系统工程招标通常是指需要投资建设综合布线系统的单位(一般为招标人)，通过招标公告或投标邀请书等形式邀请具备承担招标项目能力的项目集成施工单位(一般为投标人)投标，最后选择其中对招标人最有利的投标人进行工程总承包的一种经济行为。综合布线系统工程招标也可以委托工程招标代理机构来进行。

(2) 招标人。招标人是指提出招标项目、进行招标的法人或其他组织。

(3) 招标代理机构。招标代理机构是指依法设立、从事招标代理业务并提供相关服务的社会中介组织。

(4) 招标文件。一般由招标人或者招标代理机构根据招标项目的特点和需要进行编制。

**2. 工程招投标涉及的单位**

对于一个建设项目来说，一旦国家规划建设管理单位审批完毕，就进入项目前期规划及各子项目的招标过程。综合布线系统工程在智能弱电子系统中占有重要的位置，在布线系统工程招(投)标过程中，参与运作单位主要有以下几个。

(1) 招标方，即业主、建设单位，工程发包方，是项目的产权单位，负责为项目提供建设资金和其他必备条件。

(2) 招标公司，它受招标方委托，全权负责建设项目的招标和组织评标。

(3) 投标方，即承建单位，是项目的建设安装单位，中标后负责项目的建设与管理。

### 3．招标方式

综合布线系统工程项目招标的方式主要有以下 4 种。

（1）公开招标

公开招标也称无限竞争性招标，是指招标人或招标代理机构通过国家指定的报刊、信息网站或其他媒介发布招标公告，邀请不特定的法人或其他组织投标的方式。招标公告应当载明招标人的名称、地址，招标项目的性质、数量、实施地点和时间以及获取招标文件的办法等事项。

任何认为自己符合招标人要求的法人或其他组织都有权向招标人索取招标文件并届时投标。招标人不得以任何借口拒绝向符合条件的投标人出售招标文件。

公开招标必须采取公告的方式，向社会公众明示其招标要求，使尽量多的潜在投标商获取招标信息，前来投标，从而保证招标的公开性。

此种方式对所有参标的单位或承包商提供平等竞争的机会，适用于工程规模较大的项目。

（2）邀请招标

邀请招标也称竞争性谈判，是指招标人或招标代理机构以投标邀请书的方式邀请 5～10 家（不能少于 3 家）特定的法人或者其他组织直接进行合同谈判。一般在用户有紧急需要，或者由于技术复杂而不能规定详细规格和具体要求时采用。

此种方式由于受经验和信息不充分等因素的影响，存在一定的局限性，有可能漏掉一些技术性价比更高的承包商未被邀请而无法参标。

（3）询价采购

询价采购也称货比三家，是指招标人或招标代理机构以询价通知书的方式邀请 3 家以上特定的法人或者其他组织进行报价，通过对报价进行比较来确定中标人。询价采购是一种简单快速的采购方式，一般在采购货物的规格、标准统一、货源充足且价格变化幅度小时采用。

（4）单一来源采购

单一来源采购是指招标人或招标代理机构以单一来源采购邀请函的方式邀请生产、销售垄断性产品的法人或其他组直接进行价格谈判。单一来源采购是一种非竞争性采购，一般适用于独家生产经营、无法形成比较和竞争的产品。

### 4．工程招标程序

一个完整的工程项目招标程序一般如下：首先，由招标人进行项目报建，并提出招标申请，同时送市招投标中心审查。审查通过后，由招标人编制工程标底和招标文件，并发布招标公告或投标邀请书。在对投标人进行资格审查之后，召开投标会，发放招标文件，最后开标、评标、定标，直至签订合同。

一般招标流程为：项目报建→招标申请→市招投标中心送审→编制工程标底和招标文件→发布招标公告或投标邀请书→投标人资格审查→招标会→制作标书→开标→评标→定标→签订合同。

### 5．招标公告实例

××大学综合培训楼综合布线工程招标公告，限于篇幅在这里不再详细列出。

### 6．编制招标文件

业主根据工程项目的规模、功能需要、建设进度和投资控制等条件，按有关招标法的要求，编制好招标文件。招标文件是投标者应标的主要依据，因此招标文件的质量好坏直接关系到工程招标的成败。

招标文件一般包括以下内容。

（1）投标邀请书。

（2）投标人须知。

（3）投标申请书格式，包括投标书格式和投标保证格式。

（4）法定代表人授权格式。

（5）合同文件，包括合同协议格式、预付款银行保证函、履约保证格式等。

（6）工程技术要求，主要内容如下。

① 承包工程的范围，包括综合布线系统的深化设计、施工、供货、培训以及除施工外的全部服务工程简介。

② 综合布线系统工程布线的基本要求，信息点平面配置点位图及站点统计表。

③ 采用的相关标准和规范，包括国标、行标、地标以及企标。

④ 布线方案，包括设置的工作区、配线、管理、干线、设备间、建筑群、进线间等子系统的要求。

⑤ 技术要求，包括铜缆、光缆、连接硬件、信息面板、接地及缆线敷设等要求。

⑥ 工程验收和质保、技术资格和应标能力。

⑦ 报价范围、供货时间和地点。

（7）工程量表。

（8）附件（工程图纸与工程相关的说明材料）。

（9）标底（仅限决策层知道，不得外传）。

其中，前 5 项属于投标商务条款。

## 17.2.2　投标

### 1. 综合布线系统工程投标

综合布线系统工程投标通常是指系统集成施工单位（一般称为投标人）在获得了招标人工程建设项目的招标信息后，通过分析招标文件，迅速而有针对性地编写投标文件，参与竞标的一种经济行为。

### 2. 投标人及其资格

投标人是响应招标、参与投标竞争的法人或其他组织。投标人应当具备承担招标项目的能力，并且具备招标文件规定的资格条件，投标人的资质证明文件应当使用原件或投标单位盖章后生效。一般投标人需要提交的资质证明文件包括以下几种。

（1）投标人的企业法人营业执照副本。

（2）投标人的企业法人组织代码证。

（3）投标人的税务登记证明。

（4）系统集成资质证明。

（5）施工资质证明。

（6）质量保证体系认证证书。

（7）高新技术企业资质证书。

（8）金融机构出具的资信证明。

（9）产品厂家授权的分销或代理证书。

（10）产品鉴定入网证书。

（11）投标人认为有必要的其他资质证明文件。

### 3．分析工程项目招标文件

招标文件是编制投标文件的主要依据，投标人必须对招标文件进行仔细研究，重点注意以下几点。

（1）招标技术要求，该部分是投标人核准工程量、制定施工方案、估算工程总造价的重要依据。对其中建筑物设计图样、工程量、布线产品档次等内容必须进行分析，做到心中有数。

（2）招标商务要求，主要研究投标人须知、合同条件、开标、评标和定标的原则和方式等内容。

（3）通过对招标文件的研究和分析，投标人可以核准项目工程量，并且制定施工方案，完成投标文件编制的重要依据。

### 4．编制项目投标文件

投标人应当按照招标文件的要求编制投标文件，并对招标文件提出的实质性要求和条件作出响应。

投标文件的编制主要包括以下内容。

（1）投标文件的组成。它包括项目概况、施工方案、施工计划、开标一览表、工程量清单、投标分项报价表、资质证明文件、技术规格偏离表、商务条款偏离表、项目负责人与主要技术人员介绍、机械设备配置情况、工程图纸以及投标人认为有必要提供的其他文件等。

综合布线系统工程项目招标图纸包括一般布线系统图、各布线位置平面图、机房布置图、机柜安装大样图等。

（2）投标文件的格式。投标人应当按照招标文件要求的格式和顺序编制投标文件，并且装订成册。

（3）投标文件的数量。投标人应当按照招标文件规定的数量准备投标文件的正本和副本，一般正本 1 份，其余为副本。并注明"正本"或"副本"字样，如两者有差异，以正本为准。同时，投标人还应将投标文件密封，并在封口启封处加盖单位公章。

（4）投标文件的递交。投标人应当在招标文件要求提交投标文件的截止时间前，将投标文件送达投标地点。招标人收到投标文件后，应当签收保存，不得开启。

（5）投标文件的补充、修改和撤回。投标人在招标文件要求提交投标文件的截止时间前，可以补充、修改和或者撤回已提交的投标文件，并书面同质招标人。补充、修改的内容为投标文件的组成部分。

### 5．工程项目投标报价

（1）工程项目投标报价的内容

工程项目造价的估算。一般可以根据项目工程完成的信息点数来估算工程的总造价。

工程项目投标报价的依据。应当对项目成本和利润进行分析，并且参照厂家的产品报价及相关行业制定的工程概预算定额，充分考虑综合布线系统的等级、布线产品的档次和配置等因素。

工程项目投标报价的内容包括主要设备、工具和材料的价格、项目安装调试费、设计费、培训费等。

（2）工程项目投标报价的要求

① 投标人不得相互串通投标报价，不得排挤其他投标人的公平竞争，损害招标人或者其他投标人的合法权益。

② 投标人不得与招标人串通投标,损害国家利益、社会公共利益或者他人的合法权益。

③ 投标人不得以低于成本的保价竞标,也不得以他人名义投标或者以其他方式弄虚作假,骗取中标。

## 17.2.3　综合布线系统工程投标报价

综合布线系统工程预算是综合布线系统设计环节的一部分,它对综合布线系统项目工程的造价估算和投标估价及后期的工程决算都有很大的影响。

综合布线系统工程的预算设计方法通常可以采用两种方法之一:网络工程行业的预算设计方法和建筑行业的预算设计方法。

### 1. 网络工程行业的预算设计方法

IT 行业的预算设计方式取费的主要内容一般由材料费、施工费、系统设备费、设计费、监理费、测试费、税金等组成。

(1)网络工程预算清单(见表 17.1)

表 17.1　网络工程预算清单

| 序号 | 项　　目 | 金额/元 | 备　　注 |
|---|---|---|---|
| 1 | 网络布线材料费 | | 详见表 17.2 |
| 2 | 网络布线施工费 | | 详见表 17.3 |
| 3 | 网络系统设备费 | | 详见表 17.4 |
| 4 | 设计费 | | |
| 5 | 监理费 | | |
| 6 | 测试费 | | |
| 7 | 税金 | | |
| 8 | | | |

(2)网络布线材料费的主要内容(见表 17.2)

表 17.2　网络布线材料费的主要内容

| 序号 | 材料名称 | 单位 | 数量 | 单价/元 | 总价/元 | 备注 |
|---|---|---|---|---|---|---|
| 1 | | | | | | |
| 2 | | | | | | |
| … | | | | | | |
| 合计 | | | | | | |

(3)网络布线施工费的主要内容(见表 17.3)

表 17.3　网络布线施工费的主要内容

| 序号 | 分项工程名称 | 单位 | 数量 | 单价/元 | 总价/元 | 备注 |
|---|---|---|---|---|---|---|
| 1 | | | | | | |
| 2 | | | | | | |
| … | | | | | | |
| 合计 | | | | | | |

（4）网络系统设备费的主要内容（见表17.4）

表17.4　网络系统设备费的主要内容

| 序号 | 设 备 名 称 | 单位 | 数量 | 单价/元 | 总价/元 | 备注 |
|------|------------|------|------|---------|---------|------|
| 1 |  |  |  |  |  |  |
| 2 |  |  |  |  |  |  |
| ... |  |  |  |  |  |  |
| 合计 |  |  |  |  |  |  |

#### 2.建筑行业的预算取费方法

建筑行业流行的设计方案取费是按国家的建筑预算定额标准来核算的，一般由材料费、人工费（直接费小计、其他直接费、临时设施费、现场经费）、直接费、企业管理费、利润税金、工程造价和设计费等。

综合布线系统的概预算编制办法，原则上参考通信建设工程概算、预算编制办法作为依据，并应根据工程的特点和其他要求，结合工程所在地区，按行业和地区计委颁发的有关工程概算、预算定额和费用定额编制工程概预算。如果按通信定额编制布线工程概预算，则参照《通信建设工程概算、预算编制办法及定额费用》要求进行。

另外，各地方政府也制定了地方预算定额，包括了综合布线系统工程定额，如《北京市建设工程预算定额》第四册（下册）电气工程第十三章第三节内容。在这里限于篇幅不再介绍，请参看各地方政府预算定额。

## 17.2.4　评标

#### 1.项目评标组织

评标工作是招（投）标中的重要环节，一般设立临时的评标委员会或评标小组。由招标公司、业主、业主的上级主管部门、业主的财务部门、审计部门、监理公司及有关技术专家共同组成。评标组织应在评审前编制评标办法，按招标文件中所规定的各项标准确定商务标准和技术标准。

商务标准是指技术标准以外的全部招标要素，如投标人须知、合同条款所要求的格式，特别是招标文件要求的投标保证金、资格文件、报价、交货期等。技术标准是指招标文件中技术部分所规定的技术要求、设备或材料的名称、型号、主要技术参数、数量和单位以及质量保证、技术服务等。

#### 2.项目评标方法

目前，评标的方法常用有以下两种：综合评价法和最低价中标法。

（1）综合评价法

综合评价法能够最大限度地满足招标文件规定的各项综合评价标准，具体有如下两种操作方法。

① 专家评议法。其主要根据工程报价、工期、主要材料、施工组织设计、工程质量保证和安全措施等进行综合评议，专家经过讨论、协商或投票，集中大多数人的意见，选择出各项条件较为优良者，推荐为中标单位。

② 打分法。按商务和技术的各项内容采用记名或不记名填表打分，统计获取最高的评分

单位即为中标单位。

综合评价法是目前综合布线系统工程,尤其是规模大、技术难度大、施工条件复杂的大型工程普遍采用的评标方法。

(2)最低价中标法

最低价中标法是指在严格预审各项条件均符合投标书要求的前提下,选择最低位报价单位作为中标者。

### 3. 项目评标标准

评标的具体标准多种多样,每个项目都有其特点,标准也不尽相同。表 17.5 所示为一种常见的项目评标评分表。

表 17.5  一种常见的项目评标评分表

| 评 标 项 目 | 评 标 细 则 | 得　　分 |
|---|---|---|
| 投标报价(50 分) | 报价(45 分) | |
| | 产品品牌、性能、质量(5 分) | |
| 设计方案(10 分) | 方案的先进性、合理性、扩展性(3 分) | |
| | 图纸的合理性(3 分) | |
| | 系统设计的合理性、科学性(2 分) | |
| | 设备选型合理性(2 分) | |
| 施工组织计划(10 分) | 施工技术措施(3 分) | |
| | 先进技术应用(2 分) | |
| | 现场管理(2 分) | |
| | 施工计划优化及可行性(3 分) | |
| 工程业绩和项目经理(10 分) | 近 3 年完成同类重大工程(3 分) | |
| | 近 3 年工程获奖情况(2 分) | |
| | 项目经理答辩情况(2 分) | |
| | 项目经理业绩(3 分) | |
| 质量工期保障措施(6 分) | 工期满足标书要求(3 分) | |
| | 质量工期保证措施(3 分) | |
| 履行合同能力(6 分) | 注册资本(2 分) | |
| | ISO 9000 等认证(2 分) | |
| | 重合同守信誉及银行资信证明(2 分) | |
| 优惠条件(3 分) | 有实质性优惠条件(3 分) | |
| 售后服务承诺(5 分) | 本地有服务部门(3 分) | |
| | 客户评价良好(2 分) | |
| 总　　分 | | |

### 4. 定标

业主或上级主管部门根据评标报告的建议,定标和批准由招标单位向中标单位发出中标函,并发布中标通知。中标单位接到通知后,到采购部门领取中标通知书,持中标通知书与项目建设单位签订合同,并提供履约保证。同时,通知未中标者,并退回投标保函。

### 5. 签订合同

中标单位持中标通知书与项目建设单位应在 15 天内签订合同,并提供履约保证。合同签订应参考《中华人民共和国标准施工招标文件》中的通用条款,全文共 24 条 130 款,分为以下 8 组。

(1) 合同主要用于定义和一般性约定。

(2) 合同双方的责任、权利和义务。

(3) 合同双方的施工资源投入。

(4) 工程进度控制。

(5) 工程质量控制。

(6) 工程投资控制。

(7) 验收和保修。

(8) 工程风险、违约和索赔。

# 17.3　任 务 实 施

拟定招标文件、指定投标文件和签订合同的具体内容限于篇幅暂不做介绍。

# 习　　题

## 一、选择题

1. 下列选项中,不是常用的招标方式有(　　)。

　　A. 公开招标　　　　　　B. 邀请招标　　　　　　C. 电视招标　　　　　　D. 单一来源采购

2. 招标文件不包括(　　)。

　　A. 投标邀请书　　　　　B. 投标人须知　　　　　C. 合同条款　　　　　　D. 施工计划

3. 下列描述正确的是(　　)。

　　A. 投标人是响应招标、参加投标竞争的法人或其他组织

　　B. 综合布线系统招标是指综合布线工程施工招标

　　C. 公开招标属于有限竞争招标

　　D. 邀请招标属于无限竞争招标

4. 投标人应当按照招标文件的要求编制投标文件,并对招标文件提出的实质性要求和条件作出响应。投标文件的组成不包括(　　)。

　　A. 投标人资质证明文件　　　　　　　　B. 开标专家成员名单

　　C. 开标一览表　　　　　　　　　　　　D. 施工方案

5. (　　)是指招标人或招标代理机构以投标公告的方式邀请不特定的法人或者其他组织投标。

　　A. 公开招标　　　　　B. 竞争性谈判　　　　　C. 询价采购　　　　　D. 单一来源采购

6. 在工程项目的招标文件中,有关采购的设备不能指定的选项是(　　)。

　　A. 技术参数　　　　　B. 规格　　　　　　　　C. 数量　　　　　　　　D. 品牌

7. 招标文件是编制投标文件的主要依据,投标人必须对招标文件进行仔细研究,不属于研究内容的是(　　)。

A. 招标技术要求 　　　　　　　　B. 招标商务要求

C. 核准项目工程量 　　　　　　　D. 招标人公司规模

8. 按照国家招投标相关法律规定,公开招标项目在实施招标时,投标人少于(　　)个的,投标人应当重新招标。

A. 2 　　　　　B. 3 　　　　　C. 4 　　　　　D. 5

## 二、简答题

1. 什么是综合布线系统工程招标? 一般涉及哪些人员?

2. 招标文件应当包含哪些内容?

3. 工程项目招标的方式主要有哪几种?

4. 简述工程项目招标的一般流程。

5. 投标人应当具备哪些资格?

6. 一份综合布线系统工程的招标文件有哪些组成?

7. 工程项目的评标通常有哪几种方法?

## 三、实训题

学院的综合实训楼即将完工,需要进行综合布线系统工程,按照国家规定,需要进行招标。请拟定以下 3 份文件。

(1) 招标文件。

(2) 投标文件。

(3) 拟定合同。

# 综合布线系统工程项目管理

## 18.1 任 务 描 述

在实施过程中,综合布线系统工程如何进行组织和管理? 工程管理包含哪些内容? 监理人员应该完成哪些工作? 下面将对这些内容进行详细的介绍。材料、相关图纸见本任务附件。

## 18.2 相 关 知 识

### 18.2.1 概述

**1. 工程概况**

本工程建筑面积为 34 604m²。地上 20 层,1 层主要为大堂、商务中心、西餐厅、商店、消防控制室、安防控制室、大厦管理室等用房;2 层为各类餐厅;3 层为各种娱乐设施、电话及网络机房;4 层～20 层为客房。要求对该工程进行布线设计。

工程范围:本工程范围是指从建筑物设备机房配线架到房间内信息点的所有光缆和电缆布放及成端端接、机架安装、配线架安装、光缆配线架安装、信息插座安装和测试。

本工程的综合布线系统支持通信系统(1 套 800 门的程控交换机、80 条中继线,100 门直通市话电话)、计算机网络系统(骨干万兆互联,千兆到桌面)。

**2. 设计目标**

此次综合布线的目的是建立智能宾馆,提供高速宽带业务,以满足所需的语音、数据信息综合传输的带宽要求。同时,也能满足宾馆内部信息交流和信息管理需求。

**3. 设计原则**

本设计遵循以下设计原则。

(1)实用性和经济性。始终贯彻面向应用,注重实效的方针,坚持实用、经济的原则。

(2)先进性和成熟性。本设计既采用先进的概念、技术和方法,又注意结构、设备的相对成熟。

(3)可靠性。在考虑技术先进性和开放性的同时,还要从系统结构、技术措施、设备性能、系统管理、厂商技术支持及保修能力等方面着手,确保系统运行的可靠性。

(4)可扩展性。为适应网络结构变化的要求,应充分考虑以最简便的方法、最低的投资,实现系统的扩展和维护。

**4. 设计依据**

(1)《综合布线系统工程设计规范》GB 50311—2007。

（2）《综合布线系统工程验收规范》GB 50312—2007。

## 18.2.2 方案设计

### 1. 需求分析

本工程信息点经与甲方多次协商统计核算，数据信息点 785 个，语音信息点 803 个，AP 点 5 个（在 1 层大堂放置 1 个，2 层中餐厅放置 2 个，3 层多功能厅放置 2 个）。信息点一览表见表 18.1。

表 18.1 信息点一览表

| 层 | 信息点数量 | | 备 注 |
| --- | --- | --- | --- |
| | 支持数据 | 支持语音 | |
| 1 层 | 69 个 | 75 个 | |
| 2 层 | 14 个 | 20 个 | |
| 3 层 | 43 个 | 49 个 | 需支持 3 层 2 个 AP，2 层 2 个 AP，1 层 1 个 AP |
| 4 层～15 层 | 42 个/层 | 42 个/层 | |
| 16 层～20 层 | 31 个/层 | 31 个/层 | |
| 合 计 | 785 个 | 803 个 | |

在宾馆 3 层设置电话和网络机房 1 个作为设备间，考虑到各楼层信息点较多，每层楼设电信间 1 个（位于宾馆的大约中间位置）。

### 2. 总体方案设计

（1）设计思路

考虑建筑物的用途和对信息的需求，了解建设方的要求。合理布置信息点，规划设备间和电信间设置，选择最佳布线路由，采用合适的线材和端接材料。

（2）设计方案

根据与建设方的多次协商和建筑物的使用要求，确定该布线的总体方案。

根据用户需求分析，本系统的局域网的骨干采用万兆以太网技术，千兆以太网连接到用户终端设备。

本系统采用星型拓扑结构，整座楼设一个设备间（即电话及网络机房，在宾馆 3 层），每层设电信间 1 个。数据部分，从设备间配线架到电信间配线架以光缆连接，从各电信间配线架到各信息点用 6 类 4 对双绞线电缆连接；语音部分，从设备间配线架到电信间配线架用 5 类 25 对大对数电缆连接，从各电信间到各信息点用 6 类 4 对双绞线电缆连接。

本系统由建筑群子系统、干线子系统、配线子系统、工作区、设备间、电信间、进线间等组成。

（3）产品选型

针对本工程的需求来看，应采用主干万兆、千兆到桌面的总体方案，同时根据本综合布线系统的设计原则，数据主干选用多模光缆（50μm），语音主干选用 5 类 25 对大对数电缆，数据和语音配线子系统选择 6 类 4 对双绞线电缆。

机柜的规格为 22U 和 42U。

RJ-45 模块配线架的规格为 24 口，IDC 配线架为 100 对，模块配线架式供电设备为 8 口，楼层电信间采用 6 口光纤连接盘，BD 采用 24 口 ST 的光纤配线架。

在电信间,FD 采用 6 类 RJ-45 模块配线架用于支持数据,FD 至建筑物主干电缆侧采用 IDC 配线架,至水平电缆侧采用 6 类 RJ-45 膜宽配线架用于支持语音。在设备间,BD 采用 IDC 配线架支持语音,采用光纤配线架支持数据。

## 18.2.3　系统设计

综合布线系统由工作区、配线子系统、干线子系统、建筑群子系统、设备间、进线间等组成。由于本宾馆有 20 层,设有 20 个电信间,所以本布线系统采用 2 级管理方式。

### 1. 工作区设计

房间信息点分布如图 18.3~图 18.7 所示,其中在图 18.3、图 18.4、图 18.5 中,数据信息点和语音信息点统一用 TO 来表示,在图 18.6 和图 18.7 中,数据信息点用 TD 表示,语音信息点用 TP 来表示,支持 AP 的信息点用 TO 表示。

房间工作区信息插座均为双口 86 盒暗装方式,面板带有永久性防尘门,每个插座配备 1~2 个 6 类信息模块,信息模块卡接缆线统一采用 T568B 方式。通过信息插座可以 100/1000Mbps 的速率连接终端设备。

各房间信息点编号用 XYZ 表示,其中 X 代表房间编号;Y 代表信息点类型,用 D、P、O 表示,D 表示数据信息点,P 表示语音信息点,O 表示不确定;Z 表示信息点的顺序,每个房间单独编号,都从 1 开始,房间内顺序可按入门从左往右顺时针方向定义,见表 18.5 和表 18.6。

### 2. 配线子系统设计

配线子系统选择非屏蔽 6 类 4 对双绞线电缆,从各电信间配线架到各信息点,单条路由距离在 90m 以内,可以满足 1000Mbps 的传输要求,布线路由为从电信间楼层配线架经由吊顶线槽墙体支管方式,具体如图 18.1~图 18.5 所示。

缆线计算方法详见 4.2.3 小节"配线子系统设计"。

配线子系统的水平电缆是指水平链路,在任务 13 中已经介绍过,在这里由于电信间只有 1 个机柜,故电信间—水平链路标识符格式为 fa-annn。以宾馆 2 层为例,水平链路标识见表 18.2。

表 18.2　宾馆 2 层水平链路标识

| 序号 | 水 平 链 路 | 标 识 说 明 |
|---|---|---|
| 1 | 201—O-01/02A-A01-A01 | 端接于：工作区—201 房间信息点 1;电信间—2 层 A 电信间-A 配线架 01 端口 |
| 2 | 201—O-02/02A-A01-A02 | 端接于：工作区—201 房间信息点 2;电信间—2 层 A 电信间-A 配线架 02 端口 |
| 3 | 201—O-03/02A-A01-A03 | 端接于：工作区—201 房间信息点 3;电信间—2 层 A 电信间-A 配线架 03 端口 |
| 4 | 201—O-04/02A-A01-A04 | 端接于：工作区—201 房间信息点 4;电信间—2 层 A 电信间-A 配线架 04 端口 |
| ······ | | |
| 35 | 225—O-01/02A-A01-B09 | 端接于：工作区—225 房间信息点 1;电信间—2 层 A 电信间- A 列 01 机柜-B 配线架 09 端口 |
| 36 | 225—O-02/02A-A01-B10 | 端接于：工作区—225 房间信息点 2;电信间—2 层 A 电信间- A 列 01 机柜-B 配线架 10 端口 |

### 3．干线子系统设计

考虑到以后扩容的方便，数据主干不使用双绞线电缆，从设备间到电信间全部敷设 6 芯多模室内光缆，并预留光纤通道，方便光纤敷设或实现光缆升级（芯数或光缆类型）。光缆布放从设备间经水平线槽至弱电间垂直桥架。光缆成端全部采用 ST 头。至各层（区）支持数据的建筑物主干光缆用量计算详见 4.2.4 小节"干线子系统设计"。

语音部分采用 5 类 25 对大对数电缆，可满足语音要求。支持语音的干线子系统大对数电缆用量计算详见 4.2.4 小节"干线子系统设计"。

建筑物内主干缆线标识符的格式为 ft1/ft2c。其中，ft1 为端接主干缆线一端的电信间标识符；ft2 为端接主干缆线另一端的电信间标识符；c 为 1 位或 2 位数字，表示为第 $n$ 根。在项目中，从设备间到各电信间的光缆标识符如表 18.3 所示。

表 18.3　建筑物内主干光缆标识符

| 序号 | 建筑物主干光缆链路（数据） | 标识说明 |
| --- | --- | --- |
| 1 | 03A-A01-A01-06/01A-A01-A01-06 | 端接于：设备间—3 层 A 设备间- A 列 01 机柜-A 配线架 01 端口到 06 端口；电信间—1 层 A 电信间-A 配线架 01 端口到 06 端口 |
| 2 | 03A-A01-A07-12/02A-A01-A01-06 | 端接于：设备间—3 层 A 设备间- A 列 01 机柜-A 配线架 07 端口到 12 端口；电信间—2 层 A 电信间-A 配线架 01 端口到 06 端口 |
| | …… | |
| 20 | 03A-A01-A07-12/20A-A01-A01-06 | 端接于：设备间—3 层 A 设备间- A 列 01 机柜-A 配线架 07 端口到 12 端口；电信间—20 层 A 电信间-A 配线架 01 端口到 06 端口 |

### 4．设备间设计

在三层设置电话及网络机房，作为设备间。在设备间，BD 采用 24 口 48 芯的光纤配线架支持数据，采用 100 对的 IDC 配线架支持语音。安装 42U 的 19″标准机柜。

（1）BD 的数据部分

从设备间到各楼层弱电间共有 20 根 6 芯多模光缆以及 1 根从运营商过来的 6 芯单模光缆。

① 至建筑物主干光缆侧光纤配线架。

a. BD 至各层（区）FD 光缆的总芯数。

BD 至各层（区）FD 光缆的总芯数为

$$C_{fg1} = \sum_{n=1}^{N} C_{fn} = 21 \times 6 = 126$$

b. 至建筑物主干光缆侧光纤配线架的单元数量。

24 口光纤配线架的基本单元数量

$$M_{fg1} = C_{fg1} \div 24 = 126 \div 24 = 5.25（个）$$

取整数值为 6 个。

② 至核心交换机侧光纤配线架。$C_{fg2}$＝网络交换机光端口数（每端口为 2 芯光纤）所需的光纤数或建筑群主干光缆的总芯数，在这里假设光纤交换机的光端口数为 36 口。

24 口光纤配线架的基本单元数量

$$M_{fg2} = C_{fg2} \div 24 = 72 \div 24 = 3（个）$$

③ BD 光纤配线架总容量。BD 光纤配线架总容量（基本单元数量）

$$M_f = M_{fg1} + M_{fg2} = 6 + 3 = 9（个）$$

④ 光纤跳线数量。

$$光纤跳线数量 = C_{fg1} \div 2 = 126 \div 2 = 63(根)$$

⑤ 机柜。跳线管理器用 9 个,这样 BD 光纤配线架总容量和跳线管理器的总高度为 18U。

(2) BD 的语音部分

在设备间除了 21 根光缆支持数据网络外,还有 41 根 25 对大对数电缆从设备间到各楼层弱电间来支持语音。

BD 的 IDC 配线架共支持电话语音插座 $T_p = 803$ 个。

① 至建筑物主干电缆侧配线架。IDC 配线架的 100 对基本单元数量 $M_{ip1} = G_p \times 25 \div 100 = 41 \times 25 \div 100 = 10.25$(个),取整数值 11 个。

② 至 PABX、MDF 侧配线架。IDC 配线架的 100 对基本单元数量 $M_{ip2} = T_p \div 100 = 803 \div 100 = 8.03$(个),取整数值 9 个。

③ IDC 配线架总容量。IDC 配线架总容量(基本单元数量)$M_{ib} = M_{ip1} + M_{ip2} = 11 + 9 = 20$(个)。

④ IDC-IDC 专用跳线数量。IDC-IDC 专用跳线数量 $= T_p = 803$(根)。

⑤ 机柜。跳线管理器用 20 个,这样 IDC 配线架总容量和跳线管理器的总高度为 40U。

### 5. 电信间设计

在每层设弱电间兼做电信间。安装 19″标准机柜。机柜内安装一个 6 口光纤连接器成端光缆。根据每层楼的信息点数据量的不同,安装 24 口模块化 6 类配线架成端 6 类双绞线电缆,安装 100 对 IDC 配线架成端语音配线电缆和干线 25 对大对数电缆。

在弱电间,FD 采用 RJ-45 型 24 口模块化配线架支持数据,FD 至建筑物主干电缆侧采用 IDC 配线架,至水平电缆侧采用 RJ-45 型模块化配线架支持语音。

(1) 1 层楼层配线设备(1FD)

① RJ-45 配线架。

a. 至水平电缆侧配线架。1FD 的 RJ-45 配线架共支持语音点 $T_{p1} = 75$(个);RJ-45 配线架的基本单元数量 $M_{hip1} = T_{p1} \div 24 = 75 \div 24 = 3.125$(个),取整数值 4 个。1FD 的 RJ-45 配线架共支持数据点 $T_{d1} = 69$ 个;RJ-45 配线架的基本单元数量 $M_{hrp1} = T_{d1} \div 24 = 69 \div 24 = 2.875$(个),取整数值 3 个。

b. 至 SW 侧配线架。1FD 的 RJ-45 配线架共支持数据点 $T_{d1} = 69$ 个;RJ-45 配线架的基本单元数量 $M_{brp1} = T_{d1} \div 24 = 69 \div 24 = 2.875$(个),取整数值 3 个。

c. RJ-45 配线架总容量。RJ-45 配线架总容量(基本单元数量)$M_{r1} = $ 至水平电缆侧配线架容量 + 至 SW 侧配线架容量 $= M_{hip1} + M_{hrp1} + M_{brp1} = 4 + 3 + 3 = 10$(个)。

② IDC 配线架。1FD 的 IDC 配线架共支持语音点 $T_{p1} = 75$ 个;至建筑物主干电缆 IDC 配线架的基本单元数量 $M_{bip1} = T_{p1} \times (1 + 10\%) \div 100 = 75 \times 1.1 \div 100 = 0.825$(个),取整数值 1 个。

③ 25 对大对数电缆。25 对大对数电缆的根数 $G_{p1} = T_{p1} \times (1 + 10\%) \div 25 = 75 \times 1.1 \div 25 = 3.3$(根),取整数值 4 根。

④ 交换机的规格和数量。交换机共支持数据点 69 个,采用 3 台 24 端口交换机。

⑤ 光缆的规格及数量。交换机共 1 台,光缆采用 1 根 6 芯光缆。

⑥ 光缆连接盘。采用一个 6 口光纤连接盘。

⑦ 机柜。

a. 10 个 RJ-45 配线架的基本单元,高度共为 10U。

b. 100 对 IDC 配线架为 1 组基本单元,高度共为 1U。

c. 3 台 24 端口交换机,高度共为 3U。

d. 1 个 6 口光纤连接盘,高度共为 1U。

e. 15 个跳线管理器,高度共为 15U。

1FD 处设备的总高度为 30 个 U。

⑧ 跳线。IDC-RJ-45 专用跳线数量 $= T_{p1} \times 50\% = 75 \times 50\% = 38$(根)。RJ-45-RJ-45 专用跳线数量 $= T_{d1} \times 50\% = 69 \times 50\% = 35$(根)。光纤跳线数量 = 交换机群数 = 1 根(2 芯)。

(2) 2 层楼层配线设备(2FD)

① 2FD 的 RJ-45 配线架共支持语音点 $T_{p1} = 20$ 个。

② 2FD 的 RJ-45 配线架共支持数据点 $T_{d2} = 14$ 个。

③ RJ-45 配线架总容量(基本单元数量)$M_{r2} = 3$ 个。

④ 至建筑物主干电缆 IDC 配线架的基本单元数量 $M_{bip2} = 1$ 个。

⑤ 25 对大对数电缆的根数取整数值 1 根。

⑥ 交换机采用 1 台 24 端口交换机。

⑦ 光缆采用 1 根 6 芯光缆和一个 6 口光纤连接盘。

⑧ 2FD 处设备的总高度为 12 个 U。

⑨ IDC-RJ-45 专用跳线 12 根,光纤跳线 1 根(2 芯)。

(3) 3 层楼层配线设备 3FD

① 3FD 的 RJ-45 配线架共支持语音点 $T_{p3} = 49$ 个。

② 3FD 的 RJ-45 配线架共支持数据点 $T_{d3} = 43$ 个。

③ RJ-45 配线架总容量(基本单元数量)$M_{r3} = 6$ 个。

④ 至建筑物主干电缆 IDC 配线架的基本单元数量 $M_{bip3} = 1$ 个。

⑤ 6 口模块配线架式供电设备的基本单元数量 = 1 个。

⑥ 25 对大对数电缆的根数 $G_{p3} = 3$ 根。

⑦ 交换机采用 2 台 24 端口交换机。

⑧ 光缆采用 1 根 6 芯光缆和一个 6 口光纤连接盘。

⑨ 跳线管理器 14 个;3FD 处设备的总高度为 28 个 U。

⑩ IDC-RJ-45 专用跳线数量 148 根,RJ-45-RJ-45 专用跳线数量 149 根,光纤跳线数量 4 根(2 芯)。

(4) 4 层～15 层楼层配线设备(4FD～15FD)(以 4FD 为例)

根据客户的要求,客房的电话及其卫生间的电话线需要在 FD 处并接。

① 4FD 的 RJ-45 配线架共支持语音点 $T_{p4} = 42$ 个。

② 4FD 的 RJ-45 配线架共支持数据点 $T_{d4} = 42$ 个。

③ RJ-45 配线架总容量(基本单元数量)$M_{r4} = 3$ 个。

④ 至建筑物主干电缆 IDC 配线架的基本单元数量 $M_{bip4} = 1$ 个。

⑤ 25 对大对数电缆的根数 $G_{p4} = 2$ 根。

⑥ 交换机采用 2 台 24 端口交换机。

⑦ 光缆采用 1 根 6 芯光缆和 1 个 6 口光纤连接盘。

⑧ 跳线管理器 7 个;4FD 处设备的总高度为 14 个 U。

⑨ IDC-RJ-45 专用跳线数量 21 根,RJ-45-RJ-45 专用跳线数量 21 根,光纤跳线数量 1 根

（2芯）。

    （5）16层～20层配线设备16FD～20FD（以16FD为例）

①16FD的RJ-45配线架共支持语音点$T_{p16}=31$个。

②16FD的RJ-45配线架共支持数据点$T_{d16}=31$个。

③RJ-45配线架总容量（基本单元数量）$M_{r16}=3$个。

④至建筑物主干电缆IDC配线架的基本单元数量$M_{bip16}=1$个。

⑤25对大对数电缆的根数$G_{p16}=2$根。

⑥交换机采用2台24端口交换机。

⑦光缆采用1根6芯光缆和1个6口光纤连接盘。

⑧跳线管理器7个；16FD处设备的总高度为14个U。

⑨IDC-RJ-45专用跳线数量60根，RJ-45-RJ-45专用跳线数量60根，光纤跳线数量2根（2芯）。

⑩光跳线采用ST-SC型，长度为3m；数据跳线采用RJ-45直连3m型，语音跳线使用单芯双绞线，按实际长度截取。

### 6. 进线间设计

在一层设进线间，光缆和主干语音电缆从室外进入进线间内，进入室内后缆线进行接地处理。

### 7. 建筑群子系统设计

由市话网引入1根800对市话电缆（含270条中继线，350门直通市话电话），由新联通互联网引入一根6芯单模光缆。

## 18.2.4 综合布线系统施工方案

在施工过程中，必须严格按照操作规程进行，防止野蛮施工，以免造成施工质量问题，施工工艺要求如下。

### 1. 缆线敷设

按照行业标准规范进行。

本工程敷设光缆20条，每条光缆中间不设置接头。在光缆开剥后，对光缆端口及束管端口应采取充胶密封措施。当光缆做成端接头时，所有金属构件均连通并与机架上保护地线连接。

### 2. 机柜和配线架安装

在设备间和电信间，都需要安装机柜和配线架。机柜背面离墙距离应大于0.8m，以便于安装与施工。

配线架必须安装在设计位置，同时应安装跳线管理器。电缆和光缆均应按设计在配线架处留有一定余量。

### 3. 信息插座安装

其安装在墙体上，宜高出地面300mm。信息插座底座的固定方式以施工现场条件而定，宜采用扩张螺钉、射钉等方式紧固。

## 18.2.5  综合布线系统的维护管理

布线系统竣工交付使用后,移交给甲方的技术资料包括以下几部分。

(1) 信息点分布及编号。

(2) 配线架成端分布。

(3) 布线系统管理文档。

(4) 竣工技术文档(配线架电缆卡接位置图;配线架电缆卡接色序;信息点房间位置表;竣工图纸;线路测试报告)。

## 18.2.6  验收测试

### 1. 电缆通道测试

按 GB 50312—2007 规定的 6 类标准进行测试,测试内容详见任务 14。测试可以采用 Fluke DTX 系列测试仪。

### 2. 光缆通道测试

按 GB 50312—2007 规定的光纤标准进行测试,测试内容详见任务 15。测试可以采用 Fluke DTX 系列测试仪。

### 3. 测试合格

完成整个系统的测试工作,并填写测试表。若测试结果表明所有通道(包括电缆通道和光纤通道)满足 GB 50312—2007 标准中的要求,则可以确认工程合格。

## 18.2.7  培训、售后服务及保证期

当工程竣工后,免费为甲方培训技术人员维护本系统。

工程质保期为一年,对于系统运行出现的故障,一年内免费维修,以后则每次维护收取工本费。

## 附件:

### 1. 综合布线系统材料总清单

本工程需布放 6 类 4 对双绞线电缆、5 类 25 对大对数电缆、光缆、安装机柜、光缆配线架、电缆配线架和信息插座,成端 6 类、5 类电缆和多模光纤。具体内容见表 18.4。

表 18.4  布线系统材料清单

| 序号 | 名　　称 | 规　　格 | 单位 | 数量 | 备注 |
|------|---------|---------|------|------|------|
| 1 | 室内光缆 | 多模 | | | |
| 2 | 5 类 25 对电缆 | 5 类 | | | |
| 3 | 6 类 4 对双绞线 | 6 类 | | | |
| 4 | 标准机柜 | 22U | | | |
| 5 | 标准机柜 | 42U | | | |
| 6 | 配线架 | IDC | | | |
| 7 | 配线架 | 6 类 24 口模块化 | | | |

| 序号 | 名　　称 | 规　　格 | 单位 | 数量 | 备注 |
|------|----------|----------|------|------|------|
| 8 | 配线架 | 24口光纤 | | | |
| 9 | 光纤连接盘 | 6口 | | | |
| 10 | 跳线 | IDC-RJ-45 | | | |
| 11 | 跳线 | RJ-45-RJ-45 | | | |
| 12 | 光纤跳线 | | | | |
| 13 | 跳线管理器 | | | | |
| 14 | 6类信息模块 | | | | |
| 15 | 面板 | | | | |
| 16 | 光纤耦合器 | ST | | | |
| 17 | 浪涌保护器 | | | | |

### 2. 图纸

(1) 布线系统图

布线系统图如图 18.1 和图 18.2 所示。

图 18.1　宾馆综合布线系统图一

(2) 楼层信息点分布图和楼层布线路由图

楼层信息点分布图和楼层布线路由图如图 18.3~图 18.8 所示。

(3) 工作区信息点编号

以宾馆 2 层为例来为工作区的信息点编号。在图 18.4 的基础上,为有信息点的房间添加了房间号。工作区各房间信息点编号见表 18.5。

图 18.2  宾馆综合布线系统图二

注：1. 由 BD 至各 SW 光缆上标注的数字为光缆的芯数，光缆采用多模或单模光纤。2. 由 BD 至 1～20FD 电缆采用 25 对的大对数电缆，电缆上标注的数字为电缆的根数。3. FD 采用六类 RJ-45 模块配线架用于支持数据，采用 3 类 IDC 配线架支持语音。

图 18.3　宾馆 1 层综合布线平面图

注：1. 支线表示为 1 根 4 对双绞线电缆。2. 支线表示为 2 根 4 对双绞线电缆。3. 支线表示为 4 根 4 对双绞线电缆。4. 支线表示为 6 根 4 对双绞线电缆。5. 支线表示为 8 根 4 对双绞线电缆。6. 缆线穿管暗敷在吊顶内、墙内或地面内。7. 客房卫生间的电话插座采用防水型。8. 支持客房的电话线与其卫生间的电话线在 FD 处并接。

图 18.4  宾馆 2 层综合布线平面图

图 18.5 宾馆 3 层综合布线平面图

图 18.6　宾馆 4 层～15 层综合布线平面图

图 18.7 宾馆 16 层～20 层综合布线平面图

图 18.8　宾馆 3 层信息点编号

**表 18.5　宾馆 3 层信息点编号**

| 序号 | 房间号 | 标 识 设 计 | 标 识 说 明 |
|---|---|---|---|
| 1 | | 201o01-02A01 | 201 房间信息点 1—连接到 2 层电信间 A 配线架 01 端口 |
| 2 | 201 | 201o02-02A02 | 201 房间信息点 2—连接到 2 层电信间 A 配线架 02 端口 |
| 3 | | 201o03-02A03 | 201 房间信息点 3—连接到 2 层电信间 A 配线架 03 端口 |
| 4 | | 201o04-02A04 | 201 房间信息点 4—连接到 2 层电信间 A 配线架 04 端口 |
| 5 | 201 | 202o01-02A05 | 202 房间信息点 1—连接到 2 层电信间 A 配线架 05 端口 |
| 6 | | 202o02-02A06 | 202 房间信息点 2—连接到 2 层电信间 A 配线架 06 端口 |
| 7 | 205 | 205o01-02A07 | 205 房间信息点 1—连接到 2 层电信间 A 配线架 07 端口 |
| 8 | | 205o02-02A08 | 205 房间信息点 2—连接到 2 层电信间 A 配线架 08 端口 |
| 9 | | 212o01-02A09 | 212 房间信息点 1—连接到 2 层电信间 A 配线架 09 端口 |
| 10 | 212 | 212o02-02A10 | 212 房间信息点 2—连接到 2 层电信间 A 配线架 10 端口 |
| 11 | | 212o03-02A11 | 212 房间信息点 3—连接到 2 层电信间 A 配线架 11 端口 |
| 12 | | 212o04-02A12 | 212 房间信息点 4—连接到 2 层电信间 A 配线架 12 端口 |
| 13 | | 214o01-02A13 | 214 房间信息点 1—连接到 2 层电信间 A 配线架 13 端口 |
| 14 | | 214o02-02A14 | 214 房间信息点 2—连接到 2 层电信间 A 配线架 14 端口 |
| 15 | 214 | 214o03-02A15 | 214 房间信息点 3—连接到 2 层电信间 A 配线架 15 端口 |
| 16 | | 214o04-02A16 | 214 房间信息点 4—连接到 2 层电信间 A 配线架 16 端口 |
| 17 | | 214o05-02A17 | 214 房间信息点 5—连接到 2 层电信间 A 配线架 17 端口 |
| 18 | | 214o06-02A18 | 214 房间信息点 6—连接到 2 层电信间 A 配线架 18 端口 |

| 序号 | 房间号 | 标 识 设 计 | 标 识 说 明 |
|---|---|---|---|
| 19 | | 216o01-02A19 | 216 房间信息点 1—连接到 2 层电信间 A 配线架 19 端口 |
| 20 | | 216o02-02A20 | 216 房间信息点 2—连接到 2 层电信间 A 配线架 20 端口 |
| 21 | 216 | 216o03-02A21 | 216 房间信息点 3—连接到 2 层电信间 A 配线架 21 端口 |
| 22 | | 216o04-02A22 | 216 房间信息点 4—连接到 2 层电信间 A 配线架 22 端口 |
| 23 | | 216o05-03C02 | 216 房间信息点 5—连接到 2 层电信间 C 配线架 02 端口 |
| 24 | | 216o06-03C03 | 216 房间信息点 6—连接到 2 层电信间 C 配线架 03 端口 |
| 25 | | 219o01-02A23 | 219 房间信息点 1—连接到 2 层电信间 A 配线架 23 端口 |
| 26 | | 219o02-02A24 | 219 房间信息点 2—连接到 2 层电信间 A 配线架 24 端口 |
| 27 | | 219o03-02B01 | 219 房间信息点 3—连接到 2 层电信间 B 配线架 01 端口 |
| 28 | 219 | 219o04-02B02 | 219 房间信息点 4—连接到 2 层电信间 B 配线架 02 端口 |
| 29 | | 219o05-02B03 | 219 房间信息点 5—连接到 2 层电信间 B 配线架 03 端口 |
| 30 | | 219o06-02B04 | 219 房间信息点 6—连接到 2 层电信间 B 配线架 04 端口 |
| 31 | | 216o07-02B05 | 219 房间信息点 7—连接到 2 层电信间 B 配线架 05 端口 |
| 32 | | 216o08-02B06 | 219 房间信息点 8—连接到 2 层电信间 B 配线架 06 端口 |
| 33 | 223 | 223o01-02B07 | 223 房间信息点 1—连接到 2 层电信间 B 配线架 07 端口 |
| 34 | | 223o02-02B08 | 223 房间信息点 2—连接到 2 层电信间 B 配线架 08 端口 |
| 35 | 225 | 225o01-02B09 | 225 房间信息点 1—连接到 2 层电信间 B 配线架 09 端口 |
| 36 | | 225o02-02B10 | 225 房间信息点 2—连接到 2 层电信间 B 配线架 10 端口 |

以宾馆 16 层为例来为工作区的信息点编号。在图 18.6 的基础上,为有信息点的房间添加了房间号,限于篇幅在这里不再列出。工作区各房间信息点编号见表 18.6。

表 18.6　宾馆 16 层信息点编号

| 序号 | 房间号 | 标 识 设 计 | 标 识 说 明 |
|---|---|---|---|
| 1 | | 1601D01-16A01 | 1601 房间数据点 1—连接到 16 层电信间 A 配线架 01 端口 |
| 2 | 1601 | 1601P01-16A02 | 1601 房间语音点 1—连接到 16 层电信间 A 配线架 02 端口 |
| 3 | | 1601P01-16A03 | 1601 房间语音点 2—连接到 16 层电信间 A 配线架 03 端口 |
| 4 | | 1602D01-16A01 | 1602 房间数据点 1—连接到 16 层电信间 A 配线架 04 端口 |
| 5 | 1602 | 1602P01-16A02 | 1602 房间语音点 1—连接到 16 层电信间 A 配线架 05 端口 |
| 6 | | 1602P01-16A03 | 1602 房间语音点 1—连接到 16 层电信间 A 配线架 06 端口 |
| | | | ······ |
| | 1606 | 1606D01-16A01 | 1606 房间数据点 1—连接到 16 层电信间 A 配线架 16 端口 |
| | | 1606P01-16A02 | 1606 房间语音点 1—连接到 16 层电信间 A 配线架 17 端口 |
| | | | ······ |
| | | 1631D01-16A01 | 1631 房间数据点 1—连接到 16 层电信间 A 配线架 04 端口 |
| | 1631 | 1631P01-16A02 | 1631 房间语音点 1—连接到 16 层电信间 A 配线架 05 端口 |
| | | 1631P01-16A03 | 1631 房间语音点 1—连接到 16 层电信间 A 配线架 06 端口 |

(4) 电信间平面图及机柜布置和缆线成端图

电信间平面图示意图如图 18.9 所示。

以 2 层电信间为例,根据前面的设计,2 层及 4 层～15 层、16 层～20 层的机柜都选用 22U 的 19″标准机柜。机柜布置及缆线成端图如图 18.10 所示。

图 18.9　电信间设备布置示意图

注：1. 本图中是以 3 个机柜为例的电信间设备标准图。2. 图中编号 1 为配线及计算机网络设备机柜，标准 800×800 的 19″标准机柜。3. 图中编号 2 为接地板。4. 图中编号 3 为电缆线槽。

图 18.10　宾馆 2 层电信间机柜布置及缆线成端图

注：1. 机柜规格为选用 22U 的 19″标准机柜。2. 机柜最上端为 6 口光纤配线盘，用于端接从设备间过来的建筑物干线光缆。3. 配线架 A、配线架 B、配线架 C 为 24 口模块化配线架，用于楼层水平电缆成端，使用 48 口，其余备用，其中配线架 A 上用 14 口至 SW 侧，配线架 B、C 接水平电缆，用 34 口其余 14 口空余。4. 100 对机架式 IDC 配线架用于接 25 对大对数建筑物干线电缆，使用 25 对，其余空余。

（5）设备间平面图及机柜布置和缆线成端图

在宾馆的 3 层设有电话及网络机房，可以作为设备间，在本系统中，设备间中安装有电话系统的程控用户交换机、计算机网络系统的网络交换机及配线设备，其平面示意图如图 18.11 所示。

图 18.11　设备间设备布置示意图

注：1. 本图中配线设备和应用设备合用设备间。2. 图中编号 1 为 IDC 配线架，在墙面安装。3. 图中编号 2 为程控用户交换机机柜，接地板。4. 图中编号 3 为光纤配线架或电缆配线架机柜。5. 图中编号 4 为网络交换机机柜。6. 图中编号 5 为电缆线槽。7. 图中编号 6 为接地板。8. 图中编号 7 为配电箱。9. 图中编号 8 为 UPS 电源。

# 习　题

1. 对本校的学生小区设计综合布线。
2. 对本校的校园、办公楼和实训楼设计综合布线。
3. 对某小区高层住宅设计综合布线。